中国科学院大学研究生教材系列

# 航天器空间环境效应

## Space Environment Effects on Spacecraft

韩建伟　蔡明辉　李宏伟　编著

U0263729

科学出版社

北　京

# 内 容 简 介

本书介绍外太空特有的空间辐射粒子、等离子体、原子氧及空间碎片等环境的特征,阐述这些环境与航天器用器件、电路、材料及部件等作用导致的多种辐射效应、表面及深层充放电、材料侵蚀损伤的物理机制和规律,论述与航天器设计相关的空间环境效应地面模拟试验、仿真分析、防护设计等的原理、方法和技术要点,设计典型的仿真实验和模拟实验以深化对抽象空间环境效应的认知,为研究生以及科研人员和工程技术人员提供空间环境及其对航天器影响和防护设计的相关知识。

本书适用于空间科学、技术和应用相关专业(如航空宇航科学与技术、飞行器设计、地球与空间探测技术、空间物理、星用设备及载荷、星用集成电路、星用材料等)的研究生、科研人员和工程技术人员。

**图书在版编目(CIP)数据**

航天器空间环境效应/韩建伟,蔡明辉,李宏伟编著. —北京:科学出版社,
2024.4

中国科学院大学研究生教材系列

ISBN 978-7-03-076711-0

Ⅰ. ①航… Ⅱ. ①韩… ②蔡… ③李… Ⅲ. ①航天器环境-研究生-教材 Ⅳ. ①X21

中国国家版本馆 CIP 数据核字(2023)第 197777 号

责任编辑: 周 涵 郭学雯 / 责任校对: 彭珍珍
责任印制: 张 伟 / 封面设计: 陈 敬

科学出版社 出版

北京东黄城根北街 16 号
邮政编码: 100717
http://www.sciencep.com

北京富资园科技发展有限公司印刷
科学出版社发行 各地新华书店经销

\*

2024 年 4 月第 一 版 开本: 720×1000 1/16
2024 年 4 月第一次印刷 印张: 30 1/4
字数: 608 000

定价: 258.00 元
(如有印装质量问题, 我社负责调换)

# 前　言

运行在空间环境中的航天器会受到各类环境因素的影响，是航天器设计必须要考虑的问题，也涉及空间科学领域空间环境与空间物理科学知识。国内外与本教材内容有关联性的书籍有三类：第一类是航天器（飞行器）设计类工程技术书籍，其从工程技术角度系统介绍飞行器设计方方面面的内容，有少量章节介绍与本教材类似的内容，覆盖面与深度不及本教材；第二类是空间物理自然科学类书籍，其从日地空间物理视角系统介绍日地空间客观存在的方方面面的环境要素、现象及科学问题，会涉及本教材专注的航天器遭遇的空间环境条件，但其阐述角度和思路更加偏重自然科学物理现象与过程的描述，不解决本教材专注的航天器设计相关的空间环境应用知识，更不涉及具体的空间环境防护设计技术；第三类与本教材内容较接近，甚至书名与本教材类似，但是整体内容在系统性、工程应用性和专业性方面与本教材有所区别，或者仅深度介绍本教材关注的部分专业内容，如单粒子效应、充放电效应等。本教材以航天工程设计应用为牵引，站在航天器设计工程技术人员的角度，系统、恰当地介绍目前航天器设计相关的空间环境科学知识的要点，阐述影响航天器的空间环境危害试验与仿真评估、防护设计等的技术要点，期望在空间科学与技术知识信息大爆炸的时代，给予感兴趣的学生和工程技术人员恰当的科学与技术知识普及，争取不仅介绍其然，更要描述其所以然。

本教材是中国科学院国家空间科学中心空间环境效应团队 20 余年科学研究、工程应用、教书育人的专业知识与技术结晶。韩建伟撰写了第 1 章至第 7 章的内容，即绪论、空间环境效应概述、空间辐射环境、空间辐射粒子与物质作用的基本机制、电离总剂量效应、位移损伤效应和单粒子效应。蔡明辉主要撰写了第 8 章、第 10 章和第 11 章的内容，即表面充放电效应，空间碎片及微流星体撞击效应，原子氧、紫外线及低能带电粒子侵蚀效应，并为第 12 章的空间环境效应仿真实验提供了素材内容。李宏伟主要撰写了第 9 章、第 12 章的内容，即深层充放电效应和航天器空间环境效应实验，并为第 8 章的表面充放电效应提供了部分素材内容。朱翔为第 7 章的单粒子效应防护设计提供了素材内容。马英起为第 12 章的器件及电路单粒子效应实验提供了素材内容。王英豪为本教材的部分图片加工处理提供了支持。

感谢中国科学院大学教材出版中心对本书出版的资助！

　　由于作者对相关内容的理解不深以及工程实践不够，本教材还存在着内容不完整、描述不到位等不足，恳请读者海涵及指出。愿同行们不断完善和深化本教材内容，促进航天器空间环境效应研究与航天器设计技术的进步。

韩建伟

2023 年 10 月 29 日

# 目　　录

# 第 1 章　绪　　论

广义的空间环境包括航天活动中遇到的各类自然环境条件，还包括发射、在轨运行、返回等过程中出现的飞行器冲击与振动等力学条件，以及航天器在轨道空间真空环境下产生的材料出气、被空间碎片及微流星体撞击产生的污染等条件。狭义的空间环境是指对航天器有重要影响的外太空特有的环境条件，如空间的带电粒子、原子氧、空间碎片及微流星体等。本书涉及的空间环境主要是后者。

国内外大量的航天实践表明，空间环境作用于航天器，导致了大约 40% 的航天器在轨异常或故障，这种作用就称为空间环境效应，大到整个卫星、小到卫星用的器件及材料等，其设计研发必须要考虑针对空间环境效应的防护设计。掌握空间环境效应知识，需要了解航天器在轨遭遇的系列空间环境要素的特点及规律，需要了解这些环境条件与航天器组成材料作用的基本机制，以及其导致的各类具体影响的机制及规律。针对空间环境效应进行防护设计，需要了解在地面针对这些空间环境危害进行模拟试验及仿真分析的评估方法，需要了解具体的防护要求、技术原理和要点等。

本教材面向如航空宇航科学与技术、飞行器设计、地球与空间探测技术、空间物理、星用设备及载荷、星用集成电路、星用材料等的研究生、科研人员和工程技术人员，系统介绍外太空特有的空间辐射粒子、等离子体、原子氧及空间碎片等环境特征，深入阐述这些环境条件与航天器用器件、电路、材料及部件等作用导致的多种辐射效应、表面及深层充放电、材料侵蚀损伤的物理机制及主要规律，全面论述与航天器设计相关的空间环境效应的地面模拟试验、仿真分析、防护设计措施等的原理、方法和技术要点，设计典型的仿真实验和模拟实验，以深化对抽象的空间环境效应的认知，为研究生以及科研和工程技术人员深入开展相关的研究和工程应用提供相关空间环境及其对航天器影响和防护设计的知识。

本教材由六大部分组成。

**第一部分绪论**，即本章，介绍本教材的背景及主要内容。

**第二部分即第 2 章空间环境效应概述**，包括广义的空间环境及效应内涵、航天器所处的空间环境概况、对航天器有影响的空间环境效应概况、空间环境效应诱发的航天器故障概况及典型事例，以及航天器空间环境效应防护设计的总体要求及常用坐标系。学习重点是：对航天器有影响的空间环境主要特点、空间环境效应的分类及核心作用机制、航天器空间环境效应总体防护设计要点。

　　**第三部分空间辐射效应**，包括第 3 章空间辐射环境、第 4 章空间辐射粒子与物质作用的基本机制，以及第 5 章电离总剂量效应、第 6 章位移损伤效应、第 7 章单粒子效应。学习重点是：空间辐射粒子的特征及分布变化规律；空间辐射作用于航天用器件诱发的电离总剂量效应、位移损伤效应及单粒子效应的物理内涵、作用机制、对器件影响的要点和规律；相关的地面模拟试验，数值仿真和分析评估，防护设计的原理、方法、技术要点。

　　**第四部分航天器充放电效应**，包括第 8 章表面充放电效应及太阳电池放电，第 9 章深层充放电效应。学习重点是：触发航天器充放电相关的空间等离子体、高能电子环境特征、表面充放电、深层充放电，以及太阳电池放电的物理机制及主要影响因素和规律，充电过程的数值仿真原理和方法，充电过程及放电对器件电路影响的模拟试验技术要点，充放电防护设计的技术原理及主要要求。

　　**第五部分航天器暴露部件材料侵蚀效应**，介绍对航天器暴露部件及材料有侵蚀损伤作用的空间环境及其影响，包括第 10 章空间碎片与微流星体撞击效应，第 11 章原子氧、紫外线及低能带电粒子侵蚀效应。学习重点是：影响航天器暴露材料的空间碎片，原子氧、太阳紫外线、低能带电粒子等的环境特征；空间碎片撞击、原子氧腐蚀、紫外线及低能带电粒子辐射退化等效应的物理机制；航天器用材料侵蚀效应的地面模拟试验和仿真分析评估的方法及技术要点；航天器用材料和部件侵蚀效应防护的主要技术原理及要求。

　　**第六部分即第 12 章航天器空间环境效应实验**，包括航天器空间环境效应，尤其是辐射效应的计算机仿真实验，以及对航天器有重要影响的单粒子效应和充放电效应的实验室模拟实验。学习重点：针对典型空间轨道，开展航天器遭遇的总剂量效应、单粒子效应、位移损伤效应等的仿真计算，深化对航天器辐射效应主要特点及规律的认识；针对诱发航天器故障最多的空间环境效应——单粒子效应及充放电效应，设计典型的基础实验并撰写实验大纲、现场进行实验操作和观测、撰写实验报告及总结。

　　本书学习可参考的其他书籍如下所示。

[1] 黄本诚, 童靖宇. 空间环境工程学. 北京: 中国科学技术出版社, 2010.

[2] (美) 特里布尔 A C. 空间环境. 唐贤明, 译. 北京: 中国宇航出版社, 2009.

[3] (美) 皮塞卡 V L. 空间环境及其对航天器的影响. 张育林, 陈小前, 闫野, 译. 北京: 中国宇航出版社, 2011.

[4] The European Cooperation for Space Standardization (ECSS) standard. Space Engineering-Space Environment. ECSS-E-ST-10-04C, 2008.

[5] 刘文平. 硅半导体器件辐射效应及加固技术. 北京: 科学出版社, 2013.

[6] 赖祖武. 抗辐射电子学: 辐射效应及加固原理. 北京: 国防工业出版社, 1998.

[7] (美) 黎树添. 航天器带电原理——航天器与空间等离子体的相互作用. 李盛

涛, 郑晓泉, 陈玉, 等译. 北京: 科学出版社, 2015.

[8] (美) 加勒特 H B. 航天器充电效应防护设计手册. 信太林, 张振龙, 周飞, 译. 北京: 中国宇航出版社, 2016.

[9] 沈志刚, 赵小虎, 王鑫. 原子氧效应及其地面模拟试验. 北京: 国防工业出版社, 2006.

[10] 都亨, 张文祥, 庞宝君, 等. 空间碎片. 北京: 中国宇航出版社, 2007.

# 第 2 章　空间环境效应概述

## 2.1　空间环境及效应的内涵

通常，空间环境主要是指两三百千米之上的人造地球卫星在轨飞行时遭遇的环境条件，可称之为近地空间环境。广义的空间环境之一，还包括逃脱地球的引力、在太阳系深空飞行的航天器所遭遇的环境条件，可称之为日-地空间环境，其中除了共性的宇宙背景环境外，还包括航天器进入深空中的其他行星轨道或接近其他天体时遭遇到的特殊的局地星体环境。广义的空间环境之二，主要由地球磁场造成，该磁场由地球内部物质产生的较强的相对稳定的内源场和地球上空电流体系产生的较弱的变化多端的外源场叠加构成，近地空间环境已经包含了航天器轨道空间的地磁场，此处主要是指受地球上空的外源场变化而扰动的地表磁场，其会使地面及水下的大尺度导体管线系统、依靠地磁导航的生物及技术系统受到影响。另外，还有航天器环境的说法，是指除了在轨飞行还包括航天器制造、发射、返回再入所遇到的环境，即还包括较稠密大气、温度、湿度和其他力学环境等，这也不是本书的重点内容。

与 "空间环境" 相近的术语主要是 "空间天气"，二者的主要区别是：前者主要着眼于航天器等技术系统，关注它们直接遭受的、造成工程影响的物质条件，包括空间碎片这样的人造环境；后者主要着眼于客观的物质条件，尤其关注其变化，包括触发近地空间环境变化的上游太阳活动、行星际扰动及地球空间大尺度扰动等现象和过程。

空间环境对相关技术系统及活动的影响即为空间环境效应。从空间环境的内涵可以推测出空间环境效应的影响主要有四个方面：① 航天器空间环境效应，也包括短时间进入卫星轨道空间的运载火箭等空间飞行器的空间环境效应，毋庸置疑，这是最主要的影响，也是本书的主要内容；② 外太空的宇宙线粒子穿越地球大气层，产生的次级宇宙线粒子 (主要是中子) 对临近空间飞行器、航空器，以及地面电子设备和人员的影响；③ 地表几十千米至上千千米高度范围的电离层，对地-地通信、星-地通信、导航、定位、遥感观测等无线电技术系统的电波传播的影响；④ 地表的大尺度管线系统，受到地球空间磁场扰动而诱发的感生电流的影响。图 2-1 为主要技术系统遭受的空间环境效应影响示意图。

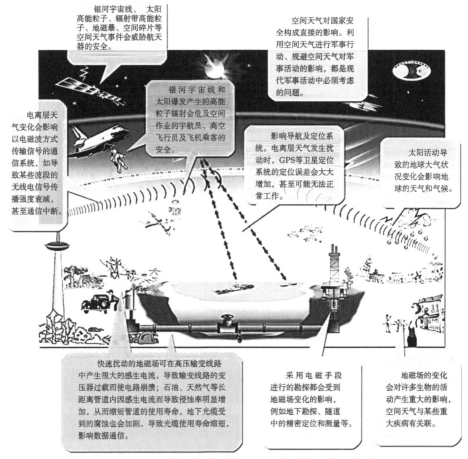

图 2-1 主要技术系统遭受的空间环境效应影响示意图

此图来源于国家卫星气象中心国家空间天气监测预警中心

航天器是空间环境作用的最主要对象，各类空间环境条件都对其造成不同形式的影响。

## 2.2 航天器遭遇的空间环境概况

近地空间航天器在轨飞行遭遇的空间环境从来源角度可主要分为两大类，一类是来自太阳系及银河系的带电粒子、电磁辐射及微流星体，另一类是近地空间自身所有的带电粒子、中性大气、空间碎片、地磁场、重力场等[1]。按照物质类型分，近地空间航天器遭遇的空间环境要素包括多种带电粒子、电磁辐射、中性大气/原子氧、空间碎片和微流星体、地磁场和重力场五大类，如图 2-2 所示。

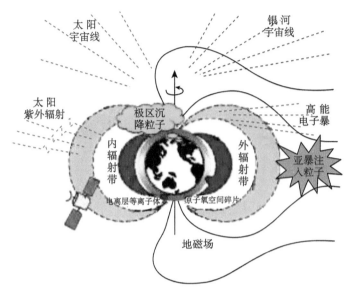

图 2-2　近地航天器遭遇的空间环境示意图

1) 带电粒子

近地空间的主要带电粒子如图 2-3 所示 [2]，能量由低到高包括太阳风质子、极区沉降电子、地球辐射带电子和质子、太阳宇宙线质子、银河宇宙线粒子等，其强度总体上随能量指数衰减。

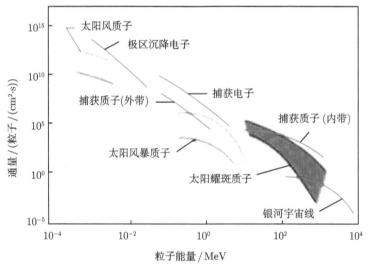

图 2-3　近地空间的带电粒子能谱分布

较高能量的带电粒子包括能量数千兆电子伏 (MeV) 乃至更高的银河宇宙线、

能量数百兆电子伏的太阳宇宙线，它们都来自地球之外，进入地球空间时受到地磁场的调制，高高度、高倾角及极区粒子的强度高，低高度、低倾角及赤道区域粒子的强度低。也包括地球磁场自身捕获的内外辐射带粒子，由能量为 0.1MeV 至数百兆电子伏的质子和能量为 0.01MeV 至数兆电子伏的电子等组成。这些能量较高的带电粒子，总体上强度随能量指数衰减，能谱分布如图 2-3 所示，它们通常导致各类辐射效应，因此也称为辐射粒子。

低能量带电粒子包括受太阳活动影响的地球磁层扰动而引发的地球同步轨道 (GEO) 附近的磁层亚暴注入粒子和极区沉降粒子，它们是由能量十至数十千电子伏 (keV) 的低能电子和离子构成的超热等离子体，如图 2-4 所示。图 2-4(a) 是美国莱斯 (Rice) 大学地球磁层描述与预报模式 (MSFM) 描绘的地球赤道面，尤其是 GEO 附近出现磁层亚暴粒子注入事件时 17.5keV 电子的分布。图 2-4(b) 是美国国家大气和海洋管理局 (NOAA) 观测到的极区沉降粒子事件的空间分布，具体为高度 854km 的 NOAA-18 地球极轨道 (PEO) 气象卫星观测的能量大于 30keV 的电子。这些超热等离子体主要导致航天器带电 (充电)，可以笼统地称为 "带电" 粒子，通常为近地空间环境扰动时强度得以增强的低能带电粒子。

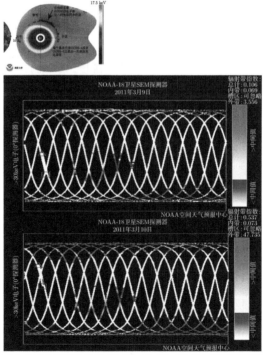

图 2-4　GEO 附近的 (a) 磁层亚暴注入粒子 (17.5keV) 和 (b) 极区沉降粒子 (大于 30keV，上：沉降粒子出现前，下：沉降粒子出现时)

另一类 "带电" 粒子是近地空间环境扰动时出现在地球中高轨道、外辐射带区域的 0.1MeV 至数兆电子伏的高能量电子，称为外辐射带增强电子，如图 2-5 所示。图 2-5(a) 是欧洲伽利略导航卫星系统的高度 23300km、倾角 56° 的中地球轨道 (MEO) 试验卫星观测到的高能电子与 GEO 卫星类似观测的强度对比 [3]。图 2-5(b) 是我国的 "地球空间探测双星计划" 中的近赤道大椭圆轨道 TC-2 卫星观测到的地球空间环境扰动前后的高能电子在 $B$-$L$ 坐标 (对应于纬度与高度) 的空间分布。

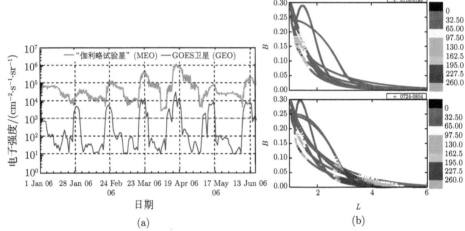

(a)                                                                 (b)

图 2-5　外辐射带增强电子示意图 ((a) 中高轨道增强电子；(b) $B$-$L$ 坐标下的增强电子，上：增强电子出现前，下：增强电子出现时)

能量更低的带电粒子主要是低高度电离层区域的能量为 0.1~1eV 量级的稠密冷等离子体，其电子密度随高度分布如图 2-6 所示 [4]。

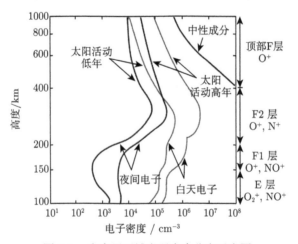

图 2-6　电离层区域电子密度分布示意图

2) 电磁辐射

1 个天文单位 (1AU = 日地平均距离 = 1.496 亿 km) 处的电磁辐射来自太阳及其他恒星、星系和天体，其频谱分布如图 2-7(a) 所示，包括从无线电波到微波、红外线、可见光、紫外线、X 射线和 γ 射线的所有光子 [4]。对航天器有影响的电磁辐射主要是如图 2-7(b) 所示的太阳电磁辐射中强度及单光子能量均较高的紫外线部分 [5]。

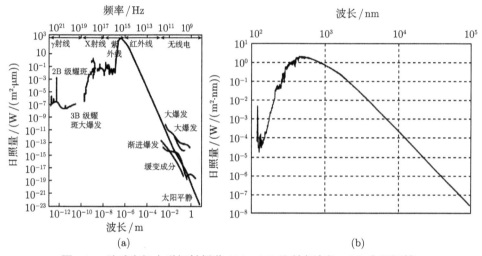

图 2-7 地球空间电磁辐射频谱 ((a) 1AU 处所有波段；(b) 太阳辐射)

3) 中性大气/原子氧

航天器轨道的大气极其稀薄，通常属于超高真空。但是，绝对的真空是不存在的，对于轨道高度 1000km 以下，尤其是数百千米的航天器而言，这些稀薄的大气对依靠地球引力飞行的航天器还是产生了不可忽略的阻力，导致长期运行的低地球轨道 (LEO) 航天器轨道的衰落，这是影响 LEO 航天器运行寿命的最主要环境要素。同时，受太阳紫外线的照射，中性大气中氧气分子被解离成原子状态的氧，其具有极强的化学活性。中性大气成分及原子氧 (AO) 的数密度分布示意如图 2-8 所示，总体上随高度下降而急剧增加 [6]；对于原子氧而言，随高度下降则能够穿透进来的太阳紫外强度也下降，因此原子氧数密度在 100km 附近形成峰值。

4) 空间碎片和微流星体

空间碎片和微流星体是指太空中高速运动的固态物体。其中空间碎片也称为空间垃圾，是人类航天活动产生的废弃物，包括失效的卫星、火箭及其残骸，卫星上的剥落物等，人类航天活动密集的 LEO、MEO 和 GEO 等也是空间碎片密集区域。空间碎片作为空间飞行器的废弃物，其也具有同样的速度，与飞行器正面撞击时碎片速度会翻番。碎片的数量随着尺寸的增加而呈指数下降，空间碎片的上述分布特征如图 2-9 所示 [7,8]。微流星体是指来自宇宙空间的岩石、碎片、尘埃等，其有着特定的起源、更高更宽的速度分布。图 2-10 是微流星体在天球中的发源地及速度分布示意图 [8]。

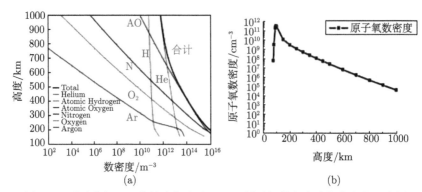

图 2-8   地球空间 (a) 中性大气成分及 (b) 原子氧数密度随高度分布示意图

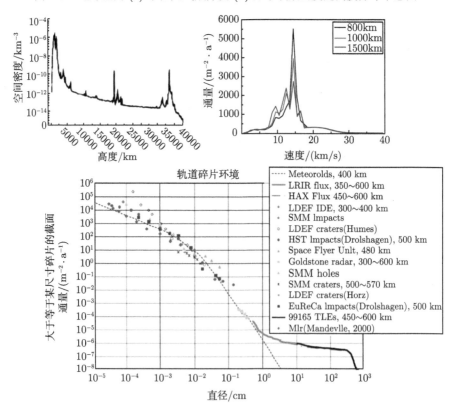

图 2-9   空间碎片的分布图 (上左：轨道高度分布；上右：速度分布；下：尺寸分布)

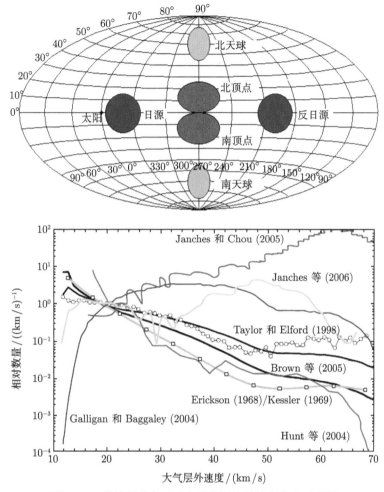

图 2-10  微流星体在天球中的发源地及速度分布示意图

5) 地磁场和重力场

地磁场和重力场是地球所产生的物理场。其中的地磁场包括地球内部物质产生的内源场，以及地球空间的电离层和磁层的电流体系诱发的外源场，受太阳活动的支配，地球空间环境发生扰动时会导致外源场及整个地磁场的变化。

## 2.3  航天器空间环境效应概况

上述空间环境物质条件作用于航天器时会形成多种空间环境效应，影响航天器的性能及功能，对航天器的安全性与可靠性造成威胁。各类航天器无论其功能及复杂程度，从与空间环境作用的角度来说，主要是由各类结构、功能材料，以及电子器件组成的部件、设备和系统构成的，即航天器的基本物质是各类材料和器件，对于载人航天而言还需要考虑生物体物质，其主要成分是水。因此，航天器空间环境效应的微观本质就是外太空的物质条件对航天器用材料和器件的作用，其中对器件的作用也是首先作用于器件材料而后对器件性能及功能产生影响。依据学术界多年的研究实践，可将航天器空间环境效应分为三大类，即辐射 (radiation) 效应、充放电 (charging and discharging) 效应、侵蚀 (erosion) 效应，如图 2-11 所示。该三个方向的研究交流主要体现在三类国际学术交流会：由美国主导的 NSREC(核和空间辐射效应会议，Nuclear and Space Radiation Effects Conference) 及欧洲主导的 RADECS(器件与系统辐射效应，Radiation Effects on Components and Systems) 会议；由美国主导的 SCTC(航天器充电技术会议，Spacecraft Charging Technology Conference)；由加拿大主导的 ICPMSE(材料与结构空间环境防护国际会议，International Conference of Protection Material and Structure from Space Environment)。

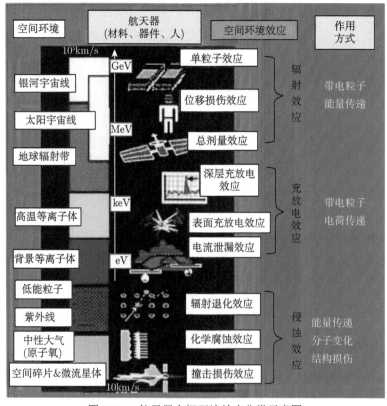

图 2-11　航天器空间环境效应分类示意图

1) 辐射效应

空间的辐射效应是由空间的较高能量带电粒子将其能量传递给航天器用材料及器件，尤其是后者，导致器件内部材料产生电离作用而形成额外的电子-空穴对，以及通过弹性碰撞导致器件构成材料的原子产生位移。航天器在轨飞行不断累积遭遇强度较强的辐射带电子、质子，以及太阳宇宙线质子的电离作用，大量的额外电离电荷堆积在器件内部的介质隔离和钝化材料中，导致器件电参数逐渐退化，乃至器件最终失效而无法正常工作，这称为电离总剂量 (total ionizing dose，TID) 效应，俗称总剂量效应。航天器在轨飞行时若遭遇单个电离能力强的宇宙线粒子或辐射带质子作用，在正常工作的器件内部会产生足够强的瞬时电离电荷脉冲，该脉冲冲击器件内部功能单元产生多种类型的单粒子效应 (single event effect，SEE)，典型的包括数字器件存储位信息的翻转 (single event upset，SEU)、互补金属氧化物半导体 (CMOS)、工艺器件的锁定 (single event latchup，SEL)、功率器件的烧毁 (single event burnout，SEB)。航天器在轨飞行不断累积遭遇强度较强的辐射带电子、质子，以及太阳宇宙线质子的位移作用，导致器件材料内部形成越来越多的缺陷，这些缺陷逐渐妨碍器件少数载流子的输运，导致器件，尤其是光电器件及精密线性器件的某些电参数逐渐退化，乃至器件最终失效无法正常工作，这称为位移损伤 (displacement damage，DD) 效应，也称为位移损伤剂量 (displacement damage dose，DDD) 效应。

2) 充放电效应

航天器充放电效应 (spacecraft charging induced electrostatic discharging，SESD) 包括三个过程及现象：首先是强度在短时间或一段时间内剧增的“带电”粒子将其电荷传递给航天器上的介质材料或未接地导体导致的材料带电现象；其次是带电导致材料局部电场增强及与邻近结构间电势差变大，超过一定阈值时产生静电放电 (ESD)；最后是放电脉冲干扰航天器上敏感的器件及电路，导致其信息、逻辑状态、指令等紊乱，使得航天器电子设备及系统出现故障。能够使航天器材料较显著带电的空间扰动带电粒子主要有：GEO 附近数十千电子伏的低能量磁层亚暴注入粒子与极区沉降粒子，以及兆电子伏左右的较高能量外辐射带增强电子。前者在航天器外部的十至数十微米的表面充电，称为表面充电 (surface charging)；后者可穿透到航天器介质材料 2～3mm 深处，或者穿透航天器外表蒙皮在航天器内部充电，称为介质材料深层充电 (dielectric deep charging) 或者航天器内部充电 (internal charging)。还有与充放电效应相近和相关的一些现象。一是航天器的带电部件，比如太阳电池阵和一些高压部件，在上述 GEO 或极区的表面及深层充放电，以及在低轨道电离层区域运行时由稠密的低温等离子体作用导致的电流泄漏及弧光放电。与航天器其他无源部件和材料充放电所不同的是，具有持续电能供给的星用太阳电池阵和高压部件在空间环境作用下发生的一次充电和放电，有可能导致电池阵或高压部件电极间隙局部受损甚至短路，在持续电能供给下诱发持续作用的二次放电，导致电池阵或高压部件的局部或大面积烧毁。二是射频部件的电极，在空间粒子轰击下产生原初的电子，这些电子在射频部件周期性射频电场作用下有可能得到进一步的加速以及来回多次撞击部件电极，产生电子雪崩放大，导致射频部件烧毁，称为"微放电"(multipaction)。

狭义地讲，上述辐射效应与充放电效应没有关联性。广义地讲，对于空间活动而言，此两类影响均由空间带电粒子造成，前者关注其能量传递，后者关注其电荷传递。更重要的是，两者的最终影响对象主要是空间电子系统相关的器件电路，因此国内有时将这两类影响笼统地称为广义的辐射效应，即空间带电粒子造成了总剂量效应、单粒子效应、位移损伤效应、表面充放电效应、深层 (内部) 充放电效应这五类辐射效应。

3) 侵蚀效应

航天器的侵蚀效应十分复杂，涉及多种环境条件和作用机制，其共性之一是这些环境条件主要作用在航天器外部暴露材料或部件上，也称为暴露环境侵蚀效应。对于暴露的材料或部件，同样会发生累积的辐射效应，所不同的是，对于暴露的材料或部件，其最主要的功能通常依靠其表层结构或专门的表层薄膜来实现，因此主要是能量为十至数百千电子伏的较低能量带电粒子对其表层物质的辐射作用。除了带电粒子的辐射作用，太阳高能电磁辐射，主要是 100~400nm 的紫外波段的辐射对材料 (尤其是有机材料) 的损伤影响明显。带电粒子及紫外辐射在材料中产生结构缺陷和能级陷阱，使得有机材料结构断裂、重组等，导致材料机械、光学、热学等特性变化。低轨道的原子氧迎面撞击航天器，会与金属材料、有机材料等发生强烈的氧化反应，导致金属氧化腐蚀，有机材料中的 C、N、H 等元素与氧原子结合形成挥发性产物，使得材料被 "镂空"。空间碎片，尤其是数量较多的微小空间碎片撞击暴露材料或部件的表面，导致材料破损、撞击抛射物污染敏感部件等。因此，侵蚀效应的另一共性特点是，有一定能量的空间带电粒子、光子、氧原子、固体微粒，传递能量于被作用物质，导致材料分子、结构破损，使其性能退化。

上述主要空间环境效应在不同的典型航天器轨道的程度如图 2-12 所示。

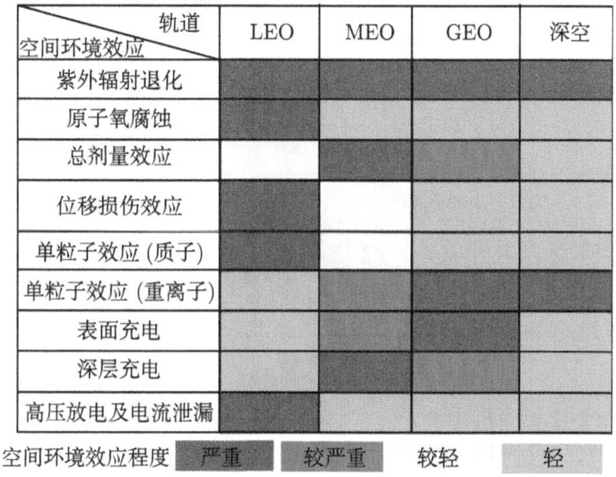
轨道
空间环境效应
LEO
MEO
GEO
深空
紫外辐射退化
原子氧腐蚀
总剂量效应
位移损伤效应
单粒子效应 (质子)
单粒子效应 (重离子)
表面充电
深层充电
高压放电及电流泄漏
空间环境效应程度
严重
较严重
较轻
轻

图 2-12 典型航天器轨道空间环境效应程度示意图

## 2.4 空间环境诱发的航天器故障概况

国内外的航天飞行实践表明空间环境导致了较多的航天器故障。美国国家地球物理数据中心 (NGDC) 收录了 1971~1989 年的 1589 次航天器异常，并分析了引起这些异常的原因，如图 2-13 所示，认为其中直接由环境导致的异常占 17%、与环境有关联的异常有 70%[9]。美国著名的智库兰德公司 1998 年发表的咨询报告 [10]，对人类航天活动伊始至 1998 年的航天器故障诱因进行了分析，得出的结论如图 2-14 所示，其认为在 1977 年之前 (早期)、1977~1983 年 (中期)，以及 1983~1998 年 (后期)，由于对环境适应性设计不当导致的航天器异常比例分别为 42%、57%和 36%，均较高。2010 年，法国空间研究中心 (CNES) 研究分析了欧洲的航天器故障诱因，他们认为：对于 GEO 卫星，1992 年以来，辐射效应和充放电效应导致了 30%的故障；2006 年以来，75%的故障均归咎于辐射效应和充放电效应；对于 LEO 卫星，辐射效应导致了 90%的故障 [11]。2019 年，北京航空航天大学及北京卫星环境工程研究所发表文章 [12]，统计分析了 2000~2017 年中国发射的 120 个航天器的 2593 例在轨故障，认为 50%的故障由空间环境所致，这些故障除了 3%发生在卫星结构上，其他均是在各类电子系统和设备上发生的，如图 2-15 所示。

70%
13%
17%
与环境有关联
直接由环境导致
其他异常

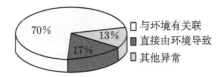

图 2-13 美国 NGDC 统计的航天器异常诱因

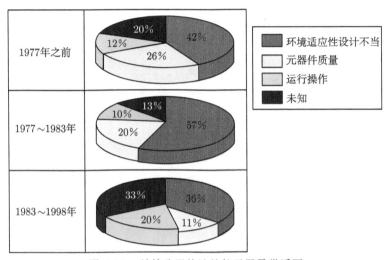

图 2-14　兰德公司统计的航天器异常诱因

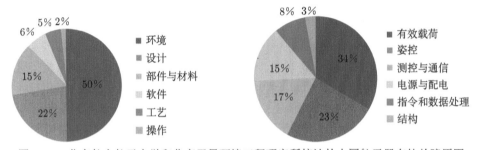

图 2-15　北京航空航天大学和北京卫星环境工程研究所统计的中国航天器在轨故障原因

1996 年、1999 年、2009 年,美国国家航空航天局 (NASA) 马歇尔太空飞行中心 (MSFC)[13]、美国 Aerospace 公司 [14,15] 进一步分析研究了不同的空间环境效应类型对航天器异常故障的贡献,他们分别分析了 1974~2009 年不等的 114 起、299 起和 476 起由空间环境诱发的航天器异常事例,认为其中单粒子效应和充放电效应导致的异常比例分别为 38.7% 和 33%、28.4% 和 54.2%,以及 46% 和 25%,如图 2-16 所示。由图 2-16 可见,单粒子效应和充放电效应始终是空间环境诱发航天器异常的两大元凶,二者相加导致了七八成的航天器异常;总剂量效应和位移损伤效应虽然是必然影响,但实际上二者导致的航天器异常较少;侵蚀效应虽然种类很多,但是其导致的航天器异常比例也相对较少。国内中国航天科技集团中国空间技术研究院 (航天五院) 总体部统计了 1997~2006 年间 "东方红三号"A-E 系列卫星累积在轨 30 余年的故障情况 [16],认为空间环境对首发星诱发的故障为 25.9 次/年、总的故障比例为 67.4%,均较高;后续的卫星进行了有针对性的改进,空间环境诱发的故障数大幅度下降,为 3.1 次/年,但是相对故障比例为 65.6%,依然较高。北京航空航天大学及北京卫星环境工程研究所，也进一步分析了 2000~2017 年中国航天器的 2593 例在轨故障中半数由空间环境所致的部分，认为 51％由单粒子效应所致、40％由充放电效应导致 [12]，即单粒子效应和充放电效应也是空间环境诱发中国航天器异常的两大元凶，该结果也示意在图 2-16 中。

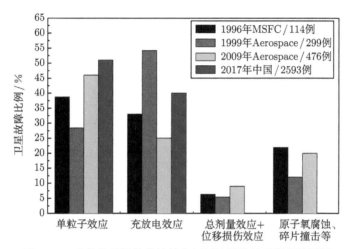

图 2-16　中美航天机构统计的空间环境诱发航天器故障原因

## 2.5　典型的空间环境诱发的航天器故障事例

近二十年，若干起典型的空间环境诱发的航天器故障事例如下所述。

**1. 被空间辐射诱发的 "小跳变" 葬送了的日本 "瞳" 卫星 [17,18]**

2016 年 2 月 17 日，日本的 "瞳" 天文卫星成功发射进入高度 580km 的 LEO。3 月 26 日，地面运控人员发现该卫星姿态出现异常，与地面断续失联。同时，地面的望远镜设施观测到该卫星周围有空间碎片出现，有专家推测其可能是受到了碎片的撞击而导致姿态异常。5 月 24 日，日本宇宙航空研究开发机构 (JAXA) 组织的事故调查委员会对外公布了该事故发生的过程。

(1) 3 月 26 日，卫星为了科学观测完成了指向主动调整。

(2) 在此前一天，卫星穿越南大西洋异常 (south Atlantic anomaly，SAA) 区，星上恒星敏感器在较强地球辐射带粒子的轰击下发生 "跳变" 而工作异常，不能获取高精度的卫星姿态数据信息。

(3) 卫星只能依赖低精度的惯性导航组件获取姿态信息。由于卫星执行了指向调整，惯性导航组件得到的卫星指向数据误差较大。

(4) 依据惯性导航组件的测量数据，卫星姿控系统误以为卫星指向发生了偏转，启动反应轮试图纠正此 "不存在" 的偏转，使得卫星真地旋转起来。

(5) 针对卫星此时真正发生的旋转，卫星姿控系统启动姿控发动机试图使卫星朝反方向旋转以恢复正常。

(6) 此时发生了最大的错误及不幸。该卫星入轨后，部分光学观测系统展开导致卫星的质心和转动惯量发生了变化，JAXA 委托技术支持公司更新了姿控发动机驱动程序，编程人员原本应将部分"负数"的绝对值 (即"正数") 输入程序，但是误将这些"负数"本身直接写入程序，并且 JAXA 未对该程序变更进行核查，直接将其上传给卫星，如图 2-17 所示。姿控发动机在该参数错误的程序驱动下异常喷射，使得卫星高速旋转并导致卫星太阳电池等脱落，卫星失去了电力供应。

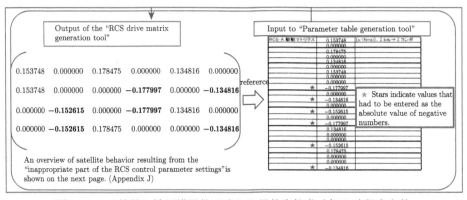

图 2-17　　"符号"被写错了的"瞳"卫星的姿控发动机驱动程序参数

可见，在此连续的事件中，SAA 区稠密的地球辐射带质子的单粒子效应导致的恒星敏感器异常触发了该事故，又因为错误的程序驱动姿控发动机"南辕北辙"地旋转，彻底葬送了该卫星。

### 2. 被空间环境"小扰动"击倒的空间环境探测器 [19]

2012 年 1 月中旬，我国某卫星成功发射进入 GEO，其上搭载的高能电子、高能质子等空间环境探测器随后开机工作，很快探测到连续两波次的中小强度太阳质子事件和一波次的较弱高能电子暴，但是之后两探测器貌似探测到了持续的极强的太阳质子事件和高能电子暴。通过与同为 GEO 的美国 GOES 卫星上类似的空间环境探测器的探测结果相比 [20]，认为该卫星的高能质子和高能电子探测器出现了探测结果"饱和"的故障，分别如图 2-18 和图 2-19 所示。利用中国科学院国家空间科学中心空间环境效应研究室的航天器充放电实验装置，模拟在该高能电子探测器附近的介质材料发生充放电现象以及其对探测器的影响，实验观测到：一旦发生放电，该高能电子探测器的输出结果就大幅增加，出现"饱和"，该故障现象的其他细节也同在轨表现一致，实验情况如图 2-20 所示。因此，该空间环境探测器被空间环境的"小扰动"击倒了。

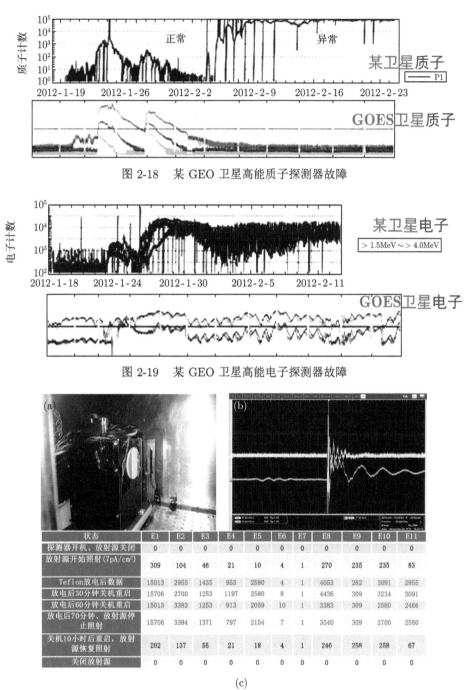

图 2-18 某 GEO 卫星高能质子探测器故障

图 2-19 某 GEO 卫星高能电子探测器故障

| 状态 | E1 | E2 | E3 | E4 | E5 | E6 | E7 | E8 | E9 | E10 | E11 |
|---|---|---|---|---|---|---|---|---|---|---|---|
| 探测器开机、放射源关闭 | 0 | 0 | 0 | 0 | 0 | 0 | 0 | 0 | 0 | 0 | 0 |
| 放射源开始照射(7pA/cm²) | 309 | 104 | 46 | 21 | 10 | 4 | 1 | 270 | 235 | 235 | 83 |
| Teflon放电后数据 | 15013 | 2955 | 1435 | 955 | 2580 | 4 | 1 | 4053 | 282 | 3091 | 2955 |
| 放电后30分钟关机重启 | 15706 | 2700 | 1253 | 1197 | 2580 | 8 | 1 | 4436 | 309 | 3234 | 3091 |
| 放电后60分钟关机重启 | 15013 | 3383 | 1253 | 913 | 2059 | 10 | 1 | 3383 | 309 | 2580 | 2466 |
| 放电后70分钟、放射源停止照射 | 15706 | 3384 | 1371 | 797 | 2154 | 7 | 1 | 3540 | 309 | 2700 | 2580 |
| 关机10小时后重启,放射源恢复照射 | 282 | 137 | 55 | 21 | 18 | 4 | 1 | 246 | 258 | 258 | 67 |
| 关闭放射源 | 0 | 0 | 0 | 0 | 0 | 0 | 0 | 0 | 0 | 0 | 0 |

(c)

图 2-20 地面模拟充放电实验复现的某 GEO 卫星高能电子探测器在轨故障 ((a) 实验中的高能电子探测器；(b) 实验产生的放电电流脉冲和电场脉冲；(c) 探测器输出结果变化情况)

**3. 被空间辐射粒子"滞留在"近地轨道的"福布斯-土壤"火星探测器** [21-23]

2011 年 11 月 9 日, 俄罗斯的"福布斯-土壤"火星探测器发射升空进入 205km×319km×51.4° 的 LEO, 预计 2 小时 49 分后探测器在轨发动机点火, 进入深空奔赴火星, 但是该操作未能正常执行, 探测器最终陨落入太平洋。俄罗斯联邦航天局历经三个月, 对外公布了事故原因调查结果: 空间重离子轰击导致探测器控制计算机用存储器 WS512K32V 出错, 是该航天事故最可能的根源 [21], 如图 2-21 左所示。

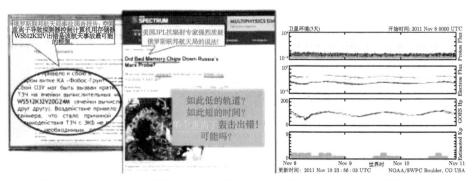

图 2-21    "福布斯-土壤"火星探测器故障 (左) 及当时的近地空间环境 (右)

针对俄罗斯联邦航天局给出的说法, NASA 喷气推进实验室 (JPL) 的抗辐射专家不以为然, 其在 *IEEE Spectrum* 上发表专访进行驳斥 [22], 如图 2-21 所示。JPL 专家质疑的理由是: "福布斯-土壤"探测器失事时, 处在如此低的轨道、仅经历了如此短的时间、当时的地球空间环境相当平静 (图 2-21 右)、发生概率极小的单个重离子轰击航天器 (即单粒子效应) 致出错, 这是难以置信的! 俄罗斯联邦航天局事故调查报告背后的细节不得而知, 而 JPL 大牌专家的质疑又基于实践经验, 是非难辨。为此, 中国科学院国家空间科学中心空间环境效应研究室进行了相关的实验与分析, 从第三者的角度尝试探究该火星探测器失效的原因 [23]。针对俄罗斯联邦航天局披露的"元凶"器件 WS512K32V, 中国科学院国家空间科学中心的专家购得此款器件, 对其进行开封装处理, 发现其内含 4 片三星公司 K6R4016V1D 芯片 (4M 位 SRAM), 如图 2-22 左所示。针对此 K6R4016V1D 芯片进行脉冲激光辐照试验, 发现其非常容易发生单粒子锁定, 阈值为 0.6MeV·cm²/mg, 饱和截面为 0.157cm², 如图 2-22 上中所示。随后又采用多种重离子进行辐照试验, 认为该芯片单粒子锁定阈值就在 0.6MeV·cm²/mg 附近, 如图 2-22 下所示。针对该探测器失事前的轨道参数, 使用了 2 只 WS512K32V 器件即 8 片 K6R4016V1D 芯片的情况, 进一步仿真分析表明, 该火星探测器在进入地球轨道后的 2 小时 49 分内可能发生了 1.1 次的单粒子锁定现象, 如图 2-22 上右所示。由于器件在轨单粒子效应发生次数的仿真预测通常有 10 倍左右的不确定性, 若预计发生了 0.1

次单粒子效应也将是非常严峻的，因此该试验和分析给出的 1.1 次单粒子锁定导致探测器失效是极有可能的！即 "福布斯–土壤" 火星探测器被空间单个粒子击倒而 "滞留" 在近地轨道并最终陨落入太平洋！

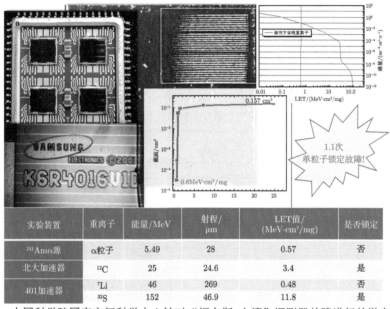

| 实验装置 | 重离子 | 能量/MeV | 射程/μm | LET值/(MeV·cm²/mg) | 是否锁定 |
|---|---|---|---|---|---|
| ²⁴¹Amα源 | α粒子 | 5.49 | 28 | 0.57 | 否 |
| 北大加速器 | ¹²C | 25 | 24.6 | 3.4 | 是 |
| 401加速器 | ⁷Li | 46 | 269 | 0.48 | 否 |
| | ³²S | 152 | 46.9 | 11.8 | 是 |

图 2-22　中国科学院国家空间科学中心针对 "福布斯–土壤" 探测器故障进行的激光试验 (上左)、重离子试验 (下) 及分析计算 (上右)

### 4. 重蹈深层充电 "父辙" 的 "银河 15 号" 卫星

2010 年 4 月 5 日，国际通信卫星组织的 "银河 15 号" 卫星出现故障，无法正常开展通信业务。中国科学院国家空间科学中心空间环境效应研究专家第一时间追踪分析了此事件。根据同处 GEO 的 GOES 卫星 [20] 每天，以及 "风云 2 号" 卫星每秒的高能电子数据分析，如图 2-23 所示，在 2010 年 4 月 5 日前后 GEO 高能电子强度持续增长，在此期间 "银河 15 号" 卫星发生故障，疑似与深层充放电有关。NOAA 空间天气预报中心的空间环境专家，以及空军研究实验室 (AFRL) 的航天器充放电专家联合对此故障进行了分析 [24]，他们综合了 GEO 的 GOES-11、GOES-14 和 GOES-15 三颗卫星不同能量段电子的瞬时探测数据，认为在 "银河 15 号" 卫星发生故障时数百千电子伏的较高能量电子通量有较强的增加，如图 2-24 所示，并且认为是这些能量电子在卫星 "浅深层" 的充电导致了此次故障。值得一提的是，早期的银河系列通信卫星 "银河 4 号" 就是最早在 1998 年被空间高能电子深层充电效应击倒的 [25]，如图 2-25 所示。也就是说，"银河 15 号" 卫星重蹈了深层充电的 "父辙"。

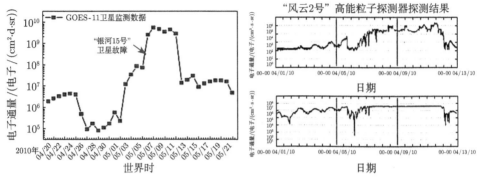

图 2-23　"银河 15 号"卫星发生故障前后的 GEO 高能电子环境

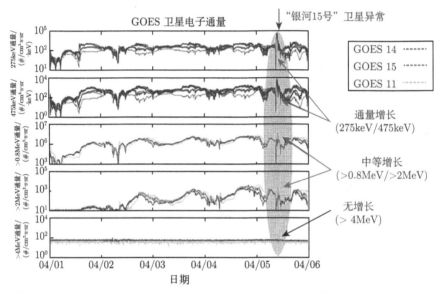

图 2-24　美国 NOAA 和 AFRL 专家分析的"银河 15 号"故障相关的空间环境数据

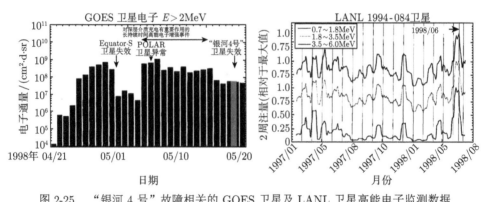

图 2-25　"银河 4 号"故障相关的 GOES 卫星及 LANL 卫星高能电子监测数据

### 5. 深受单粒子锁定困扰的"嫦娥 1 号"卫星 [26,27]

2007 年 10 月 24 日，举世瞩目的"嫦娥 1 号"卫星发射，历经两周的地–月转移轨道飞行，进入距月球表面 200km 的极轨环月轨道进行科学探测。2010 年，中国科学院国家天文台月球探测科学应用系统的科学家在《中国科学》杂志上发表文章 [26]，介绍了该月球探测器获取全月球图像的情况，指出由于"单粒子锁定"等原因，理论上28 个地球天即可获得的全月球图像直到 2008 年 7 月 1 日才获得，如图 2-26 所示。

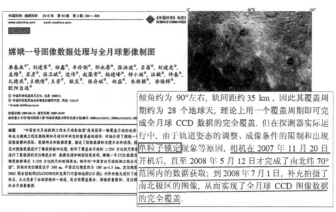

图 2-26 单粒子锁定等延误了"嫦娥 1 号"的全月球图像获得

纵观"嫦娥 1 号"奔月和环月前期 1 个月的以 GEO 为代表的近地空间环境 [20]，相对平静，偶尔的地磁扰动也难以诱发显著的单粒子效应，如图 2-27 所示。针对发生单粒子锁定故障的多台有效载荷设备，中国科学院国家空间科学中心空间环境效应研究室利用脉冲激光单粒子效应实验装置进行了快速实验，在 48 小时内即复现了该故障现象，其中关键的元凶器件是三星公司的 K6R4016C1D SRAM 芯片，随后进一步的精细实验摸清了单机电路故障的发生机制、验证了相关应对措施的有效性，如图 2-28 所示 [27]。为了验证激光实验揭示的故障现象和机制的准确性，中国科学院国家空间科学中心又利用北京大学 EN-18 小型串列加速器进行了重离子辐照实验，实验现象与激光实验完全相同，并定量获得了该器件的单粒子锁定阈值 [27]。利用实验和该芯片部分文献数据，仿真分析得到该芯片在月球轨道的单粒子锁定频次，如图 2-29 所示。考虑到该芯片在卫星上使用数量较多，预测的总的单粒子效应故障频次约为 1 次/两三天 [27]，与在轨基本一致。"嫦娥 1 号"的故障表明，之前认为在轨较难发生的单粒子锁定此时已相对较频繁了，其主要原因是器件发生单粒子锁定的阈值变得较低，之前的经验认为该阈值通常为数十 MeV·cm²/mg 以上，而 K6R4016C1D芯片的锁定阈值文献数据仅为 0.37MeV·cm²/mg，中国科学院国家空间科学中心测量到不高于 1.5MeV·cm²/mg。也就是说，"嫦娥"奔月任务深受单粒子锁定困扰。

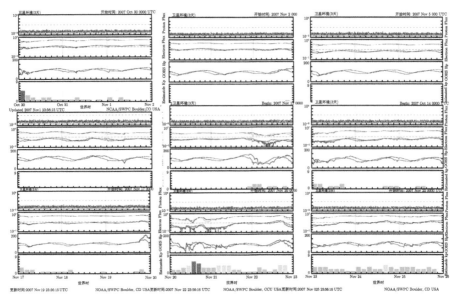

图 2-27 "嫦娥 1 号"发生单粒子锁定故障时段的近地空间环境

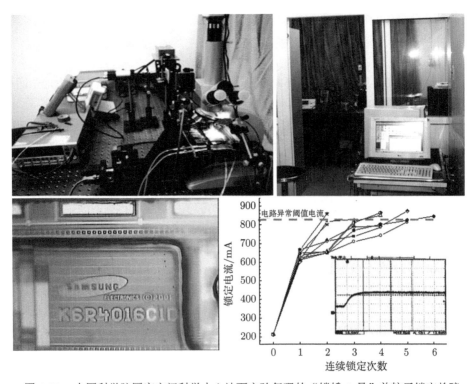

图 2-28 中国科学院国家空间科学中心地面实验复现的"嫦娥 1 号"单粒子锁定故障

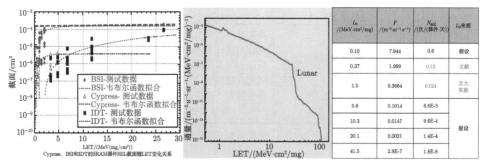

| $L_0$/(MeV·cm²/mg) | $F$/(m⁻¹·sr⁻¹·s⁻¹) | $N_{\mathrm{sel}}$/(次/(器件·天)) | $L_0$来源 |
|---|---|---|---|
| 0.10 | 7.944 | 0.6 | 假设 |
| 0.37 | 1.999 | 0.12 | 文献 |
| 1.5 | 0.3664 | 0.024 | 北大实验 |
| 3.8 | 0.1014 | 6.6E-3 | |
| 10.3 | 0.0147 | 9.6E-4 | 假设 |
| 20.1 | 0.0021 | 1.4E-4 | |
| 41.5 | 2.8E-7 | 1.8E-8 | |

图 2-29 采用实验和文献数据分析的 K6R4016C1D 芯片在月球轨道的单粒子锁定频次

相比于 "嫦娥 1 号" 两到三天 1 次的单粒子锁定故障, 前面所述的 "福布斯–土壤" 火星探测器不到 3 小时就发生的故障让 JPL 的抗辐射权威专家费解, 其根本原因是 "福布斯–土壤" 使用的 K6R4016V1D 芯片电性能较 "嫦娥 1 号" 所用的 K6R4016C1D 芯片又有了大幅度的进步, 但是其对单粒子锁定愈加敏感, 饱和截面为 $0.157\mathrm{cm}^2$, 是后者饱和截面 (约 $10^{-4}\mathrm{cm}^2$) 的 1000 倍!

6. 频繁遭受深层充放电骚扰的 "风云 2C" 卫星

2005~2008 年期间, "风云 2C" 卫星在轨出现多次的天线消旋组件失锁以及部分设备数据跳变故障。国家空间天气监测预警中心的专家分析了该卫星上的高能电子探测数据, 认为上述故障均出现在高能电子通量增强的时段[28], 如图 2-30 所示, 认为深层充放电是这些故障的诱因。该卫星的总体设计部门也对天线消旋组件的失锁故障进行了研究[29], 认为是空间的高能电子充放电导致了这些故障, 并采取了有针对性的改进措施, 如图 2-31 所示, 该故障在后续卫星上不再出现。

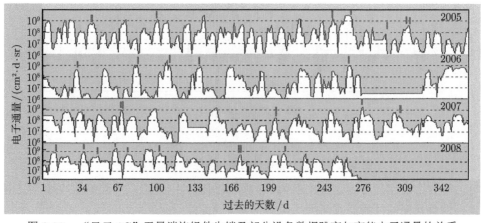

图 2-30 "风云 2C" 卫星消旋组件失锁及部分设备数据跳变与高能电子通量的关系

| 单机名称 | 在轨问题描述 | 故障定位 | 措施落实 |
|---|---|---|---|
| 消旋组件 | 多次消旋短暂失锁导致不能对地定向，与地面的通信中断。 | 高能电子造成卫星表面高负电位充电或星内深层充电，从而引发卫星静电放电，造成地球敏感器"地"中脉冲信号异常，并导致天线消旋短暂失锁。 | 对后续星的电缆设计、加工工艺和接地状态进行了充放电防护设计，电缆插头尾罩根部采取密封屏蔽处理。 |

图 2-31   "风云 2C"卫星总体部门描述的消旋组件失锁故障

### 7. 初尝深层充放电苦果的"探测双星"

2004 年 7 月 27 日起,"地球空间探测双星计划"的"探测 1 号"(近地点 555km,远地点 78051km,倾角 28°) 和"探测 2 号"(近地点 681km,远地点 38278km,倾角 90°) 两颗不同轨道卫星的十余台有效载荷设备出现复位、关机、无序切换至其他工作模式等故障,其间还观测到随卫星自旋的太阳敏感器 (SS) 接收到异常脉冲,如图 2-32 所示,更为严重的是该两颗卫星平台的四套关键设备在此时段也全部失效了,该类故障现象持续一月有余,在两颗卫星后续的服役期内还时有发生。中国科学院国家空间科学中心空间环境效应研究室的专家对该故障进行了分析[30,31],发现故障均出现在两颗卫星进出近地点的中轨道前后,而且高能电子累积注量较高,如图 2-33 所示,即与空间高能电子诱发的深层充电关联性极强。探测双星故障是中国卫星第一次在轨切实体验到深层充放电的危害!

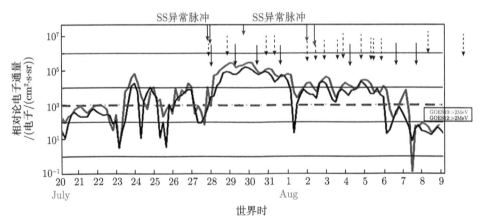

图 2-32   探测双星在轨故障与高能电子通量的关系

综合上述空间环境诱发的航天器故障事例也可以看出,单粒子效应和充放电效应的确是空间环境诱发航天器故障的两大元凶。

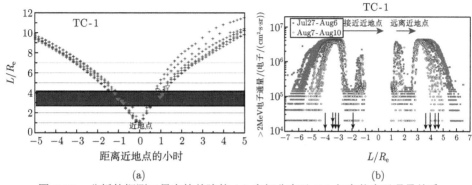

图 2-33　分析的探测双星在轨故障的 (a) 空间分布及 (b) 与高能电子通量关系

## 2.6　航天器空间环境效应防护设计总体要求

针对上述空间环境诱发的多种空间环境效应和大量航天器故障，需要在航天工程中采取多种措施应对和减缓相关危害，主要包括在航天器设计建造 (以及更早的宇航用器件与材料研制) 阶段进行有针对性的防护设计，以及在航天器在轨运行阶段及时预报可能发生的灾害性空间环境事件，指导航天器在轨调整工作模式，主动规避可能的极端空间环境条件打击。

国内外航天界针对空间环境效应的防护设计均高度重视。欧洲空间局 (ESA) 和 NASA 作为国际空间科学技术及应用发展的引领者，在航天器空间环境效应方面开展了大量研究，制定了系列的航天器设计空间环境及空间环境效应标准或技术手册，包括系统的空间环境标准，专门的抗辐射保证 (radiation hardness assurance，RHA) 标准、充放电防护设计标准等。ESA 和 NASA 空间环境及效应相关的部分标准、指南及技术手册如下所述。

➢ ECSS-E-ST-10-04C(2008.11.5)：Space Engineering—Space Environment。

➢ ECSS-E-ST-10-12C(2008.11.15)：Space Engineering—Methods for the Calculation of Radiation Received and Its Effects, and a Policy for Design Margins。

➢ NASA-TP2361(1984)：Design Guidelines for Assessing and Controlling Spacecraft Charging Effects。

➢ NASA-STD-4005(2007.6.3)：Low Earth Orbit Spacecraft Charging Design Standard。

➢ ECSS-E-ST-20-06C(2008.7.31)：Space Engineering—Spacecraft Charging。

➢ NASA-HDBK-4002A(2011.3.3)：Mitigating In-Space Charging Effects—A Guideline。

➢ ESCC 22900(1995.4)：ESCC Basic Specification: Total Dose Steady State

Irradiation Test Method。

➤ ESCC 25100(2002.10)：ESCC Basic Specification: Single Event Effect Test Method and Guidelines。

➤ ECSS-Q-ST-70-06C(2008.7.31)：Space Product Assurance—Particle and UV Radiation Testing for Space Materials。

➤ ECSS-Q-ST-60-15C(2012.10.1)：Space Product Assurance—Radiation Hardness Assurance—EEE Components。

国内航天界也日益重视航天器空间环境效应防护设计。2000 年 9 月，中国航天科技集团某院颁布第 3 号院长令，要求 "必须下大力做好环境影响分析和环境防护设计"。2012 年 7 月，中国航天科技集团某院颁布第 5 号院长令，"全面实施宇航系统产品保证工作"，要求从 "质量保证，可靠性保证，安全性保证，**空间环境适应性保证**，电气、电子和机电 (EEE) 元器件保证，材料与机械及工艺保证，软件产品保证，地面设备保证" 八个方面全面开展宇航产品质量保证工作，即首次单独地明确提出 "空间环境适应性保证" 的工作要求。国内也制定了若干个具体的空间环境及效应的相关标准。

总体上讲，航天器设计相关的空间环境适应性保证主要从空间环境危害评估、防护设计，以及设计检验三方面开展，通过分析、仿真及试验以科学地评估产品可能遭遇的空间环境风险，采取有针对性的措施从材料、器件、部件、单机、软件、系统等多层次进行防护设计，采用分析、试验、审查等方式检验产品的空间环境适应性设计是否达到要求，如图 2-34 所示。抗辐射设计是空间环境适应性设

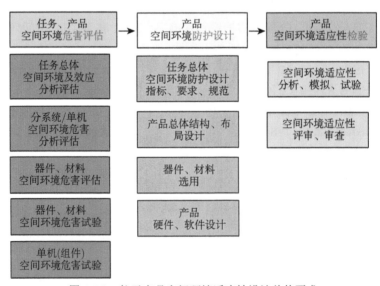

图 2-34　航天产品空间环境适应性设计总体要求

计中最主要的内容，其在任务总体设计、具体技术分系统、单机、所采用的器件等各个层次均有所体现 [32]，如图 2-35 所示。图 2-36 的航天器产品抗辐射设计流程，包括空间任务辐射危害分析评估，空间任务抗辐射总体指标、要求和测试考核要求的确定，分系统和单机防护要求及设计，元器件抗辐射选用及辐照试验，电路系统抗辐射设计，抗辐射考核试/检验，抗辐射设计验收等 7 个环节 [33,34]，与图 2-34 的总体要求是相呼应的，细化了其中的专业技术工作。

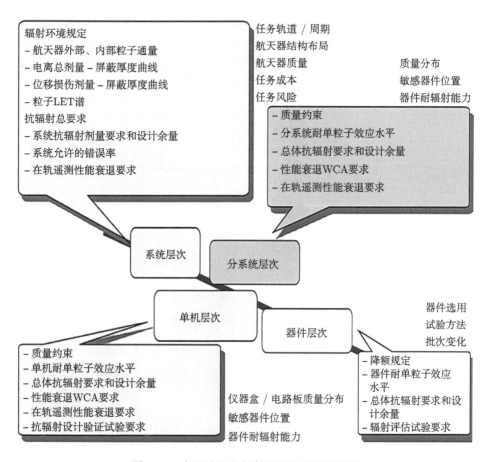

图 2-35　航天产品抗辐射设计的多层次要求

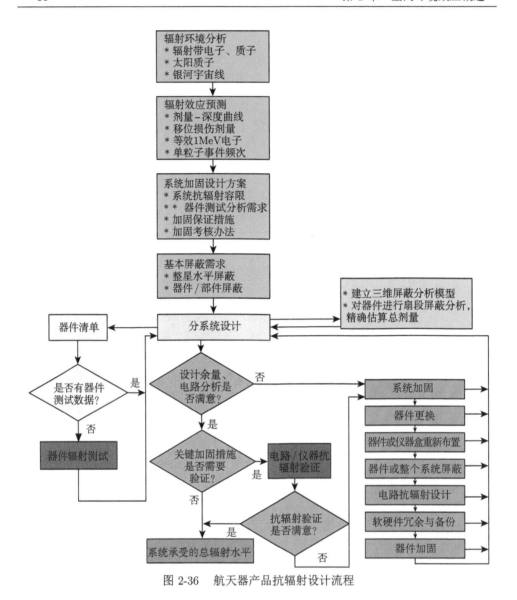

图 2-36   航天器产品抗辐射设计流程

## 2.7   与空间环境研究应用相关的坐标系

本书主要从近地航天器的角度描述表征空间环境及效应，需要知道和利用近地航天器在轨以及特定空间的坐标位置，需要利用合适的参考坐标系来表征空间环境及效应的空间分布，主要有地理坐标系和磁层坐标系。

描述地球表面及其附近物体位置的地理坐标系主要是地心赤道坐标系，其以地心为原点,以赤道面为基准面,通过地心距 $r$(或者距离地表高度 $h$)、纬度 LAT 和经度 LON 来表征。对于一个运行在地球轨道空间的航天器来说,通常利用该地心赤道坐标系采用 6 个轨道根数来确定其轨道及具体位置,如图 2-37 所示。近地点高度 $P$ 及远地点高度 $A$,确定了轨道的大小及形状 (圆或者椭圆)。轨道倾角 $i$ 是轨道面与赤道面的夹角;航天器从南半球向北半球飞行时,飞行轨迹与地球赤道面的交点称为升交点 $N$,每年 3 月 21 日前后太阳由天球的南半球通过天赤道进入北半球的点称为春分点 $\gamma$,过升交点 $N$ 的赤经圈与过春分点 $\gamma$ 的赤经圈在天赤道上所夹弧度角 $\Omega$ 称为升交点赤经;通过 $i$ 和 $\Omega$ 确定了航天器轨道面在空间的方位。近地点与升交点的张角称为近地点幅角 $\omega$,其确定了近地点在轨道面的位置。卫星实际位置与近地点的张角称为真近点角 $\theta$,其确定了航天器瞬间在轨道面的位置。通过上述六根数可以计算确定航天器沿轨迹飞行经历的系列高度、纬度和经度位置。

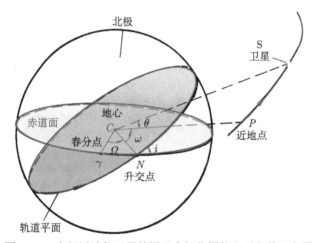

图 2-37　表征近地航天器轨道及空间位置的主要参数示意图

如图 2-38(a) 上所示,是初始轨道根数为近地点高度 350km、远地点高度 36000km、倾角 98°、近地点幅角 90°、升交点赤经 0°、真近点角 0° 的航天器,在轨飞行投影在地球经纬度上的星下点轨迹,以及在空间真实轨迹的示意图。

被地磁场捕获的辐射带带电粒子沿着磁力线做三种运动:围绕磁力线回旋运动,沿磁力线南北弹跳,以及垂直磁力线东西漂移,如图 2-39 所示。辐射带粒子的长时间弹跳与漂移使得组成同一漂移面 (也称为 "磁壳") 的各条磁力线上的粒子以同样的强度沿磁力线分布,即形成了覆盖地球上空一定区域的辐射带[35,36]。磁层坐标系就是考虑近地空间地磁捕获带电粒子的形成过程及特性主要受地磁场控制这一特性,根据地磁场特征确定的坐标系,能够简洁地描述磁层捕获带电粒子的空间分布特性，主要是 *B-L* 坐标系，它是由麦克伊尔文 (C. E. Mcllwain) 在 1961 年为描述地球辐射带粒子分布而引入的[37]。在地球磁赤道面上的磁壳距离地心的平均距离 $L$，是表征磁壳的重要参数之一，通过该参数就将辐射带粒子的三维空间分布简化为在磁壳上的二维分布。在特定磁壳上沿着磁力线的方向上，各点的粒子强度与该点的磁场强度 $B$ 有关联，并且将该磁场强度与磁赤道面的磁场强度 $B_0$ 进行归一化为 $B/B_0$，该归一化的磁场强度是表征磁壳上粒子强度空间分布的另一重要参数。这样辐射带粒子强度在近地空间的分布就可以用表征各漂移面的磁壳参数 $L$ 和归一化磁场强度 $B/B_0$ 来描述了，称为 *B-L* 坐标。

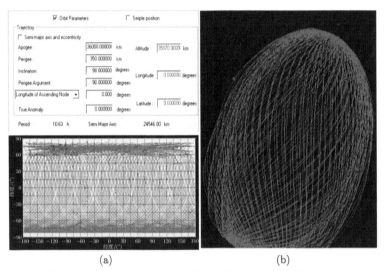

| (a) | (b) |

图 2-38　某近地航天器 (a) 星下点及 (b) 空间轨迹示意图

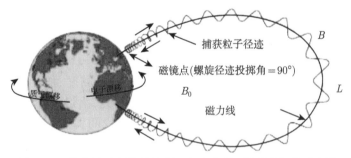

图 2-39　带电粒子在地磁场中运动及形成辐射"带"的示意图

利用上述近地航天器的六根数，首先可以计算确定航天器某时刻在地心坐标系中的地理位置 (高度、纬度、经度)；进一步结合适当的地磁场模型数据，计算出该位置的相对地磁场强度 $B/B_0$ 以及距离地磁偶极子中心的距离 $R$；最后，利用公式 (2-1)，计算得到对应的磁壳参数 $L$。这样就获得了航天器沿轨迹经历的系

列 $B$-$L$ 坐标位置。

$$(B/B_0)^2(R/L)^6 - (4 - 3R/L) = 0 \qquad (2\text{-}1)$$

图 2-40 是轨道高度 400km、倾角 98° 的某一航天器的空间轨迹、星下点，以及 $B$-$L$ 坐标位置示意图。图 2-40 中 $B/B_0$ 数值 1 附近的位置是磁赤道，数值更大的位置是中高纬度区域；图中 $L$ 值接近于 1 同时 $B/B_0$ 在 1 附近的区域是磁赤道附近区域，更大的 $L$ 值同时对应着更大的 $B/B_0$ 值的位置是中高纬度地球磁壳，类似于赤道面上距离地心更远的磁壳。

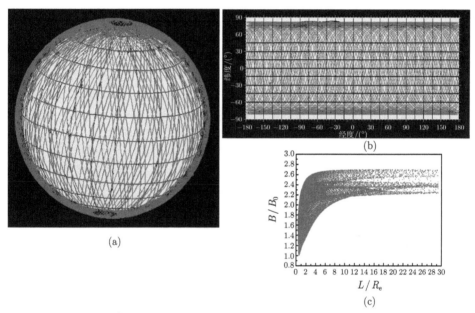

图 2-40　某一航天器的 (a) 空间轨迹、(b) 星下点及 (c)$B$-$L$ 坐标位置示意图

# 习　　题

1. 收集、整理相关的由空间环境诱发的航天器故障事例 (最好与本书所述内容不同，或者在其基础上有所深化)，分析其故障现象、相关联的空间环境效应及航天器技术系统情况，阐述从中得到的结论、建议或启发。

2. 对航天器相关的空间环境、空间环境效应进行简明分类；简要阐述与航天器相关的空间环境的特点及其对航天器作用影响机制的要点；分析空间环境诱发的航天器故障的统计规律，探究可能的原因。

# 参 考 文 献

[1] MacDonald M, Badescu V. The International Handbook of Space Technology. Garrett H B. Charpter 3, Space Environments and Survivability. New York: Springer Praxis Books, 2014.

[2] Sayil S. Space radiation effects on technology and human biology and proper mitigation techniques. Texas Space Grant Consortium(TSGC) Higher Education Grant Final Report, 2010.

[3] Ryden K A, Morris P A, Ford K A, et al. Observations of internal charging currents in medium earth orbit. IEEE Transactions on Plasma Science, 2008, 36(5): 2473-2481.

[4] Jursa A. Handbook of Geophysics and the Space Environment. NTIS Document, Accession No. AD-A167000: AF Geophysics Laboratory, USAF, 1985.

[5] American Society for Testing and Materials, Committee E21 on Space Simulation and Applications of Space Technology. Standard solar constant and zero air mass solar spectral irradiance tables. ASTM International, 2006.

[6] Atmosphere. US Standard. National Oceanic and Atmospheric Administration, National Aeronautics and Space Administration, United States Air Force, Washington DC, 1976.

[7] 都亨, 张文祥, 庞宝君, 等. 空间碎片. 北京: 中国宇航出版社, 2007.

[8] Committee for the Assessment of NASA's Orbital Debris Programs, National Research Council. Limiting Future Collision Risk to Spacecraft: An Assessment of NASA's Meteoroid and Orbital Debris Programs, 2011.

[9] 王长河. 单粒子效应对卫星空间运行可靠性影响. 半导体情报, 1998, 35(1): 1-8.

[10] Liam P S. The Cosmos on Shoestring: Small Spacecraft for Earth and Space Science. Santa Monica, California: RAND Corporation, 1998: 119.

[11] Ecoffet R. On-orbit anomalies: Investigations and root cause determination//7th European Space Weather Week, Brugge, Belgium, 2010.

[12] Ji X Y, Li Y Z, Liu G Q, et al. A brief review of ground and flight failures of Chinese spacecraft. Progress in Aerospace Sciences, 2019, 107: 19-29.

[13] Bedingfield K L, Leach R D, Alexander M B. Spacecraft system failures and anomalies attributed to the natural space environment// NASA Reference Publication 1390, 1996.

[14] Koons H C, Mazur J E, Selesnick R S, et al. The impact of the space environment on space systems. Aerospace Report TR-99(1670)-1, 1999.

[15] Mazur J E, Likar J J, Fennell J F, et al. The timescale of surface charging events. Presentation to the 2011 Space Weather Workshop, 2011.

[16] 赵海涛, 张云彤. 东方红三号系列卫星在轨故障统计分析. 航天器工程, 2007, 16(1): 33-37.

[17] Hitomi Experience Report: Investigation of anomalies affecting the X-ray astronomy satellite "Hitomi" (ASTRO-H), JAXA, 2016. https://global.jaxa.jp/projects/sat/astro_h/files/topics_20160531.pdf.

[18] Witze A. Software error doomed Japanese Hitomi spacecraft. Nature, 2016, 533: 18.

[19] Wang J L, Zhang Z L. The ground simulation of spacecraft discharge impacts on the space environment detectors. IEEE Transactions on Plasma Science, 2016, 44(7): 1247-1253.

[20] ftp://ftp.swpc.noaa.gov/pub/. [2007-11-28].

[21] http://www.roscosmos.ru/18126/. [2012-02-15].

[22] http://spectrum.ieee.org/aerospace/space-flight/did-bad-memory-chips-down- russias-m-ars-pbobe. [2012-02-16].

[23] 韩建伟, 封国强, 余永涛, 等. K6R4016V1D 芯片在低地球轨道发生单粒子效应频次的分析. 空间科学学报, 2015, 35(1): 64-68.

[24] Dale C F, William F D, Juan V R. Plasma conditions during the galaxy 15 anomaly and the possibility of ESD from subsurface charging//49th AIAA Aerospace Sciences Meeting including the New Horizons Forum and Aerospace Exposition, Orlando, Florida, 2011: 1-14.

[25] Baker D N, Allen J H, Kanekal S G, et al. Disturbed space environment may have been related to pager satellite failure. EOS, 1998, 79(40), 477-492.

[26] 李春来, 刘建军, 任鑫, 等. 嫦娥一号图像数据处理与全月球影像制图. 中国科学: 地球科学, 2010, 40(3): 294-306.

[27] 韩建伟, 张振龙, 封国强, 等. 单粒子锁定极端敏感器件的试验及对我国航天安全的警示. 航天器环境工程, 2008, 25(3): 263-268.

[28] 薛炳森. 灾害性空间环境事件预报方法研究. 合肥: 中国科学技术大学, 2009.

[29] 周飞, 李强, 信太林, 等. 空间辐射环境引起在轨卫星故障分析与加固对策. 航天器环境工程, 2012, 29(4): 392-396.

[30] Han J W, Huang J G, Liu Z X, et al. Correlation of double star anomalies with space environment. Journal of Spacecraft and Rockets, 2005, 42(6): 1061-1065.

[31] 黄建国, 韩建伟. 航天器内部充电效应及典型事例分析. 物理学报, 2010, 59(4): 2907-2913.

[32] Poivey C. Radiation Hardness Assurance for Space Systems. IEEE NSREC 2002 Short Course, 2002.

[33] 朱文明. 卫星抗辐射加固分析. 航天器工程, 1995, 4(3): 51-58.

[34] 范景德. 对卫星抗辐射加固保证大纲的探讨. 原子能科学技术, 1997, 31(3): 272-277.

[35] Stassinopoulos E G, Raymond J P. The space radiation environment for electronics. Proceedings of the IEEE, 1988, 76(11): 1423-1442.

[36] Spjeldvik W N, Rothwell P L. The earth's radiation belts. Rep. AFGL-TR-83-0240, Hanscom AFB, MA, 1983.

[37] Mcllwain C E. Coordinates for mapping the distribution of magnetically trapped particles. J. Geophys. Res., 1961, 66(11): 3681-3691.

# 第 3 章  空间辐射环境

空间辐射环境主要是指传递其能量给航天器用物质，导致各类辐射效应的粒子及射线。对于近地航天器而言，其遭受的辐射环境主要是指银河宇宙线、太阳宇宙线、地球辐射带粒子等能量较高的空间带电粒子。上述空间带电粒子经过与航天器结构、部件、设备等的阻挡作用后进入航天器舱内，形成 X 射线、中子等舱内的次级辐射粒子。另外，从对航天器物质产生辐射效应的角度来说，对航天器暴露材料造成辐射退化的还有太阳紫外线，即较高能量的电磁辐射，也可称为广义的空间辐射环境之一，该部分内容在第五部分：航天器暴露部件材料侵蚀效应中介绍。

## 3.1  带电粒子的表征

为了描述带电粒子的特性，通常需要用到一些参数及对应的单位，在此进行简单介绍。

(1) **能量 ($E$)**。

➤ 对于带电粒子，通常利用电子伏 (eV) 作为基础单位来表征其能量 ($1\text{eV} = 1.602 \times 10^{-19} \text{J}$)，常用单位有 keV、MeV、GeV 等。

➤ 对于包含多种类型粒子的宇宙线来说，用粒子的质量数 (亦即所含的核子数) 对其总能量进行归一化，得到单位质量数 (单位核子数) 能量的不同粒子具有较一致的特征，此时常见的能量单位为 MeV/n、GeV/n 等，或者 MeV/amu、GeV/amu，其中 n 和 amu 分别为粒子的核子数或者原子质量数。

(2) **强度**：粒子数量的多少。

➤ 密度 ($\rho$)：单位体积内的粒子数量，常用单位为粒子/$\text{cm}^3$。

➤ 通量 (flux, $f$)：单位时间通过单位面积的粒子数量，常用单位为粒子/($\text{cm}^2 \cdot \text{s}$)。其相对于粒子密度，主要突出粒子的流动性，二者之间的关系为 $f = \rho \cdot v$，$v$ 是粒子相对于参考面的速度。粒子密度与通量两种强度并存的表示方法，常见于空间等离子体及原子氧等环境。

➤ 注量 (fluence, $F$)：一定时间 $t$ 内注入单位面积的粒子数量，$F = \int_0^t f \, \mathrm{d}t$，常用单位为粒子/$\text{cm}^2$。

(3) **积分/微分强度**：某参数所有范围内/某参数一定范围内的粒子数量。

➤ 能量积分强度：根据空间环境探测的实际，得到的能量高于 $E_1$ 的所有粒子的强度 $F(E > E_1)$，单位与普通的强度单位相同。

➤ 能量微分强度：根据空间环境探测的实际，得到的能量在 $(E_1, E_2)$ 区间、单位能量间隔内的粒子的强度，$f(E_1, E_2) \approx \dfrac{F(E_1) - F(E_2)}{E_2 - E_1}$，单位为普通强度单位/能量单位，比如粒子数/$(\mathrm{cm^2 \cdot s \cdot MeV})$；相对应地，能量积分强度 $F(E_1) = \displaystyle\int_{E_1}^{E_{\max}} f(E)\mathrm{d}E$，$E_{\max}$ 为最大能量。

➤ 方向积分强度：根据空间环境探测的实际，得到的空间一定范围指向及立体角 $\Omega(\theta, \phi)$ 内的所有粒子的强度 $F(\Omega)$，通常有半空间 $(0° \sim 90°, 0° \sim 360°)$、全空间 $(-90° \sim 90°, 0° \sim 360°)$ 以及探测器特定张角内的积分强度，单位与普通的强度单位相同。

➤ 方向微分强度：根据空间环境探测的实际，得到的某一特定指向 $(\theta, \phi)$ 单位立体角内的粒子强度 $f(\theta, \phi)$，单位为普通的强度单位 $\mathrm{sr}^{-1}$；相对应地，方向积分强度 $F(\Omega) = \displaystyle\int_{\theta}\int_{\phi} f(\theta, \phi)\mathrm{d}\Omega$.

## 3.2  银河宇宙线

### 3.2.1  银河宇宙线成分及能谱

银河宇宙线 (galactic cosmic ray, GCR) 是来自太阳系外能量极高而通量极低的带电粒子。银河宇宙线成分几乎包含了地球元素周期表中的所有元素，各成分的粒子通量随原子序数增大而总体上呈减小趋势，原子序数大于 26 的重离子丰度骤

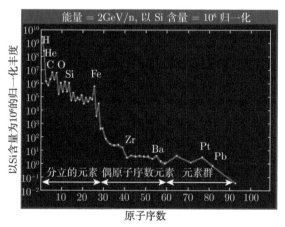

图 3-1　银河宇宙线成分谱

然降低，如图 3-1 所示 [1]。银河宇宙线主要成分中，质子约占 85%，α 粒子约占 14%，而其他重核成分只占 1% 左右，其中 C、O、Si、Fe 等几种核素粒子强度相对较高。银河宇宙线的能谱范围很宽，能量为 $10^7 \sim 10^{20}$eV，通量约为几个粒子/(cm$^2$·s)。在日球层外的星际空间，银河宇宙线基本上被认为是强度稳定且各向同性的，近地空间的初始银河宇宙线被认为是 1AU 处的粒子。银河宇宙线中各粒子的能谱整体上具有相似的 "单驼峰" 形状，即强度在 500MeV/n 附近存在峰值，随后强度随着能量的增高而呈指数衰减，如图 3-2 所示 [2]；在数十兆电子伏的低能量段，强度随能量减小而有一定程度的增大，呈现 "袋状" 分布；对航天器有影响的宇宙线粒子在峰值前后以及到几十 GeV/n。

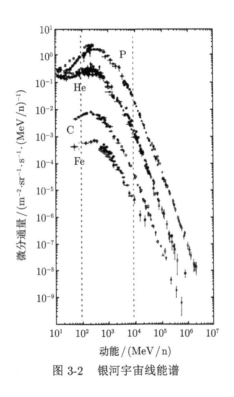

图 3-2　银河宇宙线能谱

## 3.2.2　银河宇宙线模型

目前国际上有若干个成熟的银河宇宙线模型，它们分别给出了银河宇宙线各粒子成分能谱的经验性解析表达式。例如，以美国海军实验室 (NRL) 为主开发的 CREME96(Cosmic Rays Effects on Micro-Electronics)[3,4]，其包含了多种情形下的银河宇宙线及太阳宇宙线能谱，计算银河宇宙线通常采用其中的 $M = 3$ 情形，即置信度 90% 的恶劣银河宇宙线；还有国际标准化组织 (ISO) 采用俄罗斯莫斯科大学的研究成果制定的 ISO15390 银河宇宙线模型 [5,6]，利用它们能够计算得到银河宇宙线中 1~92 号元素粒子在太阳活动高年及低年的能谱分布。

图 3-3 所示为利用 CREME96 模型计算的太阳活动高年和低年时银河宇宙线 H、He 和 O 成分的能谱，低年的通量约为高年通量的 2 倍，数 GeV/n 以上的高能段则两者差异不大。

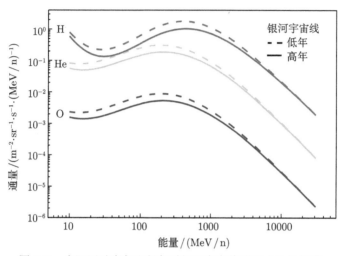

图 3-3　太阳活动高年和低年时银河宇宙线不同成分的能谱

### 3.2.3　太阳活动对银河宇宙线的调制

进入日球层后，银河宇宙线会受到太阳风和行星际磁场的排斥作用，能谱中的低能粒子强度会有所削弱。因此，太阳活动对银河宇宙线的强度有明显的约 11 周年的调制作用，太阳活动高年时银河宇宙线通量相对较低。这种调制变化与宇宙线的能量有关，高能粒子受到的影响较小。图 3-4 是地面中子堆探测到的次级宇宙线中子强度与太阳黑子数的对应关系 [7]，前者与外太空的宇宙线强度正相关，后者与太阳活动活跃程度正相关，可见二者是负相关的，即太阳活跃时宇宙线强度低。

具体描述太阳活动对银河宇宙线强度的调制系数 $M$，可针对类似于图 3-4 的地面中子堆中子强度探测数据随数十年探测年份 $t$ 的关系进行拟合，发现有类似于公式 (3-1) 的正弦函数关系 [3]，文献 [3] 给出了相对参考年份 $t_0 = 1950.06$ 的拟合关系：

$$M = A\sin[2\pi/10.9(t - t_0)] + B \tag{3-1}$$

其中，$A = \dfrac{1}{2}(F_{\min} - F_{\max})$，$B = \dfrac{1}{2}(F_{\min} + F_{\max})$，$F_{\min}$ 和 $F_{\max}$ 分别为考察时间

邻近年份的银河宇宙线粒子强度的最小和最大值。

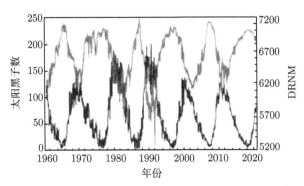

图 3-4　地面中子堆探测的次级宇宙线中子强度 (下) 和太阳黑子数 (上) 的关系

### 3.2.4　地磁场对银河宇宙线的调制

　　进入近地空间的银河宇宙线带电粒子会受到地磁场偏转的调制。为了表征银河宇宙线粒子穿越地磁场到达地球轨道的能力，引入带电粒子磁刚度参数 $R$，其表达式如公式 (3-2) 所示，其中，$A$ 为粒子的质量数，$P$ 为粒子每核子动量，$c$ 为光速，$Z$ 为粒子的原子序数亦即电荷数 (高速的银河宇宙线粒子通常是全电离的离子)，$e$ 为电子电荷，即磁刚度与粒子的动量、质量/电荷比正相关。若粒子动量 $P$ 的单位采用 $(GeV/n)/C$，则磁刚度 $R$ 的单位为 GV。带电粒子单核子能量 $E(GeV/n)$ 与其磁刚度 $R(GV)$ 之间的关系如公式 (3-3) 所示，其中 $E_0$ 是质子静止能量，为 0.938GeV。因此，带电粒子能量越高、动量越大、磁刚度越大，则越能够克服地磁场的偏转而进入高度及纬度更低的近地空间。

$$R = PcA/Ze \tag{3-2}$$

$$E = [(ZeR/A)^2 + E_0^2]^{1/2} - E_0 \tag{3-3}$$

　　对于近地空间的某一特定位置而言，若宇宙线粒子的磁刚度 $R$ 低于某一数值，其就难以从无穷远处由远至近克服重重地磁场的偏转到达该处。这样，该磁刚度限值就成为表征该空间位置受到其外地磁场对带电粒子屏蔽程度的参数，称为地磁截止刚度 (cutoff rigidity)，亦即刚度低于此数值的宇宙线粒子会被截止而不能到达该特定位置。宇宙线粒子垂直某一特定位置磁力线方向到达该处的截止刚度称为垂直截止刚度，反映了磁场对带电粒子的最强偏转能力。计算垂直截止刚度时通常采取反向思维，即假设从某点垂直该处磁力线方向发射一定刚度的粒子，考虑此位置之外的地磁场的偏转作用，利用蒙特卡罗方法跟踪此粒子的径迹，看其最终是否能够飞出地球磁场而到达无穷远处，确定能够飞向无穷远的带电粒子的最小刚度，即为垂直截止刚度。可见，该计算非常耗时。工程实际应用时，可利用真实的国际地磁场参考模型 (IGRF)，采用蒙特卡罗粒子追迹法计算获得特定高度 (如 400km) 的全球一定经纬度网格点的垂直截止刚度 $R_{CV,400}$，再利用公式 (3-4) 所示的偶极子磁场近似的截止刚度理论公式 [8,9]，差值得到其他高度、其他角度的截止刚度 $R_c$。公式 (3-4) 中，$\lambda$ 为考察点的地磁纬度；$\varepsilon$ 为考察点的天顶角；$\xi$ 是考察点相对于北磁轴顺时针的方位角；$r$ 为考察点离地心的距离。进一步考虑到达地表高度 $h$ 位置的粒子受到半径为 $R_e$ 全的地球遮挡时的几何因子 $\Omega$，如公式 (3-5) 所示 [3]。以上所述均为地磁平静时的情况，发生地磁暴时，地球磁层环电流会导致赤道区域磁场减弱约 0.01 高斯 (Gs，$1Gs=10^{-4}T$) 和整个地磁场的扰动，从而使得地磁暴时地磁截止刚度 $R_{storm}$ 减小，如公式 (3-6) 所示 [3]。

$$R_c = (59.6\cos^4\lambda)/\{r^2[1+(1-\sin\varepsilon\sin\xi\cos^3\lambda)^{1/2}]^2\} \tag{3-4}$$

$$\Omega = 2\pi\{1-[(R_e+h)^2-R_e^2]^{1/2}/(R_e+h)\} \tag{3-5}$$

$$R_{storm} = R_c(1-0.54e^{-R_c/2.9}) \tag{3-6}$$

图 3-5 是近地空间地磁场及 400km 高度地磁场的分布示意图。图 3-6 是考虑 400km 之外的地磁场由远及近的偏转，计算得到的 400km 高度的垂直截止刚度分布。

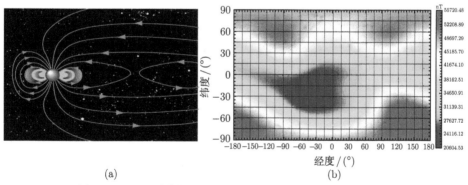

图 3-5　(a) 近地空间及 (b) 400km 高度地磁场的分布示意图

航天器在轨飞行时，会经历不同高度、经纬度空间位置，为了考察银河宇宙线粒子到达具体的航天器轨道的情况，需要对整个轨道的截止刚度以及对带电粒

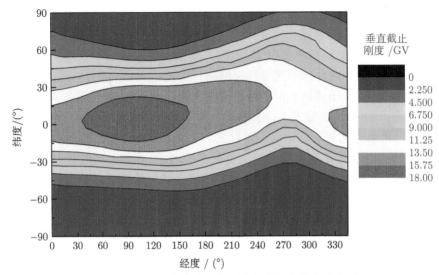

图 3-6　400km 高度地磁场垂直截止刚度分布示意图

子的偏转阻挡作用进行综合分析计算。通常的做法是：① 由六根数参数计算得到航天器沿该轨道飞行经过的系列高度、纬度及经度位置 (Alt，Lat，Lon)，进一步利用上述计算得到对应的地磁截止刚度 $R_c$(Alt，Lat，Lon)；② 粒子磁刚度 $R$(对应不同荷质比、不同能量) 大于 $R_c$ (Alt，Lat，Lon) 的银河宇宙线粒子能够 100% 到达该位置，否则不能到达该点 (0%)，据此得到不同磁刚度 $R$ 的银河宇宙线粒子输运到达轨道每一位置的强度比例系数，称为地磁传输系数 GT($R$，Alt，Lat，Lon)；③ 对沿着多圈次轨道覆盖空间所有位置 (Alt，Lat，Lon) 的 GT($R$) 数据进行统计，就得到不同磁刚度 $R$ 的银河宇宙线粒子到达整个轨道空间的地磁传输系数 GT($R$)。

　　图 3-7(a) 是倾角均为 23° 时不同高度圆轨道的粒子地磁传输系数与磁刚度的关系。对于低高度，地磁场屏蔽效果突出，地磁传输系数均较小，粒子磁刚度越小则地磁传输系数越小，充分表明了地磁场对低能量宇宙线的屏蔽作用。对于 36000km，以及 80000km 和 384000km 的月球轨道，地磁场仅屏蔽掉了磁刚度小于 0.4GV 的低能量粒子，高于该磁刚度的粒子几乎 100% 传输到了该高度轨道，即高轨道航天器遭受了绝大多数银河宇宙线粒子的轰击。图 3-7(b) 是高度 400km 时不同倾角圆轨道的粒子地磁传输系数与磁刚度的关系，同样，地磁刚度越小则地磁传输系数越小；显著不同的是，随着倾角的增大，小刚度粒子的地磁传输系数明显增大，表明宇宙线粒子易于从高纬度区域进入地球空间。

　　计算获得了具体航天器轨道空间统计的粒子地磁传输系数后，针对图 3-2、图 3-3 所示的行星际不同成分及不同能量的银河宇宙线，将其能谱折算成刚度谱

(刚度–通量);结合具体轨道空间的粒子地磁传输系数 (刚度–传输系数),对二者进行相乘运算就得到到达该轨道的粒子刚度谱 (刚度–通量);再将刚度还原为粒子成分及能量,就得到了穿越地磁场的阻挡后到达该轨道统计平均的不同成分的宇宙线粒子能谱 (能量–通量)。

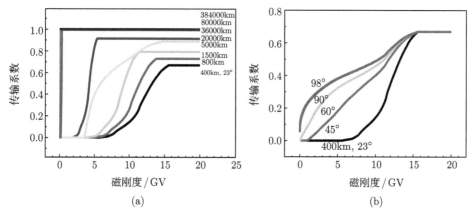

图 3-7    (a) 不同高度和 (b) 不同倾角的航天器轨道的粒子地磁传输系数–磁刚度关系

图 3-8 为到达 23° 和 98° 两类倾角不同高度轨道的银河宇宙线质子能谱。对于低倾角轨道,高度越高,则有更低能量的质子能够克服地磁场的阻挡到达轨道空间,对于常见的 GEO,绝大部分能量的质子均能到达,所受的辐射危害与行星际航天器相差无几。对于高倾角轨道,由于极区磁场对带电粒子的阻挡较弱,所有能量的质子能够到达所有高度,只是随着高度的增加,有越来越多的范围更大的低能量质子到达;无论轨道高度及倾角高低,10GeV 以上的质子基本上无较大差异地到达各个轨道,但由于其数量较少,对航天器的影响相对较弱。

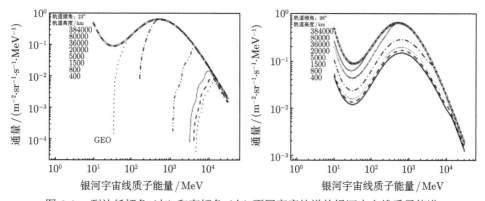

图 3-8    到达低倾角 (左) 和高倾角 (右) 不同高度轨道的银河宇宙线质子能谱

# 3.3  太阳宇宙线

## 3.3.1  太阳宇宙线成分及能谱

太阳宇宙线 (solar cosmic ray, SCR) 是太阳发生耀斑时发射出的高能带电粒子流，包含各种成分的离子，其中绝大部分是质子，因此又称为太阳质子事件 (solar proton event, SPE)。太阳宇宙线粒子的能量一般从数十兆电子伏到数十吉电子伏 (GeV)，强度随能量呈指数下降。虽然太阳宇宙线能量范围没有银河宇宙线宽，但在对航天器有重要影响的 100MeV 附近的范围内，它的通量要比银河宇宙线通量高几个数量级。

## 3.3.2  太阳宇宙线与太阳活动的关系

太阳质子事件与太阳活动有着密切的关系，呈现出以 11 年为周期的活动规律。太阳活动高年附近，太阳爆发活动频率高，质子事件每年可达十几次，太阳宇宙线的通量以及累积注量也会更高。图 3-9 是统计的 1954～2010 年，即太阳活动第 19～24 周期内，能量大于 10MeV 和 30MeV 的太阳质子强度随年代的分布关系，其中图 (a) 还给出了质子事件次数以及事件期间的质子注量与表征活动程度的太阳黑子数的关系，可见质子事件发生次数及太阳质子强度均与太阳活动呈正相关关系[10]；图 (b) 给出了小时平均的质子通量随年代的变化关系，也呈现明显的周期性变化[11]。

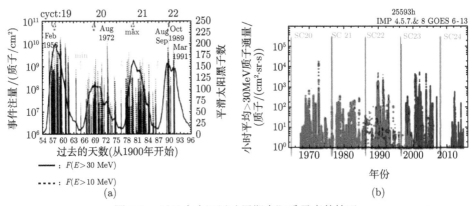

图 3-9  近几个太阳活动周期太阳质子事件情况

## 3.3.3  太阳宇宙线模型

航天工程上为了描述太阳质子事件及其影响，通常采用瞬时质子事件和长期统计质子事件两类模型，均是指近地空间 1AU 处的太阳高能粒子。

瞬时质子事件模型用以评估太阳宇宙线的瞬时影响，如单粒子效应，主要是根据观测到的典型质子事件的历史数据，梳理出若干强度大、能谱硬的典型瞬间的质子及重离子能谱，以作参考使用，如图 3-10 为 1956~1990 年几次大规模太阳质子事件的累积注量能谱[12]。航天工程上目前常用的瞬时质子事件模型主要是 CREME96 模型[3,4] 中以 1989 年 9 月的太阳质子事件为基础的最坏 5 分钟、1 天、7 天情形下的太阳宇宙线质子及重离子能谱，以及早期的 1972 年遭遇的恶劣太阳质子事件能谱。

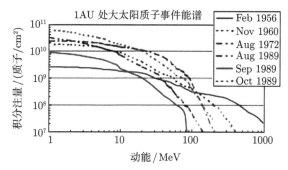

图 3-10　1956 至 1990 年几次大规模太阳质子事件的能谱

长期统计的质子事件模型用以评估太阳宇宙线的长时间影响，如总剂量效应和位移损伤效应等，主要是依据多个太阳活动周期大量的质子事件发生次数、质子能谱的统计数据，给出一定任务周期内，对应着不同的太阳活动周期时段，累计遭受的一定置信度的质子注量情况。航天工程常用的模型有 JPL 实验室开发的 JPL91 模型[13,14] 和 ESA 开发的 ESP(Emission of Solar Proton) 模型[15,16]。

### 3.3.4　地磁场对太阳宇宙线的调制

地磁场对太阳宇宙线的调制作用机制以及计算方式与对银河宇宙线带电粒子完全一致，不再赘述。

图 3-11 是世界时 2000 年 7 月 15 日的太阳质子到达 GEO 的 GOES 卫星和低高度极轨道 POES 卫星前后几天探测器测量到的高能质子通量[17]。可见，7 月 14 日中太阳质子事件开始发生，至 15 日在 GEO 到达峰值，能量大于 10MeV 的质子最强通量超过 $10^4$ 质子/(cm²·sr·s)。类似地，7 月 15 日，PEO 航天器在穿越极光卵区时探测到较强的太阳质子，能量大于 10MeV 的质子计数超过 2000。

图 3-12 是利用 CREME96 模型计算的瞬时恶劣的太阳质子事件到达月球、GEO 和 800km 的 SSO(太阳同步轨道) 的能谱情况。其中，到达月球的太阳质子基本为原始太阳宇宙线，60~70MeV 以上的质子基本上无损失地到了 GEO，所有能量的太阳质子都到达了低高度极轨道，强度被磁场偏转而削弱近一个量级。

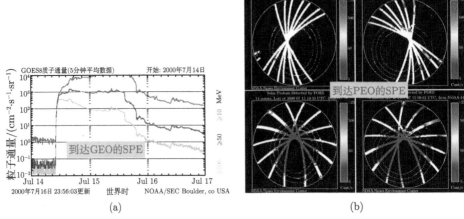

图 3-11    (a) GEO 和 (b) PEO 航天器实际探测到的太阳质子事件

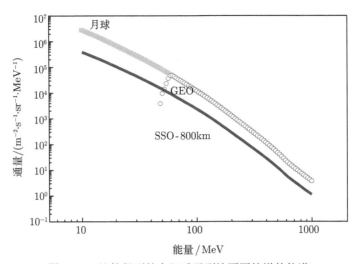

图 3-12    计算得到的太阳质子到达不同轨道的能谱

## 3.4   地球辐射带

### 3.4.1   地球辐射带空间分布

地球辐射带也称为范艾伦辐射带，是指地球磁层中被地磁场捕获的高能带电粒子区域，这是人造地球卫星上天后的一个重要探测成果，由美国物理学家范艾伦于 1958 年根据"探险者 1 号"卫星上粒子计数器的观测数据而发现。如第 2 章

图 2-39 所示，辐射带内的带电粒子沿着地磁场磁力线做螺旋运动并在地磁两极之间周期性地来回振荡，同时还伴随着东西方向的漂移运动。

根据捕获粒子的空间分布位置,可将地球辐射带分为内辐射带和外辐射带,整体如图 3-13 所示 [18],其中在内外辐射带之间也存在着强度相对稍弱的高能量带电粒子,称之为 "槽区",在低高度区域存在局部强度异常偏高的 SAA。

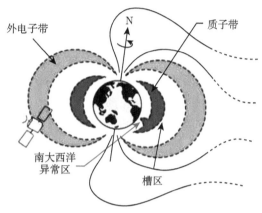

图 3-13 地球辐射带示意图

内辐射带大致位于 $B$-$L$ 坐标系中 $1.2 < L < 2.5$ 的区间,在赤道平面上空的高度范围为 600~10000km,纬度边界约为 40°,其中粒子强度最高的核心区域大约在赤道面上空 3000km 附近,如图 3-14 所示 [19,20]。内辐射带的粒子成分主要是质子和电子,也有少量重离子。其中,质子能量一般在 100keV 到数百兆电子伏,电子能量一般为几十千电子伏到数兆电子伏。值得注意的是,在南大西洋负磁异常区 (SAA),内辐射带在此区域的高度明显降低 (最低下降至 200km 左右),

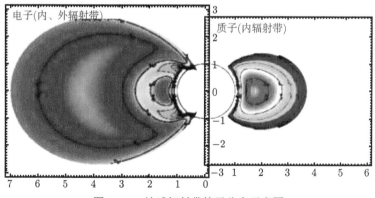

图 3-14 地球辐射带粒子分布示意图

在同样高度圆轨道运行的航天器经过此区域时会遭受到类似于更高高度的强度和更大的捕获粒子的轰击。

外辐射带的范围和带电粒子分布相对较不稳定，空间分布的大致范围为 $3 < L < 10$，在赤道平面内的高度为 $13000\sim60000$km，纬度边界为 $55° \sim 70°$，主要由能量 $0.1\sim10$MeV 的高能电子和少量的低能质子组成，典型的电子通量峰值处于 $3.5 < L < 4.0$ 的区间，即核心区域在赤道面上空约 20000km 附近，如图 3-14 所示 [19,20]。此区域的质子能量通常在数兆电子伏以下，强度随能量的增加而迅速减小，因此外辐射带主要是电子辐射带。外辐射带的电子通量受太阳活动影响明显，当发生高能电子暴时，能谱的 "硬度" 增加，高能电子成分迅速上升，几百千电子伏至几兆电子伏的电子通量会在数天内增大 $2\sim3$ 个数量级，称之为 "外辐射带增强电子"，其导致严重的航天器深层充放电效应。

图 3-15 是地球辐射带不同能量的电子和质子随磁壳参数 $L$ 的分布变化 [21]，同样可以看出上述内、外辐射带及槽区中电子和质子的不同分布特点。

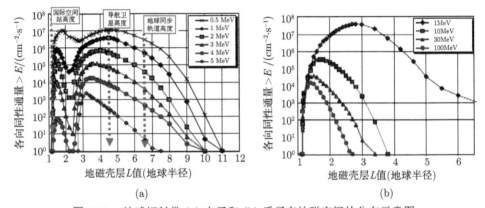

图 3-15　地球辐射带 (a) 电子和 (b) 质子在地磁空间的分布示意图

### 3.4.2　地球辐射带模型

地球辐射带电子和质子基本模型为 AE/AP 系列模型，由 NASA 戈达德飞行中心根据大量不同轨道、不同年份卫星的飞行探测数据编制而成。经过不断完善和改进，电子模型已经从 AE1 发展到了 AE9，质子模型也从 AP1 发展到了 AP9。

目前，AE8/AP8 是国际上航天工程中广泛应用的约定俗成的标准辐射带模型 [19,20]，其完整覆盖了地球附近空间区域和反映了宽能量范围的电子及质子特征。构造 AE8/AP8 模型的数据来自 20 世纪 60 年代初至 70 年代中期 20 多颗卫星的观测数据，AE8/AP8 可以给出太阳活动高年 (AE8MAX/AP8MAX) 和低年 (AE8MIN/AP8MIN) 的全向电子能量积分通量 (0.04~7MeV) 和质子能量积分通量 (0.1~

400MeV），它是对地球辐射带粒子长期分布统计平均的静态模式，不反映辐射带的瞬时扰动和变化，主要用于在轨服役一定寿命的航天器设计。辐射带模型的本质是在地磁场 $B$-$L$ 坐标系下、若干能量点的电子和质子的能量积分通量分布，即实质是辐射带电子和质子通量在 $B$-$L$ 坐标下的分布图，根据需要计算获得能量微分通量，以及差值计算得到其他能量电子和质子通量数据。由于 AE8/AP8 模型编制于 20 世纪 60~70 年代，其计算 $B$-$L$ 坐标采用如表 3-1 所示当时年份的地磁场模型。

表 3-1　AE8/AP8 辐射带模型对应的地磁场模型

| 辐射带模型 | 地磁场模型 |
| --- | --- |
| AE8MAX | Jensen_Cain1960 |
| AE8MIN | Jensen_Cain1960 |
| AP8MAX | GSFC12/66 拓展至 1970 |
| AP8MIN | Jensen_Cain1960 |

最新编制的 AE9/AP9 模型[22]，采用了 1976~2011 年的不同轨道十余颗卫星电子和质子探测数据，给出的 AE9 模型电子能量拓展到 10MeV，模型采用 IGRF2012 内磁场模型和 Olson-Pfitzer quiet 1977 外源磁场模型构建 $B$-$L$ 坐标，除了给出辐射带粒子强度的平均值，还采用统计方法给出了不同置信度下的辐射带粒子强度变化值。1.0 版的 AE9/AP9 模型于 2012 年 9 月推出供用户试用和评估，当前尚未能取代 AE8/AP8 作为标准辐射带模型使用。

针对计划中的空间任务遭遇的辐射带粒子环境分析计算，① 计算得到航天器沿轨经历的系列具体高度和经纬度地理位置；② 利用表 3-1 所示规定的地磁场模型，结合航天器地理位置推算出其在 AE8/AP8 模型中对应的 $B$-$L$ 坐标位置；③ 查找 AE8/AP8 模型中的数据阵列，差值计算得到航天器在具体 $B$-$L$ 位置遭遇的辐射带电子和质子的全向能量积分通量；④ 进行多轨道、多采样点的计算并对总的时间求平均，得到在特定轨道面平均遭遇的辐射带粒子能量积分通量情况；⑤ 若需要得到能量微分通量，则针对相邻的能量点进行微分计算得到。

### 3.4.3　地球辐射带的漂移

相关研究表明，地磁场的分布及强度在缓慢地变化，图 3-16 为 500km 高度的地磁场在 1950 年及 2000 年的分布[23]，其中 SAA 区域缓慢西移。伴随着地磁场的漂移变化，地球辐射带，尤其是低高度的南大西洋异常区分别以 0.28(°)/a 和 0.08(°)/a 的速度向西和向北缓慢漂移[24]，如图 3-17 所示。但是，由于 AE8/AP8 辐射带模型中的 $B$-$L$ 坐标值是依据表 3-1 所示的较早年代的地磁场模型构建的，在分析计算当前任务遭遇的辐射带粒子环境时，必须依然使用规定的地磁模型数据，即认为地磁场的这种局部漂移不影响在轨飞行数年遍历地磁场各种分布的航天器遭遇的辐射带粒子情况。对于辐射带，尤其是南大西洋异常区的这种漂移，可以在上述常规的航天器沿轨道经纬度计算结果之上，人为地加入相反方向的从参考年份至当前任务年份累计的漂移修正 [25]，再以此修正的经纬度数据计算 $B$-$L$ 坐标和得到辐射带粒子环境信息。

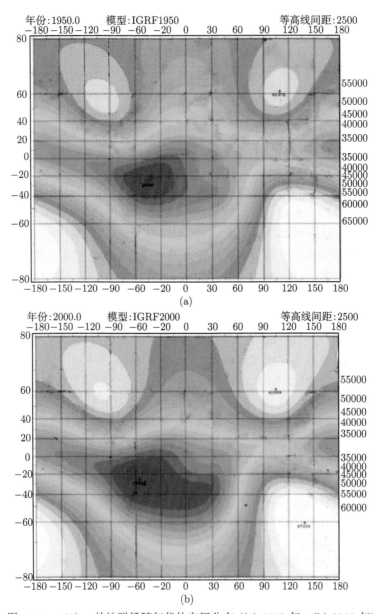

图 3-16    500km 的地磁场随年代的空间分布 ((a) 1950 年；(b) 2000 年)

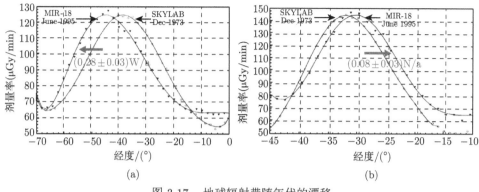

图 3-17    地球辐射带随年代的漂移

图 3-18 是采用 AE8/AP8 模型，利用表 3-1 规定的地磁场模型和 IGRF2017 地磁场模型，分别计算得到 2017 年发射的航天器在轨遭遇的地球辐射带质子空间分布和粒子能谱分布，二者空间分布差异较明显，能谱分布差异很大。航天工程设计中，必须采用 AE8/AP8 模型规定的地磁场模型进行计算。

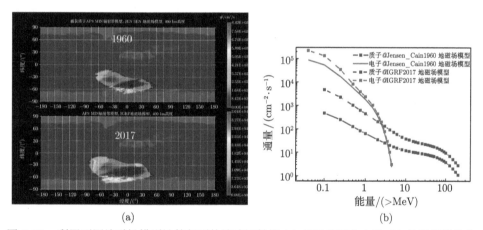

图 3-18    利用不同地磁场模型计算得到的地球辐射带 (a) 质子空间分布和 (b) 粒子能谱分布

### 3.4.4 地球辐射带与太阳活动的关系

图 3-19 是 TIROS/NOAA 卫星上的 MEPED 探测器探测到的 80~215MeV 质子强度，在不同年份、不同地磁壳层参数 $L$ (高度) 随太阳活动 $F_{10.7}$ 通量的变化关系，可见在低高度辐射带，质子强度与太阳活动呈负相关关系[26]。图 3-20 是国际空间站 (ISS) 在 400km 高度、51.6° 倾角轨道上测量到的不同能量的质子 (图 (a)) 和电子 (图 (b)) 的通量随年代的变化[27]，可见其中的辐射带质子通量同样呈现与太阳活动的负相关性；但是，其中的辐射带电子通量呈现与太阳活动的正相关性。

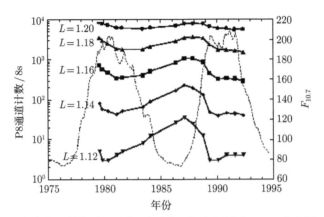

图 3-19　低高度辐射带质子强度 (左坐标) 与太阳活动 $F_{10.7}$(右坐标) 的关系

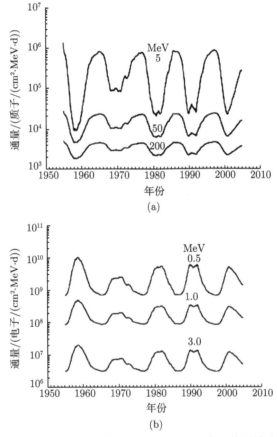

图 3-20　国际空间站测量的辐射带 (a) 质子和 (b) 电子的通量随年代的变化

在太阳活动高年, 产生辐射带粒子源头的银河宇宙线强度相对较弱 [28], 同时太阳物质和能量较多地进入地球空间，导致低高度轨道空间大气被加热和膨胀，致使辐射带质子与低高度大气碰撞损失加强[26]，这种双重作用导致太阳活动高年时低高度辐射带的质子强度相对较弱。太阳活动高年时，LEO 辐射带电子通量稍强，可能是由剧烈的太阳活动注入地球空间的太阳风或者诱发的地磁活动频繁所致[29]。

图 3-21 是针对 LEO 和 GEO 航天器，利用太阳活动高年 (MAX) 及低年 (MIN)AE8/AP8 辐射带模型计算得到的辐射带粒子能谱情况。可见，对于 GEO，主要是辐射带电子的存在，其太阳活动高年和低年的通量无差异。对于 LEO，辐射带电子和质子同时存在，太阳活动高年时辐射带质子通量稍弱、辐射带电子通量稍强。因此，总体而言，辐射带粒子的最恶劣情形是：太阳活动高年的电子 (AE8MAX) 和太阳活动低年的质子 (AP8MIN)。通常利用这两个模型可以保守地估计空间任务遭遇的辐射带粒子情况。

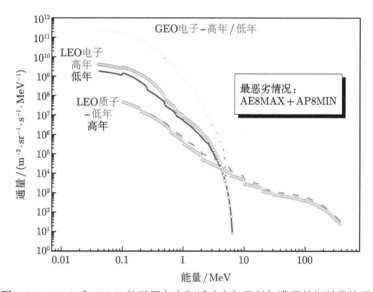

图 3-21　LEO 和 GEO 航天器在太阳活动高年及低年遭遇的辐射带粒子

## 3.5　深空辐射环境

脱离地球进入日地空间深空的航天器，同样遭遇到原始银河宇宙线及太阳宇宙线，但粒子强度随着与太阳的距离变化而得以调制。对于进入其他星球轨道的航天器而言，若该星球无全球性磁场，则不存在被磁场捕获的带电粒子，否则会有类似地球的辐射带粒子，如木星和土星；若该星球既无磁场也无大气，或者大气稀薄，则会有较多的宇宙线粒子到达星球的表面，并与之发生核反应而产生较多的中子等次级粒子，如月球和火星。

### 3.5.1　深空星球局地辐射环境

图 3-22 是与地球类似的, 但空间范围更大、某些粒子能量更高、通量更强的木星辐射带和土星辐射带的示意图 [30]。图 3-23 是探测器飞临木星以及进入木卫二 (欧罗巴) 轨道时遭遇的木星辐射带粒子, 以及与 GEO 辐射带粒子的对比情况 [31,32]。

初级银河宇宙线粒子与火星土壤及大气, 以及与月球土壤作用产生的次级中子扩散分布在星球表面, 图 3-24 分别是次级中子在火星表面的空间分布图 (图 (a))[33] 和在月球表面的能谱分布图 (图 (b)(实线: 太阳活动低年, 虚线: 太阳活动高年))[7], 可以看到中低能段的次级中子强度远超相应能段的初级银河宇宙线, 对航天活动的影响不可小觑。

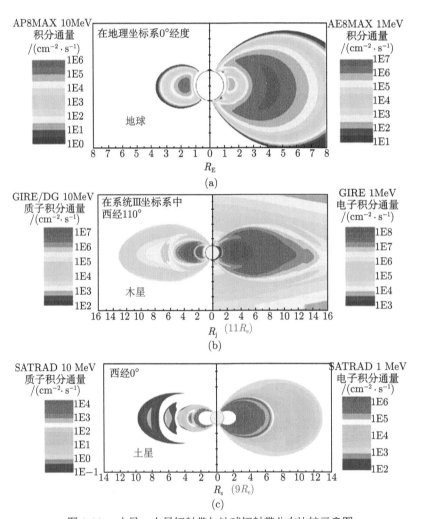

图 3-22　木星、土星辐射带与地球辐射带分布比较示意图

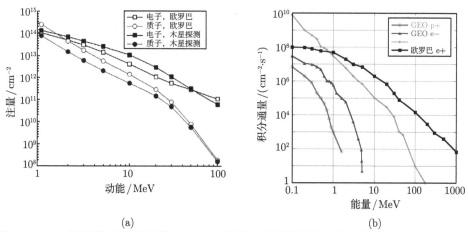

(a)　　　　　　　　　　　　(b)

图 3-23　(a) 探测器飞临木星及进入木卫二 (欧罗巴) 轨道遭遇的木星辐射带粒子, 以及 (b) 与 GEO 辐射带粒子对比

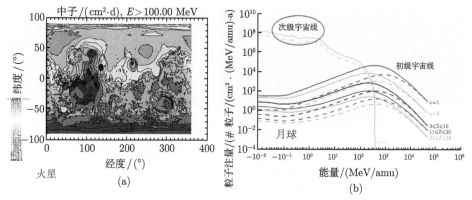

(a)　　　　　　　　　　　　(b)

图 3-24　(a) 火星表面的空间分布图和 (b) 月球表面宇宙线次级中子能谱

## 3.5.2　深空宇宙线环境

如图 3-25 是太阳系深空天体及相关环境分布示意图[34], 其中日球层的太阳风和行星际磁场对进入其中的银河宇宙线及起源于太阳的太阳宇宙线的传播有一定影响。

太阳风及行星际磁场对进入其中的银河宇宙线的扩散影响用公式 (3-7) 描述[7]。其中, $f(r, R)$ 和 $f_0(R)$ 分别是刚度为 $R$ 的银河宇宙线粒子在日球层内距离太阳 $r$ 和远离太阳的星际空间的强度; $r_0$ 为所考虑的有调制作用的日球层空间尺度 (50~100AU); $V_0$ 和 $D_0(R)$ 分别为 1AU 处的太阳风速度及扩散系数; $s$ 取值在 0~2, 对于 70MeV/n 以上的能量, $s$ 取 0.5[35]。如图 3-26 是 2002 年太阳活动高年时火星、木星和土星附近的银河宇宙线能谱[7], 可见随着远离太阳, 能量低于

1000MeV/n 的银河宇宙线粒子强度更强，更高能量的粒子强度差异不大。

$$f(r, R) = f_0(R) \exp\{-V_0(r_0^{1-s} - r^{1-s})/[(1-s)D_0(R)]\} \tag{3-7}$$

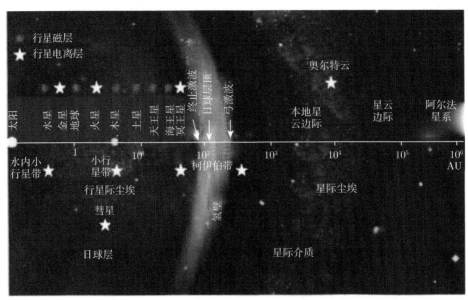

图 3-25    太阳系深空天体及相关环境分布示意图

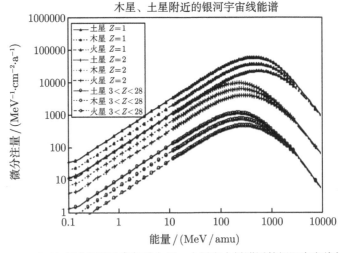

图 3-26    2002 年太阳活动高年时火星、木星和土星附近的银河宇宙线能谱

针对太阳宇宙线在日球层内的传播问题，目前知之甚少。Reames 认为，太阳日冕物质抛射 (CME) 加速的太阳高能粒子在 1AU 到火星甚至更远的空间传播时强度衰减非常少 [36]。距离太远更远的地方，有人认为太阳高能粒子强度符合高斯分布变化。Wilson 认为，在 2AU 内，太阳高能粒子强度遵从距离倒数变化；在 2AU 之外符合高斯分布变化 [7]。

## 3.6　地球空间辐射环境小结

运行在地球空间的航天器会遭遇银河宇宙线、太阳宇宙线，以及辐射带电子和质子，上述章节分别进行了介绍。本节以 800km 的低高度极轨道为例，综合比较各种带电粒子的能量分布及相对强度特征，如图 3-27 所示。总体上来说，长期存在的辐射带电子与质子虽能量相对较低，但通量较高，其长期累积影响不可忽略；长期存在的银河宇宙线粒子，尤其是重离子，虽能量高，但通量低，主要是重离子的瞬时随机影响较显著；偶发的太阳宇宙线能量及通量均较高，其瞬时及累积作用均不可忽视。

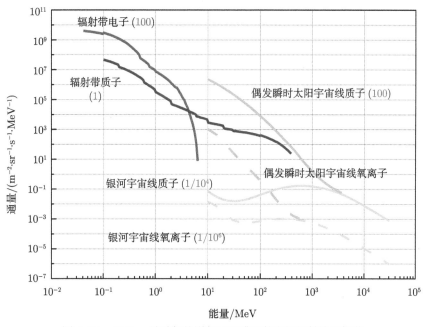

图 3-27　800km 地球极轨道航天器遭遇的空间辐射粒子能谱

## 习　题

1. 粗略绘制低地球高度极轨卫星遭遇的空间辐射粒子能谱分布图，要求在 0.1MeV/n ∼ 10GeV/n 的范围内定性示意出不同类型辐射粒子的能量量级分布，以及不同辐射粒子的相对强度关系。

2. 简述针对外太空原始银河宇宙线能谱，如何考虑地磁场的屏蔽作用而获得到达某一近地卫星轨道的银河宇宙线能谱的计算流程和方法要点。归纳阐述地磁场对外来宇宙线粒子的屏蔽调制规律特点。

3. 粗略描绘出 LEO 和 GEO 辐射带粒子的能谱分布图。

## 参 考 文 献

[1] Mewaldt R A. Galactic cosmic ray composition and energy spectra. Advances in Space Research, 1994, 14(10): 737-747.

[2] Simpson J A. Elemental and isotopic composition of the galactic cosmic rays. Annual Review of Nuclear and Particle Science, 1983, 33(1): 323-382.

[3] Adams J H. Cosmic ray effects on microelectronics. Part IV. Nucl. Part. Sci. NRL Memorandum Report 5901, Washington D C, 1986, 33: 323-381.

[4] Tylka A J, Adams J H, Boberg P R, et al. CREME96: A revision of the cosmic ray effects on microelectronics code. IEEE Trans, Nucl. Sci., 1997, 44: 2150-2160.

[5] Nymmik R A, Panasyuk M I, Pervaja T I, et al. A model of galactic cosmic ray fluxes. Nucl. Tracks & Radiat. Meas., 1992, 20: 427-429.

[6] Nymmik R A, Panasyuk M I, Suslov A A. Galactic cosmic ray flux simulation and prediction. Adv. Space Res., 1996, 17(2): 19-30.

[7] Wilson J W, Clowdsley M S, Cucinotta F A, et al. Deep space environments for human exploration. Advances in Space Research, 2004, 34: 1281-1287.

[8] Carl S. The Polar Aurora. Oxford: Clarendon Press, 1955.

[9] Smart D F, Shea M A. A review of geomagnetic cutoff rigidities for earth-orbiting spacecraft. Advances in Space Research, 2005, 36: 2012-2020.

[10] Reedy R C. Constraints on solar particle events from comparisons of recent events and million-year averages// Balasubramaniam K S, Kiel S L, Smart R N. Solar Drivers of Interplanetary and Terrestrial Disturbances. ASP Conf. Ser., 1996, 95: 429-436.

[11] Allan J T. The solar energetic particle (SEP) radiation hazard. NAC Subcommittee Briefing, 2015.

[12] Wilson J W, Cucinotta F A, Simonsen L C, et al. Galactic and cosmic ray shielding in deep space. NASA TP-3682, 1997.

[13] Feynman J, Spitale G, Wang J, et al. Interplanetary proton fluence model: JPL1991. J. Geophys. Res., 1993, 98: 13281-13294.

[14] Feynman J, Ruzmaikin A, Berdichevsky V. The JPL proton fluence model: An update. JASTP, 2002, 64: 1679-1686.

[15] Xapsos M A, Summers G P, Barth J L, et al. Probability model for worst case solar proton event fluences. IEEE Trans. Nucl. Sci., 1999, 46: 1481-1485.

[16] Kapur J N. Maximum Entropy Models in Science and Engineering. John Wiley & Sons, Inc., 1989.

[17] ftp://ftp.swpc.noaa.gov/pub/.

[18] Barnes C, Selva L. Radiation effects in MMIC Devices. GaAs MMIC Reliability Assurance Guideline for Space Applications, 1996: 203-243.

[19] Vette J I. The AE-8 trappedrlectron model environment. NSSDC/WDC-A-R&S 91-24, 1991.

[20] Sawyer D M, Vette J I. AP-8 trapped proton environment for solar maximum and solar minimum. NSSDC/WDC-A-R&S 76-06, 1976.

[21] Daly E. Space environments and effects: Issues for future ESA Programmes and missions// ESA Space Environments and Effects Section, 6th GEANT4 Space User's Workshop, 2009.

[22] Ginet G P, O'Brien T P, et al. AE9, AP9 and SPM: New models for specifying the trapped energetic particle and space plasma environment. Space Sci. Rev., 2013, 179: 579-615.

[23] Stassinopoulos E G, Xapsos M A, Stauffer C A. Forty-year "drift" and change of the SAA. NASA/TM–2015-217547, 2005.

[24] Badhwar G D. Drift rate of the South Atlantic anomaly. Journal of Geophysical Research, 1997, 102(A2): 2343-2349.

[25] Heynderickx D. Comparison between methods to compensate for the secular motion of the South Atlantic anomaly. Radiation Measurements, 1996, 26(3):369-373.

[26] Hudson M K, Elkington S R, Lyon J G, et al. MHD/particle simulations of radiation belt formation during a storm sudden commencement// Radiation Belts. Models and Standards. Lemaire J F, Heynderickx D, Baker D N . Geophysical Monograph 97, AGU, 1996: 57.

[27] John W, Myung-Hee Y K, Judg L, et al. Solar cycle variation and application to the space radiation environment. NASA/TP- 1999-209369, 1999.

[28] Schulz M. Geomagnetically trapped radiation. Space Sci. Rev., 1975, 17: 481-536.

[29] Li X, Baker D N, Zhao H, et al. Radiation belt electron dynamics at low $L$ (<4): van Allen Probes era versus previous two solar cycles. J. Geophys. Res.: Space Physics, 2017, 122: 5224-5234.

[30] Jun I, MSL Science Team. Radiation environments of outer planets. 2012 RADECS, Biarritz, France, 2012.

[31] Aslam S, Akturk A, Quilligan G. A radiation hard multi-channel digitizer ASIC for operation in the harsh jovian environment. GSFC. BOOK, 5419, 2011.

[32] Edwards D. Flight Mechanics and Analysis Division, NASA/MSFC. An Overview of the Jupiter Icy Moons Orbiter (JIMO): Mission, Environments, and Materials Challenges. 2012.https://ntrs.nasa.gov/api/citations/20120016895/downloads/20120016895.pdf.

[33] de Angelis G, Wilson J W, Clowdsley M S, et al. Modeling of the Martian environment for radiation analysis. Radiation Measurements, 2006, 41: 1097-1102.

[34] Cooper J F, Hartle R E, Sittler E C, et al. Space weathering impact on solar system surfaces and mission science// Submitted to Planetary Science Decadal Survey, NAS Space Studies Board, 2009.

[35] Fujii Z, McDonald F B. Radial intensity gradients of galactic cosmic rays (1972—1995) in the heliosphere. J. Geophys. Res., 1997, 102 (A11): 24201-24208.

[36] Reames D V. Private communication. 1998.

# 第 4 章　空间辐射粒子与物质作用的基本机制

地球辐射带、银河宇宙线、太阳宇宙线中含有较高能量的电子、质子、重离子等带电粒子，它们与航天器材料及星体表面物质作用还会产生 X 射线、$\gamma$ 射线高能光子，以及中子、太阳紫外辐射也属于高能光子，这些带电粒子及高能光子在航天器及其电子系统组成物质中传输和沉积能量，导致总剂量效应、位移损伤效应和单粒子效应等。

## 4.1　辐射粒子与物质作用的基本方式

导致空间辐射效应的带电粒子 A 与航天器相关材料物质原子 B 的作用方式主要有四种：电离、位移、韧致辐射、核反应，通过这四种作用直接或间接地传递能量。

### 4.1.1　带电粒子与物质作用的基本方式

#### 1. 电离

电离是带电粒子与物质作用的最主要方式。它是外来的入射粒子 (能量为 $E_a$) 与被作用靶原子的核外电子 (结合能为 $I_b$，10eV 量级) 通过静电库仑作用发生的非弹性碰撞。当 $E_a > I_b$ 时，靶原子核外电子获得足够能量挣脱束缚飞离出来，成为有一定能量 $E_{fe}(= E_a - I_b)$ 的自由电子，剩余的靶原子变为正离子；该过程同时导致入射粒子的能量损失及速度慢化。若自由电子能量 $E_{fe}$ 依然大于 $I_b$，其可继续导致更多的原子二次电离。从对航天器用器件影响角度而言，电离作用的主要后果就是在器件中产生了额外的电离电荷：电子–空穴对；大量电离电荷在器件内部介质材料的堆积及演化，逐步导致器件电参数的退化乃至功能失效，并且其影响程度与电离作用沉积的剂量有关，此即为 (电离) 总剂量效应；若单个粒子在工作中的器件中瞬间产生大量的额外电子–空穴对，会形成较强的瞬态电流脉冲，该电流脉冲冲击加电工作的器件，产生信息及逻辑状态错误、电路功能及工作状态异常等，此即单粒子效应。

#### 2. 位移

位移是外来入射粒子 (质量为 $M_a$、能量为 $E_a$) 与静止的靶原子核 (质量为 $M_b$) 之间发生的动力学弹性碰撞，导致与粒子入射方向夹角 $\theta$ 方向飞出的靶原

子获得能量 $E_b = \dfrac{4M_a M_b}{(M_a + M_b)^2} \cos^2 \theta E_a$，从而脱离原初位置而发生移动，使得原子晶格中产生空位和间隙原子，致使被轰击的材料中产生缺陷。若发生了位移的靶原子能量 $E_b$ 足够大，其可继续与其他靶原子碰撞引起二次位移。对于半导体器件而言，位移导致器件材料内部形成额外的稳定的缺陷能级，捕获载流子，影响少数载流子的输运，产生额外的载流子等，最终使得器件相关电参数退化乃至功能失效，此即位移损伤效应。

### 3. 轫致辐射

较高能量的带电粒子 (质量数 $A_a$、电荷数即原子序数 $Z_a$、能量 $E_a$) 轰击到航天器材料 (原子序数 $Z_b$) 中，其受到阻挡使得速度慢化下来，伴随着速度的变化，其辐射出光子 (具有最高 $E_a$ 的连续能谱)，这种现象即轫致辐射。轫致辐射功率 $\propto \dfrac{(Z_a Z_b)^2}{A_a^2}$，对于实际的带电粒子而言，由于电子具有与质子相同的电荷数，但是其质量仅为质子的 1/1800，所以电子在其他条件相同时的轫致辐射功率是质子的 $10^6$ 倍，极为突出。因此，对于主要包括电子、质子和重离子的空间辐射粒子来说，应主要考虑电子的轫致辐射作用。空间辐射环境中的电子穿过卫星蒙皮、电子设备机箱等材料，受到阻挡时速度被慢化下来，同时通过轫致辐射产生了高能量光子——X 射线，这些次级 X 射线具有较强的穿透力，会继续穿透电子设备机箱或器件封装，在关键器件芯片处产生电离辐射剂量，这是空间辐射环境中的电子总剂量效应的主要贡献源之一。

### 4. 核反应

带电粒子 A 轰击航天器物质原子 B，生成新的粒子 C 和 D，即发生了核反应。通常，带电粒子 A 轰击较重的原子核 B，产生的新粒子最重不超过 A 或 B 自身，即为参与核反应粒子的碎裂产物。对于空间应用中典型的高能质子撞击硅基器件来说，核反应的次级粒子最重的为反冲的硅原子核。发生核反应需要 A 粒子的能量 $E_a$ 超过一定的较高阈值，通常能量较高 (>10MeV) 的质子及能量更高的重离子才有可能发生核反应形成新的粒子。单位通量的粒子 A 轰击靶原子 B，发生核反应的概率 (称为反应截面) 通常较小，以质子为例通俗地讲，单位面积的一万个甚至更多的质子才有可能击中靶原子并发生核反应，因此只有空间辐射粒子通量较强的场合 (如质子辐射带) 才会有较显著的核反应及其引发的后续影响。核反应对空间辐射效应的贡献主要有两方面：一是原初电离作用较弱的质子通过与器件材料核反应形成的次级重离子具有较强的电离作用，会引起进一步的辐射效应，尤其是单粒子效应；二是对于精密的空间光电探测器，带电粒子轰击探测器传感器或其支撑结构材料发生核反应产生新的粒子，这些粒子通常不稳定而具有一定寿命的放射性，进一步发射出的粒子会对精密光电探测器造成噪声干扰。

### 4.1.2 光子与物质作用的基本方式

空间辐射粒子中的高能光子与物质作用的方式主要有光电吸收、康普顿散射以及电子对效应。

#### 1. 光电吸收

当入射光子的能量 ($E_\lambda = h\nu$, $h$ 为普朗克常量, $\lambda$ 和 $\nu$ 分别为光的波长和频率) 大于靶原子的核外电子结合能 ($I$, 对于半导体材料而言为其禁带宽度) 时, 将全部能量传递给靶原子, 使其壳层内电子挣脱原子束缚, 逃逸出来, 成为自由电子 (其能量 $E_{fe} = E_\lambda - I$), 即为光电吸收。该过程与带电粒子的电离作用后果类似, 都是产生了自由电子以及使靶原子变为正离子, 对于半导体材料而言就是产生了电子–空穴对。对于能量大于靶原子结合能的光子, 能量越低则发生光电效应的概率, 即截面越大, 并且与靶物质原子序数的 5 次方 ($Z_b^5$) 成正比。

#### 2. 康普顿散射

入射光子 ($E_\lambda$) 与靶原子核外电子发生非弹性碰撞, 原初光子被靶原子散射并损失部分能量成为散射光子 ($E_\lambda'$), 同时靶原子核外电子获得足够能量, 挣脱原子束缚成为反冲电子, 该电子被称为康普顿散射电子 ($E_{ce}$)。由于靶原子核外电子结合能与入射光子、散射光子及散射电子的能量相比通常较小, 这种非弹性碰撞过程可近似看作 "弹性碰撞", 即 $E_\lambda = E_\lambda' + E_{ce}$。较高能量的入射光子有较大概率发生康普顿散射作用, 且与靶物质原子序数 ($Z_b$) 成正比。

#### 3. 电子对效应

当入射光子能量 ($E_\lambda$) 大于 1.02MeV 时, 其可与靶原子核发生电磁相互作用, 该光子消失, 发射出一对正、负电子 (能量分别为 $E_{e+}$、$E_{e-}$), 剩余原子核反冲 (与电子对能量相比, 反冲能量很小)。近似地讲, $E_\lambda = E_{e+} + E_{e-} + 2m_0c^2$, $m_0$、$c$ 分别为电子静止质量及光速, $m_0c^2$ 为静止电子对应的能量 0.511MeV, 更高能量的光子有较高概率发生电子对效应, 且与靶物质原子序数的平方 ($Z_b^2$) 成正比。

空间的高能电子通过轫致辐射产生的 X 射线的后续辐射效应, 就是通过上述光子与物质作用的三种方式产生的自由电子而进一步形成的, 主要是这些次级电子的电离作用。光子通过上述作用损失或耗尽能量, 其强度随穿透的物质厚度而呈指数衰减, 即某一深度 $x$ 处的强度 $I(x) = I(0) \cdot e^{-dx}$, 这里 $d$ 为特定靶物质对 X 射线的吸收系数。

---

## 4.2　带电粒子与物质作用表征

航天器关注的辐射效应主要是由带电粒子与靶物质作用时传递的能量 $\Delta E$ 造成的，为了合理地表征该能量传递，引入线性能量传输 (linear energy transfer，LET) 这一物理量，其为入射粒子在靶物质中单位距离上传递的能量，即 $\mathrm{LET} = -\dfrac{\mathrm{d}E}{\mathrm{d}x}$。从靶物质角度看，对应的物理量为阻止本领 (stopping power) $S$，其表达式形式与 LET 完全相同，但符号相反，是靶物质阻挡入射粒子使其损失能量的能力。由于在靶物质中传递能量，入射粒子被慢化，若靶物质足够大，该入射粒子最终会停止在靶物质中，其沿着入射方向穿行的距离，称为其在该物质中的射程 (range)$R$。为了考察相同物质组成、不同质量密度材料的 LET、阻止本领和射程，通常采用质量厚度或长度，即用质量密度 $\rho$ 乘以几何厚度或长度。LET 和射程，尤其前者是表征带电粒子与物质作用的关键参数。

### 4.2.1　线性能量传输

对于带电粒子 A，其主要通过电离，其次通过位移，对于质量较小的电子还会通过韧致辐射三种方式损失能量，向靶物质 B 传递全部或部分损失能量。电离是入射粒子与靶原子核外的电子碰撞作用，该电子碰撞线性能量传输记为 $\mathrm{LET_e}$；位移是入射粒子与靶原子的原子核碰撞作用，该核碰撞线性能量传输记为 $\mathrm{LET_n}$；韧致辐射是入射粒子与靶原子作用产生的电磁辐射现象，该辐射致线性能量传输记为 $\mathrm{LET_r}$。这样，总的 LET 由这三部分构成，即

$$\mathrm{LET_{tot}} = \mathrm{LET_e} + \mathrm{LET_n} + \mathrm{LET_r} \tag{4-1}$$

#### 1. 电子碰撞线性能量传输

不同能量段 $E_a$ 的入射离子的电子碰撞线性能量传输用如下的三段公式表征。在 $E_a \leqslant 0.2\mathrm{MeV/n}$ 的低能量段，采用 Lindhard-Scharff 公式 [1]：

$$\mathrm{LET_e} = 8\pi e^2 a_0 \frac{Z_a^{7/6} Z_b}{(Z_a^{2/3} + Z_b^{2/3})^{3/2} A_b} \frac{v_a}{v_0} \tag{4-2}$$

其中，$a_0 = 0.53\text{Å}$，为玻尔半径；$v_0 = 2.2 \times 10^8 \mathrm{cm/s}$，为玻尔速度 (相当于每核子能量 25keV)。在此能量段，LET 与入射粒子的速度 $v_a$ 成正比。

在 $0.2\mathrm{MeV/n} \leqslant E_a \leqslant 20\ \mathrm{MeV/n}$ 的中等能量段，采用贝特–布洛赫 (Bethe-Bloch) 公式 [2,3]：

$$\mathrm{LET_e} = \frac{4\pi Z_a^2 e^4}{m_0 v_a^2} \frac{Z_b}{A_b} \ln\left(\frac{2m_0 v_a^2}{I_b}\right) \tag{4-3}$$

其中，$m_0$ 为电子静止质量。在此能量段，LET 与入射粒子的单核子能量 $(v_\mathrm{a}^2)$ 成反比、与入射粒子原子序数的平方 $(Z_\mathrm{a}^2)$ 成正比，除了氢元素，其他各类靶物质的荷质比 $(Z_\mathrm{b}/A_\mathrm{b} \approx 1/2)$ 与 LET 无关。

在 $E_\mathrm{a} \geqslant 20\mathrm{MeV/n}$ 的高能量段，要在 Bethe-Bloch 公式基础上，考虑相对论效应的修正[4]：

$$\mathrm{LET_e} = \frac{4\pi Z_\mathrm{a}^2 e^4}{m_0 v_\mathrm{a}^2} \frac{Z_\mathrm{b}}{A_b} \left[ \ln\left(\frac{2m_0 v_\mathrm{a}^2}{I_\mathrm{b}}\right) - \ln(1-\beta^2) - \beta^2 - \frac{\sum\limits_i C_i}{Z_\mathrm{b}} \right] \qquad (4\text{-}4)$$

其中，$\beta = v_\mathrm{a}/c$；$C_i$ 为靶原子核外不同壳层的修正系数。在高能量段，入射粒子速度接近光速，且对能量的对数进行相对论效应修正，因此 LET 随入射粒子能量变化不大。

### 2. 核碰撞线性能量传输

与原子核碰撞产生的 LET 主要对低速 $(v_\mathrm{a} \leqslant v_0 Z_\mathrm{a}^{2/3})$ 入射离子较显著，这时入射离子与靶原子的电荷交换作用明显而被中性化，并受到自身核外电子及靶原子核外电子的电荷屏蔽作用，入射原子核与靶原子核的实际碰撞作用及能量传递较复杂[1,5-7]，可用类似如下的公式描述：

$$\mathrm{LET_n}(E_\mathrm{a}) = \frac{8.462 \times 10^{-15} Z_\mathrm{a} Z_\mathrm{b}}{(1 + A_\mathrm{b}/A_\mathrm{a})(Z_\mathrm{a}^{1/2} + Z_\mathrm{b}^{1/2})^{2/3}} S_\mathrm{n}(\varepsilon) \qquad (4\text{-}5)$$

$$S_\mathrm{n}(\varepsilon) = \begin{cases} \dfrac{0.5\ln(1+1.1383\varepsilon)}{\varepsilon + 0.0132\varepsilon^{0.21226} + 0.19593\varepsilon^{0.5}} & (\varepsilon \leqslant 30) \\[2mm] \dfrac{\ln(\varepsilon)}{2\varepsilon} & (\varepsilon \geqslant 30) \end{cases} \qquad (4\text{-}6)$$

其中，$\varepsilon = \dfrac{A_\mathrm{b} E_\mathrm{a} \cdot a}{(A_\mathrm{a} + A_\mathrm{b}) Z_\mathrm{a} Z_\mathrm{b} e^2}$ 为反映入射粒子 A 和靶原子 B 二体作用的无量纲约化能量，其与入射粒子能量 $E_\mathrm{a}$ 成正比；$a \approx \dfrac{a_0}{\sqrt{\left(Z_\mathrm{a}^{2/3} + Z_\mathrm{b}^{2/3}\right)}}$ 为考虑入射粒子与靶原子的电荷交换及屏蔽作用后的靶原子半径；$S_\mathrm{n}(\varepsilon)$ 为约化核碰撞 LET，其不显含入射粒子的质量和原子序数、靶原子的质量和原子序数及原子密度，仅是无量纲的约化能量 $\varepsilon$ 的函数，具有较好的普适性。图 4-1 是在不同的核碰撞势垒模型下约化核碰撞 LET 随约化能量的变化关系。

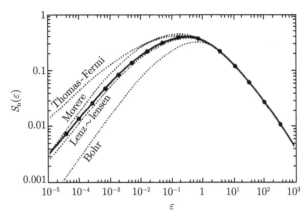

图 4-1　约化核碰撞 LET 随约化能量的变化关系

在空间辐射粒子关注的能量段 (10keV 至数十兆电子伏)，$\varepsilon$ 具有较高的数值 ($\geqslant 30$)，即属于图 4-1 中的中高能段。此能量段的 $S_n(\varepsilon)$ 遵循经典的卢瑟福散射规律 [1]，$\mathrm{LET_n}$ 有如公式 (4-7) 的简洁形式，随入射粒子能量增大而下降，且其正比于 $Z_b^2/A_b$，即除氢元素外近似正比于 $Z_b$：

$$\mathrm{LET_n} = \frac{4\pi Z_a^2 Z_b^2 e^4}{A_b \upsilon_a^2} \ln\left(\frac{2\sqrt{a^2 + (R_0/2)^2}}{R_0}\right) \tag{4-7}$$

式中，$R_0 = \dfrac{2(A_a + A_b)Z_a Z_b e^2}{A_a A_b \upsilon_a^2}$，为入射粒子能够接近靶原子的最近距离。

3. 韧致辐射线性能量传输

通过韧致辐射产生的能量损失 $\mathrm{LET_r}$ 主要对电子较显著，可用下式表征：

$$\mathrm{LET_r} \propto \left[\frac{Z_a Z_b e^2}{A_a}\right]^2 \frac{E_a}{A_b} \tag{4-8}$$

即与入射粒子的荷质比 $(Z_a/A_a)$ 的平方成正比，与靶物质原子序数 $(Z_b)$ 成正比。

4. 空间辐射粒子线性能量传输的整体规律

对于空间辐射环境中的离子，在很宽能量范围内主要是通过电子碰撞传递能量，只在几十千电子伏左右的低能段通过核碰撞传递能量。图 4-2 为铁离子在 Al 材料中 LET 随其能量的变化曲线。从图中可以看出，在 a、b、c 对应的低能、中能和高能段，LET 值随能量增加而先升后降，再基本持平的整体变化规律，分别对应着前述的 Lindhard-Scharff、Bethe-Bloch 和相对论效应理论部分；只有在较低能段的数千电子伏附近，核碰撞 LET 超过电子碰撞 LET，在较宽范围的相对较高能量区间随着能量升高而减小，符合卢瑟福散射理论。

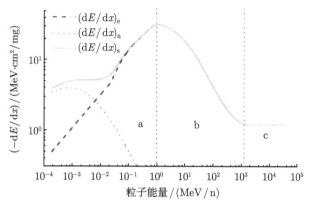

图 4-2 铁离子在 Al 材料中 LET 随其能量的变化关系

对于空间辐射环境中的电子，在很宽能量范围内也主要是通过电子碰撞传递能量，其随能量变化的整体规律与离子相同。所不同的是，当能量 >10MeV 时，通过轫致辐射传递能量逐渐突出，甚至成为主要作用方式。如图 4-3 所示，电子在水中的 LET 随能量变化关系表明了上述规律。

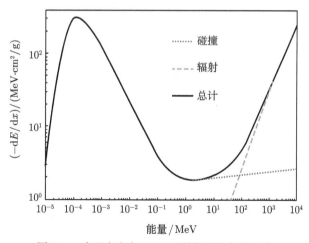

图 4-3 电子在水中 LET 随其能量的变化关系

图 4-4 是电子、质子、α 粒子、铁离子等不同粒子在 Al 中的总 LET (主要是电子碰撞贡献) 随其能量的变化关系。从中可以看出以下几点规律：① 在较宽能量范围内，粒子越重其 LET 值越大，在中等能量段与入射粒子原子序数的平方正相关；

② 在较宽能量范围内，粒子 LET 值随其能量先增后降，即有一峰值；③ 粒子质量越大，则 LET 峰值出现的能量值越高，峰值越大。

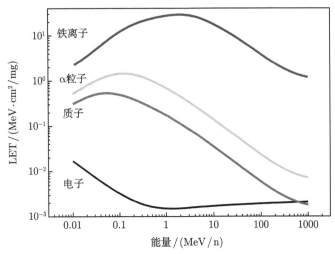

图 4-4   不同粒子在 Al 中的总 LET 随其能量的变化关系

### 4.2.2　射程

带电粒子在无限大的靶物质中穿行，通过多次碰撞来传递和损失能量，具有一定的射程。在碰撞中，入射粒子除了速度降低，运动方向还会受到一定程度的改变，即发生散射。

质子和重离子由于质量较大，在碰撞中运动方向的改变相对较小，总体上其沿着原始入射方向飞行，具有较小的偏离分布，统计的大量离子的飞行路径如图 4-5 所示。将这些大量离子的飞行路径投影到原初入射方向，得到离子停止下来的最可几投影距离，就是该离子在此物质中的射程，也称为投影射程。实际应用中，采用多组厚度的吸收片阻挡离子，测量其强度随吸收片厚度的变化，得到如图 4-6 所示的曲线。图 4-6 中，在接近离子射程的吸收片厚度的阻挡下，离子强度急剧下降以至于测不到，其中离子强度降低到原始值一半的吸收片厚度就是离子在该物质中的最可几射程。理论上，投影射程 $R$ 与 LET 有如下关系：

$$R\left(E_0\right)=\int_{E_0}^{0}\frac{1}{\dfrac{\mathrm{d}E}{\mathrm{d}x}}\,\mathrm{d}x \tag{4-9}$$

对于电子，由于其质量轻，在碰撞中运动方向会发生较大的改变，以至于其不具有离子那样近似直线飞行的径迹，其径迹如图 4-7 所示。在这种情况下，跟踪大量电子速度连续慢化至最终停止下来走过的平均路径长度，称为连续慢化近似 (CSDA) 射程，以此表征电子的穿行能力。若同样采用强度吸收法测量，会得到如图 4-8 所示的电子强度随吸收片厚度的关系，可见没有像离子那样显著地被完全阻止的厚度区间，甚至在电子被完全阻挡住时产生了轫致辐射，使得强度测量仪器依然有响应。在图 4-8 中，选择无轫致辐射显著干扰的数据段，其延伸线与横坐标相交的点所对应的厚度称为电子的外推射程，其与 CSDA 射程相近。

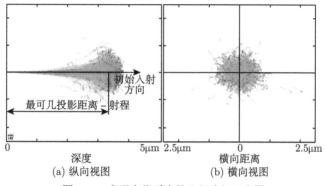

(a) 纵向视图      (b) 横向视图

图 4-5 离子在物质中的飞行路径示意图

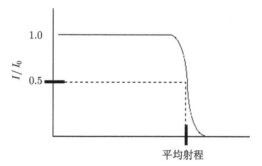

图 4-6 强度吸收法测量离子射程示意图

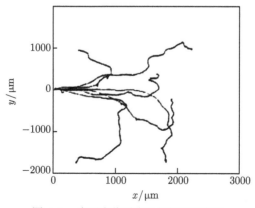

图 4-7 电子在物质中飞行径迹示意图

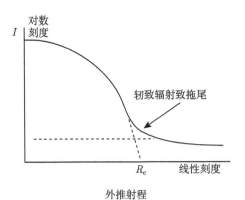

图 4-8    强度吸收法测量电子射程示意图

## 4.3    粒子能量与射程数据的应用

在实际应用中,可通过仿真程序、经验公式、文献图表等途径较方便地获得粒子在物质中传输相对应的能量与射程的系列数据,灵活应用这些数据可以推算出实际应用中其他重要的物理量。

图 4-9 为某粒子在某物质中传输时的能量与射程示意图,粒子初始能量为 $E_0$,对应的射程为 $R_0$,即在无限大的物质中传输直至停止下来飞行的距离。实际应用中,可能面临的情形是:该粒子穿过有限厚度 $d$ 的此物质后,传递能量为 $\Delta E$,能量慢化为 $E_1$。具体的场景有:① 卫星舱外已知能量为 $E_0$ 的粒子穿过已知厚度 $d$ 的卫星蒙皮,求解进入舱内的粒子能量 $E_1$;② 已知能量 $E_0$ 的粒子穿过某粒子探测器,在其中沉积的能量为 $\Delta E$,求解此时探测器的厚度 $d$;③ 与 ① 类似,某卫星舱内探测器测量到穿过厚度 $d$ 的卫星蒙皮后的能量为 $E_1$,求解对应的舱外粒子能量 $E_0$。可以利用粒子在物质中穿行的能量–射程系列数据 $(E,R)$,快速地求解上述问题中的 $E_1$,$E_0$,$d$ 和 $\Delta E$。

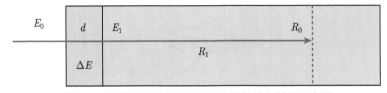

图 4-9    粒子在物质中传输时相应的能量与射程示意图

上述问题的核心是:相对于参数 $(E_0,R_0)$ 的粒子,经过厚度 $d$ 的物质传输后,$E_0$ 慢化为 $E_1$,剩余能量为 $E_1$ 的粒子理论上若继续在该物质中飞行,其剩余射程为 $R_1$,即变成参数为 $(E_1,R_1)$ 的粒子,则 $R_1$ 与 $R_0$ 有何种关系? $\boldsymbol{R_0 = R_1 + d}$,

**没有任何近似,千真万确!** 即存在公式 (4-10) 和公式 (4-11) 所示的 "能量–射程" 核心关系,其中,$E^{-1}$ 和 $R^{-1}$ 分别是以能量为变量的射程函数和以射程为变量的能量函数的逆函数。

$$E_0(R_0) = R^{-1}[d + R_1(E_1)] \tag{4-10}$$

$$R_0(E_0) = E^{-1}[\Delta E + E_1(R_1)] \tag{4-11}$$

依据公式 (4-10) 和公式 (4-11) 所示的 "能量–射程" 核心关系,就可求解上述若干问题。

(1) 卫星舱外已知能量为 $E_0$ 的粒子穿过已知厚度 $d$ 的卫星蒙皮,求解进入舱内的粒子能量 $E_1$。解答为:$E_1(R_1) = R^{-1}[R_0(E_0) - d]$。

根据 $(E, R)$ 系列数据,由 $E_0$ 可知 $R_0$;在已知 $d$ 的情况下,可计算得到 $R_1 = R_0 - d$,即穿过一定厚度的阻挡层后剩余能量对应的剩余射程 $R_1$;再根据 $(E, R)$ 系列数据,即可确定剩余射程 $R_1$ 对应的剩余能量 $E_1$。

根据上述数据,还可推算出粒子在厚度 $d$ 的阻挡层中传递的能量 $\Delta E = E_0 - E_1$;还可推算出能量 $E_0$ 和 $E_1$ 对应的平均 LET $= \Delta E/d$,若 $d$ 和 $\Delta E$ 足够小,该平均 LET 值就足够接近 $E_0$ 和 $E_1$ 对应的真实 LET 值。

(2) 已知能量 $E_0$ 的粒子穿过某粒子探测器,在其中沉积的能量为 $\Delta E$,求解此时探测器的厚度 $d$。解答为:$d = E^{-1}[E_0] - E^{-1}[E_0 - \Delta E]$。

由 $E_0$ 确定其射程 $R_0$;由 $\Delta E$ 确定 $E_1 = E_0 - \Delta E$;由 $E_1$ 确定其射程 $R_1$;最后,确定 $d = R_0 - R_1$。

类似地,该探测器测得的 $E_0$ 和 $E_1$ 间的平均 LET $= \Delta E/d$,若 $d$ 足够小,则该值较接近 $E_0$ 和 $E_1$ 对应的真实 LET 值,这正是空间粒子 LET 探测器的主要设计思路。

(3) 某卫星舱内探测器测量到穿过厚度 $d$ 的卫星蒙皮后的粒子能量为 $E_1$,求解对应的舱外粒子能量 $E_0$。解答公式即为公式 (4-10):$E_0(R_0) = R^{-1}[d + R_1(E_1)]$。

由 $E_1$ 确定其射程 $R_1$;再结合 $d$,推算到初始能量粒子的射程 $R_0 = R_1 + d$;由 $R_0$ 确定其对应的能量 $E_0$。

**在实际应用时,粒子可能会在两层或者以上的多层物质中穿行**,如图 4-10 所示,已知初始能量 $E_0$ 的粒子,先穿过已知厚度 $d_a$ 的 Al 挡光层,能量慢化为 $E_{a1}$,随后穿过已知厚度 $d_b$ 的 Si 探测器,以能量 $E_{b2}$ 飞出,求解粒子飞出 Si 探测器的能量 $E_{b2}$,以及在其中沉积的能量 $\Delta E_b$。求解过程如下所述。

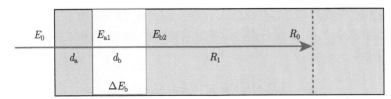

图 4-10　粒子在两种物质中传输示意图

(1) 粒子首先在 a 物质 Al 中传输。根据粒子在 Al 中穿行的能量–射程系列数据 $(E_a, R_a)$，确定 $E_0$ 对应的射程 $R_{a0}$；由 Al 挡光层厚度 $d_a$ 确定粒子穿过该 Al 物质后的剩余射程 $R_{a1} = R_{a0} - d_a$；由 $R_{a1}$ 确定其对应的 Al 中剩余能量 $E_{a1}$。

(2) 粒子以初始能量 $E_{a1}$ 在 b 物质 Si 中传输。根据粒子在 Si 中穿行的能量–射程系列数据 $(E_b, R_b)$，确定 $E_{a1}$ 对应的射程 $R_{b0}$；由 Si 探测器厚度 $d_b$ 确定粒子穿过该 Si 探测器物质后的剩余射程 $R_{b1} = R_{b0} - d_b$；由 $R_{b1}$ 确定其对应的 Si 中剩余能量 $E_{b2}$；该粒子在 Si 探测器中沉积的能量 $\Delta E_b = E_{a1} - E_{b2}$。

以下为一粒子能量–射程数据应用的具体算例。

如图 4-11 是 SRIM 程序 (stopping power and range in matter) 给出的不同能量质子在 Al 中的传输特性数据 [7]，其中第一列是 1～6.5MeV 能量，第二列与第三列分别是电子碰撞和核碰撞的 LET (阻止本领)，第四列是射程。通常利用能量–射程数据解决具体应用问题，例如，求初始能量 $E_0$ 为 6MeV 的质子穿过厚度 $d$ 为 100μm 的 Al 层后的剩余能量 $E_1$。具体计算过程如下：

从图 4-11 的数据对中，可查知 6MeV 的 $E_0$ 对应的射程 $R_0$ 为 257.8μm；此粒子穿过厚度 $d = 100$μm 的 Al 层后，剩余射程 $R_1 = R_0 - d = 257.8 - 100 = 157.8(\mu m)$；再利用图 4-11 的能量–射程数据对，查知与 157.8μm 接近的射程为 158.1μm，其对应的能量为 4.5MeV，因此 $E_1$ 近似等于 4.5MeV。当然，也可以利用 157.8μm 相近的射程及对应的能量数据，进行差值求出更接近真实情况的 $E_1$ 值，计算结果的准确性主要取决于相邻的数据间隔是否足够小、在小范围内线性度是否高。进一步，可计算得到 $\Delta E = E_0 - E_1 = 6 - 4.5 = 1.5(\text{MeV})$，$\text{LET}_{(4.5\sim6\text{MeV})} = \Delta E/d = 1.5\text{MeV}/100\mu m = 15\text{keV}/\mu m$，该值与 4.5MeV 和 6MeV 时对应的 LET 值 16.8keV/μm 和 13.5keV/μm 相近。

如果不采用上述 "能量–射程" 法，则通常会如下计算：

针对初始的 6MeV 能量 $E_0$，直接查找到其对应的 $\text{LET}_e$(其为总 LET 的绝对主要贡献) 为 13.5keV/μm；根据 $\Delta E = \text{LET}_e(E_0) \cdot d$ ，以及 $d = 100$μm，计算得到 $\Delta E = 1.35\text{MeV}$，$E_1 = E_0 - \Delta E = 4.65\text{MeV}$，该方法可称为 "能量-LET" 法，与上述采用 "能量–射程" 法得到的结果有较大差异。两种计算方法孰更合理呢？对于要求解的粒子被慢化后的能量 $E_1$，需要考虑粒子由 $E_0$ 被连续慢化至 $E_1$ 的积分作用过程；"能量–射程" 法采用的射程及其对应的剩余能量，就是考虑了这种连续慢化使得

粒子对应的射程由 $R_0$ 变为 $R_1$，据此得到的 $E_1$ 是真实作用过程的反映。反观 "能量-LET" 法，采用的是粒子初始能量 $E_0$ 对应的瞬时 LET 计算厚度 $d$ 对粒子的慢化，难以考虑粒子在厚度 $d$ 的物质层内被连续慢化为不同能量、不同 LET 的瞬间真正损失的能量，其得到的 $E_1$ 与真实情况差异较大。

```
Ion = Hydrogen [1] , Mass = 1.008 amu

Target Density =  2.7020E+00 g/cm3 = 6.0305E+22 atoms/cm3
====== Target  Composition ========
 Atom   Atom  Atomic    Mass
 Name   Numb  Percent   Percent
 ----   ----  -------   -------
  Al     13   100.00    100.00
==================================================
Bragg Correction = 0.00%
Stopping Units = keV / micron
See bottom of Table for other Stopping units
```

| Ion Energy | dE/dx Elec. | dE/dx Nuclear | Projected Range | Longitudinal Straggling | Lateral Straggling |
|---|---|---|---|---|---|
| 1.00 MeV | 4.726E+01 | 3.394E-02 | 14.38 um | 6815 A | 8590 A |
| 1.10 MeV | 4.468E+01 | 3.129E-02 | 16.54 um | 7707 A | 9659 A |
| 1.20 MeV | 4.209E+01 | 2.905E-02 | 18.83 um | 8608 A | 1.08 um |
| 1.30 MeV | 3.994E+01 | 2.713E-02 | 21.26 um | 9522 A | 1.20 um |
| 1.40 MeV | 3.806E+01 | 2.546E-02 | 23.81 um | 1.04 um | 1.32 um |
| 1.50 MeV | 3.636E+01 | 2.399E-02 | 26.48 um | 1.14 um | 1.44 um |
| 1.60 MeV | 3.483E+01 | 2.269E-02 | 29.27 um | 1.23 um | 1.58 um |
| 1.70 MeV | 3.344E+01 | 2.154E-02 | 32.19 um | 1.33 um | 1.71 um |
| 1.80 MeV | 3.217E+01 | 2.050E-02 | 35.22 um | 1.43 um | 1.86 um |
| 2.00 MeV | 2.993E+01 | 1.872E-02 | 41.63 um | 1.75 um | 2.15 um |
| 2.25 MeV | 2.759E+01 | 1.690E-02 | 50.28 um | 2.21 um | 2.55 um |
| 2.50 MeV | 2.563E+01 | 1.542E-02 | 59.64 um | 2.65 um | 2.98 um |
| 2.75 MeV | 2.396E+01 | 1.419E-02 | 69.67 um | 3.08 um | 3.43 um |
| 3.00 MeV | 2.252E+01 | 1.316E-02 | 80.38 um | 3.51 um | 3.91 um |
| 3.25 MeV | 2.127E+01 | 1.227E-02 | 91.75 um | 3.95 um | 4.41 um |
| 3.50 MeV | 2.016E+01 | 1.150E-02 | 103.77 um | 4.39 um | 4.95 um |
| 3.75 MeV | 1.917E+01 | 1.082E-02 | 116.42 um | 4.83 um | 5.50 um |
| 4.00 MeV | 1.829E+01 | 1.023E-02 | 129.71 um | 5.29 um | 6.08 um |
| 4.50 MeV | 1.678E+01 | 9.222E-03 | 158.13 um | 6.82 um | 7.32 um |
| 5.00 MeV | 1.552E+01 | 8.405E-03 | 188.98 um | 8.29 um | 8.65 um |
| 5.50 MeV | 1.446E+01 | 7.728E-03 | 222.22 um | 9.73 um | 10.07 um |
| 6.00 MeV | 1.354E+01 | 7.157E-03 | 257.80 um | 11.17 um | 11.58 um |
| 6.50 MeV | 1.275E+01 | 6.668E-03 | 295.69 um | 12.62 um | 13.19 um |

图 4-11　　具体应用中质子在 Al 材料中的传输特性数据

## 习　　题

1. 归纳阐述空间辐射粒子 (电子、质子、重离子) 与航天器物质原子通过电离、位移损伤、轫致辐射产生线性能量损失 LET 的规律，在同一图中描绘上述粒子的电离作用 LET 值随能量的变化关系。

2. 采用 1.2GeV 的氧离子束透过 5.5mm 厚度的铝屏蔽板后垂直辐照某硅器件芯片的正面，该芯片有源区正面有 15μm 厚的 $SiO_2$ 钝化层。利用附表 1 氧离子在铝、$SiO_2$ 以及硅材料中的传输特性数据，计算辐照至芯片有源区的氧离子能量，以及到达芯片表面和有源区的 LET 值。(分别利用粒子能量–射程关系以及粒子能量-LET 值关系进行计算，对计算结果进行比较和合理性判断。)

附表 1　氧离子在铝、SiO₂ 以及硅材料中的传输特性数据

| 氧离子 能量/MeV | @ 铝材料 (密度 2.70g/cm³) | | | @SiO₂ 材料 (密度 2.32g/cm³) | | | @ 硅材料 (密度 2.32g/cm³) | | |
|---|---|---|---|---|---|---|---|---|---|
| | $(dE/dx)_{elec.}$ /(MeV·cm²/mg) | $(dE/dx)_{nuclear}$ /(MeV·cm²/mg) | 射程 | $(dE/dx)_{elec.}$ /(MeV·cm²/mg) | $(dE/dx)_{nuclear}$ /(MeV·cm²/mg) | 射程 | $(dE/dx)_{elec.}$ /(MeV·cm²/mg) | $(dE/dx)_{nuclear}$ /(MeV·cm²/mg) | 射程 |
| 10.00 | 6.750E+00 | 1.199E−02 | 6.35μm | 7.841E+00 | 1.316E−02 | 6.65μm | 6.857E+00 | 1.270E−02 | 7.11μm |
| 11.00 | 6.694E+00 | 1.107E−02 | 6.90μm | 7.724E+00 | 1.214E−02 | 7.20μm | 6.788E+00 | 1.172E−02 | 7.74μm |
| 12.00 | 6.637E+00 | 1.028E−02 | 7.46μm | 7.609E+00 | 1.127E−02 | 7.76μm | 6.721E+00 | 1.089E−02 | 8.37μm |
| 13.00 | 6.579E+00 | 9.608E−03 | 8.01μm | 7.496E+00 | 1.053E−02 | 8.33μm | 6.655E+00 | 1.018E−02 | 9.02μm |
| 14.00 | 6.520E+00 | 9.022E−03 | 8.58μm | 7.388E+00 | 9.888E−03 | 8.91μm | 6.591E+00 | 9.558E−03 | 9.66μm |
| 15.00 | 6.462E+00 | 8.508E−03 | 9.15μm | 7.283E+00 | 9.322E−03 | 9.49μm | 6.529E+00 | 9.014E−03 | 10.32μm |
| 16.00 | 6.404E+00 | 8.053E−03 | 9.72μm | 7.181E+00 | 8.821E−03 | 10.09μm | 6.468E+00 | 8.533E−03 | 10.98μm |
| 17.00 | 6.345E+00 | 7.646E−03 | 10.30μm | 7.084E+00 | 8.375E−03 | 10.69μm | 6.408E+00 | 8.103E−03 | 11.65μm |
| 18.00 | 6.288E+00 | 7.282E−03 | 10.89μm | 6.990E+00 | 7.974E−03 | 11.30μm | 6.349E+00 | 7.717E−03 | 12.32μm |
| 20.00 | 6.172E+00 | 6.653E−03 | 12.07μm | 6.811E+00 | 7.284E−03 | 12.55μm | 6.234E+00 | 7.052E−03 | 13.69μm |
| 22.50 | 6.030E+00 | 6.013E−03 | 13.59μm | 6.603E+00 | 6.581E−03 | 14.15μm | 6.094E+00 | 6.375E−03 | 15.43μm |
| 25.00 | 5.891E+00 | 5.491E−03 | 15.14μm | 6.409E+00 | 6.008E−03 | 15.81μm | 5.958E+00 | 5.822E−03 | 17.22μm |
| 27.50 | 5.754E+00 | 5.058E−03 | 16.72μm | 6.228E+00 | 5.532E−03 | 17.51μm | 5.825E+00 | 5.363E−03 | 19.04μm |
| 30.00 | 5.620E+00 | 4.691E−03 | 18.35μm | 6.058E+00 | 5.130E−03 | 19.27μm | 5.695E+00 | 4.975E−03 | 20.91μm |
| 32.50 | 5.492E+00 | 4.377E−03 | 20.01μm | 5.905E+00 | 4.785E−03 | 21.07μm | 5.571E+00 | 4.642E−03 | 22.82μm |
| 35.00 | 5.359E+00 | 4.104E−03 | 21.71μm | 5.770E+00 | 4.486E−03 | 22.91μm | 5.440E+00 | 4.353E−03 | 24.77μm |
| 37.50 | 5.201E+00 | 3.865E−03 | 23.46μm | 5.612E+00 | 4.225E−03 | 24.80μm | 5.284E+00 | 4.100E−03 | 26.78μm |
| 40.00 | 5.054E+00 | 3.654E−03 | 25.27μm | 5.455E+00 | 3.993E−03 | 26.75μm | 5.139E+00 | 3.876E−03 | 28.85μm |
| 45.00 | 4.805E+00 | 3.297E−03 | 29.02μm | 5.180E+00 | 3.603E−03 | 30.80μm | 4.890E+00 | 3.499E−03 | 33.14μm |
| 50.00 | 4.576E+00 | 3.007E−03 | 32.96μm | 4.931E+00 | 3.285E−03 | 35.06μm | 4.660E+00 | 3.191E−03 | 37.65μm |
| 55.00 | 4.364E+00 | 2.767E−03 | 37.10μm | 4.706E+00 | 3.021E−03 | 39.53μm | 4.447E+00 | 2.936E−03 | 42.38μm |
| 60.00 | 4.168E+00 | 2.563E−03 | 41.44μm | 4.500E+00 | 2.799E−03 | 44.21μm | 4.250E+00 | 2.721E−03 | 47.33μm |
| 65.00 | 3.987E+00 | 2.389E−03 | 45.97μm | 4.312E+00 | 2.609E−03 | 49.10μm | 4.067E+00 | 2.536E−03 | 52.50μm |
| 70.00 | 3.819E+00 | 2.239E−03 | 50.71μm | 4.138E+00 | 2.444E−03 | 54.20μm | 3.898E+00 | 2.376E−03 | 57.91μm |
| 80.00 | 3.520E+00 | 1.990E−03 | 60.03μm | 3.830E+00 | 2.172E−03 | 65.02μm | 3.595E+00 | 2.113E−03 | 69.41μm |
| 90.00 | 3.262E+00 | 1.794E−03 | 71.72μm | 3.564E+00 | 1.957E−03 | 76.69μm | 3.334E+00 | 1.905E−03 | 81.85μm |
| 100.00 | 3.039E+00 | 1.634E−03 | 83.47μm | 3.333E+00 | 1.783E−03 | 89.19μm | 3.107E+00 | 1.735E−03 | 95.23μm |
| 110.00 | 2.844E+00 | 1.502E−03 | 96.05μm | 3.129E+00 | 1.638E−03 | 102.53μm | 2.909E+00 | 1.595E−03 | 109.56μm |

续表

| 氧离子 能量/MeV | ⑩ 铝材料 (密度 2.70g/cm³) | | | ⑩SiO₂ 材料 (密度 2.32g/cm³) | | | ⑩ 硅材料 (密度 2.32g/cm³) | | |
| --- | --- | --- | --- | --- | --- | --- | --- | --- | --- |
| | $(dE/dx)_{elec.}$ /(MeV·cm²/mg) | $(dE/dx)_{nuclear}$ /(MeV·cm²/mg) | 射程 | $(dE/dx)_{elec.}$ /(MeV·cm²/mg) | $(dE/dx)_{nuclear}$ /(MeV·cm²/mg) | 射程 | $(dE/dx)_{elec.}$ /(MeV·cm²/mg) | $(dE/dx)_{nuclear}$ /(MeV·cm²/mg) | 射程 |
| 120.00 | 2.673E+00 | 1.390E−03 | 109.47μm | 2.950E+00 | 1.516E−03 | 116.71μm | 2.735E+00 | 1.477E−03 | 124.83μm |
| 130.00 | 2.522E+00 | 1.295E−03 | 123.72μm | 2.790E+00 | 1.412E−03 | 131.73μm | 2.582E+00 | 1.376E−03 | 141.03μm |
| 140.00 | 2.389E+00 | 1.212E−03 | 138.79μm | 2.647E+00 | 1.322E−03 | 147.59μm | 2.446E+00 | 1.288E−03 | 158.17μm |
| 150.00 | 2.270E+00 | 1.140E−03 | 154.68μm | 2.519E+00 | 1.243E−03 | 164.27μm | 2.325E+00 | 1.211E−03 | 176.23μm |
| 160.00 | 2.163E+00 | 1.077E−03 | 171.38μm | 2.403E+00 | 1.173E−03 | 181.79μm | 2.216E+00 | 1.144E−03 | 195.20μm |
| 170.00 | 2.067E+00 | 1.020E−03 | 188.87μm | 2.297E+00 | 1.112E−03 | 200.13μm | 2.118E+00 | 1.084E−03 | 215.08μm |
| 180.00 | 1.981E+00 | 9.692E−04 | 207.15μm | 2.201E+00 | 1.056E−03 | 219.30μm | 2.030E+00 | 1.030E−03 | 235.84μm |
| 200.00 | 1.831E+00 | 8.822E−04 | 246.01μm | 2.032E+00 | 9.612E−04 | 260.06μm | 1.877E+00 | 9.374E−04 | 279.97μm |
| 225.00 | 1.677E+00 | 7.940E−04 | 298.81μm | 1.856E+00 | 8.649E−04 | 315.55μm | 1.720E+00 | 8.438E−04 | 339.89μm |
| 250.00 | 1.551E+00 | 7.225E−04 | 356.18μm | 1.709E+00 | 7.869E−04 | 376.06μm | 1.591E+00 | 7.679E−04 | 404.99μm |
| 275.00 | 1.445E+00 | 6.633E−04 | 417.99μm | 1.585E+00 | 7.224E−04 | 441.52μm | 1.483E+00 | 7.050E−04 | 475.10μm |
| 300.00 | 1.354E+00 | 6.135E−04 | 484.14μm | 1.479E+00 | 6.680E−04 | 511.89μm | 1.390E+00 | 6.521E−04 | 550.11μm |
| 325.00 | 1.274E+00 | 5.709E−04 | 554.57μm | 1.386E+00 | 6.216E−04 | 587.14 μm | 1.309E+00 | 6.069E−04 | 629.95μm |
| 350.00 | 1.204E+00 | 5.341E−04 | 629.26μm | 1.305E+00 | 5.815E−04 | 667.24μm | 1.236E+00 | 5.678E−04 | 714.61μm |
| 375.00 | 1.140E+00 | 5.019E−04 | 708.23μm | 1.233E+00 | 5.464E−04 | 752.19μm | 1.171E+00 | 5.336E−04 | 804.10μm |
| 400.00 | 1.081E+00 | 4.736E−04 | 791.55μm | 1.168E+00 | 5.155E−04 | 841.97μm | 1.111E+00 | 5.035E−04 | 898.50μm |
| 450.00 | 9.755E−01 | 4.259E−04 | 971.69um | 1.056E+00 | 4.635E−04 | 1.04mm | 1.003E+00 | 4.528E−04 | 1.10mm |
| 500.00 | 8.889E−01 | 3.872E−04 | 1.17mm | 9.652E−01 | 4.214E−04 | 1.25mm | 9.138E−01 | 4.118E−04 | 1.33mm |
| 550.00 | 8.244E−01 | 3.553E−04 | 1.39mm | 8.945E−01 | 3.866E−04 | 1.48mm | 8.476E−01 | 3.778E−04 | 1.57mm |
| 600.00 | 7.697E−01 | 3.284E−04 | 1.62mm | 8.346E−01 | 3.573E−04 | 1.73mm | 7.915E−01 | 3.492E−04 | 1.84mm |
| 650.00 | 7.227E−01 | 3.054E−04 | 1.87mm | 7.831E−01 | 3.323E−04 | 2.00mm | 7.432E−01 | 3.248E−04 | 2.12mm |
| 700.00 | 6.817E−01 | 2.856E−04 | 2.13mm | 7.383E−01 | 3.107E−04 | 2.28mm | 7.012E−01 | 3.038E−04 | 2.41mm |
| 800.00 | 6.140E−01 | 2.530E−04 | 2.70mm | 6.643E−01 | 2.752E−04 | 2.90mm | 6.316E−01 | 2.691E−04 | 3.06mm |
| 900.00 | 5.601E−01 | 2.274E−04 | 3.33mm | 6.056E−01 | 2.472E−04 | 3.58mm | 5.763E−01 | 2.418E−04 | 3.78mm |
| 1000.00 | 5.162E−01 | 2.066E−04 | 4.02mm | 5.578E−01 | 2.246E−04 | 4.32mm | 5.312E−01 | 2.198E−04 | 4.55mm |
| 1100.00 | 4.797E−01 | 1.894E−04 | 4.77mm | 5.180E−01 | 2.059E−04 | 5.12mm | 4.937E−01 | 2.015E−04 | 5.40mm |
| 1200.00 | 4.489E−01 | 1.750E−04 | 5.56mm | 4.845E−01 | 1.902E−04 | 5.98mm | 4.620E−01 | 1.862E−04 | 6.30mm |

## 参 考 文 献

[1] Lindhard J, Nielsen V, Scharff M, et al. Integral equations governing radiation effects. Mat. Fys. Medd. Dan. Vid. Selsk., 1963, 33(10): 706.

[2] Bethe H. Zur theorie des durchgangs schneller korpuskularstrahlen durch materie. Annalen der Physik, 1930, 397(3): 325-400.

[3] Bloch F. Zur bremsung rasch bewegter teilchen beim durchgang durch materie. Annalen der Physik, 1933, 408(3): 285-320.

[4] Bethe H. Bremsformel für elektronen relativistischer geschwindigkeit. Zeitschrift für Physik, 1932, 76(5): 293-299.

[5] Wilson W D, Haggmark L G, Biersack J P. Calculations of nuclear stopping, ranges, and straggling in the low-energy region. Physical Review B, 1977, 15(5): 2458-2468.

[6] Kalbitzer S, Oetzmann H, Grahmann H, et al. A simple universal fit formula to experimental nuclear stopping power data. Z. Physik A, 1976, 278: 223-224.

[7] Ziegler J F. The electronic and nuclear stopping of energetic ions. Appl. Phys. Lett., 1997, 31: 544-546.

# 第 5 章  电离总剂量效应

## 5.1  总剂量电离电荷在器件中的累积及影响

电离总剂量效应 (俗称 "总剂量效应") 是空间辐射粒子通过与累积的剂量正相关的电离作用所造成的影响。剂量的定义为单位质量的物质吸收的能量，国际制单位为 Gy，$1Gy = 1J/kg$，常用单位为 rad，$1Gy = 100rad$。辐射粒子在单位距离上由电离作用传递的能量，就是前述的电子碰撞线性能量传输 $(LET_e)$。统计平均而言，特定的材料吸收一定的电子碰撞能量就可产生一个电子–空穴对，该能量称为电离能，常见物质的电离能分别为 Si：3.6eV、Ge：2.8eV、GaAs：4.8eV、$SiO_2$：17eV、空气：35eV。在电离过程中产生的自由电子，只要其能量足够高，就可进一步与其他靶原子核外电子碰撞形成二次电离。电离过程在器件材料中产生了额外的电子–空穴对，这些电荷在器件中运动、演化以及被捕获，最终影响器件的工作性能。

### 5.1.1  总剂量在器件中诱发的捕获电荷

对于航天器而言，所用器件的总剂量效应最突出，电离作用在半导体器件材料中产生的原初额外电子–空穴对，会通过一系列的演化发展，最终影响器件的工作参数乃至功能失效。

图 5-1 是以金属–氧化物–硅 (MOS) 器件为例，阐述电离产生的电子–空穴对在栅极 $SiO_2$ 以及与衬底 Si 相交的界面中的演化，主要包括四个过程 [1-3]。① 辐射粒子在 $SiO_2$ 中电离产生电子–空穴对，其数量与电离剂量相关，该电子–空穴对后续会发生复合、扩散、漂移和捕获。② 由于存在着一定的电场，氧化层中的电子–空穴对的漂移运动最为显著，电子通过快速的漂移 (皮秒量级) 流向阳极欧姆接触而被移除，空穴相对缓慢 (秒量级) 地漂移向阴极欧姆接触。③ 在漂移过程中，部分空穴被捕获形成陷阱中心，位于 $SiO_2$ 禁带中约 1eV 范围的浅能级陷阱中心分布在整个 $SiO_2$ 体中，空穴可在其间发生跳跃式输运；位于 $SiO_2$ 禁带中超过 3eV 的深能级陷阱中心主要分布在 $SiO_2$-Si 界面附近，是被氧化层捕获的相对稳定的空间正电荷 $(N_{ot})$。④ 在 $SiO_2$-Si 界面的过渡层，氧化层捕获空穴与衬底 Si 中的电子通过隧穿效应进行电荷交换，最终被界面处的缺陷捕获而形成新的界面态电荷 $(N_{it})$，对于正偏的 NMOS，该界面态为负电特性，对于负偏的 PMOS，该界面态为正电特性。

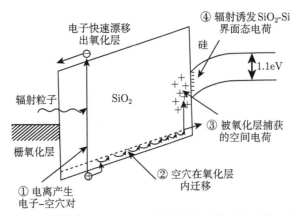

图 5-1   电离辐射在 MOS 器件材料中诱发及捕获的电荷

### 5.1.2   辐射诱发的捕获电荷对器件的影响

正是辐射在器件氧化层，以及 SiO$_2$-Si 界面处诱发和捕获的空间电荷及界面态电荷，影响了 MOS 及双极器件等的工作特性。

对于 MOS 器件而言，电离辐射形成的捕获电荷导致器件的阈值电压漂移、漏电流增大、噪声增大、开关速度下降等一系列影响。由于辐射在 MOS 器件中形成和捕获了氧化层 (栅氧) 电荷 $\Delta Q_{\mathrm{ot}}$ 及界面态电荷 $\Delta Q_{\mathrm{it}}$，这些额外的电荷导致器件的工作阈值电压发生漂移 $\Delta V$，如图 5-2 所示，针对电容为 $C_{\mathrm{ox}}$ 的栅氧化层，导致的 $\Delta V$ 如公式 (5-1) 所示。氧化层电荷导致的 MOS 器件阈值电压漂移 $\Delta V_{\mathrm{ot}}(V)$ 与辐射及器件材料的关系如式 (5-2) 所述[1]，其中，$f_y(E, E_{\mathrm{ox}})$ 是与辐射粒子能量 $E$ 及氧化层电场 $E_{\mathrm{ox}}$ 有关的空穴产生率；$f_t$ 为被 SiO$_2$-Si 界面捕获的空穴份额；$D$ 为在 SiO$_2$ 中的辐射剂量 (rad[SiO$_2$])；$l_{\mathrm{ox}}$ 为氧化层厚度 (nm)。即氧化层电荷导致的 MOS 器件阈值电压漂移与辐射剂量成正比，基于此机制可研发 MOS 管剂量仪；氧化层电荷导致的 MOS 器件阈值电压漂移与氧化层厚度的平方成正比，这是电离总剂量对现代小尺寸工艺器件的影响有减缓趋势的主要原因。界面态电荷的产生更加复杂，其导致的正偏 NMOS 器件阈值电压漂移 $\Delta V_{\mathrm{it}}(V)$ 如公式 (5-3) 描述，其中，$D$ 和 $l_{\mathrm{ox}}$ 对应的物理量及单位与公式 (5-1) 相同。氧化层电荷和界面态电荷导致的器件阈值电压总的漂移 $\Delta V$ 为上述二者之和。整体而言，当氧化层较厚 (100nm) 时，辐射形成的捕获电荷导致的阈值电压漂移与氧化层厚度的平方成正比[4]；当氧化层厚度较薄 (10nm) 时，由于较强的隧穿效应，形成的有效捕获电荷急剧减少，造成的阈值电压漂移减缓[5]，如图 5-3 所示。

$$\Delta V = \Delta V_{\mathrm{ot}} + \Delta V_{\mathrm{it}} = (\Delta Q_{\mathrm{ot}} + \Delta Q_{\mathrm{it}})/C_{\mathrm{ox}} \tag{5-1}$$

$$\Delta V_{\mathrm{ot}} = -3.8 \times 10^{-8} f_y(E, E_{\mathrm{ox}}) f_t D l_{\mathrm{ox}}^2 \tag{5-2}$$

$$\Delta V_{\text{it}} = 2.4 \times 10^{-8} D^{2/3} l_{\text{ox}}^2 \qquad (5\text{-}3)$$

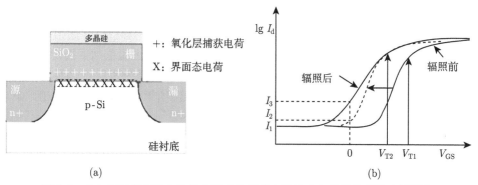

图 5-2 (a) 辐射在 MOS 器件中形成的捕获电荷及 (b) 导致的阈值电压漂移

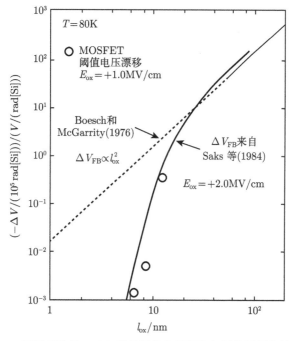

图 5-3 辐射导致的 MOS 器件阈值电压漂移与氧化层厚度的关系

不同的器件偏置条件，会在氧化层内部建立不同的电场，以及在 SiO₂-Si 界面处形成不同的隧穿，最终导致捕获的电荷及对器件参数影响不同。图 5-4 是辐射导致的不同偏置条件下 MOS 晶体管和电路阈值电压变化情况 [6]。对于 MOS 晶体管，在零偏置下，氧化层内部内建电场较弱，辐射诱发的空穴漂移不利，易被复合，难以形成较明显的捕获电荷，导致的器件阈值电压漂移较弱；在栅极负偏时，辐射诱发的空穴被驱向栅极漂移，在氧化层内形成较少的捕获电荷，导致器件阈值电压少量的漂移；在栅极正偏时，辐射诱发的空穴被驱向 SiO$_2$-Si 界面漂移，能够在氧化层临近硅的界面处形成较多的捕获电荷，导致器件阈值电压的显著漂移；即，对于 MOS 晶体管，零偏总剂量损伤最小，正偏总剂量损伤最大。但是，实际的 MOS 电路内部组成复杂，动态工作下偏置条件复杂，偏置对辐射诱发阈值电压漂移的关系没有那么简单，如图 5-4(b) 所示，对于动态工作的 MOS 电路零偏并不一定是最温和的辐射损伤条件。

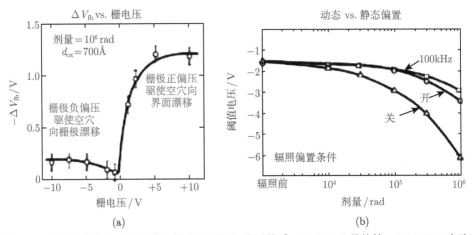

(a)                                                          (b)

图 5-4  辐射导致的 MOS 器件阈值电压漂移与偏压关系 ((a) MOS 晶体管；(b) MOS 电路)

图 5-5 是辐射在双极器件氧化层 (钝化层隔离氧) 形成的捕获电荷，以及其对

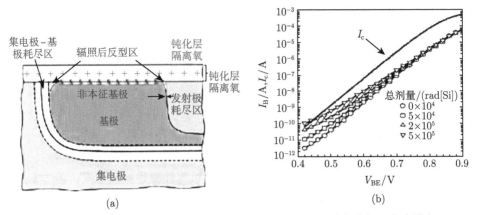

(a)                                                          (b)

图 5-5  (a) 辐射在双极器件中形成的捕获电荷及 (b) 导致的基极漏电流增大

器件造成的影响[1,6,7]。氧化层捕获电荷的堆积，使得双极器件表面电势被改变，导致基极与发射极、基极与集电极的界面处部分反型，表面复合电流增加，尤其是导致基极电流 $I_B$ 增加，使得增益 $\beta(I_C/I_B)$ 下降，以及导致漏电流增大、驱动能力下降等一系列影响。

偏置条件对总剂量导致的双极器件损伤没有统一的规律，因器件而异，如图 5-6 所示[8,9]。

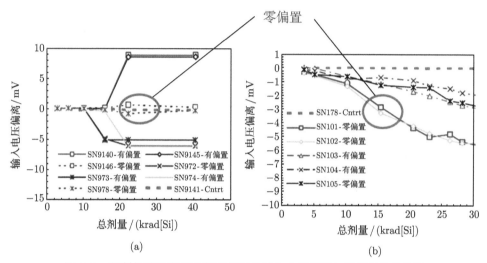

图 5-6 辐射捕获电荷导致的双极器件输入电压偏离与偏置条件的关系

## 5.1.3 MOS 器件对辐射剂量的时间响应及退火效应

如前所述，对 MOS 器件有影响的电离辐射诱发电荷，既有氧化物电荷也有界面态电荷，而且二者的产生还有一定的因果联系，因此 MOS 器件随辐照时间以及退火过程有着较复杂的表现。

图 5-7 是 NMOS 晶体管阈值电压漂移随辐照时间效应 (time dependent effects，TDE) 亦即随剂量的变化关系[1,6]。① 在辐照一开始，立即形成了较明显的氧化物正电荷，其"立竿见影"地导致阈值电压的负漂；② 辐照一定剂量后，产生的足够多的氧化物电荷迁移至 $SiO_2$-Si 界面处，诱导形成负的界面态电荷，其使阈值电压正偏，部分抵消先前形成的由氧化物电荷引起的阈值电压负漂；③ 随着辐照的持续，继续产生氧化物电荷和界面态电荷，器件阈值电压最终的漂移情况取决于这二者的竞争情况，有可能相互抵消，器件损伤得以恢复，甚至最终的阈值电压发生反冲，形成正偏。

退火是指辐照停止后，辐射诱发电荷的消失及演化现象，主要是由器件材料的热激发电子以及 $SiO_2$-Si 界面的隧穿电子使得捕获空穴得以复合，这两种机制

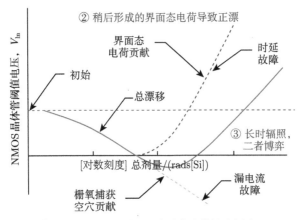

图 5-7　NMOS 器件阈值电压漂移随辐照时间 (剂量) 的变化关系

均与温度有关, 图 5-8 是 NMOS 器件在辐照作用下形成损伤以及随后的退火过程[1,2,10]。① 辐照随即产生的大量氧化物电荷导致器件负漂乃至失效, 缓慢产生的界面态电荷起到部分补偿作用, 这就是前文描述的辐射响应的时间效应。② 辐照停止, 开始退火。退火的中早期, 氧化物电荷部分消除, 此期间界面态电荷继续少量增多, 二者的作用相互抵消, 器件恢复正常。③ 退火末期, 氧化物电荷基本消除, 界面态电荷维持不变, 器件发生正漂而失效。④ 在退火过程中, 高温加速退火 (rapid thermal annealing, RTA) 较低温可使氧化物电荷更快地消失, 若退火时间足够长, 则二者的退火效果一致。因此, 采用高温可实现加速退火。

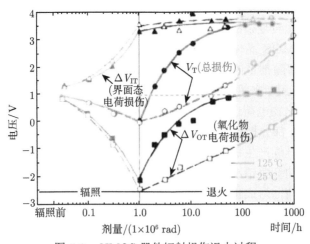

图 5-8　NMOS 器件辐射损伤退火过程

### 5.1.4 双极器件的低剂量率辐射损伤增强效应

空间的总剂量是航天器长时间飞行累积遭遇的,其剂量率相对较低,为 $10^{-4} \sim 10^{-2}$ rad/s 量级,在地面试验时,为了节省时间通常采用高得多的剂量率 (如 $50\sim 300$ rad/s)。1991 年,Enlow 等首次报道了针对双极晶体管分别采用 1.1rad/s 和 300rad/s $(SiO_2)$ 的剂量率辐照到相同的总剂量,器件增益退化情况前者严重于后者,这种现象称为低剂量率辐射损伤增强 (enhanced low dose rate sensitivity,ELDRS) 效应,并且通过实验排除了界面态电荷以及退火对 ELDRS 的贡献[11]。存在 ELDRS 效应的器件,即使通过了地面的高剂量率考核试验,也会在空间的低剂量率辐照下提前失效,也就是未达到地面高剂量率考核的安全剂量时即失效,这给航天工程应用带来巨大的挑战。图 5-9(a) 是多只双极器件在 0.001~100rad/s 的不同剂量辐照下的相对损伤情况,可以看到明显的低剂量率辐射损伤增强现象[12],且这种现象与辐照的高温快速退火 (RTA)、时间响应 (TDE) 均无关,是真正的剂量率效应 (true dose rate effect,TDRE),如图 5-9(b) 所示。

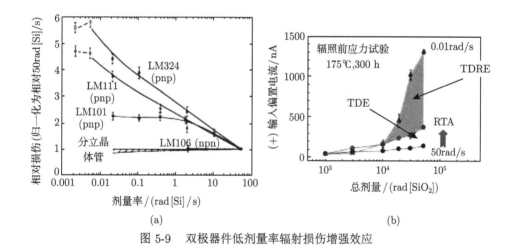

图 5-9 双极器件低剂量率辐射损伤增强效应

图 5-10 给出了双极器件低剂量率辐射损伤增强效应机制的一种相对简单的解释——"空间电荷排斥"[13],在双极器件的较厚隔离层氧化物中 (微米量级,MOS 器件对应的栅氧为 10nm 量级),电场较弱 (MV/m 量级,MOS 器件对应为 100MV/m 量级),高剂量率的强辐射导致瞬间形成的大量空穴难以被及时输运到 $SiO_2$-Si 界面附近,而被氧化物中的亚稳态陷阱捕获形成空间电荷,这些空间电荷排斥阻挡后续电离产生的空穴输运至界面附近,使得最终到达界面附近的电荷数量减少,对双极器件的影响反而减弱。因此,低剂量率辐射损伤增强效应的本质是:高剂量率辐射损伤减弱。

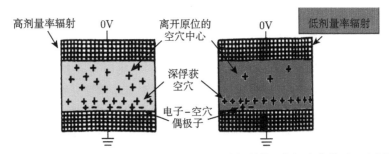

图 5-10　双极器件低剂量率辐射损伤增强效应机制的 "空间电荷排斥" 示意图

# 5.2　总剂量的分析评估方法

空间任务需要根据具体的轨道参数、发射时间及运行寿命等条件，分析评估任务总体层面遭受的辐射总剂量水平，以指导分系统、单机的设计以及元器件的选用。该工作涉及三个环节：一是计算航天器舱外的辐射环境粒子注量 $F_{\text{ext}}(E)$；二是计算穿过一定屏蔽厚度 $d$ 的航天器舱或者设备机箱后，到达目标位置 (内部关键器件处) 的辐射环境粒子注量 $F_{\text{int}}(E, d)$；三是考虑目标位置处不同种类 (质子、电子及其诱发的轫致辐射 X 射线)、不同能量的辐射粒子在器件材料局部物质中传递能量的特性，即 LET 值，计算导致的综合辐射剂量 $D(d)$，如公式 (5-4) 所示。

$$D(d) = \sum_{\text{p,e,X}} \int_{E_{\min}}^{E_{\max}} F_{\text{int}}\left(E, d\right) \cdot \text{LET}(E) \mathrm{d}E \tag{5-4}$$

### 5.2.1　航天器舱外辐射环境分析计算

对于近地空间辐射累积作用导致的总剂量效应，需要综合考虑相关空间辐射粒子的强度及其 LET 值，主要贡献者为作为背景环境的强度较高的辐射带粒子，以及在任务期内累积遭遇的太阳质子，银河宇宙线虽然也作为背景环境存在，但是其强度相对前两者极弱，造成的总剂量可忽略不计。目前工程上使用的空间辐射环境模型主要为各向同性模型，即认为从空间各个方向入射到航天器的辐射粒子通量是相同的。

采用前文介绍的辐射带电子模型 AE8 和质子模型 AP8，利用航天器轨道计算程序和 2.7 节介绍的地磁 $B$-$L$ 坐标，可计算沿轨道各点对应的地磁 $B$-$L$ 坐标以及对应的辐射粒子能谱分布，进一步可统计得到沿该任务轨道遭遇的平均辐射带粒子能谱分布。

对于长期质子事件，首先采用 3.2.4 节介绍的地磁截止刚度概念及相关数据，利用轨道计算程序计算沿轨道不同位置对外来辐射粒子的地磁传输系数，统计得到整个轨道的外来辐射粒子传输系数。再采用 3.3.3 节介绍的 1AU 处的长期太阳质子模型 JPL91 或 ESP 等,计算得到本任务周期内到达相应轨道的累积统计的太阳质子注量谱 (注量–能量数据)。

通过上述步骤,计算得到任务轨道及周期内航天器舱外的辐射带电子、辐射带质子,以及太阳质子对应的注量谱 $F_{\text{ext}}(E)$。

### 5.2.2 航天器舱内辐射环境及总剂量分析计算

航天器物质组成及结构布局十分复杂,严格计算舱外辐射粒子穿越如此复杂的航天器结构进入舱内极其复杂艰巨,而且在很多情况下任务总体及单机设备单位都不能完全掌握这些物质组成信息。为了简单明了以及易于操作,空间任务总体通常将航天器物质组成及结构布局进行简化处理,分析计算在简化的航天器模型下的舱内辐射环境及剂量。国际上目前广泛采用美国国家标准技术研究院 (National Institute of Standards and Technology,NIST) 开发的 Shieldose-2 程序 [14−16],计算在简化的航天器模型下的粒子传输及造成的舱内辐射剂量。

Shieldose-2 程序将航天器上所有物质均通过密度折算为一定质量厚度的铝。根据 4.2 节带电粒子与物质作用表征的描述,带电粒子在物质中传输传递能量主要是通过与靶原子核外电子的电离碰撞,在空间带电粒子起主要作用的中高能量段,能量损失规律符合公式 (4-3),即 $\text{LET}_{\text{e}} = \dfrac{4\pi Z_{\text{a}}^2 e^4}{m_0 v_{\text{a}}^2} \dfrac{Z_{\text{b}}}{A_{\text{b}}} \ln \left( \dfrac{2m_0 v_{\text{a}}^2}{I_{\text{b}}} \right)$,其中,$m_0$ 为电子静止质量;$v_{\text{a}}$ 为入射粒子速度;$Z_{\text{a}}$、$Z_{\text{b}}$ 分别为入射粒子和靶物质的原子序数 (电荷数);$A_{\text{b}}$ 为靶物质的原子质量数。因此,对于空间带电粒子而言,航天器物质对其的阻挡作用与具体靶物质的荷质比 $(Z_{\text{b}}/A_{\text{b}})$ 成正比,除了氢元素荷质比为 1,其他元素的荷质比基本为 0.5,因此将航天器上所有的物质折算成一定质量厚度的铝是合适的。由于氢对入射粒子的阻挡较铝更有效,因此即使把部分有机材料中的氢元素也按照铝来处理,分析计算得到的结果也要比实际情况偏保守,能够保证设计的安全余量。

Shieldose-2 程序包括如图 5-11 所示的几种简化的航天器辐射屏蔽结构模型,在所有模型中均假设空间辐射粒子沿各个方向均匀入射,考察在某深度位置处的辐射剂量随该深度的变化关系,即剂量–深度 (厚度) 曲线。半无限大平板模型是最基础的模型,其他模型均可由该模型推演而来,相应的辐射剂量计算结果也存在一定的比例关系 [15]。半无限大模型适用于尺寸较大的卫星表面之下一定深度处的剂量计算,由于卫星尺寸较大,来自卫星本体方向的辐射粒子被认为完全遮挡掉,只考虑来自所关注位置的表面方向入射的辐射粒子。有限大平板模型适用于在卫星内部某一方向有较好屏蔽的情况下,在相对的方向进行局部屏蔽,获得剂量–屏蔽材料厚度曲线。上述两种平板模型均为一维结构,而考虑卫星内部的辐射剂量时需要考虑三维结构，最简单的三维结构为实心球和球壳模型，其本质也是一维模型。实心球模型考虑卫星充斥着一定密度的物质，其中心位置等效为被一定质量厚度的铝球包裹，考察球心的剂量–球厚度曲线。球壳模型则认为卫星内部是空的，主要是由一层球壳包裹，获得球心剂量–球壳厚度曲线。上述四种简化模型中，实心球模型最接近通常卫星内部的情况，具有较好的普适性，目前航天任务总体主要采用该模型，即分析计算给出 (实心铝球中心) 剂量–(实心球) 厚度数据，以分析评估任务遭受的总剂量整体情况。

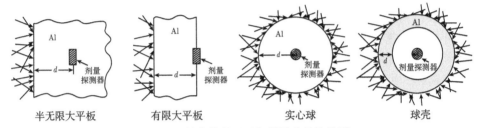

图 5-11　简化的航天器辐射屏蔽结构模型

空间辐射总剂量主要是由辐射带的电子、质子以及太阳质子造成的，其中电子在物质传输中会产生轫致辐射 X 射线而形成后续的辐射剂量。因此计算空间辐射粒子产生的电离总剂量，需要考虑电子、质子，以及电子诱发的轫致辐射在屏蔽物质中的传输及在一定屏蔽深度的目标位置处产生的剂量。Shieldose-2 程序预先通过蒙特卡罗方法等计算获得了粒子传输及能量沉积情况，具体针对不同能量 ($E$) 的质子、电子，以及电子诱发的轫致辐射 X 射线，计算得到经过不同厚度 $d$ 的铝传输后的粒子强度传输系数 $T_{\mathrm{F}}\,(E,\,d)$ (传输前后的粒子强度比)；并进一步将厚度 $d$ 处不同粒子对应的 LET 值与强度传输系数 $T_{\mathrm{F}}$ 相乘，给出最终的该深度处的剂量传输系数 $T_{\mathrm{D}}\,(E,\,d)$。

Shieldose-2 程序预先完成了空间辐射环境中单位强度的带电粒子由舱外经过系列厚度铝材料的传输到达舱内的强度传输系数和最终沉积能量 (即剂量) 的计算。这样，由舱外不同种类的辐射粒子注量 $F_{\mathrm{ext}}\,(E)$，以及 Shieldose-2 给出的不同种类不同能量 $E$ 的单位强度的粒子到达厚度 $d$ 处的剂量传输系数 $T_{\mathrm{D}}\,(E,d)$，就可直接给出经不同厚度铝屏蔽后的剂量 $D$，即剂量–厚度 (深度) 曲线数据：

$$D(d) = \sum_{\mathrm{p,e,X}} \int_{E_{\min}}^{E_{\max}} F_{\mathrm{ext}}(E) \cdot T_{\mathrm{D}}(E,d)\mathrm{d}E \tag{5-5}$$

因此，Shieldose-2 程序的核心本质之一就是预先存储了系列厚度 $d$ 处的不同种类、不同能量 $E$ 的粒子剂量传输系数 $T_{\mathrm{D}}(E,d)$，之二就是将具体任务分析得到的航天器舱外辐射粒子注量谱 $F_{\text{ext}}(E)$ 与前者进行相乘积分并累加，得到总的辐射剂量 $D(d)$。

### 5.2.3 地面辐照试验总剂量计算

对于地面辐照试验而言，通常采用的是单一种类和单一能量的粒子，可以利用上述思路计算辐照过程中产生的剂量。

对于无屏蔽材料遮挡，能量为 $E$ 的辐照粒子以注量 $F(E)$ 直接作用在样品表面，或者辐照粒子射程较大作用到一定深处的样品时，其 LET 值无明显变化，此时产生的剂量 $D(E) = F(E) \cdot \text{LET}(E)$。

对于有厚度 $d$ 的屏蔽材料遮挡 (或试验样品的敏感部位位于表面之下 $d$ 深度处)，通常只要能量为 $E$ 的辐照粒子有较大的射程，则认为其穿过厚度 $d$ 的材料后的注量基本不变，仍为 $F(E)$；主要考虑厚度 $d$ 的材料的阻挡导致的能量慢化以及 LET 值变化，测算出穿过厚度 $d$ 的材料时的 $\text{LET}(E, d)$，此步的计算思路与 4.3 节相同；最终计算能量为 $E$ 的辐照粒子穿过厚度 $d$ 的材料后形成的剂量为 $D(E, d) = F(E) \cdot \text{LET}(E, d)$。

通常辐照粒子注量 $F$、LET 值、剂量 $D$ 的常用单位分别为 $\text{cm}^{-2}$、$\text{MeV·cm}^2/\text{mg}$ 以及 krad，它们之间的具体数值关系如下：

$$D = F\,(\text{cm}^{-2}) \times \text{LET}\,(\text{MeV} \cdot \text{cm}^2/\text{mg}) = F \times \text{LET}\,(\text{MeV/mg})$$

$$= F \times \text{LET}\,(10^6 \text{eV} \times 1.602 \times 10^{-19} \text{J}/(\text{eV} \cdot 10^{-6}\text{kg}))$$

$$= F \times \text{LET}\,(1.602 \times 10^{-7}\text{J/kg})$$

$$= F \times \text{LET}\,(1.602 \times 10^{-7}\text{Gy}) = 1.602 \times 10^{-8}\text{krad} \times F \times \text{LET}$$

即对于注量 $F$ 的单一 LET 值辐照粒子，其产生的剂量如下计算：

$$D(\text{krad}) = 1.602 \times 10^{-8} \times F\,(\text{cm}^{-2}) \times \text{LET}\,(\text{MeV} \cdot \text{cm}^2/\text{mg}) \tag{5-6}$$

表 5-1 是地面辐照试验的几种粒子及其产生的总剂量的计算结果，可见同为累积作用的质子位移损伤试验会同时导致高的电离总剂量，高注量的重离子 Bi 的单粒子效应加速试验也产生了较高的电离总剂量。

表 5-1　地面辐照试验产生的总剂量计算

| 粒子种类 | 能量/MeV | LET[Si] /(MeV·cm²/mg) | 注量/cm⁻² | 电离总剂量 /(krad[Si]) | 主要试验目的 |
|---|---|---|---|---|---|
| e | 2 | 0.001 | $10^{10}$ | 0.16 | 深层充电 |
| P | 10 | 0.03 | $10^{12}$ | 480 | 位移损伤 |
| $^{11}\text{B}$ | 75 | 1.2 | $10^{7}$ | 0.18 | 单粒子效应 |
| $^{209}\text{Bi}$ | 900 | 99.8 | $10^{7}$ | 16.0 | 单粒子效应 |

## 5.3　近地空间的总剂量分布特征

针对不同近地空间任务的轨道参数及发射运行时间，利用前述章节介绍的各向同性辐射带电子、质子以及长期统计太阳质子模型，将航天器整体简化为实心铝球，利用 Shieldose-2 已经编制好的不同类型、不同能量粒子传输到不同深度处的剂量传输系数，即可快捷地分析计算出具体任务遭受的剂量–厚度 (深度) 曲线。

高度 800km、倾角 98° 的 LEO 5 年遭遇的剂量–深度曲线如图 5-12 所示。可见在典型的卫星屏蔽 (如 3mm 铝) 下，总剂量的贡献主要来自辐射带电子和质子；对于更厚的屏蔽 (大于 10mm 铝)，总剂量的贡献主要来自能量更高、穿透力更强的辐射带质子。

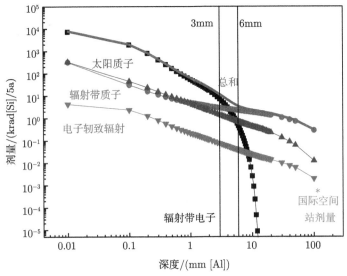

图 5-12　高度 800km、倾角 98° 的 LEO 剂量–深度曲线

GEO 5 年遭遇的剂量–深度曲线如图 5-13 所示。可见辐射带质子对剂量无贡献；在典型的卫星屏蔽 (如 3mm 铝) 下，总剂量的贡献主要来自辐射带电子；对于更厚的屏蔽 (大于 10mm 铝)，总剂量的贡献主要来自电子诱发的轫致辐射，以及太阳质子。

无论是 LEO 还是 GEO，剂量–深度曲线均以约 6mm (该穿透深度对应能量约 3MeV 的电子和 35MeV 的质子) 为界明显分为两部分。薄屏蔽时主要是穿透能力较弱的辐射带电子的贡献，厚屏蔽时是穿透能力较强的辐射带质子或太阳质子、电子轫致辐射的贡献；卫星常见的数毫米铝的中等屏蔽时，随屏蔽厚度的增

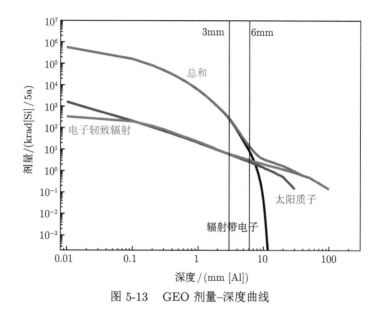

图 5-13 GEO 剂量–深度曲线

加,剂量急剧衰减,主要是最高能量约 3MeV 的连续能谱辐射带电子在此区间被大量地阻止了,这对抗总剂量设计极有利;厚屏蔽时,能量相对较低的辐射带电子完全被阻止了,能量较高的辐射带质子或太阳质子以及穿透力较强的韧致辐射 X 射线继续穿行并产生剂量,它们的强度随着屏蔽厚度的增加而衰减较缓慢,此时屏蔽设计性价比较低。

图 5-14 是 300km 至 GEO 的近地空间不同高度,0°、30° 和 90° 几个典型倾角轨道的航天器一年内遭受的总剂量分布图,图 5-15 是近地空间不同高度及倾角轨道的航天器一年内遭受的总剂量分布图,表 5-2 是几个典型轨道在 3mm Al 屏蔽下遭受的年均总剂量值。从图 5-14 及图 5-15 可以看到,随着轨道高度的增加,LEO 遭受的剂量快速增加,在 3000km 的内辐射带核心区处达到峰值;随着进入辐射带槽区,剂量稍有所下降;在 10000km 左右开始进入外辐射带,剂量随高度的增加而增加,在 20000km 的 MEO 处达到峰值;随后剂量随高度的增加而下降,在常见的 GEO,剂量值与辐射带槽区相近。从表 5-2 可以看出,LEO 年剂量相对较低,为 1~3krad[Si],辐射带电子和辐射带质子贡献基本平分秋色,对于低倾角轨道,内辐射带质子的贡献稍大,对于高倾角轨道,来自外辐射电子的贡献稍大;对于中高轨道以及穿越中高轨道的 GTO,年剂量均较高、为 50~300krad[Si],剂量几乎全部 (大于 95%) 来自于辐射带电子的贡献。

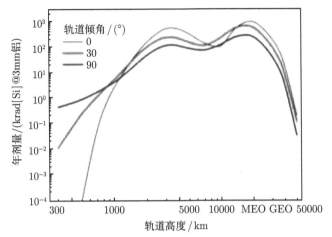

图 5-14　近地空间不同高度典型倾角轨道剂量分布

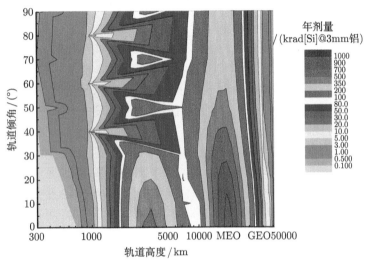

图 5-15　近地空间不同高度与倾角轨道剂量分布

表 5-2　近地典型轨道年均遭受的总剂量/krad[Si]@3mm 铝

| 轨道 | 轨道参数 | | | 电离总剂量/(krad[Si]) | | | | |
|------|---------|---------|---------|--------------------|--------------|--------|---------|----|
|      | 近地点/km | 远地点/km | 倾角/(°) | 辐射带电子 (剂量比) | 辐射带质子 | 太阳质子 | 总计 | |
| LEO1 | 780 | 780 | 86.4 | 1.5 | 0.5 | 0 | 2.0 | 1~3 |
| LEO2 | 800 | 800 | 28.5 | 0.4 | 1.1 | 0 | 1.5 | |
| GEO | 35786 | 35786 | 0 | 53.3 (95.3%) | 0 | 2.6 | 55.9 | 50~100 |
| MEO | 26560 | 26560 | 55 | 287.3 (99.9%) | 0 | 0.2 | 287.5 | ~300 |
| GTO | 207 | 35932 | 28 | 238.9 (98.8%) | 2.8 | 0 | 241.7 | ~200 |

## 5.4 航天器抗总剂量设计指标要求

对于上述空间任务遭受的总剂量–厚度 (深度) 曲线分析评估结果，考虑到空间辐射环境模型输出结果与航天器实际在轨遭遇辐射环境的差异，以及航天器实际结构与简化的一维屏蔽结构的差异，需要考虑一定额度的辐射设计余量 (radiation design margin，RDM)，以满足空间应用的安全。

根据 ESA 的 ECSS-E-ST-10-12C 标准 *Methods for the Calculation of Radiation Received and Its Effects, and a Policy for Design Margins*[17]，以及 NASA 推荐的可靠性设计经验手册之一 *Radiation Design Margin Requirement* (PD-ED-1260)[18] 的建议，通常建议该辐射设计余量取在轨遭遇剂量的 2~3 倍。因此，在上述分析计算得到的剂量–厚度曲线的基础之上，对剂量值乘以辐射设计余量，就得到了相应的空间任务抗总剂量设计的指标，如图 5-16 和表 5-3 所示。通常，以常见的 3mm 铝为基准规定典型的抗总剂量设计指标，要求在该厚度屏蔽下使用的元器件的抗总剂量水平不低于指标值；对于采用其他屏蔽厚度的情况，可以根据相应的剂量–厚度数值得到具体的抗总剂量指标。

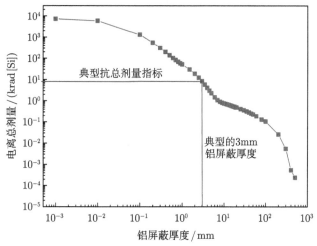

图 5-16 考虑了辐射设计余量的剂量–厚度曲线

表 5-3 航天任务总体抗总剂量设计指标 (已考虑辐射设计余量)

| 厚度/(mm[Al]) | 剂量/(krad[Si]) | 厚度/(mm[Al]) | 剂量/(krad[Si]) |
|---|---|---|---|
| $10^{-3}$ | $7.1 \times 10^6$ | 10 | $7.4 \times 10^2$ |
| 0.01 | $5.8 \times 10^6$ | 11 | $7.0 \times 10^2$ |
| 0.1 | $1.3 \times 10^6$ | 12 | $6.6 \times 10^2$ |
| 0.2 | $5.3 \times 10^5$ | 13 | $6.3 \times 10^2$ |

续表

| 厚度/(mm[Al]) | 剂量/(krad[Si]) | 厚度/(mm[Al]) | 剂量/(krad[Si]) |
|---|---|---|---|
| 0.3 | $3.0\times10^5$ | 14 | $6.0\times10^2$ |
| 0.4 | $1.9\times10^5$ | 15 | $5.7\times10^2$ |
| 0.5 | $1.3\times10^5$ | 16 | $5.5\times10^2$ |
| 0.6 | $1.0\times10^5$ | 17 | $5.3\times10^2$ |
| 0.7 | $8.1\times10^4$ | 18 | $5.1\times10^2$ |
| 0.8 | $6.7\times10^4$ | 19 | $4.8\times10^2$ |
| 0.9 | $5.7\times10^4$ | 20 | $4.8\times10^2$ |
| 1 | $5.1\times10^4$ | 25 | $4.1\times10^2$ |
| 1.5 | $2.9\times10^4$ | 30 | $3.6\times10^2$ |
| 2 | $1.8\times10^4$ | 35 | $3.2\times10^2$ |
| 2.5 | $1.2\times10^4$ | 40 | $2.8\times10^2$ |
| 3 | $\mathbf{8.2\times10^3}$ | 45 | $2.5\times10^2$ |
| 3.5 | $5.7\times10^3$ | 50 | $2.3\times10^2$ |
| 4 | $4.0\times10^3$ | 60 | $1.9\times10^2$ |
| 4.5 | $2.9\times10^3$ | 80 | $1.3\times10^2$ |
| 5 | $2.3\times10^3$ | 100 | $1.0\times10^2$ |
| 6 | $1.4\times10^3$ | 200 | $2.6\times10^1$ |
| 7 | $1.1\times10^3$ | 300 | $5.4\times10^0$ |
| 8 | $8.9\times10^2$ | 400 | $5.4\times10^{-1}$ |
| 9 | $8.0\times10^2$ | 500 | $2.4\times10^{-1}$ |

# 5.5　器件总剂量效应试验和选用

### 5.5.1　共性试验要求

航天应用中的器件总剂量效应试验主要有两类，一类是验证器件是否满足特定任务特定抗总剂量指标要求，称为辐射验证试验 (radiation verification test, RVT)；另一类是评估器件自身的抗总剂量能力，称为辐射评估试验 (radiation evaluation test，RET)。国内外有系列的试验规范可以参考使用，包括：

➤ QJ 10004A—2018：宇航用半导体器件总剂量辐照试验方法。

➤ ESCC 22900：Total Dose Steady-State Irradiation Test Method。

➤ MIL-STD883G Method 1019.7：Ionizing Radiation (Total Dose) Test Procedure。

➤ ASTM F 1892-06：Standard Guide for Ionizing Radiation (Total Dose) Effects Testing of Semiconductor。

相关试验规范对系列的共性要求均有很好的规定。其中，关于偏置条件的设定最重要，其设定原则如下：

(1) 采用最恶劣偏置条件，获得的试验结果具有广泛的适用性；

(2) 采用特定偏置条件,获得的试验结果只适用于采用该偏置的特定应用场合；

(3) 应用偏置条件不是唯一的, 应进行多种典型偏置条件的组合试验。

图 5-17 是某 SRAM 器件在不同偏置条件下对总剂量效应的响应[19], 可见偏置对试验结果影响很大, 利用研究获得的最恶劣偏置条件进行的辐照试验结果是最坏情况估计, 可广泛应用。

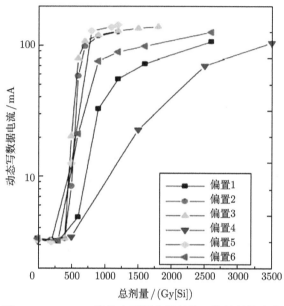

图 5-17  SRAM 器件在不同偏置条件下的总剂量响应

关于试验采用的剂量率, 为了节省时间成本, 通常采用 $50\sim300$rad[Si]/s 的高剂量率进行加速试验, 若需要再通过退火试验等处理, 尽可能模拟试验空间低剂量率 ($10^{-4}\sim10^{-2}$rad[Si]/s) 缓慢长期辐照下的时间效应 (TDE) 及退火效应等对最终器件总剂量响应的影响。对于有低剂量率辐射损伤增强效应 (ELDRS) 的器件的剂量率选择及试验方法在 5.5.4 节专门进行介绍。

### 5.5.2  MOS 器件总剂量试验流程

图 5-18 是 MOS 器件的总剂量效应辐射验证试验流程[20], 第 1~7 步采用高剂量率在短时间内辐照器件至预期的总剂量值, 并测试器件的响应, 由于难以像空间长时间的低剂量率辐照发生自然退火, 在此加速过程中产生了多于空间实际情况的氧化物电荷, 属于对氧化物电荷影响的过评估。对于通过上述氧化物电荷影响过评估的 “暂为合格” 器件, 跳转至第 10 步; 对于未通过氧化物电荷影响过评估的 “暂不合格” 器件, 实施第 8 步的 168h 室温退火 (若 24h 时电测合格, 则退火试验可提前结束), 以消除上述步骤产生的过量氧化物电荷, 并再次进行第

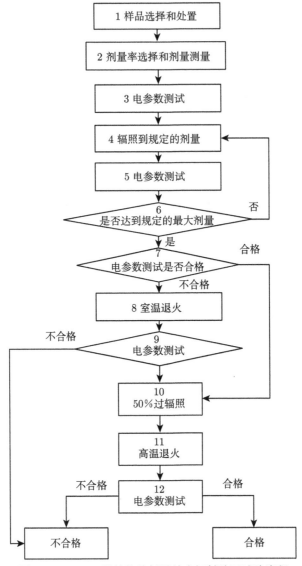

图 5-18   MOS 器件的总剂量效应辐射验证试验流程

9 步的电参数测试，检验器件是否能够通过正常的氧化物电荷影响评估。未通过第 9 步测试的器件，在空间使用时会因氧化物电荷影响致相关电参数退化而失效，属于**最终不合格器件之一**。对于通过第 9 步测试的**暂为合格器件**，和上述通过氧化物电荷影响过评估的器件一样，进行后续步骤的试验。第 10 步进行预期总剂量值 50% 的额外过辐照，克服上述短时间高剂量率辐照产生的氧化物电荷未能充分迁移至 $SiO_2$-Si 界面附近并诱生足够的界面态电荷的不足，以形成正常的充分的界面态电荷，以及补偿后续高温退火对氧化物电荷的过度退火；第 11 步进行 168h 100℃ 的高温退火，以促进界面态电荷的生成和消除第 10 步又新产生的过量氧化物电荷的影响；第 12 步的电参数测试，检验器件是否能通过正常的界面态电荷影响评估。未通过第 12 步测试的器件，在空间使用时会因界面态电荷影响致相关电参数退化失效，属于**最终不合格器件之二**；通过第 12 步测试的器件，是既通过了氧化物电荷影响评估又通过了正常界面态电荷评估的**最终合格器件**。

图 5-19 是某 MOS 器件的 NMOS 管和 PMOS 管阈值电压漂移在辐射验证试验中的响应情况[21]。在常规辐照阶段，NMOS 管和 PMOS 管均出现了阈值电压的负偏。在随后的 24h 室温退火阶段，PMOS 管阈值电压基本保持不变、负偏既未缓解也未恶化，NMOS 管阈值电压负偏得到缓解，甚至发生"反弹"——正偏，均可能既有正极性的氧化物电荷的退火，也有负极性界面态电荷生长的贡献。在 50% 的过辐照中，PMOS 管阈值电压继续小幅度负偏，NMOS 管阈值电压正偏得到缓解，均体现了额外形成的氧化物电荷贡献。在最后的 168h 高温退火阶段，PMOS 管阈值电压负偏得以部分缓解并达到相对稳定，主要体现了氧化物电荷的退火效果；NMOS 管阈值电压继续快速地正偏并达到相对稳定，主要体现了进一步生长的界面态电荷作用。图 5-19 的试验过程及结果，表明了按照图 5-18 的流程全面充分地试验氧化物电荷和界面态电荷对 MOS 器件影响的必要性。

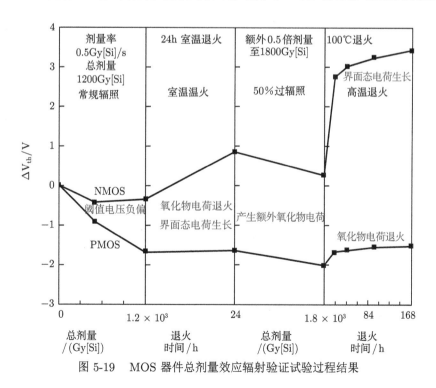

图 5-19 MOS 器件总剂量效应辐射验证试验过程结果

图 5-20 是 MOS 器件总剂量效应辐射评估试验的流程 [20]。与图 5-18 的辐射验证试验的不同主要有两点：一是对辐照试验过程中达到某一"中间剂量值"但尚未达到期望的更高总剂量值的器件进行电参数测试，针对可能不合格的器件，进行室温退火，再次电测不合格的器件，其抗总剂量水平达不到此"中间剂量值"，电测合格的器件继续进行后续的高温退火试验；二是无 50% 过辐照环节，仅进行高温加速退火试验，最终电测合格的器件为抗总剂量水平达到期望的剂量值或"中间剂量值"。

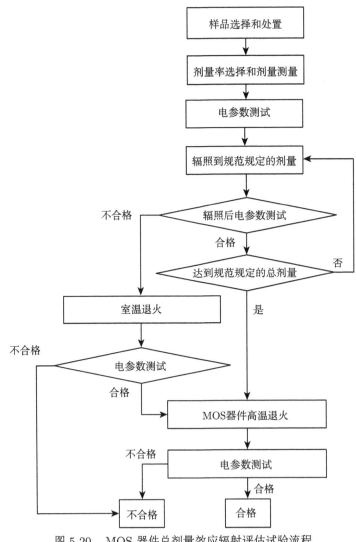

图 5-20   MOS 器件总剂量效应辐射评估试验流程

### 5.5.3 双极器件总剂量试验流程

总体而言，对没有显著 ELDRS 效应的双极器件以及含有双极工艺的 BiC-MOS 器件，其在电离辐射作用下无类似 MOS 器件那样复杂突出的氧化物电荷退火效应及界面态生长效应。因此，针对无 ELDRS 效应的双极器件的总剂量验证试验，达到期望剂量时若电参数测试合格即认为能够耐受该预期剂量；达到期望剂量时若电参数测试不合格，可检测器件功能是否正常，若功能异常则该器件不能耐受该预期剂量值，若功能正常则可进行室温退火，并最终测试其参数是否合格，以判断器件能否耐受该预期剂量值。总之，该试验无须进行 50%过辐照以及高温退火，流程相对简单，如图 5-21 所示[20]。对没有显著 ELDRS 效应的双极

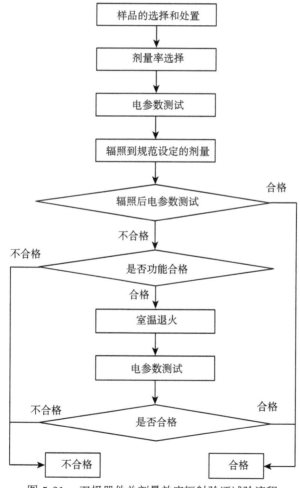

图 5-21 双极器件总剂量效应辐射验证试验流程

器件以及含有双极工艺的 BiCMOS 器件，其辐射评估试验流程及要求与图 5-21 类似，不再赘述。

对于必须考虑低剂量率辐射损伤增强效应的双极及 BiCMOS 器件，同样可以按照上述试验流程，但必须采用不高于 0.01rad[Si]/s 的低剂量率进行辐照，耗时长，对于低轨道，较低的 20krad[Si] 总剂量试验需耗时 23 天，对于中高轨，不算太高的 100krad[Si] 总剂量试验需耗时 115 天，操作时间及费用成本大，通常较难实施。

### 5.5.4   有 ELDRS 效应器件的总剂量试验和选用方法

针对上述用较低剂量率进行长时间的 ELDRS 效应试验的窘境，有学者提出了一些加速试验方法 [22-25]，如高剂量率高温试验、变剂量率试验、变温试验等，但尚未形成共识的试验标准规范。

其中高剂量率高温试验方法的物理思路相对简明。采用高剂量率辐照会在隔离氧化物内短时间产生充分的氧化物电荷；为了克服这些大量氧化物电荷的堆积，则同时施以高温加速氧化物电荷向 $SiO_2$-Si 界面处的迁移以形成更多的氧化物捕获电荷及界面态电荷。但是，高温试验条件同样会加速界面附近已生成的氧化物捕获电荷的退火；因此在相同的高辐照剂量率下，必然存在一个最佳辐照温度，使得器件 $SiO_2$-Si 界面处的辐射感生电荷最多，导致的器件影响最严重。目前，该方法的困难在于，对于不同工艺甚至不同批号的器件，其最佳辐照温度及剂量率范围不尽相同，国内外还无法给出一个完全适用的温度及剂量率范围。

2006 年，NASA 针对 Lunar Reconnaissance Orbiter 计划发布了 *Lunar Reconnaissance Orbiter Project Radiation Requirements*[26]，其对器件抗总剂量选用的规定如下：

(1) 任务系统层次分析得到的总剂量水平为 5.4krad[Si]；

(2) 一般情况下，抗总剂量设计余量取 2，即任务系统层次 (默认有 120mil (1mil = 0.0254mm) 的铝屏蔽) 要求的元器件抗总剂量水平要达到 10.8krad[Si]；

(3) 对于仅有高剂量率抗总剂量水平试验数据的双极器件或 BiCMOS 器件，抗总剂量水平余量取 7，即任务系统层次要求这些器件的抗总剂量水平达到 37.8krad[Si]。

在 "Evaluation of proposed hardness assurance method for bipolar linear circuits with enhanced low dose rate sensitivity (ELDRS)" 一文中 [27]，实验研究结果表明，对于分别采用高和低剂量率试验评估的双极器件达到相同电参数退化水平时的抗总剂量水平，大多数情况下前者是后者的 3~4 倍。因此，针对采用高剂量率辐照试验获得的双极或 BiCMOS 工艺器件的抗总剂量水平，NASA 建议将拟使用这些器件的空间任务的抗 (高剂量率辐照) 总剂量指标进一步提高 3.5

倍，以抵御其在轨使用时由于 ELDRS 效应在较低 (低剂量率辐照) 总剂量时就可能失效的风险，以此规避耗时较长的低剂量率地面辐照试验。

# 5.6  总剂量效应防护设计

在上述介绍的任务系统层次总剂量水平分析评估、抗总剂量指标规定、元器件抗总剂量试验及选用的基础上，工程师就可以评价拟用的器件是否满足最基本的系统要求，若满足 5.4 节典型的 3mm 铝屏蔽下的总剂量要求，则无须进行额外的防护设计，否则可从多层次进行防护设计。

## 5.6.1  容差设计

上述器件总剂量试验，测试了器件电参数变化对辐照总剂量的响应，若器件达不到系统层次要求的较高剂量水平，主要是指此时该器件电参数出现了较大偏差而不合格，则该器件应用于具体电路时该电参数偏差不一定影响电路的具体功能。因此，在具体电路系统设计时，可以合理选择相关电路参数进行容差设计，使得电路系统能够容忍器件在较宽电参数范围内，甚至出现一定程度超差时仍正常工作。

但是，在实际的工程中，电子工程师很多时候就是对其应用电路进行总剂量辐照试验，中间过程的测试就是检验电路系统功能是否正常，而非严格地进行电参数测试，即这些试验结果已经考虑了电路功能对电参数超差的容忍，没有进一步采取容差设计的余地了。

## 5.6.2  冗余设计

冗余备份是提高系统可靠性的常见做法，对于重要的系统尤其需要如此设计。对于因总剂量原因主动进行的冗余设计，或者利用已有的可靠性备份顺带提高抗总剂量水平的冗余设计，需要通过试验与研究确定何种冗余模式下 (冷备份、热备份、温备份) 总剂量影响是最小或者安全的，即要研究不同工作模式不同偏置条件下的总剂量影响，确保备份件的总剂量安全。

## 5.6.3  布局设计

前述章节假设空间辐射环境是各向同性的，航天器结构是各向同性的一维实心球，这是航天任务系统层次的基本假设。具体应用的电子设备处在航天器内部的不同位置，由于四周屏蔽结构并非均匀，空间辐射粒子的入射也并非严格的各向同性，若条件允许可以利用航天器乃至电子设备自身的结构布局，进行一定程度的抗总剂量设计。

依据图 5-12、图 5-13 可见，航天器上 1~10mm 的主要结构厚度区间，对于总剂量的屏蔽效果相对最佳；更厚结构的屏蔽效益并不好，并且对最终的总剂量影响较小；更薄的结构造成的剂量贡献较大。因此，对于重要的电子设备或关键器件，尽可能将其置于航天器或设备的中央，使之受到较全面均匀的屏蔽，避免某些较薄屏蔽方向来的较强剂量。

　　近地航天器的辐射总剂量主要来自地球辐射带粒子。依据图 2-39 的辐射带粒子在地磁场中的运动示意图可知，粒子主要被磁力线约束着围绕磁力线做螺旋线运动，因此在垂直于磁力线的方向，粒子强度会较高，对于主要沿磁力线飞行的极轨卫星，垂直其运动方向的粒子通量较高，对于主要垂直磁力线飞行的低倾角卫星，沿着其运动方向的粒子通量较高。因此，可以将重要的设备或者关键器件，置于与极轨卫星飞行方向同向和与低倾角卫星飞行方向相垂直的一侧，这会在一定程度上降低接收到的总剂量。图 5-22 是辐射带粒子运动方向与地磁场方向的关系示意图，以及太阳同步轨道的三轴稳定极轨卫星垂直轨道面的 $+Y$ 方向(始终垂直于磁场方向) 和指向地心 $+Z$ 方向 (在接近两极时平行与磁场方向) 接收到的辐射剂量情况 [28]，前者大于后者。文献 [29] 介绍了监测到的 GEO 三轴稳定卫星内部辐射剂量情况，卫星前进方向 $X$ 和星地连线方向 (垂于磁场方向)的剂量均大于 $Y$ 方向 (垂直于卫星轨道面、平行于磁场方向)。

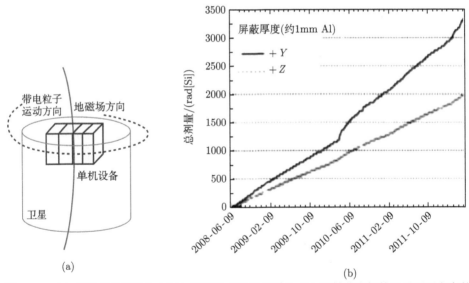

图 5-22　(a) 辐射带粒子运动方向与地磁场方向的关系及 (b) 三轴稳定极轨卫星不同方向的
辐射剂量

### 5.6.4　屏蔽设计

　　上述抗总剂量设计思路由于种种限制，实施起来有一定困难，相比较而言，增加屏蔽厚度是最常见的设计手段。

1. 一维屏蔽设计

5.2 节 ~5.4 节介绍的一维屏蔽分析及总剂量指标确定，均是任务系统的顶层做法。单机设备可以简单地利用该做法，考虑机箱厚度及卫星蒙皮厚度 (通常约为 0.8mm 铝) 之和，利用图 5-16 和表 5-3 的剂量-厚度曲线，评价在轨接收的辐射剂量，判断拟用器件抗总剂量水平是否满足此要求；若不满足要求，可以在重量允许范围内增加机箱厚度或在关键器件局部加贴屏蔽材料以满足要求。

对于关键器件，也可进一步将机箱内部印刷电路板 (PCB) 的屏蔽贡献考虑进来，如图 5-23 示意。对于如图 5-23 所示的关键器件，除了六面的机箱厚度 $d_{机箱}$ 的屏蔽，考虑到内部 PCB 的面积较大、对该关键器件屏蔽遮挡立体角较大，则忽略平行 PCB 方向缺少的遮挡，认为该关键器件受到的机箱及 PCB ($d_i$) 的一维屏蔽厚度为 $d_{机箱} + \dfrac{1}{2}(d_1 + d_2 + d_3 + \cdots + d_n)$，依据剂量-厚度曲线评价此屏蔽厚度下的辐射剂量是否满足要求。

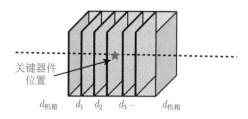

图 5-23　机箱内 PCB 板对关键器件的屏蔽分析示意图

依照图 5-14 和图 5-15、表 5-2 可知，对于 MEO 的导航卫星，其年剂量水平很高，若需要长寿命运行则总剂量更高。例如，图 5-24 是某设计寿命 12 年

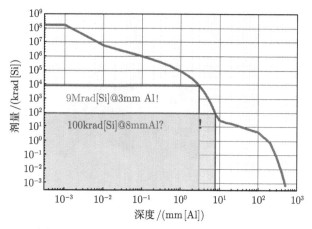

图 5-24　某 MEO 卫星要求的剂量-深度曲线

的 MEO 卫星的总剂量–深度曲线，在典型的 3mm 铝屏蔽下，抗总剂量水平高达 9Mrad[Si]；一般器件的抗总剂量能力为 100krad[Si] 量级，为达到此安全剂量水平，需要 8mm 铝的屏蔽厚度，对卫星造成巨大的质量成本，某该类卫星采用了 10mm 的铝合金板作为屏蔽结构，占用质量资源近 200kg! 因此，对于高总剂量要求的航天器，简单地采用一维屏蔽需要占用大量质量资源，则需要采用效益更优的屏蔽设计方法。

2. 三维屏蔽设计

上述的实心球一维屏蔽设计，对于无质量成本负担的卫星可以简单快速给出安全的屏蔽设计，其主要考虑航天器内部单机设计师自己关注的单机设备机箱以及卫星蒙皮的屏蔽，忽略了航天器内部其他仪器设备、部件、结构等对所关注单机设备的屏蔽效果，属于偏保守的过设计。对于类似图 5-24 这样抗总剂量指标高、质量资源有限的卫星，需要全面分析那些被一维模型忽略的细节屏蔽效果，根据需要，在此基础上再有针对性地进行额外的屏蔽设计，因此需要针对类似图 5-25 这样具有复杂材料组成及结构布局的卫星进行三维的屏蔽分析及设计。

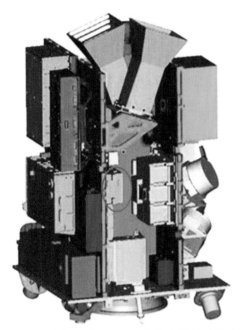

图 5-25    具有复杂材料组成及结构布局的卫星示意图

对于真实卫星的复杂材料组成，参见 5.2 节阐述的原理，将其折算成一定质量厚度的铝是合理可行的。

针对所关注的星上某一点，复杂的卫星结构布局对其形成的屏蔽效果远非实心球那样简单，在不同的方向会有参差不齐的分布。具体做法如图 5-26 所示，以所关注的位置为原点，向其周围空间的不同方位 $(\theta, \varphi)$ 一定立体角范围的扇区 $(\theta_{\min}, \theta_{\max}; \varphi_{\min}, \varphi_{\max})$ 扫描发射射线，跟踪计算和统计每一射线从原点至卫星舱外经历的物质质量厚度[30,31]。扇区的划分有简单的等 (经、纬) 角度，其会导致实际划分的网格最大差异达 20 倍，且在两极有大量狭长的网格，即导致取样均匀性较差；等 (经度等角度、纬度等高) 立体角划分出的网格大小相同，但在两极区域仍存在较多狭长网格；优化等立体角划分，克服上述不足，在不同位置 (尤其两极) 网格划分均匀[31]。这样，通过扇区扫描可以得到围绕所关注点的屏蔽物质厚度分布，如图 5-27 所示。

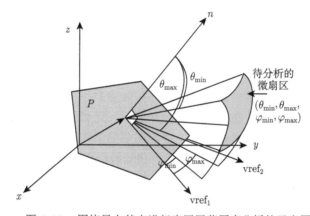

图 5-26　围绕星上某点进行扇区屏蔽厚度分析的示意图

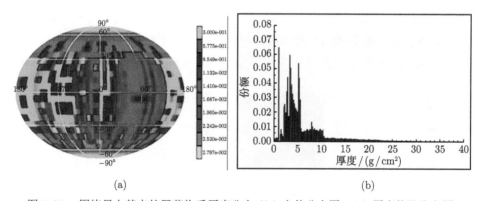

图 5-27　围绕星上某点的屏蔽物质厚度分布 ((a) 立体分布图；(b) 厚度统计分布图)

根据图 5-27(a) 的屏蔽物质厚度分布方位图，可以直观地观察到屏蔽优劣的方位，以便有的放矢地进行局部加强屏蔽设计。根据图 5-27(b) 的屏蔽厚度统计

分布图数据 $F(d_i)$，结合该航天器任务的一维剂量–厚度曲线数据 $D(d_i)$，利用公式 (5-7)，可以计算出考虑了复杂航天器结构布局后较真实的辐射总剂量 Dose。

$$\text{Dose} = \frac{1}{4\pi} \sum_{1}^{n} D\left(d_i\right) \cdot F\left(d_i\right) \tag{5-7}$$

利用实际工程设计中广泛使用的结构建模工具，例如 ProE，直接加载结构工程师已经设计好的航天器结构模型，可快速获得基础的航天器模型数据，进一步利用 ProE 工具进行屏蔽物质及屏蔽厚度分析计算。按照上面介绍的方法，将所关注的位置所在的设备的机箱、PCB，以及该设备之外其他材料、结构、部件、设备，按照其材料密度或整体平均的密度 (质量/体积) 折算成一定质量厚度的铝。围绕所关注的位置，进行如上所述的有限元网格划分，在每个网格中模拟设置一个从原点到航天器外部的直线段，利用 ProE 自身具备的实体相交算法，计算这些直线段与设备及航天器其他部位相交所穿过的总质量厚度，即得到了屏蔽厚度分布 [31]。同样，利用公式 (5-7) 计算在真实的航天器屏蔽下的辐射剂量。

利用 ProE 实现航天器内部三维屏蔽分布计算的好处还有，对于存在大量结构、部件及设备的航天器，在一轮分析计算之后，可以继承上一轮逐个方向、逐个部件分析计算得到的整体屏蔽结果，进行局部的屏蔽加厚计算，获得新的屏蔽效果。为了验证基于 ProE 开发的航天器内部辐射屏蔽及剂量分析软件的正确性，设计了如图 5-28 所示的算例，其包含一个边长 400mm、厚 3mm 的铝盒，在铝盒中央内置一直径 200mm、厚 3mm 的球壳，以及内置一个 $\phi 100 \times 300$mm、厚 3mm 的圆柱体壳，计算铝盒中央受到的辐射剂量 [31]。表 5-4 是针对该简单结构模型进行辐射屏蔽及剂量计算的过程及结果，序号 1~3 是分别针对三个单体结构计算得到的等效屏蔽厚度及剂量；序号 4 是对序号 1~3 分别计算的屏蔽分布进行相加，计算得到的叠加的屏蔽厚度及剂量结构；序号 5 是直接对序号 1~3 进行整体计算得到的结果，可见序号 4 和序号 5 的计算结果一致，表明该方法对多结

图 5-28　验证 ProE 屏蔽分布及剂量计算的简单结构模型之一

构模型的计算是可信有效的；序号 6 和序号 7 分别是针对三个结构中的两个进行的计算；序号 8 和序号 9 分别是继承序号 6 和序号 7 的计算结果，增加最后一模型的总体计算结果，二者计算结果完全相同，与序号 4 和序号 5 的计算结果也相同，再次表明该方法对多数量的复杂结构模型的计算是可信的，且可以在整体计算基础上补充局部计算。

表 5-4 针对简单结构模型利用 ProE 进行的辐射屏蔽及剂量计算

| 序号 | 几何结构及计算过程 | 等效屏蔽/(mm[Al]) | 辐射剂量/(krad[Si]) |
|---|---|---|---|
| 1 | 立方体 | 3.57 | 2448.0 |
| 2 | 球 | 3.0 | 4322.3 |
| 3 | 圆柱体 | 3.5 | 2610.7 |
| 4 | 1+2+3 (分别计算，再累加) | 9.95 | 11.6 |
| 5 | 立方体 + 球 + 圆柱体 (整体计算) | 9.95 | 11.6 |
| 6 | 立方体 + 圆柱体 | 6.99 | 89.8 |
| 7 | 立方体 + 球 | 6.56 | 135.0 |
| 8 | 6+2 | 9.95 | 11.6 |
| 9 | 7+3 | 9.95 | 11.6 |

图 5-29 是针对边长 400mm、厚度 3mm 铝盒子中心的辐射屏蔽方向分布计算结果，可以看到上下及东西南北共 6 个方向最薄的 3mm 屏蔽，以及中部偏上及偏下的共 8 个约 4.86mm 最厚屏蔽，为盒子的顶角部位。考虑该铝盒中心部位的真实屏蔽分布，其应用于图 5-24 的 MEO 剂量–厚度条件下时，其剂量较简单的一维 3mm 铝计算结果降低 42%，整体等效屏蔽厚度为 3.55mm 铝，由此可见三维屏蔽分析计算的巨大效益。

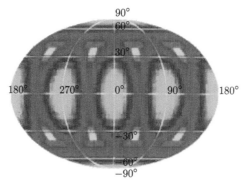

图 5-29 验证 ProE 屏蔽分布及剂量计算的简单结构模型之二

图 5-30 是针对某卫星内部的 70 余台设备中央部位进行的辐射屏蔽剂量分析计算结果，可以看到，对于采用一维模型计算结果一致的多台设备，采用三维模型计算的结果参差不齐，有个别设备面临的剂量风险非常高，必须加强防护设计。

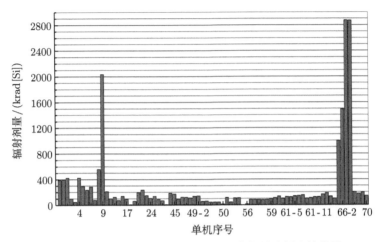

图 5-30　针对某卫星内设备的三维屏蔽剂量分析计算结果

**3. 复合材料屏蔽设计**

在前述章节中,针对空间带电粒子在航天器物质材料中的传输及屏蔽计算,都将航天器物质简化为铝材料,常见的电子设备机箱也主要采用铝合金。对于关键器件的局部屏蔽,为了节省空间也会采用质量密度和原子序数 ($Z$) 均更大的铅或钽材料。

根据表 5-2 可知,地球中高轨道卫星遭受的总剂量 95％ 都是由辐射带电子造成的,对于电子的屏蔽,① 要考虑通过电离碰撞使电子能量慢化下来 (详见公式 (4-3)),该过程与靶物质的荷质比 ($Z_b/A_b$) 成正比,对氢元素靶该比例系数为 1,对于其他元素靶物质该比例系数基本为 0.5,即为常数,也就是说对于绝大多数情况慢化电子与靶材料类型无关;② 要考虑通过核碰撞 (详见公式 (4-7)) 使电子产生大角度的散射甚至背散射,此过程使得电子在物质中穿行径迹曲折,既缩短了电子有效射程,又分散了透射电子的强度,该过程与靶物质的原子序数 $Z_b$ 成正比,即采用高 $Z$ 屏蔽材料散射阻挡电子更有利;③ 要考虑在电子被阻挡的过程中产生较少的轫致辐射 (详见公式 (4-8)) 以减轻对穿透力较强的 X 射线屏蔽负担,轫致辐射与靶物质的原子序数 $Z_b$ 成正比、与入射电子能量成正比,即采用低 $Z$ 材料屏蔽低能量电子对减少轫致辐射更有利;④ 对于已经产生的轫致辐射 X 射线,利用光电效应、康普顿效应或电子对效应对其屏蔽阻挡,其分别与靶物质原子序数的 5 次方、1 次方及 2 次方成正比,即采用高 $Z$ 材料对屏蔽吸收轫致辐射 X 射线更有利。

综合来看,对于不宜使用氢元素靶物质的情形,上述过程中的②偏好高 $Z$ 材料和③偏好低 $Z$ 材料是矛盾的,在实际工程中综合采用一定结构和一定成分比例的高、低 $Z$ 物质组成的复合材料进行电子屏蔽,有可能会达到最优效果。最简

单的复合材料为高 $Z$ 物质和低 $Z$ 物质组成的两层结构材料，由于对轫致辐射产生的 X 射线的吸收偏好高 $Z$ 物质，所以将高 $Z$ 物质置于复合材料朝向航天器的内侧是合适的，尝试将低 $Z$ 材料置于靠近航天器外侧是可能的选择。航天工程中通常使用的高 $Z$ 材料为钽 (Ta)，低 $Z$ 材料为铝 (Al)。实际设计复合材料时，需要考虑材料对如图 5-31 示例的 GEO 连续能谱辐射带电子的响应。如图 5-32 所示是不同成分比例总厚度 1~20mm 等效铝的钽/铝复合材料对图 5-31 的辐射带电子总剂量屏蔽效果 [32,33]，在 1~6mm 较薄及中等厚度下，纯钽 (0%铝) 比纯铝 (100%铝) 屏蔽剂量小，可能是钽通过散射更有利地阻挡了电子；在 15mm、20mm 的较大厚度下，纯钽比纯铝屏蔽剂量略大，可能是较高能量的电子在钽中产生了更多的轫致辐射 X 射线所致；对于 3.5mm 以上的中高厚度材料，既要考虑对电子的阻挡，还要考虑在阻挡电子的过程中产生较少的轫致辐射 X 射线，以及吸收该 X 射线，即需要利用复合材料的综合屏蔽效果，由此可见，20%~30% 铝含量的钽/铝复合材料具有比纯钽和纯铝更优的总剂量屏蔽效果。

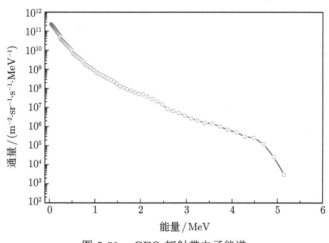

图 5-31    GEO 辐射带电子能谱

为了验证上述复合材料屏蔽设计方法和效果的有效性，利用实验室可获得的能谱结构与中高轨道电子能谱相似、最高能量为 2.28MeV 的 Sr90/Y90 β 放射源电子，对不同配比钽/铝复合材料的屏蔽效果进行仿真模拟，以及实验测量比对验证 [32,33]。图 5-33 是对三种等效厚度不同钽/铝配比的复合材料屏蔽效果的实验结果，类似地，可见较薄厚度时纯钽占优、较厚时纯铝略占优，以及在中等厚度时 20%~30% 铝配比最优的规律。图 5-34 是对该放射源电子采用较厚复合材料屏蔽的仿真模拟和实验测量比对，在实验和仿真的误差范围内二者吻合得较好。针对 β 放射源屏蔽的仿真和实验，表明上述复合材料设计方法是可行有效的。

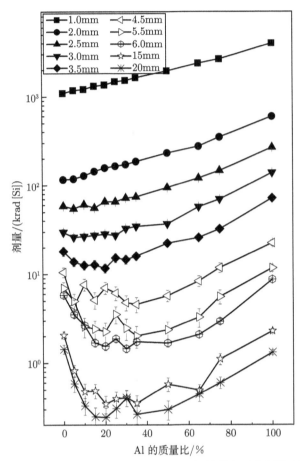

图 5-32　不同配比的钽/铝复合材料对 GEO 辐射带电子总剂量的屏蔽效果

　　图 5-35 是针对 GEO 辐射带电子总剂量，分别采用纯铝、纯钽，以及最优配比的钽/铝复合材料在较宽厚度范围内的屏蔽效果[32]。可见，若采用单质材料，在较宽厚度范围内，高 $Z$ 的纯钽具有较好的屏蔽效果，则对于关键器件的局部屏蔽罩采用纯钽是较好的选择；在 15mm 以上的厚度，纯钽的屏蔽优势丧失，甚至还略差；对于 3~10mm 常见的屏蔽厚度区间，采用最优配比的复合材料具有显著优势，同样等效厚度下比纯钽的屏蔽剂量降低一个量级左右，这在实际工程中有重大应用价值。

　　详细分析图 5-35 中 GEO 辐射带电子通过薄屏蔽 (2mm) 和厚屏蔽 (6mm) 的纯铝、纯钽和最优配比复合材料时，电子及 X 射线的通量，具体结果见图 5-36 和图 5-37，总结的定性结果见表 5-5[32]。

　　• 经过 2mm 较薄材料时，纯铝屏蔽后的电子及 X 射线强度均偏大，总剂量

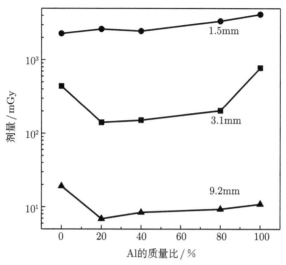

图 5-33    不同配比的钽/铝复合材料对 Sr90/Y90 放射源电子总剂量屏蔽的实验效果

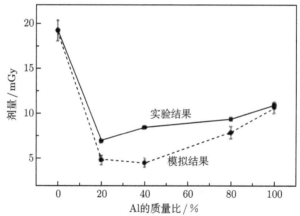

图 5-34    不同配比的钽/铝复合材料对 Sr90/Y90 放射源电子总剂量屏蔽效果的仿真及
实验比对

高；纯钽屏蔽后的电子强度低、X 射线强度中等，总剂量中低；经复合材料屏蔽
后的电子强度中等、X 射线强度低，总剂量水平与钽材料相似，属于中低；即薄
屏蔽的纯钽和复合材料效果相似，优于纯铝。

    • 经过 6mm 较厚材料时，纯铝屏蔽后的电子及 X 射线强度与薄屏蔽情况类
似，均偏大，总剂量高；纯钽屏蔽后的电子及 X 射线强度均中等，总剂量中等；
复合材料屏蔽后的电子及 X 射线强度均较低，总剂量低；即厚复合材料屏蔽效果
最优、纯钽次之、纯铝最次。

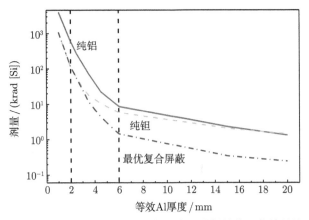

图 5-35   不同材料对 GEO 辐射带电子总剂量的屏蔽效果比对

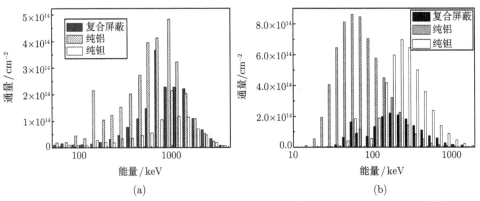

(a)                                           (b)

图 5-36   GEO 辐射带电子经 2mm 等效厚度屏蔽的出射能谱 ((a) 电子；(b) X 射线)

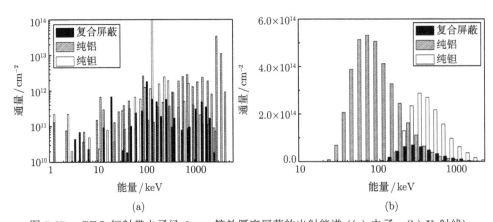

(a)                                           (b)

图 5-37   GEO 辐射带电子经 6mm 等效厚度屏蔽的出射能谱 ((a) 电子；(b) X 射线)

**表 5-5　　GEO 辐射带电子穿过不同厚度不同物质后的次级粒子能谱特征**

| 屏蔽物质 | | 纯铝 | | 纯钽 | | 复合材料 | |
|---|---|---|---|---|---|---|---|
| 屏蔽厚度 ＼ 次级粒子 | | 电子 | X 射线 | 电子 | X 射线 | 电子 | X 射线 |
| 2mm | 能量和强度 | 强度大 | 能量略低强度大 | 强度小 | 能量略高强度中 | 强度中 | 能量中强度低 |
| 2mm | 次级粒子剂量 | 高 | 高 | 低 | 中 | 中 | 低 |
| 2mm | 总剂量 | 高 | | 中低 | | 中低 | |
| 6mm | 能量和强度 | 强度大 | 能量略低强度大 | 强度中 | 能量略高强度中 | 强度小 | 能量中强度低 |
| 6mm | 次级粒子剂量 | 高 | 高 | 中 | 中 | 低 | 低 |
| 6mm | 总剂量 | 高 | | 中 | | 低 | |

# 习　　题

1. 针对 MOS 工艺器件，阐述空间辐射粒子通过累积的电离电荷影响器件的微观物理过程及本质，阐明这一过程随辐照时间 (剂量) 以及后续退火的演化情况；根据上述物理现象过程的特点，分析 MOS 器件电离总剂量效应验证试验程序的要点。

2. 阐明双极器件低剂量率辐射增强效应的物理本质，以及其工程应用挑战与解决办法。

3. 采用 1.2GeV 的氧离子束透过 5.5mm 厚度的铝屏蔽板后垂直辐照某硅器件芯片的正面，该芯片正面有 15μm 厚的 $SiO_2$ 钝化层，辐照注量达到 $10^7$ 粒子/$cm^2$。利用附表 1 中氧离子在铝、$SiO_2$ 以及硅材料中的传输特性数据，计算辐照至芯片有源区的氧离子形成的电离总剂量 (krad[Si])。(注：$1eV = 1.6 \times 10^{-19} J$)

4. 针对给定的某近地卫星轨道初始根数、发射时间及运行周期，阐述如何计算卫星在轨运行寿命期内遭遇的与总剂量相关的舱外空间辐射环境，以及计算得到剂量–深度曲线的流程及方法要点。

5. 针对 400km 至月球轨道 (384000km) 高度范围的地球空间卫星 (重点考虑 400km、800km、1400km、20000km、36000km、384000km 几个主要高度)，绘制卫星在 3mm 铝屏蔽下的年电离总剂量随卫星轨道高度的 "定性" 分布示意图，并说明构成该分布的原因；半定量地给出上述几个主要高度卫星在 3mm 铝屏蔽下的年电离总剂量值。

6. 归纳阐述卫星系统抗电离总剂量效应设计主要方法的要点及依据。

附表 1　氧离子在铝、SiO₂ 以及硅材料中的传输特性数据

| 氧离子能量/MeV | 铝材料 (密度 2.70g/cm³) | | | SiO₂材料 (密度 2.32g/cm³) | | | 硅材料 (密度 2.32g/cm³) | | |
|---|---|---|---|---|---|---|---|---|---|
| | $(\mathrm{d}E/\mathrm{d}x)_{\text{elec.}}$ /(MeV·cm²/mg) | $(\mathrm{d}E/\mathrm{d}x)_{\text{nuclear}}$ /(MeV·cm²/mg) | 射程 | $(\mathrm{d}E/\mathrm{d}x)_{\text{elec.}}$ /(MeV·cm²/mg) | $(\mathrm{d}E/\mathrm{d}x)_{\text{nuclear}}$ /(MeV·cm²/mg) | 射程 | $(\mathrm{d}E/\mathrm{d}x)_{\text{elec.}}$ /(MeV·cm²/mg) | $(\mathrm{d}E/\mathrm{d}x)_{\text{nuclear}}$ /(MeV·cm²/mg) | 射程 |
| 10.00 | 6.750E+00 | 1.199E-02 | 6.35μm | 7.841E+00 | 1.316E-02 | 6.65μm | 6.857E+00 | 1.270E-02 | 7.11μm |
| 11.00 | 6.694E+00 | 1.107E-02 | 6.90μm | 7.724E+00 | 1.214E-02 | 7.20μm | 6.788E+00 | 1.172E-02 | 7.74μm |
| 12.00 | 6.637E+00 | 1.028E-02 | 7.46μm | 7.609E+00 | 1.127E-02 | 7.76μm | 6.721E+00 | 1.089E-02 | 8.37μm |
| 13.00 | 6.579E+00 | 9.608E-03 | 8.01μm | 7.496E+00 | 1.053E-02 | 8.33μm | 6.655E+00 | 1.018E-02 | 9.02μm |
| 14.00 | 6.520E+00 | 9.022E-03 | 8.58μm | 7.388E+00 | 9.888E-03 | 8.91μm | 6.591E+00 | 9.558E-03 | 9.66μm |
| 15.00 | 6.462E+00 | 8.508E-03 | 9.15μm | 7.283E+00 | 9.322E-03 | 9.49μm | 6.529E+00 | 9.014E-03 | 10.32μm |
| 16.00 | 6.404E+00 | 8.053E-03 | 9.72μm | 7.181E+00 | 8.821E-03 | 10.09μm | 6.468E+00 | 8.533E-03 | 10.98μm |
| 17.00 | 6.345E+00 | 7.646E-03 | 10.30μm | 7.084E+00 | 8.375E-03 | 10.69μm | 6.408E+00 | 8.103E-03 | 11.65μm |
| 18.00 | 6.288E+00 | 7.282E-03 | 10.89μm | 6.990E+00 | 7.974E-03 | 11.30μm | 6.349E+00 | 7.717E-03 | 12.32μm |
| 20.00 | 6.172E+00 | 6.653E-03 | 12.07μm | 6.811E+00 | 7.284E-03 | 12.55μm | 6.234E+00 | 7.052E-03 | 13.69μm |
| 22.50 | 6.030E+00 | 6.013E-03 | 13.59μm | 6.603E+00 | 6.581E-03 | 14.15μm | 6.094E+00 | 6.375E-03 | 15.43μm |
| 25.00 | 5.891E+00 | 5.491E-03 | 15.14μm | 6.409E+00 | 6.008E-03 | 15.81μm | 5.958E+00 | 5.822E-03 | 17.22μm |
| 27.50 | 5.754E+00 | 5.058E-03 | 16.72μm | 6.228E+00 | 5.532E-03 | 17.51μm | 5.825E+00 | 5.363E-03 | 19.04μm |
| 30.00 | 5.620E+00 | 4.691E-03 | 18.35μm | 6.058E+00 | 5.130E-03 | 19.27μm | 5.695E+00 | 4.975E-03 | 20.91μm |
| 32.50 | 5.492E+00 | 4.377E-03 | 20.01μm | 5.905E+00 | 4.785E-03 | 21.07μm | 5.571E+00 | 4.642E-03 | 22.82μm |
| 35.00 | 5.359E+00 | 4.104E-03 | 21.71μm | 5.770E+00 | 4.486E-03 | 22.91μm | 5.440E+00 | 4.353E-03 | 24.77μm |
| 37.50 | 5.201E+00 | 3.865E-03 | 23.46μm | 5.612E+00 | 4.225E-03 | 24.80μm | 5.284E+00 | 4.100E-03 | 26.78μm |
| 40.00 | 5.054E+00 | 3.654E-03 | 25.27μm | 5.455E+00 | 3.993E-03 | 26.75μm | 5.139E+00 | 3.876E-03 | 28.85μm |
| 45.00 | 4.805E+00 | 3.297E-03 | 29.02μm | 5.180E+00 | 3.603E-03 | 30.80μm | 4.890E+00 | 3.499E-03 | 33.14μm |
| 50.00 | 4.576E+00 | 3.007E-03 | 32.96μm | 4.931E+00 | 3.285E-03 | 35.06μm | 4.660E+00 | 3.191E-03 | 37.65μm |
| 55.00 | 4.364E+00 | 2.767E-03 | 37.10μm | 4.706E+00 | 3.021E-03 | 39.53μm | 4.447E+00 | 2.936E-03 | 42.38μm |
| 60.00 | 4.168E+00 | 2.563E-03 | 41.44μm | 4.500E+00 | 2.799E-03 | 44.21μm | 4.250E+00 | 2.721E-03 | 47.33μm |

续表

| 氧离子 能量/MeV | ⑩ 铝材料 (密度 2.70g/cm³) | | | ⑪SiO₂ 材料 (密度 2.32g/cm³) | | | ⑫ 硅材料 (密度 2.32g/cm³) | | |
|---|---|---|---|---|---|---|---|---|---|
| | $(dE/dx)_{elec.}$ /(MeV·cm²/mg) | $(dE/dx)_{nuclear}$ /(MeV·cm²/mg) | 射程 | $(dE/dx)_{elec.}$ /(MeV·cm²/mg) | $(dE/dx)_{nuclear}$ /(MeV·cm²/mg) | 射程 | $(dE/dx)_{elec.}$ /(MeV·cm²/mg) | $(dE/dx)_{nuclear}$ /(MeV·cm²/mg) | 射程 |
| 65.00 | 3.987E+00 | 2.389E-03 | 45.97μm | 4.312E+00 | 2.609E-03 | 49.10μm | 4.067E+00 | 2.536E-03 | 52.50μm |
| 70.00 | 3.819E+00 | 2.239E-03 | 50.71μm | 4.138E+00 | 2.444E-03 | 54.20μm | 3.898E+00 | 2.376E-03 | 57.91μm |
| 80.00 | 3.520E+00 | 1.990E-03 | 60.03μm | 3.830E+00 | 2.172E-03 | 65.02μm | 3.595E+00 | 2.113E-03 | 69.41μm |
| 90.00 | 3.262E+00 | 1.794E-03 | 71.72μm | 3.564E+00 | 1.957E-03 | 76.69μm | 3.334E+00 | 1.905E-03 | 81.85μm |
| 100.00 | 3.039E+00 | 1.634E-03 | 83.47μm | 3.333E+00 | 1.783E-03 | 89.19μm | 3.107E+00 | 1.735E-03 | 95.23μm |
| 110.00 | 2.844E+00 | 1.502E-03 | 96.05μm | 3.129E+00 | 1.638E-03 | 102.53μm | 2.909E+00 | 1.595E-03 | 109.56μm |
| 120.00 | 2.673E+00 | 1.390E-03 | 109.47μm | 2.950E+00 | 1.516E-03 | 116.71μm | 2.735E+00 | 1.477E-03 | 124.83μm |
| 130.00 | 2.522E+00 | 1.295E-03 | 123.72μm | 2.790E+00 | 1.412E-03 | 131.73μm | 2.582E+00 | 1.376E-03 | 141.03μm |
| 140.00 | 2.389E+00 | 1.212E-03 | 138.79μm | 2.647E+00 | 1.322E-03 | 147.59μm | 2.446E+00 | 1.288E-03 | 158.17μm |
| 150.00 | 2.270E+00 | 1.140E-03 | 154.68μm | 2.519E+00 | 1.243E-03 | 164.27μm | 2.325E+00 | 1.211E-03 | 176.23μm |
| 160.00 | 2.163E+00 | 1.077E-03 | 171.38μm | 2.403E+00 | 1.173E-03 | 181.79μm | 2.216E+00 | 1.144E-03 | 195.20μm |
| 170.00 | 2.067E+00 | 1.020E-03 | 188.87μm | 2.297E+00 | 1.112E-03 | 200.13μm | 2.118E+00 | 1.084E-03 | 215.08μm |
| 180.00 | 1.981E+00 | 9.692E-04 | 207.15μm | 2.201E+00 | 1.056E-03 | 219.30μm | 2.030E+00 | 1.030E-03 | 235.84μm |
| 200.00 | 1.831E+00 | 8.822E-04 | 246.01μm | 2.032E+00 | 9.612E-04 | 260.06μm | 1.877E+00 | 9.374E-04 | 279.97μm |
| 225.00 | 1.677E+00 | 7.940E-04 | 298.81μm | 1.856E+00 | 8.649E-04 | 315.55μm | 1.720E+00 | 8.438E-04 | 339.89μm |
| 250.00 | 1.551E+00 | 7.225E-04 | 356.18μm | 1.709E+00 | 7.869E-04 | 376.06μm | 1.591E+00 | 7.679E-04 | 404.99μm |
| 275.00 | 1.445E+00 | 6.633E-04 | 417.99μm | 1.585E+00 | 7.224E-04 | 441.52μm | 1.463E+00 | 7.050E-04 | 475.10μm |
| 300.00 | 1.354E+00 | 6.135E-04 | 484.14μm | 1.479E+00 | 6.680E-04 | 511.89μm | 1.390E+00 | 6.521E-04 | 550.11μm |
| 325.00 | 1.274E+00 | 5.709E-04 | 554.57μm | 1.386E+00 | 6.216E-04 | 587.14μm | 1.309E+00 | 6.069E-04 | 629.95μm |
| 350.00 | 1.204E+00 | 5.341E-04 | 629.26μm | 1.305E+00 | 5.815E-04 | 667.24μm | 1.236E+00 | 5.678E-04 | 714.61μm |
| 375.00 | 1.140E+00 | 5.019E-04 | 708.23μm | 1.233E+00 | 5.464E-04 | 752.19μm | 1.171E+00 | 5.336E-04 | 804.10μm |
| 400.00 | 1.081E+00 | 4.736E-04 | 791.55μm | 1.168E+00 | 5.155E-04 | 841.97μm | 1.111E+00 | 5.035E-04 | 898.50μm |

续表

| 氧离子 能量/MeV | @铝材料 (密度 2.70g/cm³) | | | @SiO₂ 材料 (密度 2.32g/cm³) | | | @硅材料 (密度 2.32g/cm³) | | |
|---|---|---|---|---|---|---|---|---|---|
| | $(dE/dx)_{elec.}$ /(MeV·cm²/mg) | $(dE/dx)_{nuclear}$ /(MeV·cm²/mg) | 射程 | $(dE/dx)_{elec.}$ /(MeV·cm²/mg) | $(dE/dx)_{nuclear}$ /(MeV·cm²/mg) | 射程 | $(dE/dx)_{elec.}$ /(MeV·cm²/mg) | $(dE/dx)_{nuclear}$ /(MeV·cm²/mg) | 射程 |
| 450.00 | 9.758E−01 | 4.259E−04 | 971.69μm | 1.056E+00 | 4.635E−04 | 1.04mm | 1.003E+00 | 4.528E−04 | 1.10mm |
| 500.00 | 8.889E−01 | 3.872E−04 | 1.17mm | 9.652E−01 | 4.214E−04 | 1.25mm | 9.138E−01 | 4.118E−04 | 1.33mm |
| 550.00 | 8.244E−01 | 3.553E−04 | 1.39mm | 8.945E−01 | 3.866E−04 | 1.48mm | 8.476E−01 | 3.778E−04 | 1.57mm |
| 600.00 | 7.697E−01 | 3.284E−04 | 1.62mm | 8.346E−01 | 3.573E−04 | 1.73mm | 7.915E−01 | 3.492E−04 | 1.84mm |
| 650.00 | 7.227E−01 | 3.054E−04 | 1.87mm | 7.831E−01 | 3.323E−04 | 2.00mm | 7.432E−01 | 3.248E−04 | 2.12mm |
| 700.00 | 6.817E−01 | 2.856E−04 | 2.13mm | 7.383E−01 | 3.107E−04 | 2.28mm | 7.012E−01 | 3.038E−04 | 2.41mm |
| 800.00 | 6.140E−01 | 2.530E−04 | 2.70mm | 6.643E−01 | 2.752E−04 | 2.90mm | 6.316E−01 | 2.691E−04 | 3.06mm |
| 900.00 | 5.601E−01 | 2.274E−04 | 3.33mm | 6.056E−01 | 2.472E−04 | 3.58mm | 5.763E−01 | 2.418E−04 | 3.78mm |
| 1000.00 | 5.162E−01 | 2.066E−04 | 4.02mm | 5.578E−01 | 2.246E−04 | 4.32mm | 5.312E−01 | 2.198E−04 | 4.55mm |
| 1100.00 | 4.797E−01 | 1.894E−04 | 4.77mm | 5.180E−01 | 2.059E−04 | 5.12mm | 4.937E−01 | 2.015E−04 | 5.40mm |
| 1200.00 | 4.489E−01 | 1.750E−04 | 5.56mm | 4.845E−01 | 1.902E−04 | 5.98mm | 4.620E−01 | 1.862E−04 | 6.30mm |

# 参 考 文 献

[1]  Srour J R, McGarrity J M. Radiation effects on microelectronics in space. Proceedings of the IEEE, 1988, 76(11): 1443-1469.

[2]  Oldham T. Basic mechanisms of TID and DDD response in MOS and bipolar microelectronics. DSFG, Inc, NASA Goddard, Radiation Effects and Analysis Group, NSREC Short Course, 2011.

[3]  刘文平. 硅半导体器件辐射效应及加固技术. 北京: 科学出版社, 2013.

[4]  Saks N S, Ancona M G, Modolo J A. Radiation effects in MOS capacitors with very thin oxides at 80K. IEEE Trans. Nucl. Sci., 1984, 31(6): 1249.

[5]  Benedetto J M, Boesch H E, McLean F B, et al. Hole removal in thin gate MOSFETs by tunneling. IEEE Trans. Nucl. Sci., 1985, 32(6): 3916.

[6]  Poizat M. Total ionizing dose mechanisms and effects, space radiation and its effects on EEE components. EPFL Space Center, 2009.

[7]  Nowlin R N, Enlow E W, Schrimpf R D, et al. Trends in the total-dose response of modern bipolar transistors. IEEE Trans. Nucl. Science, 1992, 39(6): 2026-2035.

[8]  Wang Y Y, Lu W, Ren D Y, et al. Dose-rate effects of low-dropout voltage regulator at various biases. Nuclear Science and Techniques, 2010, 21(6): 352-356.

[9]  陆妩, 王义元, 任迪远, 等. 双极电压比较器不同条件下总剂量辐射效应. 原子能科学技术, 2012, 46(9): 1147-1152.

[10]  Schwank J R, Winokur P S, McWhorter P J, et al. Physical mechanisms contributing to device "rebound". IEEE Trans. Nucl. Sci., 1984, NS-31: 1434.

[11]  Enlow E W, Pease R L, Combs W, et al. Response of advanced bipolar processes to ionizing radiation. IEEE Trans. Nucl. Sci., 1991, NS-38: 1342.

[12]  Johnston A H, Swift G M, Rax B G. Total dose effects in conventional bipolar transistors and linear integrated circuits. IEEE Trans. Nucl. Sci., 1994, 41(6): 2427-2436.

[13]  Fleetwood D M, Kosier S L, Nowlin R N, et al. Physical mechanisms contributing to enhanced bipolar gain degradation at low dose rates. IEEE Trans. Nucl. Sci., 1994, 41(6): 1871-1883.

[14]  Seltzer S M. SHIELDOSE: A computer code for space-shielding radiation dose calculations. National Bureau of Standards Technical Note 1116, 1980.

[15]  Seltzer S M. Conversion of depth-dose distributions from slab to spherical geometries for space-shielding applications. IEEE Trans. Nucl. Sci., 1986, 33: 1292-1297.

[16]  Seltzer S M. Updated calculations for toutine space-shielding radiation dose estimates: SHIELDOSE2. National Institute of Standards and Technology Report NISTIR 5477, 1994.

[17]  Methods for the Calculation of Radiation Received and its Effects, and a Policy for Design Margins. ECSS-E-ST-10-12C. 2008.

[18]  NASA Preferred Reliability Practices. Radiation Design Margin Requirement. Practice NO. PD-ED-1260, 1996.

[19]　卢健, 余学峰, 张乐情, 等. 不同偏置下 CMOS SRAM 辐射损伤效应. 核技术, 2012, 35 (8): 601-605.

[20]　国防科学技术工业委员会. 宇航用半导体器件总剂量辐照试验方法. QJ 10004A—2018. 2018.

[21]　罗尹虹, 龚建成, 郭红霞, 等. 典型 CMOS 器件总剂量加速试验方法验证. 辐射研究与辐射工艺学报, 2005, 23 (4): 241-245.

[22]　Boch J, Saigne F, Schrimpf R D, et al. Elevated temperature irradiation at high dose rate of commercial linear bipolar ICs. IEEE Trans Nucl Sci, 2004, 51(5): 2903-2907.

[23]　Boch J, Gonzalez V Y, Saigne F, et al. ELDRS: Optimization tools for the switched dose rate technique. IEEE Trans. Nucl. Sci., 2011, 58(6): 2998-3003.

[24]　Ducret S, Saigne F, Boch J, et al. Effect of thermal annealing on radiation induced degradation of bipolar technologies when the dose rate is switched from high to low. IEEE Trans. Nucl. Sci., 2004, 51(6): 3219-3224.

[25]　郑玉展. 低剂量率损伤增强效应的物理机制及加速评估方法研究. 北京: 中国科学院研究生院, 2010.

[26]　Lunar Reconnaissance Orbiter Project Radiation Requirements. 431-RQMT-000045 Revision B, 2006.

[27]　Pease R L, Gehlhausen M, Krieg J, et al. Evaluation of proposed hardness assurance method for bipolar linear circuits with enhanced low dose rate sensitivity (ELDRS). IEEE Transaction on Nuclear Science, 1998, 45(6): 2665-2672.

[28]　王春琴, 孙越强, 曹光伟, 等. 卫星星内辐射剂量评估与分析. 空间科学学报, 2105, 35 (1): 56-63.

[29]　张斌全, 张效信, 薛炳森, 等. "风云四号" 02 卫星的空间辐照总剂量监测//第 35 届中国气象学会年会, S18 空间天气观测与业务的融合, 2018.

[30]　薛丙森, 韩建伟, 叶宗海. 卫星内部三维屏蔽计算模型. 航天器环境工程, 2005, 22(1): 46-49.

[31]　蔡明辉, 韩建伟. 基于 ProE 的航天器三维屏蔽与辐射剂量评估方法研究. 宇航学报, 2012, 33(6): 830-835.

[32]　胡鉴航. 空间辐射电离总剂量效应的复合屏蔽方法研究. 北京: 中国科学院大学, 2013.

[33]　胡鉴航, 冯颖, 韩建伟, 等. 电离总剂量复合屏蔽模拟仿真及验证试验. 空间科学学报, 2014, 34(2): 180-185.

# 第 6 章  位移损伤效应

位移损伤效应是星用器件三大辐射效应中认识最晚，相关理论、方法与技术最不完善的。

## 6.1  原子位移损伤及对器件的影响

位移损伤效应是空间辐射粒子 1 与靶物质原子 2 发生弹性碰撞，使得靶物质原子位置产生如图 6-1 所示位移的现象，包括靶物质原子离开原来位置成为间隙原子 (I)，以及导致原靶原子位置留下空位 (V)。靶物质原子发生位移的程度与单位质量的靶物质接收到的辐射粒子弹性碰撞能量相关，记为位移损伤剂量 (displacement damage dose, DDD)，该效应也称为位移损伤剂量效应。表征位移损伤剂量的常用单位目前尚未统一，较多使用的单位有 MeV/g。辐射粒子在单位距离上由位移作用传递的能量，就是前述的核碰撞线性能量传输 ($LET_n$)。

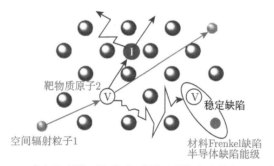

图 6-1  空间辐射粒子与靶物质原子碰撞产生的位移及缺陷

### 6.1.1  位移损伤形成的材料缺陷

在室温下，材料中由位移损伤作用产生的间隙原子和空位通常具有较好的迁移能力，在移动过程中绝大部分通过复合得以恢复，少部分形成了稳定的间隙原子–空位弗仑克尔 (Frenkel) 点缺陷，以及与其他缺陷、杂质、掺杂原子等形成稳定的复合缺陷，总之在材料内形成了多种类型的缺陷。

与电离能类似，特定的靶物质平均接收到一定的核碰撞能量，就可产生一个间隙原子–空位对，称为位移能，常见靶物质的位移能为 Si: 21eV、Ge: 27.5eV、GaAs:

7~11eV[1]。位移作用撞击出来的靶原子，称为初级离位原子 (primary knockout atom，PKA)，其能够获得的能量为 $E_2 = \dfrac{4M_1M_2}{(M_1+M_2)^2}E_1\cos^2\theta$，其中，$M_1$、$M_2$ 分别是入射粒子和离位原子的质量数；$E_1$ 为入射粒子能量；$\theta$ 为离位原子相对于入射粒子方向的出射角。只要初级离位原子具有足够的能量，其就能够与其他靶原子产生进一步的级联碰撞，产生次级离位原子 (secondary knockout atom，SKA)，形成更多聚集的材料缺陷，称为簇状缺陷，如图 6-2 所示 [2]。

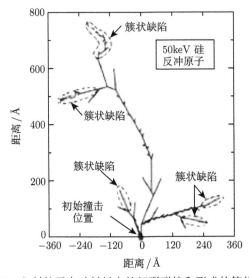

图 6-2    入射粒子在硅材料中的级联碰撞和形成的簇状缺陷

图 6-3 和图 6-4 分别是不同温度下硅探测器中的空穴和间隙原子缺陷的表现

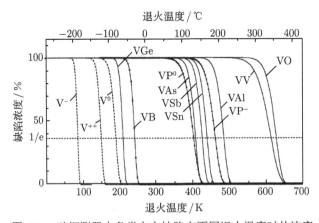

图 6-3    硅探测器中各类空穴缺陷在不同退火温度时的浓度

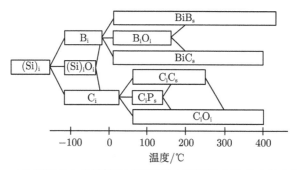

图 6-4 硅探测器中各类间隙原子缺陷在不同退火温度时的表现形式

形式[3]。图 6-5 是硅材料中缺陷在不同密度和温度时的能级及费米能级分布[3]，其中缺陷密度为 (a) $10^{11}\mathrm{cm}^{-3}$、(b) $5\times10^{11}\mathrm{cm}^{-3}$、(c) $10^{12}\mathrm{cm}^{-3}$、(d) $10^{13}\mathrm{cm}^{-3}$、(e) $10^{14}\mathrm{cm}^{-3}$、(f) $10^{15}\mathrm{cm}^{-3}$。相对于费米能级，这些缺陷的电荷态有正的 (类似施主杂质)、负的 (类似受主杂质)、中性的，以及双极性的，如图 6-6 所示[3]。

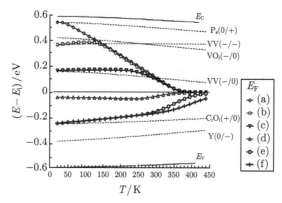

图 6-5 硅材料中缺陷在不同密度和温度时的能级 (曲线) 及费米能级 (曲线 + 符号)

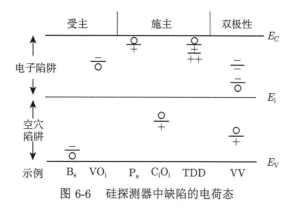

图 6-6 硅探测器中缺陷的电荷态

### 6.1.2   位移损伤对半导体载流子的影响

对于半导体器件材料而言，位移原子缺陷在半导体能隙间引入了新的缺陷能级，充当载流子的复合或产生中心，影响载流子的行为，最终影响器件的电参数及性能。如图 6-7 示意了位移损伤形成的缺陷能级的具体影响 [3,4]，主要如下所述。

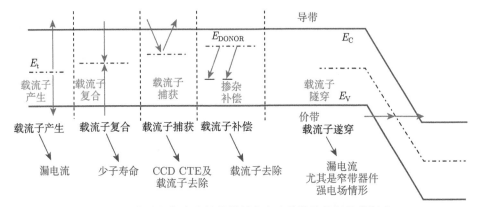

图 6-7   位移损伤在半导体材料中产生的缺陷能级及其影响

(1) 载流子产生：缺陷能级是位于禁带的中间能级，使价带电子更容易跃迁到导带，使器件热载流子增加、暗电流增大。

(2) 载流子复合：位于禁带中的缺陷能级作为复合中心，使导带中的电子和价带中的空穴有机会发生复合，载流子的寿命缩短；该机制导致精密线性器件增益下降、发光器件效率衰退、光探测器件探测效率下降，例如，发光二极管 (LED) 光输出衰退、激光二极管阈值电流增大、太阳电池效率下降、光耦电流传输比 (current transfer ratio，CTR) 下降、APS 传感器敏感度下降等。

(3) 载流子捕获：位于禁带的缺陷能级作为亚稳状态陷阱能级，能够将载流子俘获一段时间再释放，使得载流子迁移效率下降，如电荷耦合器件 (CCD) 电荷传输效率 (charge transfer efficiency，CTE) 衰退。

(4) 掺杂补偿：位于禁带的缺陷能级补偿 (中和) 掺杂的受主或施主，即所谓的载流子去除效应，使平衡态多数载流子浓度降低，这种情况出现在高强度辐照导致的位移损伤缺陷密度与器件载流子密度相当时，例如，使某些探测器反型、耗尽电压增高等。

(5) 载流子隧穿：位于禁带的缺陷能级，辅助隧穿效应更加容易地发生，对 pn 结反偏电流有贡献，使器件暗电流增大。

(6) 在高强度辐照下产生的缺陷结构对载流子的散射作用，使得载流子迁移率下降。

位移损伤在半导体材料中形成的缺陷能级常影响少数载流子寿命 ($\tau$)，研究发现，这种影响与辐照粒子注量 ($\Phi$) 之间有如下关系：

$$\frac{1}{\tau} = \frac{1}{\tau_0} + K \cdot \Phi \tag{6-1}$$

其中，$\tau_0$ 为辐照前器件少数载流子寿命；$K$ 为常数系数。

### 6.1.3　位移损伤对器件的影响

#### 1. 位移损伤对光电器件和线性器件影响较严重

当前大多数航天领域人员均已认识到位移损伤对光电器件和精密线性器件影响的严重性，但尚有部分人员常把这种影响与器件的 (电离) 总剂量效应混为一谈。图 6-8 分别是 (a) 光耦与 (b) 运放在钴 60 (主要是电离作用) 和质子 (主要是位移损伤作用) 的辐照作用下相关参数退化情况 [5,6]，横坐标均用电离总剂量来表征，可见二者在钴 60 作用下随总剂量增加而缓慢退化，但是随质子辐照强度的增加而退化剧烈，在对应的较小电离总剂量质子辐照下就因位移损伤作用而衰退严重乃至失效。

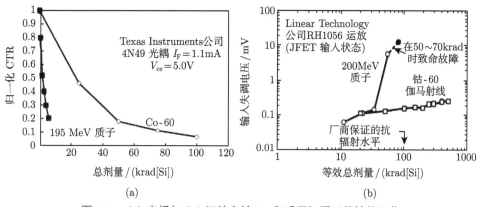

图 6-8　(a) 光耦与 (b) 运放在钴 60 和质子辐照下的性能退化

图 6-9 是美国国家半导体公司的 LM137 电压调节器在 50MeV 质子辐照下输出电压和启动电压的变化情况 [6]，文献及图例还表明，在等同剂量的钴 60 辐照下该器件没有如此严重的退化发生。

CCD 器件遭受位移损伤后的电荷传输效率 (CTE) 衰退值得关注，CTE 是 CCD 器件中成像信号从一个像素传输到下一个像素的比例，也用电荷传输无效率 (charge transfer inefficiency，CTI ($= 1-$CTE)) 表征。现代 CCD 器件通常由较多像素阵列组成，比如，对于 $5120 \times 5120$，在位移损伤严重环境工作的 CCD 若要求成像信号经过 1000 个像素的传输损失小于 10%，则要求其 CTE 不低于 0.9999，或者说 CTI 不大于 $10^{-4}$。

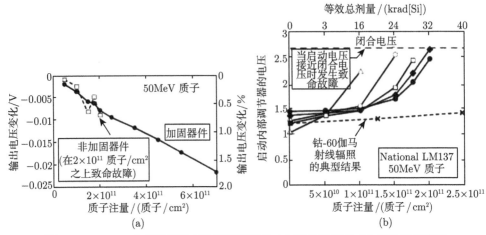

图 6-9　LM137 电压调节器在质子辐照下的 (a) 输出电压和 (b) 启动电压变化

　　针对空间应用越来越多的光电器件和部件，空间辐射既有位移损伤也有电离作用，两者具体影响的定性比较如表 6-1 所示。

表 6-1　空间用光电器件和部件位移损伤与电离作用影响比较

| 光电器件或部件 | 位移损伤作用 | 电离作用 |
| --- | --- | --- |
| 光学涂层 | 均有影响，产生"色心"等缺陷，使光透射率、反射率下降 | |
| 光纤 | 较小 | 产生"色心"，使光传输效率下降 |
| LED 和激光二极管 | 使光输出效率下降 | 较小 |
| pn 结光敏二极管、pin 光敏二极管、光敏三极管、雪崩光二极管 | 使器件暗电流噪声增大、光探测响应能力下降 | 较小 |
| 光耦 | 导致光发射和光探测单元性能衰退，使得电流传输比下降 | 较小 |
| HgCdTe 红外探测器 | 较小 | 较小 |
| CCD | 使电荷传输无效率 (CTI) 增大、体暗电流噪声升高、产生噪点、随机电报信号 (RTS) 噪声 | 使工作偏压、时钟电压漂移和表面漏电流增大 |
| 互补金属氧化物半导体 (CMOS) 图像传感器 | 其体暗电流噪声升高、产生噪点、随机电报信号噪声 | 使工作偏压、时钟电压漂移和表面漏电流增大 |

## 2. 位移损伤影响与器件的偏置条件关系不大

　　光电器件等的输出特性与其具体应用条件关系非常大，位移损伤影响也随之有不同表现，但目前尚无证据表明位移损伤导致的初始缺陷密度对器件偏置条件有依赖性。图 6-10 是 OLH1049 光耦在不同输入电流条件及 50MeV 质子辐照下电流传输比 (CTR) 的表现[7]。图 6-11 是运放在 50MeV 质子辐照下输入偏置电流变化情况[6]，加固设计的 Linear Technology 公司 RH27 变化很小；Analog Device 公司的商用产品 OP27 在有和无偏置条件下的辐照损伤均较大，无偏置下的损伤更加严重，推测质子辐照产生的电离总剂量 (最大注量达 $5 \times 10^{11} \mathrm{cm}^{-2}$ 时产生的电离总剂量为 79krad[Si]) 损伤是该器件退化的主要因素，对偏置条件的依赖较强。图 6-12 是 e2V 体硅 n 沟道 CCD 受到质子辐照后的暗电流随衬底电压和偏置条件的表现情况[8]，质子能量为 10MeV，注量为 $6 \times 10^9 \mathrm{cm}^{-2}$，当衬底电压超过 8.5V 时，器件表面完全耗尽和反型，表现为体材料特性，这也正是 CCD 的正常工作状况，此时在一定时钟驱动下工作和将所有管脚短接质子辐照导致的位

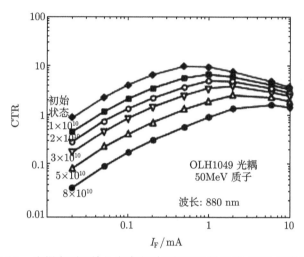

图 6-10　光耦在不同输入电流和质子辐照注量下的 CTR 变化情况

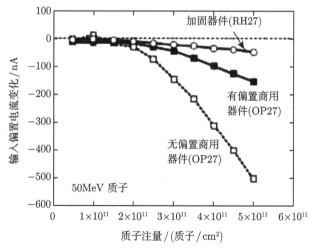

图 6-11　光耦在不同输入电流和质子辐照注量下的 CTR 变化情况

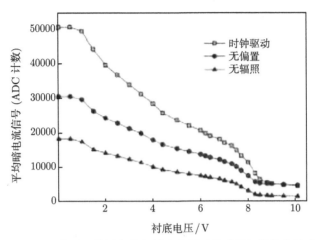

图 6-12　e2V CCD 在不同偏置条件与衬底电压下及质子辐照导致的暗电流情况

移损伤影响无区别；衬底电压低于 8.5V 时器件表面部分耗尽，表面暗电流起重要作用，此时电离总剂量 (3.3krad[Si]) 效应引入的额外电荷对暗电流影响较大，该过程对器件偏置条件依赖较大。图 6-13 是衬底电压 9.5V 的 e2V CCD 在不同偏置条件下随 10MeV 质子不同注量辐照下的暗电流情况[8]，可见暗电流与辐照注量成正比，不同偏置条件的区别小，随机电报信号 (RTS) 和电荷传输无效率 (CTI) 等随质子辐照注量和器件偏置条件的变化与此相似[8]。

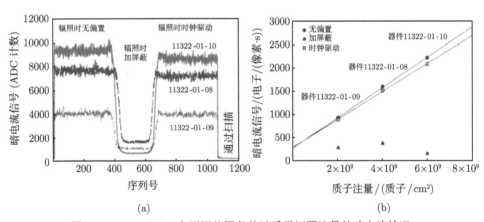

图 6-13　e2V CCD 在不同偏置条件随质子辐照注量的暗电流情况

### 3. 光电器件等的工作特性及位移损伤影响与温度关系较大

光电器件自身的工作特性及测量测试结果与温度的依赖关系很大，对于光电探测器等，其噪声通常在低温下更小，相应的位移损伤会有不同的表现。图 6-14 是 Isolink 公司的 4N49 光耦在不同工作温度下的 CTR 情况，差异较大[9]。相比于数百秒乃至半小时左右的短时间地面辐照试验，器件长时间在轨工作或者退火时的温度影响更加突出，需要着重考虑。

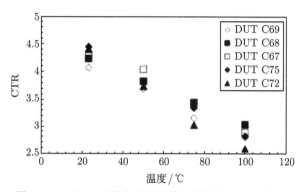

图 6-14 4N49 光耦在不同工作温度下的 CTR 情况

#### 4. 退火对位移损伤缺陷及器件的影响

半导体器件材料中位移损伤所致的缺陷在辐照停止后，可通过在材料晶格及间隙中移动、组合、解体、复合等得以部分消除。图 6-15 示意了室温下硅器件中的载流子寿命在脉冲中子辐照后的时间演化过程[4,10]，在辐照停止后的数分钟到一个小时内，辐照引入的缺陷快速重组和较大幅度地消除，此阶段称为"短期/瞬时/快速退火"；之后留存下来的缺陷为"永久缺陷"，在室温下会缓慢得以恢复，此过程称为"长期退火"，如图 6-15 所示，经历 1 年后又发生了大约 2 倍的恢复。

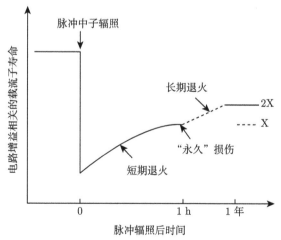

图 6-15 硅器件在中子辐照之后的短期和长期退火现象

位移损伤在材料中形成的缺陷退火有"热激发退火"和"电流注入退火"两种

相混合机制的作用 [4]。此处的热激发退火与电离总剂量效应引入的空间电荷缺陷能级的退火类似，使位移损伤缺陷在一定环境温度驱使下加快运动、组合，以及缺陷处晶格获得足够的振动能克服相应的结合能，使该缺陷解体和释放出来而消亡，该过程显著地与温度正相关，图 6-3 和图 6-4 就是分别在不同退火温度下硅探测中空穴缺陷和间隙原子缺陷的产生和消亡表现。

电流注入退火使位移损伤缺陷的恢复程度与注入器件有源区的电荷 (通常是电子) 密度呈正相关，该机制主要是注入的电子电荷使得空穴缺陷呈现负电性，其相比于中性的空缺缺陷移动能力更强，更易于与其他缺陷组合及解体消亡 [4,11,12]。图 6-16 是 1300nm 注入激光二极管 (ILD) 在 50MeV 质子辐照损伤后在室温和不同驱动电流下的退火恢复情况，可见无偏置情况下退火辐射损伤无任何恢复，更高的驱动电流有更好的退火效果 [13]。

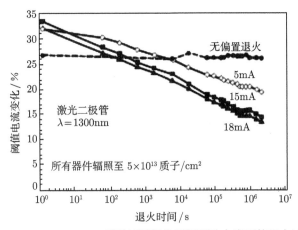

图 6-16　1300nm ILD 质子辐照损伤不同驱动电流下的退火过程

## 6.2　位移损伤的分析评估方法

目前分析表征器件对位移损伤的影响主要有等效剂量法和等效注量法两种思路。

### 6.2.1　等效 (位移损伤) 剂量法

对于空间、地面等环境中多种类型、多种能量粒子，认为不同注量、不同类型、不同能量的粒子只要其在器件材料沉积的位移损伤剂量 (DDD) 相同，其产生的材料缺陷密度就相同，对器件的最终影响也就相同，即该方法的核心是分析确定不同粒子的等效位移损伤剂量。与电离总剂量估算方法类似，考虑粒子位移作用的基本参数——核碰撞线性能量传输 ($LET_n$)，也称为非电离能量损失 (nonionizing energy loss，NIEL），以及实际到达靶材料目标位置处的注量 $F$。单一类型、单一能量粒子辐照导致的位移损伤剂量如下公式计算：

$$\begin{aligned} \mathrm{DDD} &= \mathrm{NIEL} \times F \\ &= \mathrm{NIEL}\left(\mathrm{MeV} \cdot \mathrm{cm}^2/\mathrm{mg}\right) \times F\left(\mathrm{cm}^{-2}\right) \\ &= \mathrm{NIEL} \times F(\mathrm{MeV/mg}) \\ &= 10^3 \mathrm{NIEL} \times F(\mathrm{MeV/g}) \end{aligned}$$

$$\mathrm{DDD}(\mathrm{MeV/g}) = 10^3 \mathrm{NIEL}\left(\mathrm{MeV} \cdot \mathrm{cm}^2/\mathrm{mg}\right) \times F\left(\mathrm{cm}^{-2}\right) \tag{6-2}$$

对于空间不同类型 $(i)$、连续能谱 $(E)$ 粒子，按如下公式计算总的等效位移损伤剂量：

$$\begin{aligned} \mathrm{DDD}(\mathrm{MeV/g}) = \sum_i 10^3 \int \mathrm{NIEL}_i(E)\left(\mathrm{MeV} \cdot \mathrm{cm}^2/\mathrm{mg}\right) \\ \times F_i(E)\left(\mathrm{cm}^{-2} \cdot \mathrm{MeV}^{-1}\right) \mathrm{d}E(\mathrm{MeV}) \end{aligned} \tag{6-3}$$

图 6-17 是不同能量的质子、中子及电子在硅及砷化镓材料中的 NIEL 数据[14]。按照公式 (6-3) 可以分析评估具体空间任务由连续能谱的辐射带质子导致的 DDD，但是实际的地面试验往往采用某种可获得的单一能量 $(E)$ 质子进行试验，此时根据该能量质子的 NIEL $(E)$，利用公式 (6-2) 折算出需要辐照的粒子注量 $F(\mathrm{cm}^{-2})$。实践中，常直接在公式 (6-3) 的基础上，按照如下公式将 DDD 折算成 10MeV 质子等效注量：

$$\mathrm{DDD}\left(10\mathrm{MeV}\text{ 质子等效注量}\left(\mathrm{cm}^{-2}\right)\right) = \frac{10^3 \mathrm{DDD}(\mathrm{MeV/g})}{\mathrm{NIEL}_{10\mathrm{MeV}\text{质子}}\left(\mathrm{MeV} \cdot \mathrm{cm}^2/\mathrm{mg}\right)} \tag{6-4}$$

对于近地空间应用的航天器，对累积的位移损伤有贡献的辐射粒子与第 5 章的总剂量效应相同，包括地球辐射带质子和电子以及长期太阳质子事件质子。对于主要针对航天器内部设备及器件的位移损伤评估，需综合考虑电子和质子单个粒子的 NIEL 及粒子强度特点，主要分析计算辐射带质子及长期统计太阳质子的贡献，即忽略 NIEL 值小且舱内粒子强度较低的辐射带电子的贡献。

航天器舱外的辐射带质子和长期太阳质子注量 $F_{\mathrm{ext}}(E_{\mathrm{ext}})\left(\mathrm{cm}^{-2} \cdot \mathrm{MeV}^{-1}\right)$ 的具体计算方法与 5.2.1 节所述相同。为了计算到达航天器舱内的空间质子注量 $F_{\mathrm{int}}(E_{\mathrm{int}})\left(\mathrm{cm}^{-2} \cdot \mathrm{MeV}^{-1}\right)$，对航天器几何结构和材料组成的简化模型处理方法

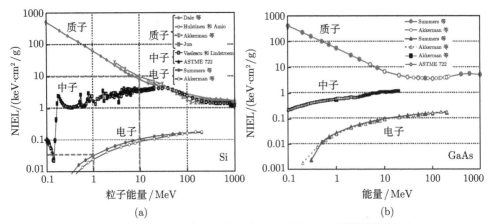

图 6-17   不同能量的质子、中子、电子在 (a) 硅和 (b) 砷化镓材料中的 NIEL

与 5.2.2 节相同,即通常采用一维的实心铝球模型,在此基础上采用公式 (6-5) 由舱外粒子注量计算得到经过厚度 $d$ (单位为 g/cm$^2$) 的传输到达舱内的粒子注量[14,15]:

$$F_{\mathrm{int}}(E_{\mathrm{int}}) = F_{\mathrm{ext}}(E_{\mathrm{ext}}) \frac{S(E_{\mathrm{ext}})}{S(E_{\mathrm{int}})} \mathrm{e}^{-\sigma_{\mathrm{A}}d} \tag{6-5}$$

公式 (6-5) 主要考虑了航天器材料阻挡导致的粒子能量由 $E_{\mathrm{ext}}$ 慢化为 $E_{\mathrm{int}}$,以及入射粒子与航天器材料发生核反应而被吸收导致的强度损失;$\sigma_{\mathrm{A}}$ 是核反应吸收截面;另外,$S(E_{\mathrm{ext}})$ 和 $S(E_{\mathrm{int}})$ 分别是航天器材料 (此处已经等效为铝) 对两种能量质子的阻止本领,亦即两种能量质子在航天器材料中的电子碰撞 LET 值。$\sigma_{\mathrm{A}}$ 采用如下公式计算[16,17]:

$$\sigma_{\mathrm{A}} = 45A^{0.7}[1 + 0.016\sin(5.3 - 2.63\ln A)]f(E) \tag{6-6}$$

$$f(E) = 1 - 0.62\mathrm{e}^{-E/200}\sin(10.9E^{-0.28}) \tag{6-7}$$

式中,$\sigma_{\mathrm{A}}$ 的单位为 mb (1mb $= 10^{-27}$cm$^2$);$A$ 为阻挡质子的材料原子质量数;$E$ 为质子初始能量,单位为 MeV/n。

这样,利用公式 (6-3)$\sim$ 公式 (6-5) 就可以计算得到经过不同等效实心铝球厚度 $d$ 进入到舱内 (球心处) 的位移损伤剂量,具体计算过程如下:

(1) 利用 5.2.1 节介绍的方法计算得到舱外粒子能谱 $F_{\mathrm{ext}}(E_{\mathrm{ext}})$;

(2) 对于经过厚度 $d$ 的传输到达舱内的某一具体能量 $E_{\mathrm{int}}$,利用 4.3 节的 "能量–射程法" 及公式 (4-10),计算得到其对应的舱外原始粒子的能量 $E_{\mathrm{ext}}(R_{\mathrm{ext}}) =$

$R^{-1}[d + R_{\text{int}}(E_{\text{int}})]$；

(3) 利用上述 (2) 计算得到的具体 $E_{\text{int}}$ 对应的 $E_{\text{ext}}$ 确定 (1) 中的 $F_{\text{ext}}(E_{\text{ext}})$，利用公式 (6-5) 计算得到舱内粒子能谱 $F_{\text{int}}(E_{\text{int}})$；

(4) 利用公式 (6-3) 和公式 (6-4) 结合 $F_{\text{int}}(E_{\text{int}})$，计算得到在厚度 $d$ 情形下舱内的位移损伤剂量和等效 10MeV 质子注量；

(5) 变换厚度 $d$，重复上述 (2)～(4)，即获得如图 6-18 所示的位移损伤剂量–深度 (厚度) 曲线。

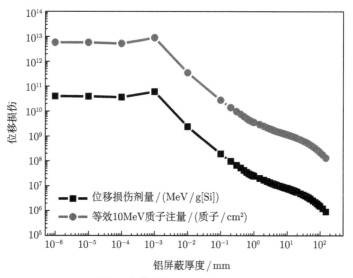

图 6-18 某空间任务的位移损伤剂量–屏蔽厚度曲线

具体计算应用时，也可借鉴 5.2.2 节 Shieldose-2 的做法，将上述针对不同屏蔽厚度 $d$ 重复计算的 (2)～(4) 提前统一实施，得到不同厚度 $d$ 下不同舱外质子能量 $E_{\text{ext}}$ 传输到舱内的粒子强度传输系数 $T(d, E_{\text{ext}})$，以及位移损伤剂量传输系数 $T_{\text{DDD}}(d, E_{\text{ext}}) = T(d, E_{\text{ext}}) \cdot \text{NIEL}(E_{\text{int}})$，它们包含了质子能量的慢化和强度的衰减，最后利用公式 (6-8) 计算得到位移损伤剂量–深度 (厚度) 数据：

$$\text{DDD}(d) = \int_{E_{\min}}^{E_{\max}} F_{\text{ext}}(E) \cdot T_{\text{DDD}}(d, E) \mathrm{d}E \qquad (6\text{-}8)$$

分析计算得到具体空间任务遭遇的位移损伤剂量 DDD 后，根据具体器件参数退化随 DDD 的变化关系数据，就可评估出器件受位移损伤的具体影响。图 6-19 是某砷化镓太阳电池最大功率随位移损伤剂量的变化关系 [18]。

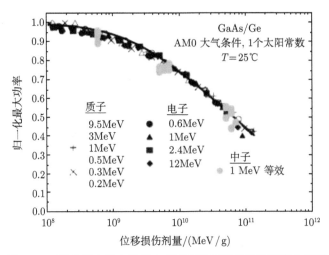

图 6-19　砷化镓太阳电池最大功率随位移损伤剂量的变化关系

### 6.2.2　等效注量法

在航天工程的历史发展过程中，等效注量法主要是对大量使用的直接暴露在航天器舱外的太阳电池位移损伤效应的评估方法，该方法的核心是直接将太阳电池的关键参数退化与遭受到的辐照粒子注量关联起来。由于太阳电池暴露在航天器舱外使用，且仅有较薄的玻璃盖片屏蔽保护，除了考虑辐射带质子及长期统计太阳质子的影响，还需考虑大量的辐射带电子的影响。

该方法的核心基础工作是针对太阳电池的关键参数，如最大功率、开路电压、短路电流等，利用不同能量的质子和电子进行系列试验，获得太阳电池参数退化水平与粒子注量的关系[19-21]，如图 6-20 所示，获得线性关系相对较好数据段的不同粒子的损伤系数，类似于公式 (6-1) 的常数 $K$。再分别以 10MeV 质子和 1MeV 电子的损伤系数为基准，将其他能量的质子 ($E_p$) 和电子 ($E_e$) 的损伤系数折算为相对损伤系数 $\mathrm{RDC}_{10\mathrm{MeV\ p}}(E_p)$ 和 $\mathrm{RDC}_{1\mathrm{MeV\ e}}(E_e)$。进一步，折算得到 10MeV 质子相对 1MeV 电子的损伤系数 $C_{pe}$。这样，就可将不同能量的质子和电子的位移损伤影响折算成一定注量的 1MeV 电子影响，即最终用等效 1MeV 电子注量来表征太阳电池受到的位移损伤剂量影响。

在具体工程应用中，要考虑不同厚度玻璃盖片屏蔽导致的质子和电子强度减小、能量变化致 NIEL 变化，测算玻璃盖片之下的太阳电池遭受的位移损伤等效 1MeV 电子注量。总体处理思路类同于 5.2.2 节 Shieldose-2 软件处理不同厚度的铝屏蔽下质子、电子及轫致辐射 X 射线沉积的电离剂量。具体过程与主要方法如下所述。

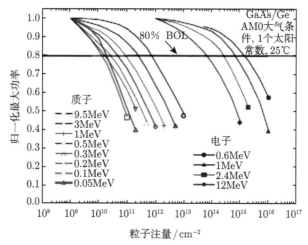

图 6-20 不同能量质子和电子导致 GaAs 太阳电池最大功率退化水平与注量的关系

(1) 利用蒙特卡罗程序, 计算不同初始能量 $E$、单位强度的电子和质子, 经过不同厚度 $d$ 的玻璃盖片传输后的强度比 $T$ 以及慢化后的能量 $E'$;

(2) 依据质子和电子相对损伤系数 $RDC_{10MeV\ p}$ 和 $RDC_{1MeV\ e}$ 与能量的关系数据, 利用如下公式 (6-9) 和公式 (6-10) 测算到达太阳电池处的质子和电子的辐射传输相对损伤系数, 如图 6-21 所示, 是针对某型 GaAs/Ge 太阳电池计算得到的数据 [21], 该数据类似 Shieldose-2 软件预先准备剂量传输基础数据, 可供各种情形具体应用。

$$RDC_{10MeV\ p}(d, E) = T \cdot RDC_{10MeV\ p}(E') \tag{6-9}$$

$$RDC_{1MeV\ e}(d, E) = T \cdot RDC_{1MeV\ e}(E') \tag{6-10}$$

(3) 针对实际空间任务的具体应用, 在计算得到的舱外辐射带以及长期太阳质子和辐射带电子能谱注量 $F_p(E)$、$F_e(E)$ 的基础上, 结合 (2) 获得的辐射传输相对损伤系数数据, 采用公式 (6-11) 计算得到不同玻璃盖片厚度 $d$ 对应的太阳电池遭受的位移损伤 1MeV 等效电子注量 [21]。

$$DDD(d(1\text{MeV 电子等效注量}))$$

$$= \int F_e(E) \cdot RDC_{1MeV\ e}(d, E)dE + C_{pe} \cdot \int F_p(E) \cdot RDC_{10MeV\ p}(d, E)dE \tag{6-11}$$

根据分析评估得到的具体空间任务太阳电池遭受的位移损伤等效 1MeV 电子注量, 就可衡量和试验相关的太阳电池的抗位移损伤能力。如图 6-22 是某砷化镓太阳电池最大功率随等效 1MeV 电子注量的变化关系 [21]。

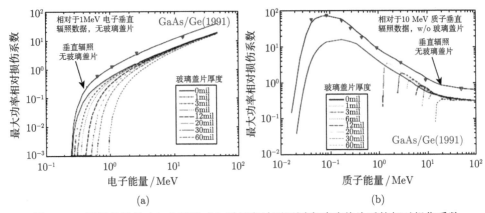

图 6-21    不同能量的 (a) 电子和 (b) 质子穿过不同厚度玻璃盖片后的相对损伤系数

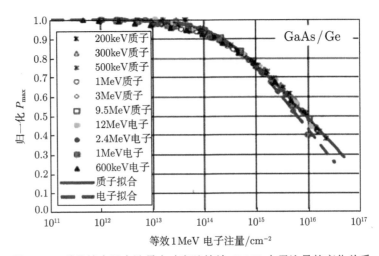

图 6-22    砷化镓太阳电池最大功率随等效 1MeV 电子注量的变化关系

比较上述等效位移损伤剂量法和等效注量法, 前者的重要假设是不同类型、不同能量的粒子, 如果其 NIEL 或者 DDD 相同, 导致的器件影响就相同, 实际应用中某些器件的位移损伤影响并不简单地与 NIEL 及 DDD 正相关, 可能与粒子类型及能量也有关系, 这会导致该方法使用相对困难; 后者直接从器件影响试验确定相对损伤系数, 需要进行类似图 6-20 的系列试验, 目前仅是对种类相对单一、大量使用的太阳电池开展此类试验和采用此类评估方法; 相对损伤系数的本质类似 NIEL 或 DDD, 理想情况下这两类参数应该是相关联的, 在没有其他更好、更经济的方法时, 利用等效剂量法给出位移损伤影响的基本评估是现实的。

## 6.3　近地空间位移损伤的分布特征

利用上述的等效剂量法,可分析计算得到近地空间不同轨道舱内的位移损伤剂量分布情况。图 6-23 是地球低至中高轨道的舱内 3mm 铝屏蔽后的位移损伤剂量分布及内辐射带分布示意图,可见位移损伤影响主要来自内辐射带质子影响,峰值在内辐射带核心区域 3000km 左右的高度,对于高高度的 LEO 影响亦较严重;对于中高轨道,主要处在外辐射带的电子区域,辐射带贡献的位移损伤较小,太阳质子对位移损伤有一定贡献。

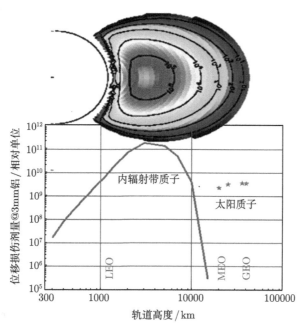

图 6-23　近地空间 3mm 铝屏蔽下的位移损伤剂量分布及相对的内辐射带分布

利用上述的等效注量法,可以分析计算得到近地空间不同轨道针对太阳电池辐射位移损伤的等效注量分布情况。主要考虑地球辐射带质子和电子的影响,以及 150μm 厚玻璃盖片防护,图 6-24 给出了地球低至中高轨道 GaAs 太阳电池开路电压退化对应的年等效 1MeV 电子注量分布,相对于图 6-23,该图的峰值位于 7000km 左右,更靠近内外辐射带中间的槽区,即对于类似 O3B 的中轨通信卫星而言,太阳电池的辐射损伤较恶劣。从图 6-25[21] 和 3.4.1 节图 3-15[22] 示意的地球辐射带粒子随磁壳高度分布可见,能量高于 10MeV 的质子主要分布在内辐射带,它们造成了如图 6-23 所示的舱内位移损伤剂量分布;能量 2~5MeV 的高能电子分别富集于内外辐射带,它们与前者共同形成了 5.3 节图 5-14、图 5-15 所示

的电离总剂量分布；能量更低的质子和电子弥散分布在内外辐射带及槽区，考虑
150μm 玻璃盖片的遮挡，以及图 6-17 和图 6-21 不同能量电子及质子的相对损伤
系数，最终形成如图 6-24 所示的 GaAs 太阳电池损伤等效 1MeV 电子注量分布，
在接近槽区附近具有峰值。

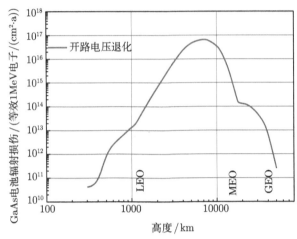

图 6-24　近地空间 GaAs 太阳电池开路电压退化对应的年等效 1MeV 电子注量分布

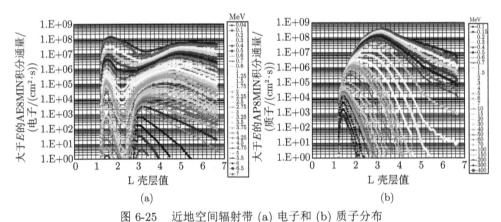

图 6-25　近地空间辐射带 (a) 电子和 (b) 质子分布

　　如图 6-26 是 LEO 和 GEO 由辐射带质子、电子及太阳质子导致的硅太阳电
池位移损伤剂量，用等效 1MeV 电子注量来表征。可见，对于 800km 的 LEO，辐
射带质子是最重要的太阳电池位移损伤贡献；对于 GEO，辐射带电子和太阳质子
是主要的太阳电池位移损伤来源，由于玻璃盖片屏蔽较薄，以及外辐射带电子及
太阳质子强度较高，所以太阳电池的位移损伤比 800km 轨道更加严重。

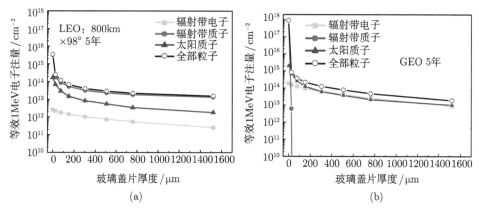

图 6-26　(a) LEO 和 (b) GEO 太阳电池遭受的等效 1MeV 电子注量随玻璃盖片厚度的关系

## 6.4　抗位移损伤设计指标

利用上述分析得到的舱内一定屏蔽厚度下的位移损伤剂量数据 (图 6-18) 或者不同厚度玻璃下的太阳电池遭受的等效 1MeV 电子注量 (图 6-26)，考虑 2~3 倍的设计余量，给出舱内典型屏蔽厚度下 (如 3mm 铝) 的位移损伤剂量 (等效 10MeV 质子注量) 或者具体采用的玻璃盖片厚度 (如 200μm) 下的太阳电池等效 1MeV 电子注量，这就是该空间任务抗位移损伤设计的指标要求。

## 6.5　位移损伤效应试验

目前国内外针对空间辐射位移损伤试验尚未形成相关标准或规范。其原因有多方面 [23]，例如，① 对位移损伤敏感的主要是光子器件或光电器件，它们涉及除了硅之外的 GaAs、InGaAs、HgCdTe、InSb 等多种化合物半导体材料，针对这些材料器件的辐射损伤研究远没有对硅器件那样成熟；② 辐照后的退火效应影响很大，但是相关的时间尺度、温度影响因器件和其中的缺陷种类的不同而不同；③ 相对于电离总剂量效应和后面章节将要介绍的单粒子效应，主要是光电器件和精密线性器件应用范围相对较窄的技术领域人员对此感兴趣，光电器件的测试相对更困难，光电器件相对更昂贵，而且位移损伤相对更难以从器件工艺和设计层次解决，用户只能容忍其存在，因此针对位移损伤的研究及发表的论文较少。

有一些中子导致器件位移损伤、空间质子导致光耦与成像器件等辐射损伤，以及空间太阳电池辐射损伤的试验标准规范或技术文件可以借鉴使用，如下：

➤ MIL-STD-883, Method 1017.2: Neutron Irradiation.

➤ F1190-99: Standard Guide for Neutron Irradiation of Unbiased Electronic Components.

➤ F980M-96: Standard Guide for Measurement of Rapid Annealing of Neutron-Induced Displacement Damage in Silicon Semiconductor Devices.

➤ Displacement Damage Guideline-Final Test Guideline. Robbins M.

➤ Surrey Satellite Technology Limited, 2014.[23]

➤ Guideline for Ground Radiation Testing and Using Optocouplers in the Space Radiation Environment. Reed R, NASA/Goddard Space Flight Center, 2002.[24]

➤ CCD Radiation Effects and Test Issues for Satellite Designers (Review Draft 1.0). Marshall C J, Marshall P W, NASA-GSFC, 2003.[25]

➤ Proton Test Guideline Development-Lessons Learned. Buchner S, Marshall P, Kniffin S, LaBel K, NASA/Goddard Space Flight Center, 2002.[26]

➤ Displacement Damage Testing of Linear Devices for ESCC Test Guideline Definition. Poivey C, Mattson S, ESA contract#4000105114 /11/NL/PA with RUAG Space AB, Sweden.[27]

➤ The Solar Cell Radiation Handbook. Tada H Y, Carter J R, Anspaugh B E, Downing R G, 3rd edn, JPL Publication, Pasadena, CA (1982).[19]

➤ GaAs Solar Cell Radiation Handbook. Anspaugh B E, JPL Publication, Pasadena, CA (1996).[20]

针对星内外辐射粒子特点以及星内用器件及星外用太阳电池的辐射响应特性，应选取合适种类与能量的带电粒子及其他工作条件进行位移损伤试验。以下介绍一些基本要求。

### 6.5.1  粒子种类和能量

对于星外用太阳电池，其通常具有 200μm 左右厚度的玻璃盖片，选择 5MeV 以上的质子和 200keV 以上的电子，保证粒子能够穿透玻璃盖片对电池本体进行辐照试验。如图 6-19 和图 6-20 所示为 JPL 实验室针对无玻璃盖片防护的裸电池进行的包括能量更低的电子和质子辐照试验结果 [19−21]。

对于星内用器件，考虑 3mm 铝的卫星蒙皮与机箱屏蔽，能够作用到器件的辐射带电子强度小，且单个电子位移损伤影响程度小，只考虑较高能量 (如 25MeV 以上) 的质子辐照作用。

在满足上述最低能量的基础上，有条件时选择多个能量点的质子和电子进行试验，不具备条件时选择有代表性的单能量点进行试验，根据 6.2 节的等效位移损伤剂量法或者等效注量法测算器件对其他能量点的辐射响应。

中子位移损伤是核爆炸、地面核反应堆等环境下较突出的辐射效应。也可利用单能 (准单能, 如 14MeV) 的中子进行空间质子的位移损伤试验评估, 根据图 6-17 所示的不同粒子 NIEL 进行辐照注量的换算。

图 6-27 是经过 3mm、10mm 铝屏蔽后, 低高度极轨卫星舱外、舱内的辐射带质子能谱分布, 可见舱内粒子强度最大的能段在 30~70MeV, 且如图 6-17 所示, 更高能量质子其 NIEL 更低, 即对星内器件位移损伤最严重的粒子也属于该能量范围; 其中在 50MeV 左右, 质子在铝中射程约为 10mm, 器件无需开帽 (厚度约 0.5mm) 及除胶等预处理, 可在大气中直接试验, 是较适宜的高性价比质子位移损伤试验能量点, 国际上多台质子加速器在此能量范围进行位移损伤试验 [23,24,26,28]。

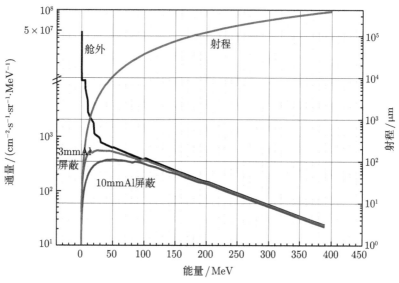

图 6-27 卫星舱内、外的辐射带质子能谱

### 6.5.2 质子的位移损伤与电离作用的甄别区分

质子辐照器件既有位移损伤也有电离总剂量影响, 按照以下原则和思路对两种作用进行甄别区分:

(1) 对位移损伤敏感的器件, 通常对电离总剂量作用相对不敏感 (表 6-1), 以位移损伤的评估为主, 忽略电离作用影响;

(2) 对于位移损伤和电离作用导致的器件影响是相对独立的 (如 CCD 和 CMOS 图像传感器), 分别进行不同的参数测试, 评估不同作用的影响;

(3) 如有需要, 进行质子试验的同时, 进行等电离总剂量的钴 60 γ 射线试验, 进一步甄别电离作用的影响;

(4) 如有需要，分别进行中子和钴 60 γ 射线试验，区分位移损伤和电离总剂量的贡献；

(5) 电离总剂量效应通常对偏置条件敏感而对位移损伤效应不敏感，可以据此进行甄别；

(6) 双极工艺线性器件的漏电流和增益等参数对位移损伤和电离总剂量均敏感并相互叠加，需要细致甄别判断。

如表 6-2 所示，是进行质子位移损伤试验时，附带产生的电离总剂量情况。

表 6-2    质子位移损伤试验导致的位移损伤剂量和电离总剂量

| 能量/MeV | LET/ (MeV·cm$^2$/mg) | NIEL/ (MeV·cm$^2$/mg) | 辐照注量 /cm$^{-2}$ | 位移损伤剂量 /(MeV/ g[Si]) | 电离总剂量 /(krad[Si]) |
|---|---|---|---|---|---|
| 10 | $3\times10^{-2}$ | $1.8\times10^{-5}$ | $10^{12}$ | $1.8\times10^{10}$ | 480 |
| 50 | $9.9\times10^{-3}$ | $4.2\times10^{-6}$ | $10^{12}$ | $4.2\times10^{9}$ | 158 |

### 6.5.3   通量和注量

目前尚未有研究发现器件对位移损伤的响应与辐照粒子通量有关，辐照诱发的空位–间隙原子缺陷对在不到 1s 内复合退火[26]，在此时间尺度之后存留下来的其他缺陷相对较稳定且会缓慢地呈现长期退火效应。因此，辐照通量主要是根据总的辐照注量确定的，比如 $10^7 \sim 10^8 \mathrm{cm}^{-2} \cdot \mathrm{s}^{-1}$，以保证在较短时间内 (如数分钟) 以较少费用完成辐照试验。更高通量 ($> 10^{10}\mathrm{cm}^{-2} \cdot \mathrm{s}^{-1}$) 的质子辐照会导致试验器件温度升高，需要额外注意。

对于用于特定空间任务器件的抗位移损伤能力验证试验，辐照注量在 6.2.1 节分析预测的等效某特定能量质子注量 $F$ 的基础上取 5 倍进行试验[24]，间隔辐照的注量按照对数刻度设置若干个。

### 6.5.4   偏置和温度

目前初步的研究认为，位移损伤对半导体材料造成的初始缺陷及对器件的影响与辐照过程中的器件工作电压无关,可将器件所有管脚短接无偏置辐照[23,26,28]，无偏置地进行质子辐照试验还可减缓伴随的电离总剂量效应影响[23]。

相比于器件辐照后的缓慢退火及较长时间实施测试，数分钟辐照试验时的温度条件对位移损伤缺陷的产生及演化影响较小，在大多数情形下为了方便可以对器件采取室温辐照[28]，包括针对光电探测器件的电荷传输性能退化的辐照实验[23]。针对在轨低温工作的成像传感器，室温辐照难以准确评估位移损伤缺陷形成的暗电流、热 (噪声) 像素等退化，理想情况下应该采取与在轨工作相同或接近的温度条件进行辐照，或者施加在轨期间经历的典型温度条件；但是，在辐照现场设置低温成像器件所需的制冷装置是有困难的，辐照对制冷装置产生的活化对它们后续的转运及器件测量都需认真考虑。

### 6.5.5 辐照后退火及测试

器件遭受位移损伤后的退火效应显著，包括数分钟的短期退火现象，甚至在数天至星期尺度内都有小的变化；而且光电器件等的测试需要专门的光学设备，通常难以在辐照场地原位或者 1 小时内完成测试；因此，如果条件允许，进行尽可能长时间的退火，或者至少等待 2 天后再进行测试[28]。

如 6.1.3 节所述，位移损伤辐照后的缺陷退火与温度及器件工作电流有关，高温及大的注入电流有利于缺陷的恢复，对于 LED、激光二极管、光耦等器件"电流注入退火"影响尤其显著，图 6-28 是不同注入电流下激光二极管阈值电流位移损伤退火恢复情况。如果条件允许，应采取器件在轨工作的偏置及温度条件对其进行尽可能长的退火，再进行测量，以准确评估器件在轨较长时间接受辐照和退火的真实退化情况[28]。高温对加速退火是有利的，遗憾的是目前没有规范能够精确设定退火的具体温度及时间条件等。

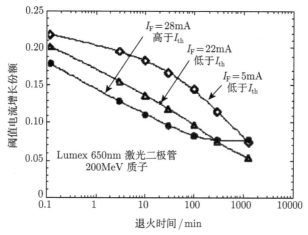

图 6-28 激光二极管阈值电流位移损伤在不同注入电流下的退火情况

## 6.6 位移损伤防护设计

位移损伤与电离总剂量的作用类似，是中低能量但高通量的辐射带粒子及太阳质子的累积作用造成的电参数退化，电离总剂量防护设计的主要思路均适用于位移损伤防护设计，还有一些光电器件特有的抗位移损伤设计思路。

1) 器件选择

不同材料、工艺及结构的光电器件天然地有不同的位移损伤敏感性。比如说，双异质结 LED 比单异质结和双性掺杂 LED 具有更好的抗位移损伤禀性[24]；对电荷传输效率有更高要求的，可以选用对位移损伤相对不敏感的电荷注入器件 (CID) 而非埋沟道 CCD 器件等 [29]。

2) 偏置条件选择

对于用作电流传输功能的 LED、光耦等器件，采用较高的驱动电流可以获得较强的输出电流以补偿位移损伤辐照的影响，图 6-29 是 Hamamatsu 的 P2824 光耦在不同注入电流及不同注量 51.8MeV 质子辐照下的 CTR 退化情况 [24]，图 6-10 的 OLH1049 光耦有类似的表现，若条件允许，使器件工作在饱和输出电流峰值附近是最有利的，但同时必须综合权衡较高的驱动电流导致的器件老化问题。从本质上来说，LED 和光耦的输出电流是与集电极电流 $I_c$ 相关的，它们与注入电流 $I_F$ 及基极–集电极电压 $V_{ce}$ 又是正相关的，如图 6-30 所示为德州仪器 (TI) 公司的 4N49 光耦特性，采取合适的 $V_{ce}$ 使 $I_c$ 工作在饱和区，可以输出较稳定的电流以抵御位移损伤的影响 [24,30]，同样需要关注较高的 $V_{ce}$ 使器件老化的问题。另外，光耦的 CTR 及 $V_{ce}$ 与其工作负载也有很大关系，如图 6-31 是 TI 公司的 4N49 光耦在不同负载电阻下 CTR 及 $V_{ce}$ 随质子辐照注量的变化 [24,26,30]，可以有针对性地选择合适的负载条件以应对位移损伤退化。

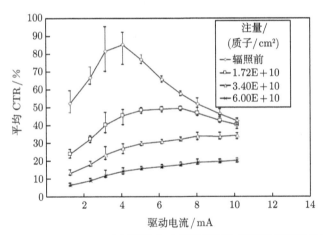

图 6-29   P2824 LED CTR 在不同注入电流和不同注量质子辐照下的退化情况

3) 工作温度

低温工作条件，对于成像器件，例如，CCD 有更好的暗电流特性，除此之外影响 CTE 的位移损伤缺陷更容易被"冻结"不易发射出来而减轻对器件的影响。图 6-32 是 CCD 中捕获缺陷的发射时间常数随温度下降而呈指数上升的变化规律 [29]。

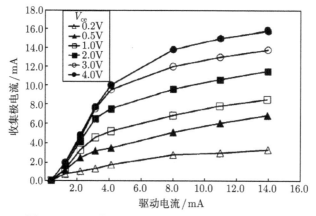

图 6-30　TI 公司 4N49 光耦 $I_c$、$I_F$ 与 $V_{ce}$ 的关系

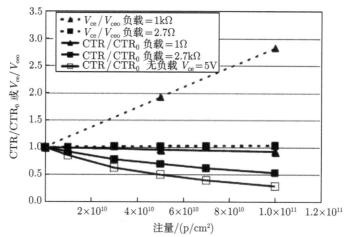

图 6-31　TI 公司 4N49 光耦 CTR (实线) 与 $V_{ce}$ (虚线) 在不同负载电阻下随质子辐照
注量退化的曲线

4) 退火

　　由位移损伤导致的材料缺陷退火效应明显，在轨可周期性地进行常温或高温以及大注入电流退火恢复部分损伤，比如，对于体硅 CCD 在 100~150℃ 可对掺杂 P 和空位形成的 P-V 缺陷中心 (也称 "E 心") 进行退火以减缓电荷传输效率退化、改善暗电流，在此高温退火过程中要注意避免其他类型缺陷被激活 [29]。如图 6-33 是哈勃望远镜 (HST) 的 WFC 相机用 CCD 的在轨运行期间的热噪点增长，以及周期性地每月花费 10% 时间实施的接近室温的退火效果 [31,32]，表 6-3 是该 CCD 及其他器件的具体退火条件及效果 [31,32]。图 6-34 是在地面针对 WFC CCD 质子辐照后进行退火，在不同温度情况下测得的热噪点数量 [32]。

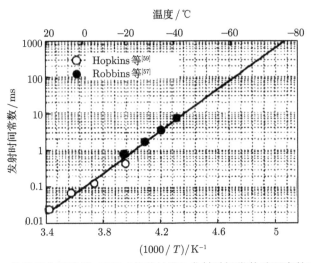

图 6-32    位移损伤导致的 CCD "捕获缺陷" 发射时间常数随温度的变化关系

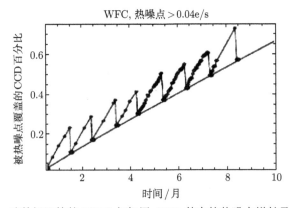

图 6-33    哈勃望远镜的 WFC 相机用 CCD 的在轨热噪点增长及退火情况

表 6-3    哈勃望远镜 CCD 在轨高温退火恢复位移损伤影响

| CCD | ACS/WFC | | ACS/HRC | | STIS | | WFPC2 | |
| --- | --- | --- | --- | --- | --- | --- | --- | --- |
| 工作温度/℃ | −77 | | −81 | | −83 | | −88 | |
| 退火温度/℃ | −10~20 | | −10~20 | | 5 | | 30 | |
| 退火时间/h | 6~24 | | 6~24 | | 24 | | 24 | |
| 阈值 | % | +/− | % | +/− | % | +/− | % | +/− |
| > 0.02 | 0.55 | 0.02 | 0.64 | 0.02 | | | 0.80 | 0.05 |
| > 0.04 | 0.70 | 0.07 | 0.84 | 0.07 | | | | |
| > 0.06 | 0.78 | 0.04 | 0.84 | 0.04 | | | | |
| > 0.08 | 0.82 | 0.03 | 0.87 | 0.03 | | | | |
| > 0.10 | 0.84 | 0.02 | 0.85 | 0.02 | 0.77 | 0.05 | | |
| > 0.12 | 0.55 | 0.15 | 0.64 | 0.15 | | | | |

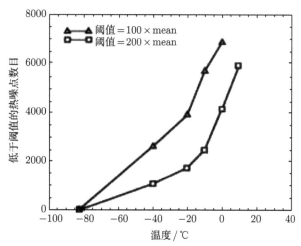

图 6-34　哈勃望远镜用 WFC CCD 在不同温度下的退火热噪点消亡情况

5) 屏蔽

屏蔽可以阻挡中低能粒子到达关键器件处，是减缓位移损伤的主要手段。考虑图 6-27 所示的航天器舱外、舱内质子能谱，以及图 6-17 所示的不同能量质子的 NIEL，低能质子具有更强的位移损伤能力，屏蔽设计要精细考虑慢化和散射的低能质子的强度情况，避免其可能会造成较严重的位移损伤。另外，对于较厚的屏蔽，需要考虑屏蔽产生的次级中子等对精密的光电探测传感器的位移损伤以及噪声干扰[33]。

钱德拉 (Chandra) X 射线望远镜探测器 (CXO) 于 1999 年 7 月 23 日发射入轨，约三周后进入远地点 140000km、近地点 10000km 反复穿越地球外辐射带的大椭圆轨道，望远镜的保护门打开，处于光轴焦平面的先进 CCD 成像谱仪 (ACIS) 的 CCD 直接暴露向太空环境进行科学探测。该探测器及 ACIS 内部组成见图 6-35，其中的正照式 (FI)CCD 成像单元 (埋沟，BC) 之上仅有 1μm 左右的 Al、多晶硅及 SiO$_2$ 保护[34,35]。在最初的大约一个月 8 次穿越辐射带后，该正照式 CCD 的电荷传输无效率 (CTI) 从最初的接近 $10^{-6}$ 快速衰退为约 $10^{-4}$，远远超过了原设计预期的辐射带质子直接照射带来的退化；同时，该仪器内的背照式 (BI) CCD 成像单元之上有约 45μm 的硅保护，CTI 基本没有发生衰退[35]。

针对 CXO ACIS 仪器的早期异常，科研人员进行了大量的分析与实验。主要结论是：① 该探测器在穿越外辐射带期间遭遇到了一定强度的低能量 "软" 质子辐照，如图 6-36 所示[36]；② 如图 6-37 所示[36]，这些质子除了沿视线直接轰击及与其他结构碰撞散射部分轰击到 ACIS 焦平面 (B)，还会通过光路系统中的镜面全部 (A) 或者部分反射 (C) 到焦平面处，导致该处的正照式 CCD 遭受较强注量的质子照射，采用 TRIM 程序进行的射线追踪计算 (D、E) 给出类似的结

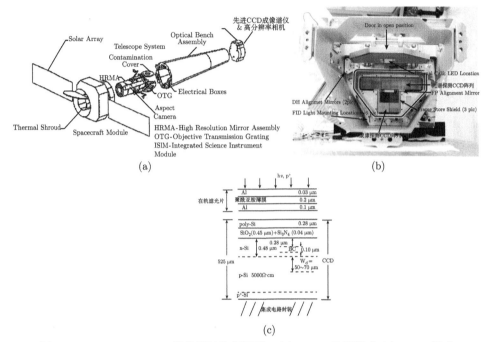

图 6-35    (a) Chandra X 射线望远镜探测器、(b) ACIS 及正照式 (c) CCD 组成

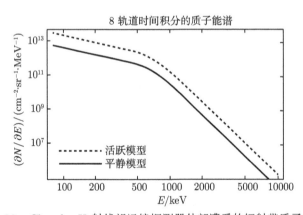

图 6-36    Chandra X 射线望远镜探测器外部遭受的辐射带质子能谱

论；③ 如图 6-38 所示的地面质子辐照试验表明，对该正照式 CCD 的 CTI 损伤最严重的是能量 100keV 左右的质子；④ 正照式 CCD 受到的等效铝屏蔽厚度为 0.0002g/cm$^2$，能量大于 100keV 以上的质子可以穿透该屏蔽到达 CCD 处；背照式 CCD 受到的等效铝屏蔽厚度为 0.01g/cm$^2$，只有能量大于 2MeV 的质子才可以直接到达该 CCD 处[37]。综上，人们认为，透过屏蔽结构以及反射和散射的 0.1～0.5MeV 外辐射带质子导致了 ACIS 仪器正照式 CCD 在轨初期 CTI 的急剧衰退。

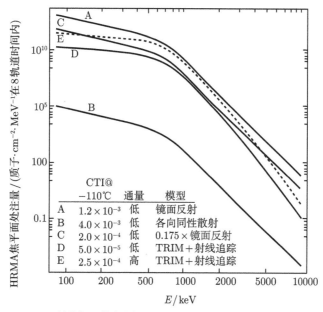

图 6-37　Chandra X 射线望远镜探测器 ACIS 仪器正照式 CCD 遭受的内部质子能谱

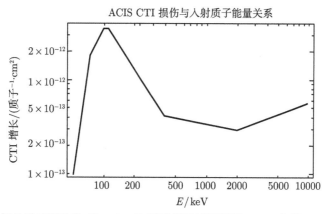

图 6-38　不同能量质子导致的 Chandra X 射线望远镜探测器 ACIS 仪器 FI CCD CTI 退化

　　为了减缓正照式 CCD 器件 CTI 剧烈退化对后续十年以上的科学观测影响，相关团队研究和采取了系列抗辐射防护措施[35,37]，主要是在穿越辐射带时停止科学观测、将 ACIS 移动到屏蔽更好的非焦平面位置、成像电路板断电，还有调整其他设备与部件的位置，以减少反射和散射到焦平面处的质子强度。为了实施这些防护措施，采取了多种策略。① 有计划地规避辐射带影响，利用 AP8/AE8 辐射带模型以及随后专门开发的 Chandra 辐射环境模型 CRM，地面管理人员提前预判探测器进出辐射带的时刻，提前给星上计算机上注科学观测开始和停止的计划指令；② 自动规避辐射带影响，利用探测器上搭载的 EPHIN (Electron, Proton, Helium Instrument) 所得的实时原位探测结果，执行上述防护措施；③ 人工干预规避辐射带影响，利用 NOAA 空间环境中心 (SEC) 的地球同步轨道气象卫星 GOES 以及拉格朗日 1 点的太阳风观测卫星 ACE，以及后来 ESA 发射的 XMM-Newton 探测器上搭载的空间辐射粒子探测器的监测数据，地面管理人员判断 Chandra X 射线望远镜探测器进出辐射带以及遭遇太阳质子事件的情况，人为调度探测器规避这些辐射环境影响。通过上述系列努力，Chandra X 射线望远镜探测器的正照式 CCD 的 CTI 增加控制在 $3.2 \times 10^{-6} a^{-1}$ ($2.3\% a^{-1}$) 水平 [37]，如图 6-39 所示，能够满足 10 年的预期工作寿命。

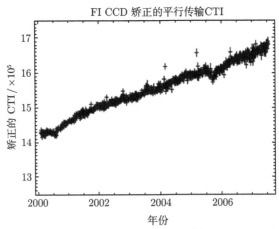

图 6-39   采取辐射防护措施后的 Chandra X 射线望远镜探测器 ACIS 仪器正照式 CCD 的 CTI 在轨退化情况

## 6.7   位移损伤导致的航天器故障事例

由于相关的研究及认识不足，截至目前，确定的由位移损伤导致的航天器在轨故障相对不多，在此整理少量相对明确的事例以增强认识。

### 6.7.1   地面试验器件的位移损伤失效

位移损伤导致的星用器件参数退化乃至工作失效是导致航天器故障的根源。我们知道，通常采用 krad[Si] 来表征器件抗电离总剂量能力，目前一般的器件具有 100krad[Si] 的水平。但是，对于器件抗位移损伤水平，虽然有建议的单位 MeV/g，也有等效 10MeV 质子注量，或者其他常用能量质子的注量来进行表征，但是通常器件的抗位移损伤能力的典型数值是模糊不清的。

在此给出部分地面试验数据，如图 6-40 是系列的商用 LED 输出光电流随 50MeV 质子辐照注量的变化关系，注量在 $10^{10}\mathrm{cm}^{-2}$ 以上部分器件开始显现较显著的衰退 [38]；图 6-41 是 Micropac (AXT Optoelectronics 公司产芯片) 的 470nm InGaN 蓝光 LED 输出光电流随 63MeV 质子辐照注量的变化关系 [39]，可见在注量增加至 $5\times10^{11}$ 质子/cm² 时，该参数有较明显的退化；6.1.3 节图 6-9 表明，非加固的 LM137 运放的输出电压和启动电压在 $2\times10^{11}\mathrm{cm}^{-2}$ 50MeV 质子注量时失效 [6]。

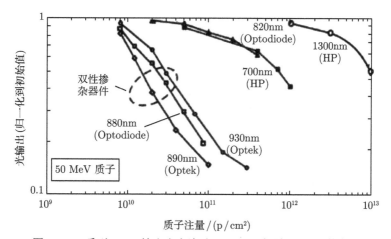

图 6-40　系列 LED 输出光电流随 50MeV 质子辐照注量的变化

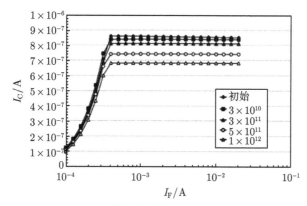

图 6-41　Micropac LED 输出光电流随 63MeV 质子辐照注量的变化

表 6-4 是整理的相关器件位移损伤试验失效水平情况，包括 50MeV、55MeV 和 63MeV 质子辐照几款器件的位移损伤失效注量以及折算的等效 10MeV 质子注量，可见它们的失效注量量级基本为 $10^{11}\mathrm{cm}^{-2}$ 10MeV 质子。

表 6-4　几款器件的位移损伤失效注量

| 器件 | 厂商 | 功能 | 工艺 | 质子能量/MeV | 失效注量/cm$^{-2}$ | 等效 10MeV 质子注量/cm$^{-2}$ | 文献 |
|---|---|---|---|---|---|---|---|
| LM137 | National | OAP | — | 50 | 2E11 | $1 \times 10^{11}$ | [6] |
| Custom C2 | Micropac | LED | InGaN | 63 | 5E11 | $1.0 \times 10^{11}$ | [39] |
| Custom TCM405 | Micropac (Ⅲ-V Components) | LED | GaN | 63 | >1E12 | $>1.9 \times 10^{11}$ | [39] |
| 62087-301 (LED), 61055-305 (PT) | Micropac | LED/PT Encoder | — | 63 | 1E11 | $1.9 \times 10^{10}$ | [39] |
| NSPW500DS | Nichia | LED | GaN | 63 | 1E12 | $1.9 \times 10^{11}$ | [40] |
| STAR1000 | Cypress | CCD | CMOS | 63 | 3.75E11 | $7.2 \times 10^{10}$ | [41] |
| 53124 | Micropac | Solid State Relay | CMOS | 55 | 8E11 | $1.7 \times 10^{11}$ | [42] |
| 53111 | Micropac | Solid State Relay | Hybrid | 63 | >1E12 | $>1.9 \times 10^{11}$ | [43] |
| OC100HG | Voltage Mult Inc. | High-voltage optocoupler | Infrared Emitter | 63 | >2E12 | $>3.8 \times 10^{11}$ | [43] |

## 6.7.2　卫星太阳电池的衰退

太阳电池在轨遭受的辐射损伤主要是由位移损伤造成的。SOHO 卫星位于距离地球 150 万 km 的拉格朗日 1 点进行太阳观测，图 6-42 是其在轨 12 年运行期

(a)

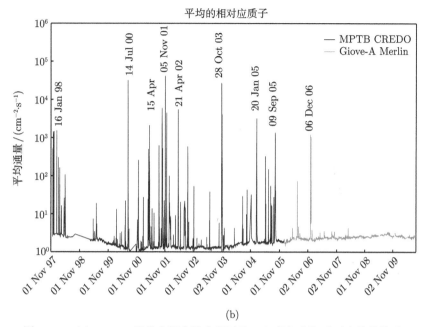

(b)

图 6-42 (a) SOHO 卫星太阳电池衰退以及 (b) 其与太阳质子事件的关系

间太阳电池输出功率的衰退情况[44]，除了其他因素导致的退化，每次大的衰退都发生在太阳质子事件之后，是典型的高能质子位移损伤所致。图 6-43 是 1989 年 10 月的太阳质子事件导致的 GEO GOES 卫星太阳电池剧烈衰退[45]。

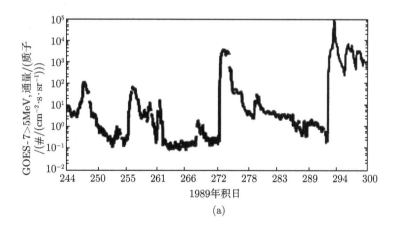

(a)

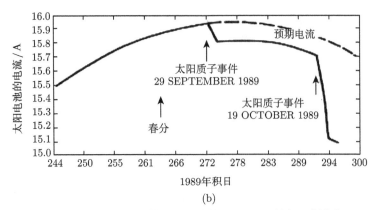

图 6-43　1989 年太阳质子事件 (a) 导致的 GOES 卫星太阳电池衰退 (b)

### 6.7.3　伽利略木星探测器故障

1989 年发射的伽利略卫星在进行木星探测时，其星上数据记录用磁带记录器发生故障。后经研究，定位故障根源在于该装置使用的一对 LED/光敏三极管组合，如图 6-44 所示[46]。图 6-45 是试验分析研究确定的故障机制[46]，图 (a) 是探测器在轨遭遇的木星辐射带质子注量，在环绕木星飞行 34 轨后质子注量显著增加至超过 $10^{10} \mathrm{cm}^{-2}$ 接近 $10^{11} \mathrm{cm}^{-2}$；图 (b) 是模拟的 50MeV 质子辐照试验发现 LED 光输出随辐照注量增加而衰退；图 (c) 是分析得到的探测器用 LED 在轨随位移损伤剂量增加而衰退的情况；图 (d) 是模拟试验观测到的 LED 位移损伤退火情况，与在轨现象一致。

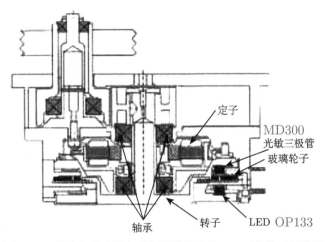

图 6-44　导致伽利略号木星探测器故障的 LED/光敏三极管示意图

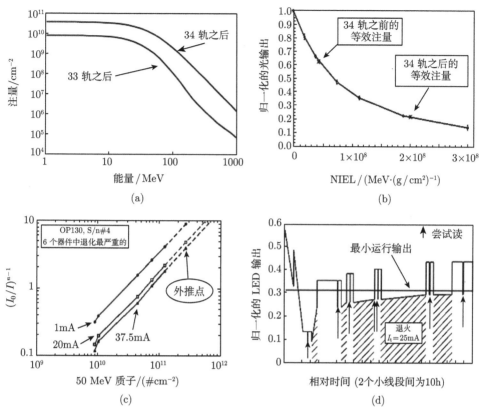

图 6-45 分析试验的 LED 位移损伤导致伽利略号探测器故障 ((a) 在轨遭遇的质子注量;
(b) 在轨遭遇的位移损伤退化;(c) 质子辐照导致的 LED 退化;(d) 试验的位移损伤
退火)

### 6.7.4 TOPEX/Poseidon 卫星故障

TOPEX/Poseidon 卫星是 1992 年发射的美国与法国合作海洋观测卫星,运行在 1340km、倾角 66° 的高高度 LEO。星上状态信号电路及推进器电路使用的 4N49 光耦分别在应用 1.7 年及 8.75 年后失效。如图 6-46 是该光耦 CTR 随质子辐照注量的衰退情况[47],其中状态信号电路用光耦的驱动电流为 0.5mA,当质子注量达到约 $3\times10^{10}$cm$^{-2}$ 时,CTR 降为 0.5,不能正常工作;而推进器电路用光耦驱动电流为 8mA,当质子注量达到约 $2\times10^{11}$cm$^{-2}$ 时,CTR 降为 0.2,不能正常工作,相对前者较耐用。

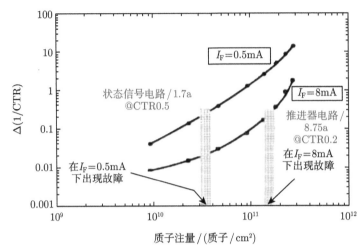

图 6-46   TOPEX/Poseidon 卫星用光耦 CTR 随质子辐照注量变化及引起的卫星故障

### 6.7.5 Globalstar-1 星座故障

Globalstar-1 是 1998 年至 2000 年计划部署的 52 颗低轨通信卫星星座，运行在高度 1441km、倾角 52° 的高高度 LEO，设计寿命 9 年。卫星在轨运行 4 年后出现故障，21 颗卫星的 24 台星上接收机受到影响，3 颗卫星失效，地面质子辐照试验表明，抗电离辐射的 LT RH1014 双极器件的位移损伤效应导致了这些故障[47]。

### 6.7.6 科学级 CCD 器件位移损伤影响

除了上述少量的木星探测器和高高度低轨道卫星遭遇的高强度质子位移损伤导致卫星系统显著的故障外，空间质子的位移损伤对空间天文观测卫星等使用的"科学级"高灵敏度 CCD 的影响较明显，会导致 CCD 探测灵敏度下降和噪声增大等，最终影响科学观测效果。在 6.5 节中介绍到 Chandra X 射线望远镜探测器的 CCD 受最初的在轨位移损伤影响导致 CTI 快速衰退为接近 $10^{-4}$，经采取了系列措施后 CTI 年衰退率控制为 $3.2 \times 10^{-6} a^{-1}$[34-37]。此方面典型的航天器异常事例还有运行在 580km 低地球轨道的哈勃空间望远镜使用的多组 CCD 的性能衰退，图 6-47 所示为 CCD 在轨应用时电荷传输效率 CTE 退化的情况，在轨 12 年不同的 CCD 成像信号经 1000 次传输后损失 10%~40%[32]。为减缓位移损伤对 CCD 的影响，哈勃空间望远镜牺牲了 10% 左右的科学观测时间用于对 CCD 进行主动退火修复，如图 6-33、图 6-34 和表 6-3 所示。

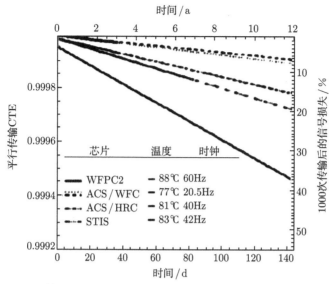

图 6-47　哈勃空间望远镜用多组 CCD 在轨 CTE 衰退及信号损失情况

# 习　　题

1. 针对某款硅基光电器件，分别采用等注量的 2MeV 电子、20MeV 质子、14MeV 中子，以及与 2MeV 电子等剂量的钴 60 γ 射线源进行辐照试验，利用本书中的相关数据，半定量地分析上述粒子在该器件中产生的电离总剂量及位移剂量的相对强弱排序。

2. 简述位移损伤效应分析评估的两种方法的要点及二者的关联性。

3. 采用 1.2GeV 的氧离子束透过 5.5mm 厚度的铝屏蔽板后垂直辐照某硅器件芯片的正面，辐照注量达到 $10^7$ 离子/$cm^2$。利用附表 1 中氧离子在铝、硅等材料中的传输特性数据，计算辐照至芯片有源区的位移损伤剂量 (MeV/g[Si])；50MeV 的质子在 Si 材料中的电子和核的阻止本领分别为 $9.9\times10^{-3}$MeV·$cm^2$/mg 和 $4.2\times10^{-6}$MeV·$cm^2$/mg，利用该能量质子束直接辐照该芯片达到上述位移损伤剂量值，需要的注量是多少？导致的电离总剂量是多少？(注：1eV $= 1.6\times10^{-19}$J)

4. 简述位移损伤效应防护设计方法的要点。

附表 1　氧离子在铝、$SiO_2$ 以及硅材料中的传输特性数据

| 氧离子<br>能量/MeV | @ 铝材料 (密度 2.70g/cm³) | | | @$SiO_2$ 材料 (密度 2.32g/cm³) | | | @ 硅材料 (密度 2.32g/cm³) | | |
|---|---|---|---|---|---|---|---|---|---|
| | $(dE/dx)_{elec.}$ /(MeV·cm²/mg) | $(dE/dx)_{nuclear}$ /(MeV·cm²/mg) | 射程 | $(dE/dx)_{elec.}$ /(MeV·cm²/mg) | $(dE/dx)_{nuclear}$ /(MeV·cm²/mg) | 射程 | $(dE/dx)_{elec.}$ /(MeV·cm²/mg) | $(dE/dx)_{nuclear}$ /(MeV·cm²/mg) | 射程 |
| 10.00 | 6.750E+00 | 1.199E-02 | 6.35μm | 7.841E+00 | 1.316E-02 | 6.65μm | 6.857E+00 | 1.270E-02 | 7.11μm |
| 11.00 | 6.694E+00 | 1.107E-02 | 6.90μm | 7.724E+00 | 1.214E-02 | 7.20μm | 6.788E+00 | 1.172E-02 | 7.74μm |
| 12.00 | 6.637E+00 | 1.028E-02 | 7.46μm | 7.609E+00 | 1.127E-02 | 7.76μm | 6.721E+00 | 1.089E-02 | 8.37μm |
| 13.00 | 6.579E+00 | 9.608E-03 | 8.01μm | 7.496E+00 | 1.053E-02 | 8.33μm | 6.655E+00 | 1.018E-02 | 9.02μm |
| 14.00 | 6.520E+00 | 9.022E-03 | 8.58μm | 7.388E+00 | 9.888E-03 | 8.91μm | 6.591E+00 | 9.558E-03 | 9.66μm |
| 15.00 | 6.462E+00 | 8.508E-03 | 9.15μm | 7.283E+00 | 9.322E-03 | 9.49μm | 6.529E+00 | 9.014E-03 | 10.32μm |
| 16.00 | 6.404E+00 | 8.053E-03 | 9.72μm | 7.181E+00 | 8.821E-03 | 10.09μm | 6.468E+00 | 8.533E-03 | 10.98μm |
| 17.00 | 6.345E+00 | 7.646E-03 | 10.30μm | 7.084E+00 | 8.375E-03 | 10.69μm | 6.408E+00 | 8.103E-03 | 11.65μm |
| 18.00 | 6.288E+00 | 7.282E-03 | 10.89μm | 6.990E+00 | 7.974E-03 | 11.30μm | 6.349E+00 | 7.717E-03 | 12.32μm |
| 20.00 | 6.172E+00 | 6.653E-03 | 12.07μm | 6.811E+00 | 7.284E-03 | 12.55μm | 6.234E+00 | 7.052E-03 | 13.69μm |
| 22.50 | 6.030E+00 | 6.013E-03 | 13.59μm | 6.603E+00 | 6.581E-03 | 14.15μm | 6.094E+00 | 6.375E-03 | 15.43μm |
| 25.00 | 5.891E+00 | 5.491E-03 | 15.14μm | 6.409E+00 | 6.008E-03 | 15.81μm | 5.958E+00 | 5.822E-03 | 17.22μm |
| 27.50 | 5.754E+00 | 5.058E-03 | 16.72μm | 6.228E+00 | 5.532E-03 | 17.51μm | 5.825E+00 | 5.363E-03 | 19.04μm |
| 30.00 | 5.620E+00 | 4.691E-03 | 18.35μm | 6.058E+00 | 5.130E-03 | 19.27μm | 5.695E+00 | 4.975E-03 | 20.91μm |
| 32.50 | 5.492E+00 | 4.377E-03 | 20.01μm | 5.905E+00 | 4.785E-03 | 21.07μm | 5.571E+00 | 4.642E-03 | 22.82μm |
| 35.00 | 5.359E+00 | 4.104E-03 | 21.71μm | 5.770E+00 | 4.486E-03 | 22.91μm | 5.440E+00 | 4.353E-03 | 24.77μm |
| 37.50 | 5.201E+00 | 3.865E-03 | 23.46μm | 5.612E+00 | 4.225E-03 | 24.80μm | 5.284E+00 | 4.100E-03 | 26.78μm |
| 40.00 | 5.054E+00 | 3.654E-03 | 25.27μm | 5.455E+00 | 3.993E-03 | 26.75μm | 5.139E+00 | 3.876E-03 | 28.85μm |
| 45.00 | 4.805E+00 | 3.297E-03 | 29.02μm | 5.180E+00 | 3.603E-03 | 30.80μm | 4.890E+00 | 3.499E-03 | 33.14μm |
| 50.00 | 4.576E+00 | 3.007E-03 | 32.96μm | 4.931E+00 | 3.285E-03 | 35.06μm | 4.660E+00 | 3.191E-03 | 37.65μm |
| 55.00 | 4.364E+00 | 2.767E-03 | 37.10μm | 4.706E+00 | 3.021E-03 | 39.53μm | 4.447E+00 | 2.936E-03 | 42.38μm |
| 60.00 | 4.168E+00 | 2.563E-03 | 41.44μm | 4.500E+00 | 2.799E-03 | 44.21μm | 4.250E+00 | 2.721E-03 | 47.33μm |

续表

| 氧离子能量/MeV | ⑩ 铝材料 (密度 2.70g/cm³) | | | ⑩SiO₂ 材料 (密度 2.32g/cm³) | | | ⑩ 硅材料 (密度 2.32g/cm³) | | |
|---|---|---|---|---|---|---|---|---|---|
| | $(dE/dx)_{elec.}$ /(MeV·cm²/mg) | $(dE/dx)_{nuclear}$ /(MeV·cm²/mg) | 射程 | $(dE/dx)_{elec.}$ /(MeV·cm²/mg) | $(dE/dx)_{nuclear}$ /(MeV·cm²/mg) | 射程 | $(dE/dx)_{elec.}$ /(MeV·cm²/mg) | $(dE/dx)_{nuclear}$ /(MeV·cm²/mg) | 射程 |
| 65.00 | 3.987E+00 | 2.389E-03 | 45.97μm | 4.312E+00 | 2.609E-03 | 49.10μm | 4.067E+00 | 2.536E-03 | 52.50μm |
| 70.00 | 3.819E+00 | 2.239E-03 | 50.71μm | 4.138E+00 | 2.444E-03 | 54.20μm | 3.898E+00 | 2.376E-03 | 57.91μm |
| 80.00 | 3.520E+00 | 1.990E-03 | 60.03μm | 3.830E+00 | 2.172E-03 | 65.02μm | 3.595E+00 | 2.113E-03 | 69.41μm |
| 90.00 | 3.262E+00 | 1.794E-03 | 71.72μm | 3.564E+00 | 1.957E-03 | 76.69μm | 3.334E+00 | 1.905E-03 | 81.85μm |
| 100.00 | 3.039E+00 | 1.634E-03 | 83.47μm | 3.333E+00 | 1.783E-03 | 89.19μm | 3.107E+00 | 1.735E-03 | 95.23μm |
| 110.00 | 2.844E+00 | 1.502E-03 | 96.05μm | 3.129E+00 | 1.638E-03 | 102.53μm | 2.909E+00 | 1.595E-03 | 109.56μm |
| 120.00 | 2.673E+00 | 1.390E-03 | 109.47μm | 2.950E+00 | 1.516E-03 | 116.71μm | 2.735E+00 | 1.477E-03 | 124.83μm |
| 130.00 | 2.522E+00 | 1.295E-03 | 123.72μm | 2.790E+00 | 1.412E-03 | 131.73μm | 2.582E+00 | 1.376E-03 | 141.03μm |
| 140.00 | 2.389E+00 | 1.212E-03 | 138.79μm | 2.647E+00 | 1.322E-03 | 147.59μm | 2.446E+00 | 1.288E-03 | 158.17μm |
| 150.00 | 2.270E+00 | 1.140E-03 | 154.68μm | 2.519E+00 | 1.243E-03 | 164.27μm | 2.325E+00 | 1.211E-03 | 176.23μm |
| 160.00 | 2.163E+00 | 1.077E-03 | 171.38μm | 2.403E+00 | 1.173E-03 | 181.79μm | 2.216E+00 | 1.144E-03 | 195.20μm |
| 170.00 | 2.067E+00 | 1.020E-03 | 188.87μm | 2.297E+00 | 1.112E-03 | 200.13μm | 2.118E+00 | 1.084E-03 | 215.08μm |
| 180.00 | 1.981E+00 | 9.692E-04 | 207.15μm | 2.201E+00 | 1.056E-03 | 219.30μm | 2.030E+00 | 1.030E-03 | 235.84μm |
| 200.00 | 1.831E+00 | 8.822E-04 | 246.01μm | 2.032E+00 | 9.612E-04 | 260.06μm | 1.877E+00 | 9.374E-04 | 279.97μm |
| 225.00 | 1.677E+00 | 7.940E-04 | 298.81μm | 1.856E+00 | 8.649E-04 | 315.55μm | 1.720E+00 | 8.438E-04 | 339.89μm |
| 250.00 | 1.551E+00 | 7.225E-04 | 356.18μm | 1.709E+00 | 7.869E-04 | 376.06μm | 1.591E+00 | 7.679E-04 | 404.99μm |
| 275.00 | 1.445E+00 | 6.633E-04 | 417.99μm | 1.585E+00 | 7.224E-04 | 441.52μm | 1.483E+00 | 7.050E-04 | 475.10μm |
| 300.00 | 1.354E+00 | 6.135E-04 | 484.14μm | 1.479E+00 | 6.680E-04 | 511.89μm | 1.390E+00 | 6.521E-04 | 550.11μm |
| 325.00 | 1.274E+00 | 5.709E-04 | 554.57μm | 1.386E+00 | 6.216E-04 | 587.14μm | 1.309E+00 | 6.069E-04 | 629.95μm |
| 350.00 | 1.204E+00 | 5.341E-04 | 629.26μm | 1.305E+00 | 5.815E-04 | 667.24μm | 1.236E+00 | 5.678E-04 | 714.61μm |
| 375.00 | 1.140E+00 | 5.019E-04 | 708.23μm | 1.233E+00 | 5.464E-04 | 752.19μm | 1.171E+00 | 5.336E-04 | 804.10μm |
| 400.00 | 1.081E+00 | 4.736E-04 | 791.55μm | 1.168E+00 | 5.155E-04 | 841.97μm | 1.111E+00 | 5.035E-04 | 898.50μm |

续表

| 氧离子 能量/MeV | @ 铝材料 (密度 2.70g/cm³) | | | @SiO₂ 材料 (密度 2.32g/cm³) | | | @ 硅材料 (密度 2.32g/cm³) | | |
|---|---|---|---|---|---|---|---|---|---|
| | $(\mathrm{d}E/\mathrm{d}x)_{\mathrm{elec.}}$ /(MeV·cm²/mg) | $(\mathrm{d}E/\mathrm{d}x)_{\mathrm{nuclear}}$ /(MeV·cm²/mg) | 射程 | $(\mathrm{d}E/\mathrm{d}x)_{\mathrm{elec.}}$ /(MeV·cm²/mg) | $(\mathrm{d}E/\mathrm{d}x)_{\mathrm{nuclear}}$ /(MeV·cm²/mg) | 射程 | $(\mathrm{d}E/\mathrm{d}x)_{\mathrm{elec.}}$ /(MeV·cm²/mg) | $(\mathrm{d}E/\mathrm{d}x)_{\mathrm{nuclear}}$ /(MeV·cm²/mg) | 射程 |
| 450.00 | 9.758E-01 | 4.259E-04 | 971.69μm | 1.056E+00 | 4.635E-04 | 1.04mm | 1.003E+00 | 4.528E-04 | 1.10mm |
| 500.00 | 8.889E-01 | 3.872E-04 | 1.17mm | 9.652E-01 | 4.214E-04 | 1.25mm | 9.138E-01 | 4.118E-04 | 1.33mm |
| 550.00 | 8.244E-01 | 3.553E-04 | 1.39mm | 8.945E-01 | 3.866E-04 | 1.48mm | 8.476E-01 | 3.778E-04 | 1.57mm |
| 600.00 | 7.697E-01 | 3.284E-04 | 1.62mm | 8.346E-01 | 3.573E-04 | 1.73mm | 7.915E-01 | 3.492E-04 | 1.84mm |
| 650.00 | 7.227E-01 | 3.054E-04 | 1.87mm | 7.831E-01 | 3.323E-04 | 2.00mm | 7.432E-01 | 3.248E-04 | 2.12mm |
| 700.00 | 6.817E-01 | 2.856E-04 | 2.13mm | 7.383E-01 | 3.107E-04 | 2.28mm | 7.012E-01 | 3.038E-04 | 2.41mm |
| 800.00 | 6.140E-01 | 2.530E-04 | 2.70mm | 6.643E-01 | 2.752E-04 | 2.90mm | 6.316E-01 | 2.691E-04 | 3.06mm |
| 900.00 | 5.601E-01 | 2.274E-04 | 3.33mm | 6.056E-01 | 2.472E-04 | 3.58mm | 5.763E-01 | 2.418E-04 | 3.78mm |
| 1000.00 | 5.162E-01 | 2.066E-04 | 4.02mm | 5.578E-01 | 2.246E-04 | 4.32mm | 5.312E-01 | 2.198E-04 | 4.55mm |
| 1100.00 | 4.797E-01 | 1.894E-04 | 4.77mm | 5.180E-01 | 2.059E-04 | 5.12mm | 4.937E-01 | 2.015E-04 | 5.40mm |
| 1200.00 | 4.489E-01 | 1.750E-04 | 5.56mm | 4.845E-01 | 1.902E-04 | 5.98mm | 4.620E-01 | 1.862E-04 | 6.30mm |

# 参 考 文 献

[1] Bourgoin J, Lannoo M. Point Defects in Semiconductors II—Experimental Aspects. Berlin: Springer Verlag, 1983.

[2] van Lint V A J, Leadon R E, Colwell J F. Energy dependence of displacement effects in semiconductors. IEEE Transactions on Nuclear Science, 1972, 19(6): 181-185.

[3] Moll M. Radiation Damage in Silicon Particle Detectors-microscopic and Macroscopic Properties. Hamburg: Hamburg University, 1999.

[4] Srour J R, Marshall C J, Marshall P W. Review of displacement damage effects in silicon devices. IEEE Transactions on Nuclear Science, 2003, 50(3): 653-670.

[5] Reed R A, Marshall P W, Johnston A H, et al. Emerging optocoupler issues with energetic particle-induced transients and permanent radiation degradation. IEEE Transactions on Nuclear Science, 1998, 45(6): 2833-2841.

[6] Rax B G, Johnston A H, Miyahira T. Displacement damage in bipolar linear integrated circuits. IEEE Transactions on Nuclear Science, 1999, 46(6): 1660.

[7] Johnston A H, Rax B G. Proton damage in linear and digital optocouplers. IEEE Trans. Nucl. Sci., 2000, 47: 675-681.

[8] Robbins M S, Rojas L G. An assessment of the bias dependence of displacement damage effects and annealing in silicon charge coupled devices. IEEE Transactions on Nuclear Science, 2013, 60(6): 4332-4340.

[9] Reed R A, Poivey C, Marshall P W, et al. Assessing the impact of the space radiation environment on parametric degradation and single-event transients in optocouplers. IEEE Transactions on Nuclear Science, 2001, 48(6): 2202-2209.

[10] Srour J R. Stable-damage comparisons for neutron-irradiated silicon. IEEE Trans. Nucl. Sci., 1973, 20: 190-195.

[11] Gregory B L. Injection-stimulated vacancy reordering in p-type silicon at 76K. J. Appl. Phys., 1965, 36(12): 3765-3769.

[12] Gregory B L, Barnes C E. Defect reordering at low temperatures in gamma irradiated n-type silicon//Proc. Santa Fe Conf., 1968: 124-135.

[13] Johnston A, Miyahira T, Rax B. Proton damage in advanced laser diodes. IEEE Trans. Nucl. Sci., 2001, 48: 1764.

[14] Poivey C, Hopkinson G. Displacement damage mechanism and effects, space radiation and its effects on EEE components//EPFL Space Center 9th, 2009.

[15] Adams J H. The variability of single event upset rates in the natural environment. IEEE Trans Nucl Sci., 1983, 30(6): 4475-4480.

[16] Wilson J W, Townsend L W, Chun S Y, et al. BRYNTRN: A Baryon Transport Computer Code, Computation Procedures and Data Base. NASA Technical Memorandum 4037, 1988.

[17] Letaw J, Tsao C H, Silberberg R. Matrix Methods of Cosmic Ray Propagation, Composition and Origin of Cosmic Rays. Shapiro M M. D. Reidel Publ. Co., 1983: 337-342.

[18]  Messenger S R, Summers G P, Burke E A, et al. Modeling solar cell degradation in space: A comparison of the NRL displacement damage dose and the JPL equivalent fluence approaches. Prog. Photovolt: Res. Appl., 2001, 9: 103-121.

[19]  Tada H Y, Carter J R, Anspaugh B E, et al. The Solar Cell Radiation Handbook. 3rd EN. Pasadena, CA: JPL Publication, 1982.

[20]  Anspaugh B E. GaAs Solar Cell Radiation Handbook. Pasadena, CA: JPL Publication, 1996.

[21]  Messenger S R. Space Solar Cell Radiation Damage Modeling. US Naval Research Laboratory, Washington DC, 2016.

[22]  Daly E. Space Environments and effects: issues for future ESA programmes and missions//ESA Space Environments and Effects Section, 6$^{\text{th}}$ GEANT4 Space User's Workshop, 2009.

[23]  Robbins M. Displacement Damage Guideline-Final Test Guideline. Surrey Satellite Technology Limited, 2014.

[24]  Reed R. Guideline for Ground Radiation Testing and Using Optocouplers in the Space Radiation Environment. NASA/Goddard Space Flight Center, 2002.

[25]  Marshall C J, Marshall P W. CCD Radiation Effects and Test Issues for Satellite Designers (Review Draft 1.0). NASA-GSFC, 2003.

[26]  Buchner S, Marshall P, Kniffin S, et al. Proton Test Guideline Development—Lessons Learned. NASA/Goddard Space Flight Center, 2002.

[27]  Poivey C, Mattson S. Displacement Damage Testing of Linear Devices for ESCC Test Guideline Definition. ESA contract#4000105114/11/NL/PA with RUAG Space AB, Sweden.

[28]  Poivey C, Hopkinson G. Displacement Damage Testing, Space Radiation and Its Effects on EEE Components. EPFL Space Center 9th, 2009.

[29]  Hopkinson G R, Dale C J, Marshall P W. Proton effects in charge-coupled devices. IEEE Trans. Nucl. Sci., 1996, 43(2): 614-627.

[30]  Reed R A, Marshall P W, Johnston A H, et al. Emerging optocoupler issues with energetic particle-induced transients and permanent radiation degradation. IEEE Trans. Nucl. Sci., 1998, 45(6): 2833-2841.

[31]  Marshall C J, Marshall P W, Waczynski A, et al. Hot pixel annealing behavior in CCDs irradiated at-84/spl deg/C. IEEE Transactions on Nuclear Science, 2005, 52(6): 2672-2677.

[32]  Sirianni M, Mutchler M. Radiation Damage in HST Detectors//Beletic J E, et al. Scientific Detectors for Astronomy, 2005: 171-178.

[33]  Dale C, Marshall P, Cummings B, et al. Displacement damage effects in mixed particle environments for shielded spacecraft CCDs. IEEE Trans. Nucl. Sci., 1993, 40(6): 1628-1637.

[34]  O'Dell S L, Bautz M W, Blackwell W C, et al. Radiation environment of the Chandra X-ray Observatory//Flanagan K A, Siegmund O H W. X-Ray and Gamma-Ray

Instrumentation for Astronomy XI. Proceedings of SPIE, 2000, 4140: 99-110.

[35] O'Dell S L, Blackwell W C, Cameron R A, et al. Managing radiation degradation of CCDs on the Chandra X-ray Observatory//Trümper J E, Tananbaum H D. X-Ray and Gamma-Ray Telescopes and Instruments for Astronomy. Proceedings of SPIE, 2003, 4851: 77-88.

[36] Kolodziejczak J J, Elsner R F, Austin R A, et al. Ion transmission to the focal plane of the Chandra X-ray Observatory//Flanagan K A, Siegmund O H W. X-Ray and Gamma-Ray Instrumentation for Astronomy XI. Proceedings of SPIE, 2000, 4140: 135-143.

[37] O'Dell S L, Aldcroft T L, Blackwell W C, et al. Managing radiation degradation of CCDs on the Chandra X-ray Observatory—III. Proceedings of SPIE, 2007, 668603: 1-12.

[38] Johnston A H. Radiation effects in light emitting and laser diodes. IEEE Tran. Nucl. Sci., 2003, 50(3): 689-703.

[39] Cochran D J, Kniffin S D, Ladbury R L, et al. Recent Total Ionizing Dose Results and Displacement Damage Results for Candidate Spacecraft Electronics for NASA. IEEE NSREC Data Workshop, 2005.

[40] Campola M J, Cochran D J, Boutte A J, et al. Compendium of Current Total Ionizing Dose and Displacement Damage for Candidate Spacecraft Electronics for NASA. IEEE, 2015.

[41] LaBel K A, O'Bryan M V, Chen D, et al. Compendium of Single Event Effects, Total Ionizing Dose and Displacement Damage for Candidate Spacecraft Electronics for NASA. IEEE, 2014.

[42] Boutte A J, Cochran D J, Chen D, et al. Compendium of Recent Total Ionizing Dose and Displacement Damage for Candidate Spacecraft Electronics for NASA. Nuclear and Space Radiation Effects Conference (NSREC) Data Workshop, 2013.

[43] Cochran D J, Boutte A J, Chen D, et al. Compendium of Total Ionizing Dose and Displacement Damage for Candidate Spacecraft Electronics for NASA. IEEE, 2012.

[44] Ryden K. Overview of space weather impacts on satellites//9th ESWW, Brussels, 2012.

[45] Marvin D C, Gorney D J. Solar proton events of 1989: Effects on spacecraft solar arrays. Aerospace Report NO.TR-0091(6945-01)-02, 1992.

[46] Swift G M, Levanas G C, Ratliff J M, et al. In-flight annealing of displacement damage in GaAs LEDs: A Galileo story. IEEE Trans. Nucl. Sci., 2003, 50(6): 1991-1997.

[47] Ecoffet R. Overview of in-orbit radiation induced spacecraft anomalies. IEEE Trans. Nucl. Sci., 2013, 60(3): 1791-1815.

# 第 7 章  单粒子效应

单粒子效应是空间辐射效应中对航天器用器件、电路、电子设备与系统影响最广泛、最严重的一类，尤其是，随着半导体器件工艺技术的进步，该影响总体上愈加突出。

## 7.1  单粒子效应及对器件电路的影响

### 7.1.1  单粒子效应电荷收集

单粒子效应的种类多样，其最根本的过程涉及三个环节：① 单个带电粒子在器件组成材料中穿行，沿其径迹瞬间电离作用形成电子–空穴对柱；② 器件中的敏感结点收集电离电荷形成瞬态电流脉冲；③ 瞬态电流脉冲冲击器件电路的具体功能部位，诱发多种类型的单粒子效应。

能够穿透航天器蒙皮、结构、电子设备机箱、器件封装进入芯片内部诱发单粒子效应的宇宙线粒子，其能量通常较高 (约 500MeV/n，见第 3 章图 3-2、图 3-3)、射程通常较长 (数十厘米量级)，在其穿行路径上可形成足够长的电离径迹柱，沿径向的电离密度与其电子碰撞线性能量传输 ($\mathrm{LET_e} \approx \mathrm{LET}$) 正相关，在对器件芯片有影响的厚度范围内 (数微米以下) 粒子 LET 基本为常数、电离密度为常数。如前章节所述，电离过程中产生的自由电子 (称为 δ 电子) 只要其在碰撞中获得的能量足够高 (与入射粒子能量正相关)，就可以继续在材料中飞行和产生二次电离，其中沿轴向飞行的 δ 电子的电离使得电子–空穴对柱沿横向具有一定的分布，分布尺度与 δ 电子能量，亦即入射粒子能量正相关。

文献 [1] 综合考虑离子与物质相互作用的基本理论与经验公式 [2–4]，提出了公式 (7-1) 描述的不同速度 $\beta$(相对于光速) 的入射离子在硅材料中的能量沉积 $D$ 随径迹半径 $r$ 的分布。该公式主要基于入射离子在材料中穿行的有效电荷 $Z^*$、不同能量 ($E$) 的电子在硅材料中的射程 $F(E)$、具有硅电离势 $I$ 及最大能量 $E_{\max}$ 的 δ 电子具有的射程 $P$ 和 $Q$，它们分别采用公式 (7-2)~ 公式 (7-5) 计算得到，其中公式 (7-3) 中的 $k$ 以及公式 (7-1) 中出现的 $\alpha$ 为实验数据拟合的常数，进一步考虑到硅材料的平均电离能为 3.6eV/e-h，就得到了电离电荷的横向分布。图 7-1 示意的是 210MeV 氯离子、5.04GeV 氙离子，以及能量 275MeV、LET 值 24MeV·cm²/mg 的铁离子在硅中的电离电荷径迹分布 [5,6]，最后还示意出了随穿行深度的分布。从图 7-1(a) 可以看出，离子沉积能量和电离电荷径迹在接近中心的 10nm 量级区域约呈高斯分布，在距中心更远处呈幂指数下降分布，对于现代工艺的小特征尺寸器件，这种较宽分布的电离电荷径迹会影响器件内部多个敏感部位，导致单粒子多位翻转、单粒子多瞬态脉冲等现象。

$$D(r) = \frac{2.84 \times 10^4 Z^{*2}}{\alpha \beta^2 r(r+P)} \left( \frac{Q-r}{Q+P} \right)^{1/\alpha} \tag{7-1}$$

$$Z^* = Z \left[ 1 - e^{\left( -125\beta z^{-2/3} \right)} \right] \tag{7-2}$$

$$F(E) = kE^\alpha \tag{7-3}$$

$$P = F(I), \quad I = 20\text{eV} \tag{7-4}$$

$$Q = F(E_{\max}), \quad E_{\max} = 2mc^2\beta^2(1-\beta^2)^{-1/2} \tag{7-5}$$

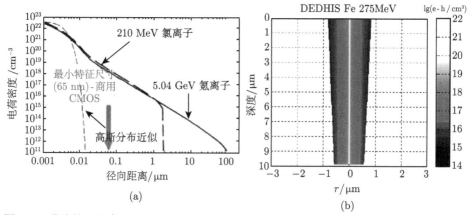

图 7-1　带电粒子电离径迹分布 ((a) 210MeV 氯离子和 5.04GeV 氙离子电离密度径向分布；(b) 275MeV 铁离子的电离径迹)

　　带电粒子在器件中任意材料、结构、部位均能形成电离电荷，这些电荷若不能够被有效地收集，很快会复合、扩散而消失，不会对器件造成明显的影响，半导体器件中能够有效收集电离电荷的敏感结点是"反偏 pn 结"。图 7-2 是 pn 结中的电荷分布结构及 $I$-$V$ 特性曲线。所谓 pn 结，就是富含空穴的 p 型半导体和富含电子的 n 型半导体"相接触"形成的中间界面区域，在此区域空穴和电子通过扩散、复合而消失殆尽，没有能够导电的载流子，称为 (电子、空穴)"耗尽层"；在此区域，n 型半导体一侧富余掺杂阳离子，p 型半导体一侧富余掺杂阴离子，但它们均被材料晶格束缚而不能迁移，形成"空间电荷区"；上述空间电荷构成了 n 区指向 p 区的 "内建电场"，阻挡了两侧的电子和空穴的后续扩散，称为 "阻挡层"。

　　pn 结的 p 区和 n 区分别接电源的正负极，即 "正偏"，此时通过外部电源在 pn 结内部施加了一个与内建电场方向相反的 "外加电场"，外加电压较小时其尚不足以抵消内建电场，无载流子流过，pn 结依然处于未导通状态，如图 7-2(b)A 区域；继续增加电源电压使得外加电场抵消内建电场，对于硅器件该电压约为 0.7V，外加电场开始吸引电子和空穴流过 pn 结区域，即 pn 结被导通，并且随着电源电压继续增加，电流继续增大，服从欧姆定律，如图 7-2(b)B 区域，即正偏 pn 结会持续流过强的电流。若空间粒子击中正偏导通的 pn 结，在其内部电离形成额外的电子–空穴对，则在外加电场的驱动下会形成瞬态电流脉冲，但该电流脉冲与正偏 pn 结固有的持续强电流相比，因维持时间短暂、幅度微小，可忽略不计，即正偏导通 pn 结收集到的单个粒子电离电荷的影响微不足道。

　　pn 结的 n 区和 p 区分别接电源的正负极，即 "反偏"，此时通过外部电源在 pn 结内部施加了一个与内建电场方向相同的 "外加电场"，该电场进一步将邻近 pn 结的 p 区空穴及 n 区电子推离 pn 结区域，使得 pn 结厚度进一步变宽，形成更宽的耗尽层、空间电荷区和阻挡层，该区域依然没有导电载流子，即图 7-2(b) 左端的 C 区；当反偏电压加到足够高时，pn 结被击穿而导通，这属于应避免的情况。若空间粒子击中反偏 pn 结（或者正偏但未导通的 pn 结），则在其内部电离形成额外的电子–空穴对，在电场驱动下这些额外电荷会被快速扫出 pn 结而形成瞬态电流脉冲，该电流脉冲与 pn 结原有的无载流子流过的情形相比则不可忽视，当其幅度达到一定程度（对应入射粒子 LET 值超过一定阈值）时就触发了各类单粒子效应。

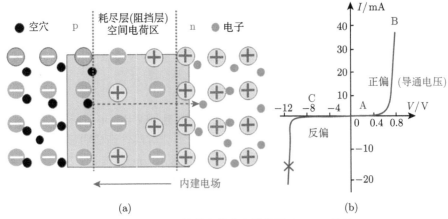

图 7-2　(a) pn 结的电荷分布结构及 (b)$I$-$V$ 特性

反偏 pn 结收集入射粒子电离电荷的空间分布和形成的瞬态电流脉冲波形如图 7-3 所示。如图 7-3(a) 所示，沿入射粒子电离径迹的电荷收集分为三部分[6-8]：第一部分是如上所述的在反偏 pn 结内部电场驱动下快速的电荷漂移收集；第二部分是由于入射粒子电离柱的出现，原本仅存在于反偏 pn 结内部的电场向衬底方向塌陷，即在非 pn 结区域形成 "漏斗" 状的电场分布，在此电场驱动下电离电荷进一步快速漂移被收集；第三部分是在邻近 pn 结区域，且 pn 结及 "漏斗" 电场未涉及的中性区域，电离电荷通过扩散被缓慢地少量收集，更加远离 pn 结区域的电离电荷在扩散中被复合难以被有效收集。上述反偏 pn 结及其衍生的 "漏斗" 电场区能够有效地收集单粒子电离电荷，对应的长度称为有效电荷收集长度 $l_{\rm c}$。对应的如图 7-3(b) 所示，收集到的电荷脉冲波形由两部分组成[7,8]：一部分是 pn 结内部电场及衍生的 "漏斗" 电场形成的快速收集，另一部分是缓慢的扩散收集。在电路级仿真研究中，反偏 pn 结受单粒子轰击收集的电离电荷波形随时间变化特性 $I(t)$ 用如公式 (7-6) 所示的双指数经验模型来表征[9]，其中，$I_0$ 为电流最大值；$\tau_\alpha$ 和 $\tau_\beta$ 分别为指数下降段的电荷收集常数和指数上升段的初始电离径迹建立时间常数。

$$I(t) = I_0(\mathrm{e}^{-t/\tau_\alpha} - \mathrm{e}^{-t/\tau_\beta}) \tag{7-6}$$

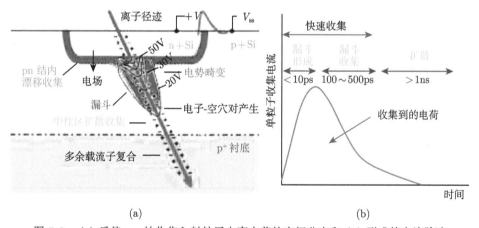

图 7-3　(a) 反偏 pn 结收集入射粒子电离电荷的空间分布和 (b) 形成的电流脉冲

## 7.1.2　单粒子收集电荷导致的各类单粒子效应

在常见的 MOS 工艺、双极工艺等集成电路中，存在着大量的反偏 pn 结结构，空间单个粒子轰击它们时产生的瞬态电流脉冲可导致多种类型的单粒子效应。图 7-4 是单粒子轰击基本的 MOS 和双极晶体管时形成的瞬态电流脉冲，可见 MOS 管的漏极与源极，以及双极晶体管的基极与发射极对单粒子轰击均较敏感，能够形成较强的瞬态电流脉冲。其他复杂数字电路、模拟电路以及混合电路的单粒子效应，就是单个粒子轰击它们内部的 MOS 管、双极晶体管或者寄生的双极晶体管时形成原初的瞬态电流脉冲，该电流脉冲进一步作用到具体的器件结构时产生了多种后续电路响应。

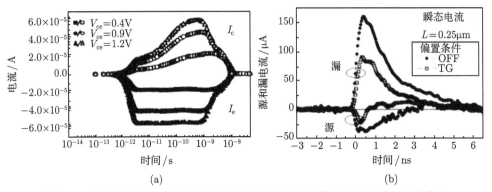

图 7-4　单粒子轰击 (a)MOS 晶体管和 (b) 双极晶体管时形成的瞬态电流脉冲

### 1) 单粒子翻转 (SEU)

数字存储电路中的 "0/1" 状态主要由各类双稳态 (如高/低电平) 电路构成，如图 7-5(a) 是由反相器构成的静态随机存储器 (SRAM) 单元，其中的漏极对单粒子轰击敏感，为了对其进行仿真研究，采用关键部位 MOS 管 + 其他部位等效电路的混合模型 [10]。图 7-5(c) 是处于关断状态的 NMOS 漏极被单粒子轰击导致该 SRAM 单元输出电平的变化 [10]，在收集电荷超过一定阈值 ($Q_c$) 的较强单粒子瞬态电流脉冲的 "充电" 或者 "放电" 作用下，发生了高/低电平的转换，即发

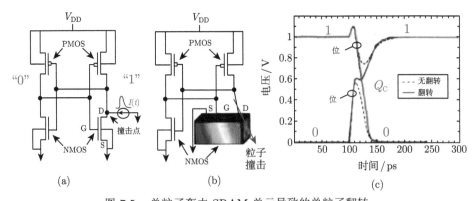

图 7-5　单粒子轰击 SRAM 单元导致的单粒子翻转

生了 "1/0" 翻转, 此即为单粒子翻转; 若此过程中的收集电荷未超过 $Q_c$, 则会对原有的 "1/0" 对应的电平信号造成短时扰动, 但并不造成最终的翻转。

2) 单粒子瞬态脉冲 (SET)

数字器件还通过组合逻辑电路来实现数字信息的处理, 反相器链是典型的组合逻辑电路形式。如图 7-6(a) 所示 [10,11], 单个粒子击中组合逻辑电路中反相器链敏感部位时同样会产生瞬态电流脉冲, 称之为数字单粒子瞬态脉冲 (DSET); 该瞬态脉冲会像正常的逻辑脉冲那样在系列门电路中传播, 直到被锁存器电路或存储电路捕获, 导致电路最终输出的逻辑状态翻转 (是 SEU 的另一重要来源)。

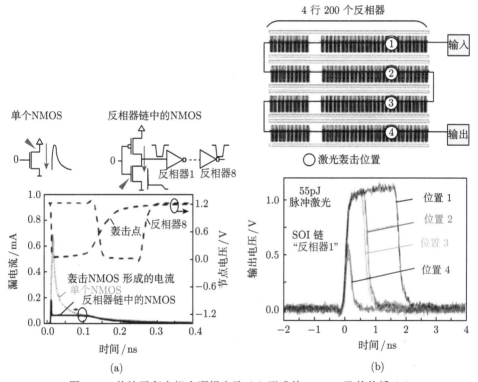

图 7-6 单粒子轰击组合逻辑电路 (a) 形成的 DSET 及其传播 (b)

模拟电路实现对连续幅度的模拟信号的处理及输出。无论是采用 CMOS 还是双极工艺, 模拟电路中的敏感部位被单个粒子击中时产生的瞬态脉冲都被称为模拟瞬态脉冲 (ASET), 该脉冲同样会像正常工作的模拟信号一样被电路处理、传播, 导致电路最终输出异常的模拟信号。图 7-7 是运算放大器电路在不同工作模式下被单个粒子击中时产生的 ASET 输出 [12,13]。作为光传感器的光电器件, 其对光敏感, 对带电粒子轰击也非常敏感, 很多光传感器本身也用作粒子探测器,

图 7-8 是光耦器件中的光探测器受到单个粒子轰击时形成的 ASET 输出 [14]。

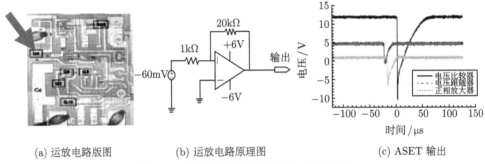

　　(a) 运放电路版图　　　　　(b) 运放电路原理图　　　　　(c) ASET 输出

图 7-7　　运算放大器单粒子瞬态脉冲现象

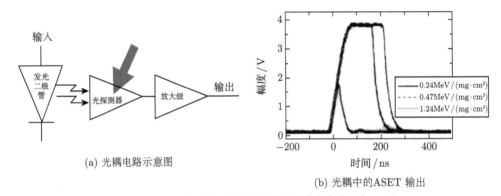

　　　　(a) 光耦电路示意图

(b) 光耦中的ASET 输出

图 7-8　　光耦中光探测器单粒子瞬态脉冲现象

### 3) 单粒子锁定 (SEL)

CMOS 工艺是现代数字电路以及部分模拟电路的重要技术实现方式，器件内部多个 MOS 管的组合形成了寄生的 pnpn 电路结构，即可控硅 (SCR) 电路，如图 7-9(a)[10,15,16] 所示，在正常的供电情况下寄生的 pnp 管和 npn 管由于内建电场的存在均处于未导通状态，该可控硅电路处于高阻关断状态，不影响器件正常工作。当 n 阱与 p 衬底的反偏 pn 结被单个粒子击中时产生电离电荷，并形成瞬态电流脉冲，该电流流过 n 阱与 p 衬底间的等效电阻 $R_w$ 时使其产生压降，在此并联压降作用下 pnp 晶体管克服了内建电场而导通；随着 pnp 晶体管的导通和放大，脉冲电流流过 p 阱与 p 衬底间的等效电阻 $R_s$ 时产生压降，在此并联压降作用下 npn 晶体管亦克服了内建电场而导通；这样 pnpn 可控硅电路完全导通并进入持续的正反馈过程，在满足一定条件下直到完全将外部电源抽尽达到稳定的大电流状态 (图 7-9(c))，这就是单粒子锁定现象及其微观触发机制 [10,15,16]。

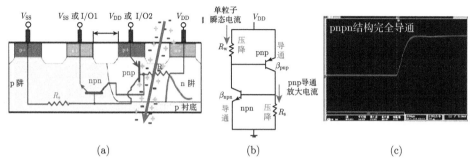

图 7-9 单个粒子轰击 MOS 器件中的 (a) 寄生可控硅电路 (b) 使其导通 (c) 形成的锁定

图 7-10 是 CMOS 工艺电路形成锁定的电压–电流条件, 必须满足: ① $I > I_L$, 即外界触发电流必须超过一定阈值, 使得寄生电阻压降能够导通寄生双极晶体管, 对于单粒子瞬态电流而言, 就是要求其收集电荷大于一定阈值 ($Q_c$); ② $V_{DD} > V_H$, 当外部电压 $V_{DD}$ 降到锁定维持电压 $V_H$ 之下时, 即使有外部触发电流形成的压降, 寄生晶体管也难以维持导通而退出锁定状态; ③ 要求寄生晶体管 $\beta_{npn} \cdot \beta_{pnp} > 1$, 即能够形成正反馈电流放大作用。

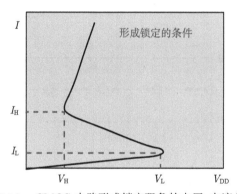

图 7-10 CMOS 电路形成锁定现象的电压–电流条件

4) 单粒子烧毁 (SEB)

如图 7-11(a) 是功率 MOS 场效应晶体管 (MOSFET) 器件内部组成示意图 [17,18], 作为功率器件, 其源–漏间通常施加数百伏的高压, 其间的外延层存在较强的内部电场, 源–漏间的寄生双极晶体管 npn 通常处于关断状态, 不对器件正常工作造成影响。空间单个粒子从处于关断状态的 MOSFET 器件源区附近入射, 在源–漏之间形成电离径迹和瞬态电流脉冲, 该电流脉冲足够强, 乃至在 B-E 间产生必要的压降 (约 0.7V) 使该寄生晶体管导通; 在源–漏亦即 B-C 间反偏强电场作用下, 进入该区域的电子发生进一步雪崩放大, 乃至最终被击穿 (图 7-11(b)),

即发生单粒子烧毁现象[18,19]。根据功率 MOSFET 单粒子烧毁的机制,降低器件源–漏电压至一定阈值,使其工作在安全电压区间,如图 7-12 所示[20],就够避免其发生单粒子烧毁现象。

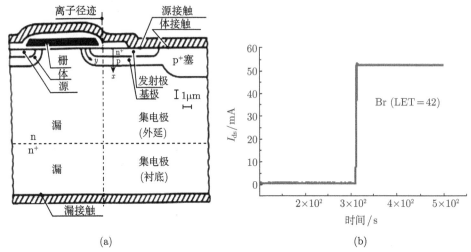

(a)                                                                                      (b)

图 7-11    功率 MOSFET 被单粒子击中形成的烧毁现象

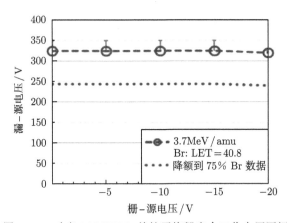

图 7-12    功率 MOSFET 单粒子烧毁安全工作电压区间

5) 单粒子栅穿 (SEGR)

单个粒子轰击功率 MOSFET 器件产生的单粒子栅穿现象类似于单粒子烧毁,但是有着完全不同的机制。图 7-13 是单个粒子击中功率 MOSFET 的颈部栅区产生的栅穿现象[17,21,22],单个带电粒子穿越器件的栅和漏,形成的电离电荷在栅–漏间漂移,其中空穴在 SiO$_2$-Si 界面处堆积,同时在栅极感应出镜像电荷，最终导致栅氧内部电场增高；在栅氧中强电场以及单粒子电离电荷的共同作用下，栅电容放电，导致栅氧被击穿。由图 7-13(b) 观测到，在带电粒子辐照过程中，功率 MOSFET 源–漏间反偏电压被逐步抬高，最终导致漏电流增大乃至烧毁。MOSFET 源–漏 (栅) 间的背景强电场是导致单粒子栅穿的基础条件，降低该电压，尤其是源–漏电压至安全工作电压区间，如图 7-14 所示，可有效避免单粒子栅穿的发生 [23]。

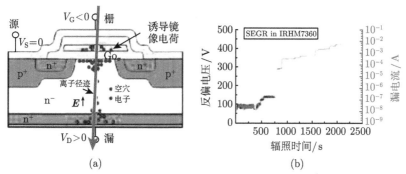

图 7-13  功率 MOSFET 被单粒子击中形成的栅穿现象

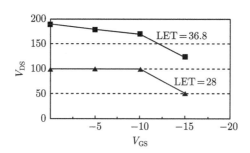

图 7-14  功率 MOSFET 单粒子栅穿安全工作电压区间

### 7.1.3  表征单粒子效应的关键参数

根据上述介绍的单粒子效应过程及机制可以看出，触发单粒子效应的首要核心物理过程是，单个带电粒子在反偏 pn 结处通过电离产生额外电子–空穴对以及被收集而形成瞬态电流 (电荷)，即核心物理量是单粒子收集电荷 $Q$，表征器件能否发生单粒子效应的关键参数之一是临界电荷 $Q_c$，相对应地，入射粒子触发单粒子效应的关键参数为 LET 阈值 ($L_0$)。一旦入射粒子 LET 值超过 $L_0$，具体能够发生单粒子效应的部位大小，用截面 $\sigma$ 来表征，当粒子 LET 值足够大时 $\sigma$ 趋于饱和，称为饱和截面 $\sigma_{sat}$，图 7-15 是地面试验获得 $\sigma$-LET 关系及相关参数的示意图。对于有一定有效电荷收集长度 $d$(其包括反偏 pn 结厚度 $l_c$ 和可能的漏斗

效应长度 $l_f$) 的硅器件，单粒子形成的收集电荷 $Q$ 与入射粒子沉积能量 $\Delta E$ 及 LET 值有如公式 (7-7) 所示的关系，其中，3.6(eV) 为带电粒子在硅材料中的平均电离能。

$$Q = \Delta E/3.6 = \mathrm{LET} \cdot d/3.6 \tag{7-7}$$

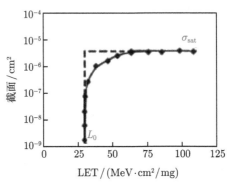

图 7-15　器件单粒子效应截面随入射粒子 LET 值的变化关系

如图 7-16 是不同特征工艺尺寸的器件发生单粒子效应的临界电荷及 LET 阈值情况 [24-26]，对于现代深亚微米工艺器件而言，该临界电荷约为 10fC 甚至更低。研究认为，器件敏感部位收集单粒子电离电荷的有效长度为 1μm 量级，因此对应的单粒子 LET 阈值如下：

$$L_0 = \mathrm{d}E/\mathrm{d}x = \frac{3.6\mathrm{eV} \cdot (e \cdot h)^{-1} \times 10\mathrm{fC}}{1\mu\mathrm{m}} = \frac{(3.6\mathrm{eV}/1.602 \times 10^{-19}\mathrm{C}) \times 10 \times 10^{-15}\mathrm{C}}{1\mu\mathrm{m}}$$

$$= 0.22\mathrm{MeV}/\mu\mathrm{m} = 0.95\mathrm{MeV} \cdot \mathrm{cm}^2/\mathrm{mg}$$

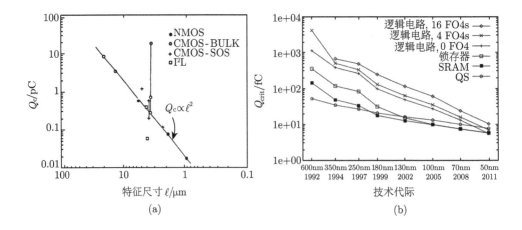

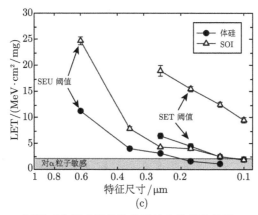

图 7-16 不同工艺尺寸器件单粒子效应临界电荷及 LET 阈值

即现代器件发生单粒子效应的 LET 阈值量级为 1MeV·cm²/mg 甚至更低, 如图 7-16(c) 所示 [26], 图 7-16(a)[24] 和 (c)[26] 示意的 α 粒子的 LET 值为 0.6MeV· cm²/mg。

## 7.2    质子诱发单粒子效应

如上所述, 诱发器件单粒子效应需要单粒子具有足够大的 LET 值, 宇宙线中的重离子通常能够满足该基本条件, 是诱发空间用器件及电路单粒子效应的最重要来源。宇宙线及辐射带中的质子虽然通量强, 但是其 LET 值较低 (最高不超过 0.5MeV·cm²/mg), 对于现代非纳米工艺尺寸器件, 通常难以直接触发单粒子效应。但是, 大量的卫星 (尤其是 LEO 卫星) 在轨实践表明, 地球辐射带质子诱发了大量的器件及电路单粒子效应, 这些质子是通过第 4 章简介的核反应机制, 即与器件组成材料发生核反应产生了次级的具有较大 LET 值重离子, 触发了单粒子效应。

质子与常见的器件硅材料 ($^{28}_{14}$Si) 发生核反应, 能够产生硅的反冲核, 以及其他比硅轻的各种次级粒子, 这些次级粒子的平均能量通常为数兆电子伏, 如图 7-17(a) 和 (b) 所示 [27];这些次级粒子具有数微米的射程和最大 14MeV·cm²/mg 的 LET, 如图 7-17(c) 所示 [28,29];这些在芯片内部产生的次级粒子在器件对单粒子效应敏感的微米量级灵敏体积内沉积能量, 产生电离电荷, 相当于被类似于如图 7-17(d) 所示的 LET 不超过 14MeV·cm²/mg 的系列粒子轰击时的效果 [29]。可见, 质子通过核反应诱发单粒子效应, 其本质也是重离子的电离作用, 是具有一定 LET 分布的系列次级重离子作用的结果, 类似在轨应用的器件遭遇不同 LET 的宇宙线重离子轰击时的效果。器件在遭受不同能量 $E_p$ 的质子轰击时, 在芯片内部产生不同 LET 分布的次级离子诱发单粒子效应，相应的截面 $\sigma$ 随 $E_p$ 增大而有类似于图 7-15 的增大及逐步饱和趋势。在质子与硅的核反应中，产生的最重次级粒子硅核的最大 LET 值为 14MeV·cm²/mg，因此认为单粒子效应 LET 阈值超过 15MeV·cm²/mg 的器件不会被质子触发单粒子效应。

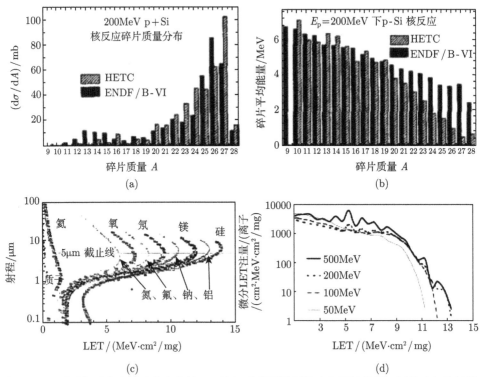

图 7-17　质子与硅发生核反应产生的 (a) 次级重离子类型及 (b) 平均能量；以及 (c) 次级粒子在硅中 LET 值与射程分布和 (d) 在器件灵敏体积沉积的 LET 分布

## 7.3　器件及电路单粒子效应试验

在地面针对器件及电路开展单粒子效应试验，其主要目的有如下几方面：① 评估自主研制或电子设备拟用器件的单粒子效应敏感度，简单的包括获取 LET 阈值 $L_0$、饱和截面 $\sigma_{sat}$ 两个参数，复杂的需要获得完整的 $\sigma$-LET 曲线，对于质子诱发的单粒子效应获得 $\sigma$-$E_p$ 曲线等；② 诊断定位自主研制的芯片易于发生单粒子效应的敏感部位；③ 试验电子设备用器件单粒子效应响应的特性及其对电路系统的影响；④ 检验器件或者电路系统级加固设计效果。

国内外关于单粒子效应试验已经形成了一些标准规范可借鉴使用，如下：

➤ QJ 10005A—2018《宇航用半导体器件重离子单粒子效应试验指南》

➤ ESCC 25100：Single Event Effects Test Method and Guidelines

➤ JESD57：Test Procedures for the Measurement of Single-Event Effects in Semiconductor Devices from Heavy Ion Irradiation

➤ JESD89-1A：Test Method for Real-Time Soft Error Rate

➤ ASTM F1192M-2006：Standard Guide for the Measurement of SEP Induced by Heavy Ion Irradiation of Semiconductor Devices

➤ MIL-STD750E Method 1080：Single Event Burnout and Single-Event Gate Rupture

以下介绍单粒子效应试验的一些共性要求。

### 7.3.1 试验用粒子 LET 值

银河宇宙线包含了宇宙空间的所有元素离子,其在近地空间的 LET 值积分分布如图 7-18 所示，在 $0.01 \sim 120 \mathrm{MeV \cdot cm^2/mg}$。为了获得如图 7-15 所示的 $\sigma$-LET 曲线，需要在器件 LET 阈值和饱和截面附近至少各采用一个 LET 值，以及在 $\sigma$ 随 LET 快速变化的中间段至少采用三个 LET 值,即至少采用五个 LET 值离子进行辐照试验，测得一定离子注量 $F$ 下器件发生单粒子效应的次数 $N_{\mathrm{SEE}}$，计算得到相应的截面 $\sigma$。

$$\sigma = \frac{N_{\mathrm{SEE}}}{F} \tag{7-8}$$

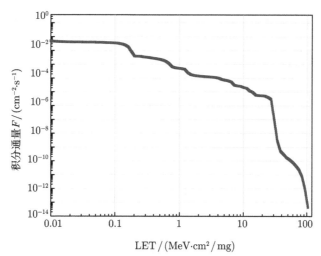

图 7-18 近地空间的银河宇宙线重离子 LET 分布

辐照试验时，离子束斑通常垂直器件表面，完全覆盖芯片，获得芯片最大面积方向的单粒子效应截面 $\sigma$ 随 LET 值的响应数据，或者至少获得 $L_0$ 和 $\sigma_{sat}$。当离子 LET 值不足时，保证有足够射程的前提下与器件表面法向成 $\theta$ 角度进行掠入射，增大有效 LET 值，此时 $\mathrm{LET_{eff}=LET}/\cos\theta$，同时有效注量为 $F_{eff} = F \cdot \cos\theta$。

### 7.3.2　试验用离子能量及射程

为了模拟试验如图 7-18 所示的银河宇宙线不同 LET 值离子诱发的单粒子效应，地面需要利用粒子加速器设施模拟产生一定 LET 值的离子。图 7-19 是不同种类离子的 LET 值，以及典型离子在硅中射程随其能量的变化关系，图中还示意出了国内主要的两台加速器 HIRFL 和 HI-13 能够提供的离子情况。HI-13 加速器主要提供中低能量的离子，最大可用 LET 值约为 40MeV·cm²/mg，在一定的范围内离子能量及 LET 值可调；HIRFL 加速器主要提供中高能量的离子，最大可用 LET 值约为 100MeV·cm²/mg，离子能量及 LET 值相对固定，常用几个典型的种类、能量及 LET 值的离子进行试验。同时，从图 7-19 中还可见在离子能量低于约 2MeV/n 时，离子的射程小于 30μm，这样的离子无法穿透封装器件的钝化层而到达芯片有源区，根本无法触发单粒子效应；或者即使到达了芯片有源区，但是由于处在离子射程末端，其 LET 在芯片内变化剧烈，也难以提供准确的 LET 值信息以给出定量试验结果。因此，相关的单粒子效应试验标准建议辐照用离子的射程不低于 30μm。

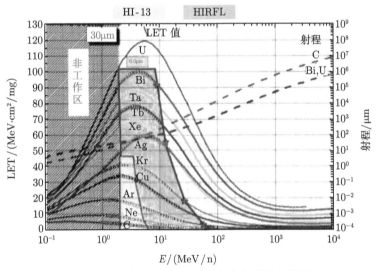

图 7-19　不同离子的 LET 值、射程与其能量的关系

从图 7-19 还可以看出，并不是简单地利用更高能量的粒子加速器就更好，更

高能量的粒子其 LET 值反而减小，为了获得高 LET 值试验结果，需要有意将这些粒子进行降能处理。对于现代的倒封装及三维封装器件，高能量粒子可以穿透较厚的衬底及叠装器件进行辐照试验，这是有利的方面。一般而言，地面模拟试验重离子单粒子效应，性价比最高的加速器是将粒子能量加速至 5MeV/n 略高的加速器。如图 7-20 是设计的最高加速能力为 7MeV/n 的加速器提供的离子在硅材料中 LET 值随穿行深度 (可利用 4.3 节的 "剩余能量–剩余射程法" 获得) 的关系，较重粒子在硅中的射程约为 80μm、在空气中的射程为数厘米的可进行外束试验。从图 7-20 可见，离子经过约 20μm 厚的芯片钝化层传输后，其 LET 值没有显著变化，可进行可靠的 LET 定量试验。

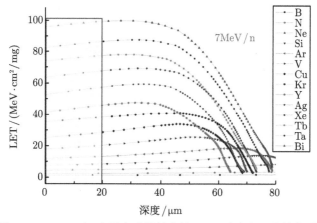

图 7-20  7MeV/n 离子在硅材料中的 LET 随穿行深度的关系

某些试验条件难以满足离子在硅中射程大于 30μm 的情况，但认真分析试验数据也能够得到有价值的结果。如图 7-21 是采用北京大学 EN-18 加速器提供的 40MeV 氟离子情况，其在硅中的射程约为 23μm，可以看到随着其在钝化层 (假设与硅材料对离子的慢化性质相同) 中穿行与慢化，在 20μm 范围内其 LET 值比初始值 (6.6 MeV·cm²/mg) 有所增加，这对触发单粒子效应是有利的。经过测量，某芯片的钝化层厚度约为 15μm，穿过该钝化层后该氟离子的 LET 值变为约 7.7 MeV·cm²/mg，若该器件未发生单粒子效应，其 LET 阈值肯定高于 6.6 MeV·cm²/mg；若该器件发生了单粒子效应，其 LET 阈值肯定低于 7.7 MeV·cm²/mg。

对于模拟试验质子核反应诱发的单粒子效应，质子能量要超过核反应阈值能量并能够穿透器件封装材料，建议选 20MeV 以上，其射程大于 2mm，可以在大气环境中并穿透器件封装进行试验，质子最高能量根据需要为 50MeV、100MeV、200MeV 或者更高，以获得完整的 $\sigma\text{-}E_{\text{p}}$ 曲线，如图 7-22 所示[30]。

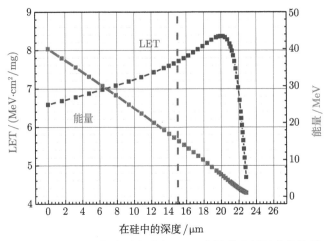

图 7-21　40MeV 氟离子在硅中 LET 值随其穿行深度的关系

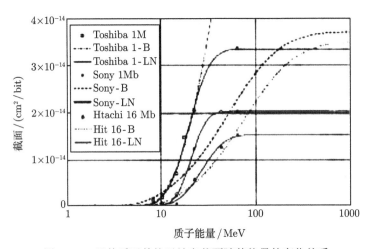

图 7-22　器件质子单粒子效应截面随其能量的变化关系

### 7.3.3　试验用离子通量及注量

如图 7-18 所示，空间的银河宇宙线通量约为 $10^{-4}$ 离子/(cm$^2$·s)，地面模拟试验通常需要加速试验。考虑到不影响对单粒子效应 (尤其是单粒子多位翻转 (MBU)) 的即时检测，兼顾时间成本，辐照离子通量取 $10^2 \sim 10^5$ 离子/(cm$^2$·s)。为了检验电路系统抗单粒子效应加固设计效果，地面模拟试验的离子通量不宜远高于空间实际水平。

为了获得有统计意义的单粒子效应数量结果，同时参考 5.2.3 节表 5-1 考虑不产生严重的总剂量效应，针对最常见的单粒子翻转规定其发生个数 $N_{\text{SEE}}$ 至少达到 100 时可以停止试验，此时对于此类随机事件的计数相对误差至少为 $1/\sqrt{N_{\text{SEE}}}$，即 10%；或者注量达到 $10^7$ 离子/cm² 时，试验可停止，若此过程中未发生单粒子效应，认为 $N_{\text{SEE}} < 1$，即其截面小于 $10^{-7}$cm²。

对于质子核反应诱发的单粒子效应，考虑到入射质子需要通过概率万分之一甚至更低的核反应产生次级粒子，造成最终的单粒子效应，则需要更高通量的质子，如 $10^5 \sim 10^8$ 质子/(cm²·s) 进行试验。同样地，试验检测到的单粒子翻转个数至少为 100 时可以停止试验；或者质子注量达到 $10^{11}$ 质子/cm² (不产生严重的 TID 或 DDD) 时可停止试验，参考 6.5.2 节表 6-2。其他要求与重离子试验相同。

### 7.3.4 脉冲激光试验单粒子效应

利用脉冲激光模拟试验重离子诱发的单粒子效应，是近年快速发展的一种手段。其基本原理是：能量高于半导体禁带宽度 (Si：1.12eV、Ge：0.66eV、GaAs：1.42eV) 的单个光子 (如波长 1064nm、单光子能量 1.1eV) 通过光电效应可以产生一个电子–空穴对；利用一团脉冲 (约 10ps) 聚焦 (约 1μm) 光束包含的大量光子 (比如 $6.3 \times 10^4$ 个、10fJ 的脉冲光子) 可以模拟一定 LET 值 (比如 1MeV·cm²/mg) 的单个重离子电离产生的瞬态电流脉冲电荷 (比如 10fC) 及其诱发的单粒子效应。

现代工艺的大规模集成电路，其正面的金属布线致密，通常要从芯片背部进行激光辐照。激光与器件材料的作用主要是光电效应以及在界面处的反射与透射，其在纵向的传播如图 7-23(a) 所示，经过聚焦的激光 (初始能量 $E_0$) 首先经历空气/硅界面的反射 (反射率为 $R$)，然后经过一定厚度 ($h$) 硅衬底的吸收 (吸收系数为 $\alpha$)，到达芯片有源区 (此时能量为 $E_{\text{eff}}$) 被进一步吸收 (吸收系数为 $\alpha'$) 形成触发单粒子效应的光电效应电子–空穴对，穿过有源区在金属布线层被部分反射 (反射系数为 $R'$)，再次进入有源区对单粒子效应有所贡献。因此，激光试验单粒子效应的关键参数为进入芯片有源区的有效能量 $E_{\text{eff}}$，根据其他测得参数 $E_0$、$R$、$h$、$\alpha$、$R'$ 利用如下公式计算得到：

$$E_{\text{eff}} = (1 - R)e^{-\alpha h}(1 + R')E_0 \tag{7-9}$$

激光在芯片有源区的光电效应形成了对单粒子效应有贡献的额外电荷，相应的激光等效 LET 值如下计算：

$$\text{LET}_{\text{eqv}} = \frac{e_{\text{f}}}{\rho} \cdot \frac{\text{d}E_{\text{eff}}}{\text{d}x} \tag{7-10}$$

其中，$e_{\text{f}}$ 是重离子和激光分别形成一个电子–空穴对所需能量的比值；$\rho$ 为硅材料密度。将公式 (7-9) 代入公式 (7-10)，并进行一级近似，得到

$$\text{LET}_{\text{eqv}} = \frac{e_{\text{f}}}{\rho} \alpha' E_{\text{eff}} \tag{7-11}$$

进一步考虑光在半导体材料中的吸收系数数据，激光等效 LET 值可采用如下公式 (7-12) 计算，调整公式 (7-9) 中的激光入射能量 $E_0$ 即可获得不同数值的等效 LET 值 $\mathrm{LET_{eqv}}$。

$$\mathrm{LET_{eqv}}(\mathrm{MeV \cdot cm^2/mg}) = 0.08 E_{\mathrm{eff}}(\mathrm{pJ}) \tag{7-12}$$

受激光衍射极限制约，激光光斑最小尺寸为其波长量级，其在横向的能量分布接近高斯分布。对于现代的小特征尺寸器件，激光光斑可覆盖多个敏感单元引起多位翻转。通过精确的测量和计算，可以得到一定尺寸高斯分布的激光光斑在单个敏感部位的能量沉积系数 $f$，如图 7-23(b) 所示，利用该系数修正公式 (7-9)～ 公式 (7-12) 即可。此时激光等效 LET 计算如下：

$$\mathrm{LET_{eqv}}(\mathrm{MeV \cdot cm^2/mg}) = 0.08 \cdot f \cdot E_{\mathrm{eff}}(\mathrm{pJ}) \tag{7-13}$$

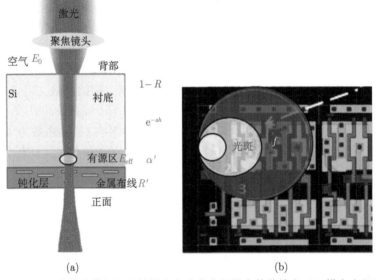

(a)                                      (b)

图 7-23    (a) 从芯片背部辐照的激光在芯片内部纵向的传输和 (b) 横向光斑分布

激光试验属于天然的微束试验，可以通过移动芯片辐照测试确定到单粒子效应的薄弱点，可对感兴趣的位置进行定点重复试验。可以按照一定的频率移动芯片，同时配合一定重频的激光脉冲辐照，实现全芯片扫描覆盖试验。

在激光试验中可以按照一定的速度移动芯片，同时配合一定重频的激光脉冲实现全芯片扫描覆盖辐照试验。如图 7-24(a) 所示，从设定的芯片原点沿 $X$ 方向以步距 $\Delta X$ 挪动芯片，在每个 $X$ 轴位置沿 $Y$ 方向以速度 $V$ 移动芯片，同时以

一定重复频率 $f$ 发射激光脉冲辐照芯片，相当于激光脉冲沿间隔 $\Delta Y = V/f$ 辐照芯片，即实现了全芯片扫描覆盖。在此过程中，芯片接收到的激光脉冲注量 $F$ 如下计算：

$$F = \frac{f}{V \cdot \Delta X} = \frac{1}{\Delta X \cdot \Delta Y} \tag{7-14}$$

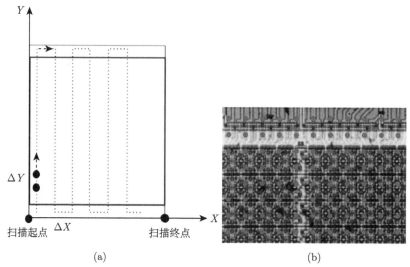

(a)  (b)

图 7-24  (a) 芯片移动扫描和 (b) 激光脉冲覆盖辐照示意图

激光试验单粒子效应有一系列的特点：

(1) 设计师和实验师可便捷地操作激光辐照源、待测器件或电路、各种检测仪器，进行灵活的桌面互动试验，如图 7-25 所示；

图 7-25  脉冲激光试验单粒子效应场景

(2) 激光能量调节便利，可快速模拟 LET 值 (0.1～120MeV·cm²/mg) 的重离子辐照，可进行定点、定数辐照；

(3) 可快速摸底评估自研器件或拟选用器件的抗单粒子效应性能；

(4) 可精细诊断芯片内部的单粒子效应薄弱位置及其有影响的电路响应时间窗口；

(5) 在探针台等的配合下，可获得器件单粒子效应瞬态电流脉冲等原始信息[31]；

(6) 可方便地进行电路/单机抗单粒子效应设计调试和验证。

# 7.4　单粒子效应的分析评估方法

空间任务所需的单粒子效应分析评估主要是预计关键器件在特定轨道发生单粒子效应的频次，涉及空间辐射环境、器件单粒子效应敏感度，以及空间粒子与器件作用模型等方面。

基本的空间辐射环境在第 3 章已经介绍过，对空间单粒子效应有贡献的主要有背景银河宇宙线重离子、辐射带质子、银河宇宙线质子，以及极端情况下的短时恶劣太阳宇宙线重离子及质子。以下分别介绍重离子和质子诱发的单粒子效应的分析评估方法。

## 7.4.1　重离子单粒子效应分析评估方法

### 1. 空间重离子辐射环境

如前所述，表征入射粒子触发单粒子效应的关键参数是 LET 值，与粒子种类及能量无关。因此，将第 3 章介绍的银河宇宙线及太阳宇宙线中的多种类、宽能谱重离子，根据其 LET 值等三种要素 (图 7-26)，重新归类统计，得到如图 7-27 所示"一统"的 LET 谱分布。可见，不同种类的宇宙线粒子贡献组成了随 LET 增大由强及弱的不同台阶状的 LET 分布。

利用 4.3 节介绍的"剩余能量–射程"思路，以及与 6.2.1 节质子传输计算相同的做法，可以由舱外的重离子能谱 $F_{\text{ext}}(E_{\text{ext}})$ 计算得到经过厚度 $d$ 的铝屏蔽后到达舱内的重离子能谱 $F_{\text{int}}(E_{\text{int}})$。具体做法如下：

(1) 离子的能量与射程存在函数关系 $R(E)$ 及 $E(R)$；

(2) 舱内能量为 $E_{\text{int}}$ 的离子对应着穿透厚度 $d$ 的舱外能量为 $E_{\text{ext}}$ 的离子，二者的关系为 $E_{\text{ext}} = E(R(E_{\text{int}}) + d)$；

(3) 离子在传输过程中由于发生核反应，强度有所减弱，如下公式计算[32]，其中，$S(E_{\text{int}})$ 和 $S(E_{\text{ext}})$ 分别为离子在舱内外对应能量下的阻止本领 (与 LET

数值相同)；$\sigma_A$ 为质量数 $A$ 的高能重离子与铝材料发生核反应的吸收截面[33]。

$$F_{\text{int}}(E_{\text{int}}) = F_{\text{ext}}(E_{\text{ext}}) \frac{S(E_{\text{ext}})}{S(E_{\text{int}})} \mathrm{e}^{-\sigma_A d} \tag{7-15}$$

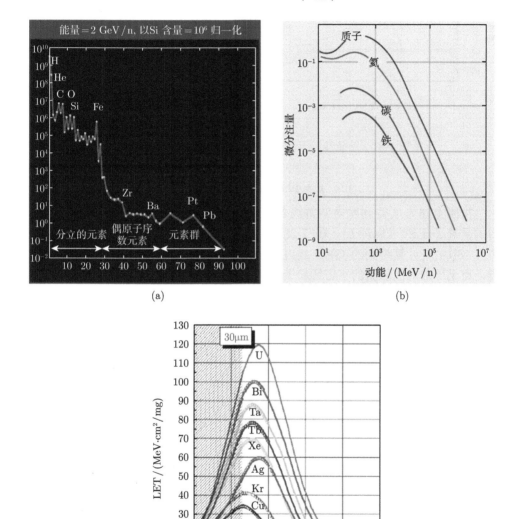

图 7-26　宇宙线粒子的 (a) 成分、(b) 能谱及 (c)LET 值特性

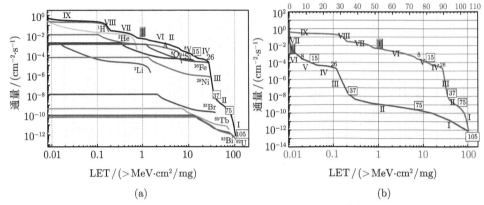

图 7-27　宇宙线粒子 LET 谱的 (a) 组成及 (b) 整体分布

$$\sigma_A(\text{mb}^{①}) = 49.8 \left(A^{1/3} + 27^{1/3} - 0.4\right)^2 \tag{7-16}$$

按照上述方法得到舱内宇宙线各重离子能谱后，进一步将其"一统"为舱内的重离子 LET 谱 $F(L)$。图 7-28(a) 是不同轨道银河宇宙线粒子的 LET 谱，图 7-28(b) 是计算得到的 GEO 经过不同厚度铝屏蔽后的舱内重离子 LET 微分谱，可见屏蔽对高能量的宇宙线粒子强度的阻挡是有限的，因此很多时候直接利用舱外宇宙线环境对单粒子效应进行分析评估。

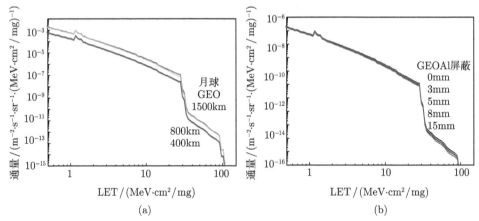

图 7-28　不同轨道的银河宇宙线重离子 LET 微分谱 ((a)：舱外；(b)GEO 舱内)

**2. 器件重离子单粒子效应敏感度**

对于器件重离子单粒子效应敏感度，理想的是通过地面重离子的垂直辐照试验获得如图 7-15 所示的 $\sigma$-LET 曲线。通常辐照试验数据点较少，为了表征不同

_____

① 1b = $10^{-28}\text{m}^2$。

LET 对应的 $\sigma$ 结果及获得关键特征参数，根据该数据的变化趋势，采用类似韦布尔 (Weibull) 函数对其进行拟合与表征，如公式 (7-17) 所示，其中除了 LET 阈值 $L_0$ 和饱和截面 $\sigma_{sat}$，$W$ 和 $s$ 分别是 Weibull 函数的宽度因子和形状因子。

$$\sigma(L) = \begin{cases} \sigma_{sat} \left\{ 1 - \exp\left[ -\left(\dfrac{L - L_0}{W}\right) \right]^s \right\}, & L \geqslant L_0 \\ 0, & L < L_0 \end{cases} \tag{7-17}$$

除了利用函数拟合获得上述 $L_0$ 和 $\sigma_{sat}$，更多情形下是通过处理试验数据直接获得。通常 $\sigma_{sat}$ 数值较大，可以直接从试验结果中确定，在此基础上确定一定比例的该数值，比如 $1\%^{[34,35]}$，对应的 LET 值为 $L_0$。若仅能够获得 $L_0$ 和 $\sigma_{sat}$ 两个参数，可以用如下简化的阶跃函数表征器件的 $\sigma$-LET 关系：

$$\sigma(L) = \begin{cases} \sigma_{sat}, & L \geqslant L_0 \\ 0, & L < L_0 \end{cases} \tag{7-18}$$

### 3. 空间重离子与器件作用模型

空间辐射粒子轰击器件与地面模拟试验最大的不同是：地面试验重离子仅沿垂直器件方向入射，获得的 $\sigma$-LET 曲线反映了沿该方向入射粒子的单粒子效应敏感度；空间的辐射粒子会沿着各个方向轰击器件，需要预计沿非垂直方向入射的重离子单粒子效应响应，这就是在轨重离子单粒子效应分析评估的关键所在。

根据地面重离子垂直辐照获得的 $\sigma$-LET 试验数据可知，芯片对单粒子效应敏感的横向最大面积为 $\sigma_{sat}$，对于芯片内部具有类似存储单元的大量重复结构，需要折算为每个存储位对应的数值。假设芯片内部单粒子效应敏感体积 (SV) 为如图 7-29 所示长、宽、高分别为 $b$、$a$、$c$ 的长方体，此即为 RPP(长方体) 模型 [36]，其中 $a \times b = \sigma_{sat}$，进一步简化假设 $a = b$，则 $a = b = \sqrt{\sigma_{sat}}$。芯片单粒子效应敏感部位的纵向尺寸 $c$ 就是 7.1 节介绍的电离电荷有效收集长度，其为微米量级，较难通过试验测量获得，对于深亚微米 5V 半导体工艺，假定为 $2\mu m$；对于深亚微米及纳米 1V 半导体工艺，取 $0.5\mu m^{[37]}$；对于中间制程及内核电压工艺的器件，取 $1\mu m^{[38]}$。

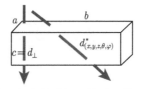

图 7-29　器件单粒子效应敏感部位模型及粒子垂直和掠入射示意

根据 7.1 节所述，表征器件单粒子效应程度的关键参数是收集电荷 $Q$，其与入射粒子 LET 值 $L$ 及穿越器件敏感部位的电荷收集长度 $d$ 的关系是 $Q = L \cdot d/3.6\text{eV}$；对于需要考虑漏斗效应的情景，最终的电荷收集长度为

$$d = 粒子穿过器件单粒子效应敏感体积 \text{ RPP } 模型的有效弦长 l_c$$

$$+ 漏斗效应长度 l_f$$

通过试验确定漏斗效应长度也十分困难，作为保守估计可以忽略其贡献。这样，地面离子垂直入射器件 $(d_\perp = c)$ 获得的 $\sigma_\perp$-LET 曲线本质上就是 $\sigma_\perp$-$Q_\perp$ 曲线，$Q_\perp(L) = L \cdot d_\perp/3.6\text{eV}$，即在有效电荷收集长度不变的情况下，随着入射离子 LET 的不同，收集到的电离电荷 $Q_\perp$ 不同，导致了不同程度 (用截面反映) 的单粒子效应响应。

当空间某 LET 值 $L$ 的带电粒子从芯片某点 $(x, y, z)$ 沿着非垂直器件方向 $(\theta, \varphi)$ 入射时，其穿越器件单粒子效应敏感部位的电荷收集长度为 $d^*(x,y,z,\theta,\varphi)$，形成的收集电荷为

$$Q^*(x,y,z,\theta,\varphi,L) = L \cdot d^*/3.6\text{eV} = L \cdot (d^*/d_\perp) \, d_\perp/3.6\text{eV} = (d^*/d_\perp) \, L \cdot d_\perp/3.6\text{eV}$$

亦即

$$Q^*(x,y,z,\theta,\varphi,L) = Q_\perp\left((d^*/d_\perp)\, L\right) \tag{7-19}$$

此时，触发器件形成的单粒子效应响应为

$$\sigma^*(Q^*) = \sigma^*\left(Q_\perp\left(\left(\frac{d^*}{d_\perp}\right) L\right)\right) = \sigma_\perp\left(\left(\frac{d^*}{d_\perp}\right) L\right) \tag{7-20}$$

即

$$\sigma^*(x,y,z,\theta,\varphi,L) = \sigma_\perp\left(\left(\frac{d^*}{d_\perp}\right) L\right) \tag{7-21}$$

这样，利用地面重离子垂直试验数据 $\sigma_\perp(L)$ 就可表征空间粒子沿某一非垂直方向 $(x,y,z,\theta,\varphi,L)$ 轰击器件时触发的单粒子效应程度 $\sigma^*$。

为了全面反映空间一定 LET 值全向入射的粒子沿着各种可能的位置及方向 $(x,y,z,\theta,\varphi)$ 轰击器件时形成的单粒子效应截面，需要利用下式进行积分运算，获得器件对全向入射粒子的截面响应：

$$\sigma_{全向}(L) = \int_{x,y,z} \int_{\theta,\varphi} \sigma^*(x,y,z,\theta,\varphi,L) \mathrm{d}V \mathrm{d}\Omega \tag{7-22}$$

4. 空间重离子诱发器件单粒子效应频次计算

最后,将 $\sigma_{\text{全向}}(L)$ 数据和类似于图 7-28 的空间宇宙线重离子全向 LET 微分谱 $F(L)$ 数据,按照下式对不同 LET 值进行积分即可预计出某器件在特定轨道环境应用时的重离子诱发单粒子效应频次 $R_{\text{HI}}$:

$$R_{\text{HI}} = \int_{L_0}^{L_{\max}} \sigma_{\text{全向}}(L) \cdot F(L) \mathrm{d}L \tag{7-23}$$

为了考察评估不同器件空间应用时的抗单粒子效应水平,通常针对相同的 GEO、典型铝屏蔽厚度 (美国常用 100mils=2.54mm,我国常用 3mm)、太阳活动低年及地磁活动平静下的最恶劣背景银河宇宙线 (CREME86 模型中 $M = 3$ 的环境条件 [34,39],结合器件自身的重离子单粒子效应敏感度,分析计算其在轨应用重离子诱发单粒子效应频次。

### 7.4.2 质子单粒子效应分析评估方法

1. 空间质子环境

在低地球轨道辐射带,质子通过核反应产生的次级粒子诱发的单粒子效应较显著,该空域的银河宇宙线质子强度比辐射带质子弱多个量级,其影响可以忽略不计。对于中高地球轨道,辐射带质子强度较弱,且通常银河宇宙线中质子对单粒子效应的贡献弱于重离子,主要考虑针对后者的分析评估。

利用与 6.2.1 节相同的方法由舱外辐射带质子 (或者银河宇宙线质子) 能谱 $F_{\text{ext}}(E_{\text{p}})$ 计算得到穿过一定铝屏蔽厚度的舱内质子能谱 $F_{\text{int}}(E_{\text{p}})$。图 7-30(a) 是近地不同高度轨道的舱外各向同性辐射带质子微分能谱,图 7-30(b) 是针对 800km 极轨分析计算得到的舱内各向同性辐射带质子微分能谱,屏蔽同样对降低舱内高能量质子 (大于 20MeV) 强度的效果相对有限,通常不考虑通过增加屏蔽厚度减缓辐射带质子单粒子效应。

2. 器件质子单粒子效应敏感度

利用地面质子加速器设施,可通过质子垂直辐照器件,直接获得如图 7-22 所示的器件质子单粒子效应 $\sigma_{\perp}(E_{\text{p}})$ 曲线数据。

通常地面加速器质子试验数据点较少,利用单参数或者双参数 Bendel 公式拟合和表征完整的 $\sigma_{\perp}(E_{\text{p}})$ 数据。

最早提出的单参数 Bendel 公式为 [40]

$$\sigma_{\perp}(E_{\text{p}}) = \left(\frac{24}{A}\right)^{14} \left[1 - \exp\left(-0.18Y^{1/2}\right)\right]^4 \quad (10^{-12}\ \text{cm}^2) \tag{7-24}$$

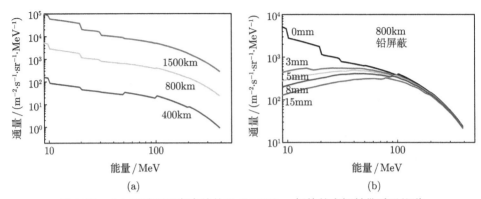

图 7-30　(a) 近地不同高度舱外及 (b)800km 极轨舱内辐射带质子能谱

$$Y = \left(\frac{18}{A}\right)^{1/2} (E_{\mathrm{p}} - A) \tag{7-25}$$

上式中，$A$ 的单位为 MeV，反映了发生单粒子效应所需的质子阈值能量。随着研究的深入，又提出了双参数 Bendel 公式 [41]：

$$\sigma_{\perp} (E_{\mathrm{p}}) = \left(\frac{B}{A}\right)^{14} \left[1 - \exp\left(-0.18Y^{1/2}\right)\right]^4 \quad (10^{-12}\ \mathrm{cm}^2) \tag{7-26}$$

3. 空间质子与器件作用模型

图 7-31 是理论分析计算得到的 200MeV 质子与器件硅材料核反应时形成的 LET 值 ($1 \sim 14 \mathrm{MeV \cdot cm^2/mg}$) 的次级粒子积分通量随出射方向分布 [28]，可见其有一定的前倾性，但在相当大的角度范围内分布基本相同，可以简化认为空间各向同性的质子轰击下的单粒子效应截面与垂直入射质子的结果相同，即 $\sigma_{\text{全向}} (E_{\mathrm{p}}) = \sigma_{\perp} (E_{\mathrm{p}})$。

如前所述，无论是重离子还是质子，其触发器件单粒子效应的本质均是重离子在器件敏感部位沉积能量，产生电离电荷。通常，器件重离子单粒子敏感度的试验数据是首要的、必须获得的，可利用该数据并借助核反应模型，推测出器件在质子核反应产生的次级重离子作用下的单粒子效应敏感度 [42,43]。具体做法如下所述。

(1) 由地面重离子垂直入射器件获得的 $\sigma_{\perp}(L)$ 数据，确立如图 7-29 所示的器件单粒子效应敏感部位 RPP 模型及其长、宽、高参数 $b$、$a$、$c$，其计算和取值如 7.4.1 节所述。

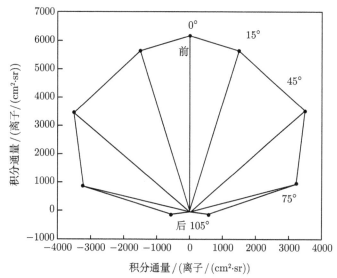

图 7-31　质子与硅核反应产生的不同 LET 粒子积分通量随角度分布

(2) 质子与重离子引发的单粒子效应的共同点, 都是通过重离子电离作用沉积一定能量 $E_d$, 产生额外电荷造成的。重新考虑公式 (7-17) 表述的 Weibull 函数形式的器件单粒子效应截面随粒子 LET 值 $L$ 的变化关系, 将其中的 LET 参数 $L$ 和 $L_0$ 分别换作相应的重离子沉积能量 $E_d$ 和诱发翻转的阈值沉积能量 $E_0$: $E_d = L \cdot d, E_0 = L_0 \cdot d$, 这里 $d$ 为离子穿过单粒子效应敏感部位的电荷收集长度, 有如下的新表述

$$\sigma(E_d) = \begin{cases} \sigma_{\mathrm{sat}} \left\{ 1 - \exp\left[ -\left( \dfrac{E_d - E_0}{W} \right)^s \right] \right\}, & E_d \geqslant E_0 \\ 0, & E_d < E_0 \end{cases} \qquad (7\text{-}27)$$

即单粒子效应只与沉积能量有关, 而不论此沉积能量是由重离子直接电离作用所致, 还是由质子核反应产生的次级重离子间接电离作用贡献。因此, 若能够得到质子在器件材料中通过核反应产生次级重离子的沉积能量谱, 就可利用公式 (7-27) 表征由质子引发的器件单粒子效应敏感度。

(3) 利用蒙特卡罗方法计算得到一定能量 $E_p$ 质子以垂直方向或全向入射到体积 $V = a \times b \times c$ 的敏感部位中的微分沉积能量谱 $N(E_p, V, E_d)$。考虑到芯片对一定的沉积能量 $E_d$ 具有公式 (7-27) 所述的单粒子效应灵敏度 $\sigma(E_d)$, 则能量为 $E_p$ 的质子引起的单粒子效应截面为

$$\sigma_{\text{全向}}(E_p) = \int_{E_d^{\min}}^{E_d^{\max}} N(E_p, V, E_d)\, \sigma(E_d)\, \mathrm{d}E_d \qquad (7\text{-}28)$$

$$\sigma_{\text{全向}}\left(E_{\text{p}}\right) = \int_{E_{\text{d}}^{\min}}^{E_{\text{d}}^{\max}} N\left(E_{\text{p}}, V, E_{\text{d}}\right) \sigma_{\text{sat}} \left\{ 1 - \exp\left[ -\left( \frac{E_{\text{d}} - E_0}{W} \right)^S \right] \right\} \mathrm{d}E_{\text{d}} \quad (7\text{-}29)$$

这样，就实现了利用器件的重离子单粒子效应敏感度数据和质子核反应形成的次级重离子能量沉积谱，计算表征器件的质子单粒子效应敏感度。

**4. 空间质子诱发器件单粒子效应频次计算**

综合上述舱内质子微分能谱和全向质子入射截面数据，二者相乘并对不同质子能量积分，得到在轨应用由质子诱发的单粒子效应频次：

$$R_{\text{P}} = \int_{E_0}^{E_{\max}} \sigma_{\text{全向}}\left(E_{\text{p}}\right) \cdot F_{\text{int}}\left(E_{\text{p}}\right) \mathrm{d}E_{\text{p}} \quad (7\text{-}30)$$

**5. 空间低能质子诱发器件单粒子效应**

图 7-32 是中低能质子在硅中的 LET 与射程，如前所述，能量大于 10MeV 的质子其 LET 值远低于 0.1MeV·cm²/mg，主要通过与器件硅材料核反应产生较大 LET 值的次级重离子，诱发单粒子效应。能量 1MeV 质子其 LET 约为 0.1 MeV·cm²/mg、射程约为 15μm，更低能量质子具有更大 LET 和更短射程。空间的中高能量质子经过一定厚度的舱壁、设备机箱，甚至器件封装材料的传输，作用在现代工艺低 LET 阈值器件微米及以下量级尺寸的有源区，有可能通过直接的电离作用诱发单粒子效应。

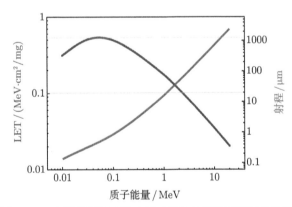

图 7-32　中低能质子在硅中的 LET 与射程随能量的变化

图 7-33 是利用德州仪器公司 (Texas Instruments, TI)65nm 体硅 CMOS 工艺制备的 4M SRAM 器件在不同 LET 值粒子轰击下的单粒子翻转截面 [44]，其具有低于 0.1MeV·cm²/mg 的阈值，低能质子直接电离作用可能诱发其发生单粒

子效应。图 7-34 就是该器件在不同能量质子辐照下的单粒子翻转截面，可见其在大约 10MeV 以上能量质子作用下发生的单粒子翻转截面相对较小，属于通过核反应产生的次级重离子诱发的；在低于 10MeV 能量下发生的单粒子翻转截面随着能量减小而快速增强多个数量级，变化趋势与图 7-32 低能量段 LET 相似，就是低能质子直接电离作用所致。

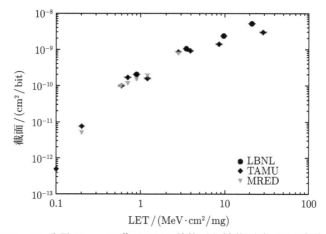

图 7-33 TI 公司 65nm 工艺 SRAM 单粒子翻转截面随 LET 变化关系

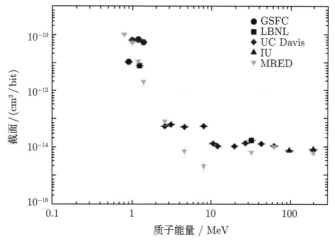

图 7-34 TI 公司 65nm 工艺 SRAM 单粒子翻转截面随质子能量变化关系

对于低能质子直接电离产生的单粒子效应频次的预计，与重离子电离作用的处理思路一致。一是在类似图 7-28 的某具体轨道和卫星舱内、电子设备机箱内 LET 计算时，考虑辐射带质子及银河宇宙线质子在 10MeV 以下的低能量部分贡献的 LET。二是采用类似图 7-33 的包含更低 LET 值结果的器件 $\sigma$-LET 数据，或者针对类似图 7-34 中的低能质子辐照截面，考虑图 7-32 的质子 LET 值随能量变化关系，换算得到低能质子低 LET 值对应的截面数据。最后，利用 7.4.1 节的方法预计空间低 LET 值低能质子作用产生的单粒子效应频次。

### 7.4.3  器件单粒子效应分析评估算例

以 $800\mathrm{km}\times98°$ 的太阳同步轨道为例，其遭遇的辐射带质子、银河宇宙线质子、太阳宇宙线质子，以及银河宇宙线与太阳宇宙线重离子 LET 谱如图 7-35 所示。

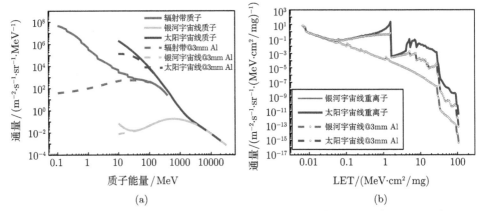

图 7-35    $800\mathrm{km}\times98°$ 太阳同步轨道遭遇的 (a) 质子能谱及 (b) 重离子 LET 谱

假设某器件重离子单粒子翻转敏感度参数为 $L_0 = 1\mathrm{MeV}\cdot\mathrm{cm}^2/\mathrm{mg}$，$\sigma_{\mathrm{sat}} = 2.5 \times 10^{-9}\mathrm{cm}^2/\mathrm{bit}$，则该器件单粒子翻转敏感部位尺寸 $a = b = \sqrt{\sigma_{\mathrm{sat}}} = 0.5\mu\mathrm{m}$，并假设 $c = 2\mu\mathrm{m}$。该器件的质子单粒子效应敏感度通过借助重离子敏感度数据并结合质子核反应计算得到。

**算例 1    不同屏蔽、不同辐射粒子对单粒子翻转的贡献**

利用上述方法，分析计算得到的全向重离子入射的器件单粒子翻转响应如图 7-36(a) 所示，蒙特卡罗仿真计算得到的垂直及全向入射质子导致的器件单粒子翻转响应如图 7-36(b) 所示。

结合图 7-35 的空间辐射环境数据和图 7-36 的器件单粒子效应敏感度数据，进行积分计算得到重离子和质子诱发的器件单粒子效应频次，如表 7-1 所示。从表中可以看出，增加屏蔽厚度对减缓单粒子翻转频次效果不大；对于此款低 LET 阈值器件，以地球辐射带质子对单粒子翻转的贡献为主；极端的太阳宇宙线事件会导致单粒子翻转频次增大数个量级。通常，航天器的工程设计需要考虑对背景的辐射带质子和银河宇宙线诱发单粒子效应的预计及应对设计，对于极端太阳宇宙线事件诱发的单粒子效应,则主要通过在轨调整工作模式等主动防护措施来规避。

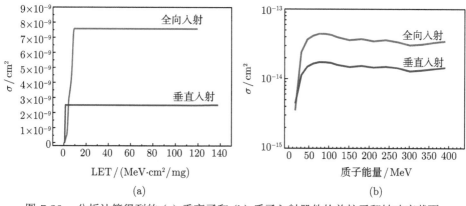

图 7-36 分析计算得到的 (a) 重离子和 (b) 质子入射器件的单粒子翻转响应截面

表 7-1 不同屏蔽厚度下不同来源空间辐射粒子触发的器件 SEU 频次

| 屏蔽/(mm [Al]) | 翻转率/(bit$^{-1}$·d$^{-1}$) | | | | | |
|---|---|---|---|---|---|---|
| | 地球辐射带质子 | 银河宇宙线重离子 | 银河宇宙线质子 | 总计 | 太阳宇宙线质子 | 太阳宇宙线重离子 |
| 3 | $2.9 \times 10^{-7}$ | $1.2 \times 10^{-8}$ | $1.9 \times 10^{-9}$ | $3.1 \times 10^{-7}$ | $1.1 \times 10^{-5}$ | $2.4 \times 10^{-6}$ |
| 5 | $2.8 \times 10^{-7}$ | $1.1 \times 10^{-8}$ | $1.9 \times 10^{-9}$ | $2.9 \times 10^{-7}$ | | |
| 10 | $2.4 \times 10^{-7}$ | $1.0 \times 10^{-8}$ | $1.9 \times 10^{-9}$ | $2.6 \times 10^{-7}$ | | |

**算例 2 不同 LET 阈值器件单粒子翻转**

保持 $a = b = \sqrt{\sigma_{\text{sat}}} = 0.5\mu\text{m}, c = 2\mu\text{m}$,与算例 1 相同,仅考虑 3mm Al 屏蔽,分析计算不同 LET 阈值的器件单粒子翻转情况。如图 7-37 是全向入射的重

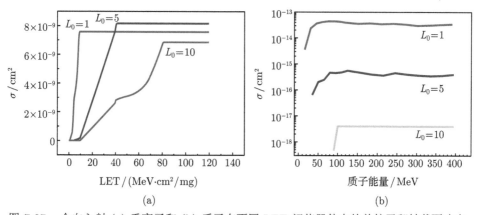

图 7-37 全向入射 (a) 重离子和 (b) 质子在不同 LET 阈值器件中的单粒子翻转截面响应

离子和质子在不同 LET 阈值器件中诱发的单粒子翻转截面。总体而言，随着 LET 阈值增大，诱发器件发生单粒子翻转的重离子 LET 及质子能量阈值均提高，单粒子翻转截面整体下降，单粒子翻转频次总体降低。

具体计算得到的空间背景辐射环境对不同 LET 阈值器件造成的单粒子翻转频次如表 7-2 所示。随着 LET 阈值增高，单粒子翻转频次急剧下降；质子不能诱发 LET 阈值 15MeV·cm²/mg 以上的器件的单粒子翻转，对于高 LET 阈值器件，其单粒子翻转只能由重离子触发。

表 7-2   不同 LET 阈值器件的单粒子翻转情况

| $L_0/(\mathrm{MeV \cdot cm^2/mg})$ | 翻转率 /(bit⁻¹·d⁻¹) | | | |
|---|---|---|---|---|
| | 地球辐射带质子 | 银河宇宙线重离子 | 银河宇宙线质子 | 总计 |
| 1 | $2.9 \times 10^{-7}$ | $1.2 \times 10^{-8}$ | $1.9 \times 10^{-9}$ | $3.1 \times 10^{-7}$ |
| 5 | $2.7 \times 10^{-9}$ | $5.3 \times 10^{-10}$ | $2.2 \times 10^{-11}$ | $3.3 \times 10^{-9}$ |
| 10 | $1.8 \times 10^{-11}$ | $1.4 \times 10^{-10}$ | $1.5 \times 10^{-13}$ | $1.5 \times 10^{-10}$ |
| 15 | | $1.1 \times 10^{-14}$ | | |
| 25 | | $2.3 \times 10^{-15}$ | | |
| 37 | | $6.7 \times 10^{-16}$ | | |
| 50 | | $1.7 \times 10^{-16}$ | | |
| 75 | | $1.6 \times 10^{-17}$ | | |

### 算例 3   不同敏感部位厚度器件单粒子翻转

取 $a = b = \sqrt{\sigma_{\mathrm{sat}}} = 0.5\mu m$, $L_0 = 5\mathrm{MeV \cdot cm^2/mg}$, 3mm Al 屏蔽，分析计算器件敏感部位厚度 $c$ 取不同值时的单粒子翻转响应。

图 7-38 是针对不同敏感部位厚度的器件，计算得到的重离子和质子诱发单粒子翻转截面响应情况。在 $L_0$ 不变的情况下，随着敏感部位厚度增加，器件发生单

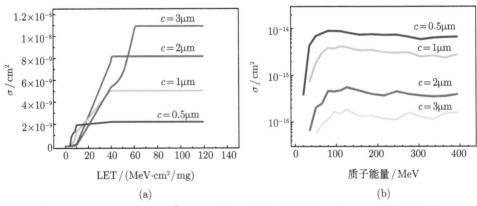

图 7-38   $L_0 = 5\mathrm{MeV \cdot cm^2/mg}$ 不同敏感部位厚度的器件单粒子翻转截面响应

粒子翻转所需沉积能量和收集电荷更多，器件发生单粒子翻转的重离子 LET 及质子能量阈值增高，总体而言，器件对单粒子翻转越不敏感；随着敏感部位厚度的增加，敏感部位体积的变大，被重离子击中的截面增大，被质子击中发生核反应产生重离子形成所需的大能量沉积事件的截面变小。

表 7-3 是针对 $L_0 = 5\mathrm{MeV} \cdot \mathrm{cm}^2/\mathrm{mg}$ 不同敏感部位厚度的器件，计算得到的单粒子翻转频次情况。可见，随着敏感部位厚度的增加，单粒子翻转频次均减小，但在一定敏感度范围内单粒子翻转频次的差异不超过一个量级，因此在不能准确获知该参数的情况下，可以按照 7.4.1 节针对不同半导体工艺推荐的数值进行估算。

**表 7-3**　$L_0 = 5\mathrm{MeV} \cdot \mathrm{cm}^2/\mathrm{mg}$ **不同敏感部位厚度器件的单粒子翻转情况**

| $c/\mu\mathrm{m}$ | 翻转率/$(\mathrm{bit}^{-1} \cdot \mathrm{d}^{-1})$ | | | |
| | 地球辐射带质子 | 银河宇宙线重离子 | 银河宇宙线质子 | 总计 |
| --- | --- | --- | --- | --- |
| 0.5 | $5.7 \times 10^{-8}$ | $2.0 \times 10^{-9}$ | $3.7 \times 10^{-10}$ | $5.9 \times 10^{-8}$ |
| 1.0 | $2.3 \times 10^{-8}$ | $1.0 \times 10^{-9}$ | $1.6 \times 10^{-10}$ | $2.4 \times 10^{-8}$ |
| 2 | $2.7 \times 10^{-9}$ | $5.3 \times 10^{-10}$ | $2.2 \times 10^{-11}$ | $3.3 \times 10^{-9}$ |
| 3.0 | $8.2 \times 10^{-10}$ | $3.1 \times 10^{-10}$ | $8.0 \times 10^{-12}$ | $1.1 \times 10^{-9}$ |

取 $a = b = \sqrt{\sigma_{\mathrm{sat}}} = 0.5\mu\mathrm{m}, L_0 = 1\mathrm{MeV} \cdot \mathrm{cm}^2/\mathrm{mg}, 3\ \mathrm{mm}$ Al 屏蔽，进一步分析计算器件敏感部位厚度 $c$ 取不同值时的 SEU 响应。如图 7-39 是针对 $L_0 = 1\mathrm{MeV} \cdot \mathrm{cm}^2/\mathrm{mg}$ 不同敏感部位厚度的器件，计算得到的重离子和质子诱发单粒子翻转截面响应情况，整体变化规律与 $L_0 = 5\mathrm{MeV} \cdot \mathrm{cm}^2/\mathrm{mg}$ 时的图 7-38 类似。表 7-4 是针对 $L_0 = 1\mathrm{MeV} \cdot \mathrm{cm}^2/\mathrm{mg}$ 不同敏感部位厚度的器件，计算得到的单粒子翻转频次情况。可见，在更小的 LET 阈值情形下，随着敏感部位厚度的变化，单

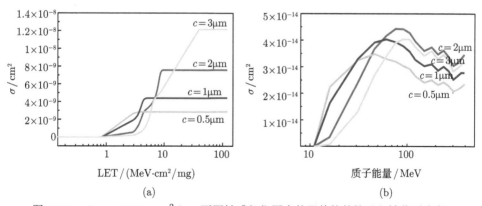

(a)　　　　　　　　　　　　　　　(b)

图 7-39　$L_0 = 1\mathrm{MeV} \cdot \mathrm{cm}^2/\mathrm{mg}$ 不同敏感部位厚度的器件的单粒子翻转截面响应

粒子翻转频次的差异更小，可以按照 7.4.1 节针对不同半导体工艺推荐的敏感部位厚度数值进行估算。

表 7-4　$L_0 = 1\mathrm{MeV} \cdot \mathrm{cm}^2/\mathrm{mg}$ 不同敏感部位厚度器件的单粒子翻转情况

| $c/\mu\mathrm{m}$ | 翻转率/$(\mathrm{bit}^{-1} \cdot \mathrm{d}^{-1})$ | | | |
|---|---|---|---|---|
| | 地球辐射带质子 | 银河宇宙线重离子 | 银河宇宙线质子 | 总计 |
| 0.5 | $2.8\times10^{-7}$ | $2.2\times10^{-8}$ | $1.5\times10^{-9}$ | $3.0\times10^{-7}$ |
| 1.0 | $2.4\times10^{-7}$ | $2.6\times10^{-8}$ | $1.3\times10^{-9}$ | $2.7\times10^{-7}$ |
| 2 | $2.9\times10^{-7}$ | $1.2\times10^{-8}$ | $1.9\times10^{-9}$ | $3.1\times10^{-7}$ |
| 3.0 | $2.5\times10^{-7}$ | $7.0\times10^{-9}$ | $1.7\times10^{-9}$ | $2.6\times10^{-7}$ |

## 7.5　近地空间单粒子效应分布特征

### 7.5.1　近地空间诱发单粒子效应的辐射粒子分布

如上所述，诱发器件单粒子效应的主要是直接电离作用的银河宇宙线重离子，以及核反应产生的次级重离子间接电离作用的辐射带质子，近地空间用的器件发生的单粒子效应分布主要与二者空间分布相关。

1. 诱发单粒子效应的银河宇宙线重离子的空间分布

利用中国科学院国家空间科学中心自主开发的 "空间环境效应分析软件包" (SEEAP)，计算剖析诱发单粒子效应的银河宇宙线重离子的空间分布。计算主要采用太阳活动平静年最恶劣太阳活动条件下的银河宇宙线模型，以及 3mm 铝屏蔽等条件，得到舱内 LET 积分谱 (大于某 LET 值的所有粒子的通量)。

图 7-40 是针对 92° 倾角、不同高度圆轨道的银河宇宙线粒子 LET 积分通量分布，对于极轨道，宇宙线粒子无论是何种种类、能量、LET 值，均有一定机会到达。

(1) 中高轨通量无明显差异、趋于饱和；

(2) 中轨以下，随着高度降低，通量有一定降低，1000km 的通量约为 20000km 的通量的 1/3，随着高度降低，通量进一步小幅度减小。

图 7-41 进一步以 LET$\geqslant$1MeV·cm$^2$/mg 为基准，描绘出其他更高 LET 值粒子在 92° 倾角、不同高度圆轨道的相对强度。对于地球极轨道：

(1) 不同 LET 值粒子的相对强度随高度基本稳定不变；

(2) 相对于 LET$\geqslant$1(MeV·cm$^2$/mg) 的粒子，LET$\geqslant$5、10、15、37、75 的粒子的相对强度量级分别为 $10^{-1}$、$10^{-2}$、$10^{-2}$、$10^{-6}$、$10^{-8}$。

对于非地球极轨道，随着高度的降低和轨道倾角的减小，地磁场对宇宙线粒子的偏转作用逐渐增强，相应的粒子强度有所下降，在轨发生单粒子效应的风险减缓。图 7-42～ 图 7-44 分别是 600km、1400km、20000km 轨道高度银河宇宙线强度随轨道倾角的变化。

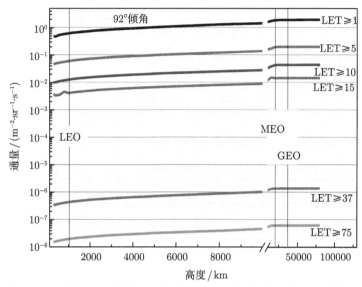

图 7-40 不同 LET 值银河宇宙线粒子强度随地球极轨道高度的分布

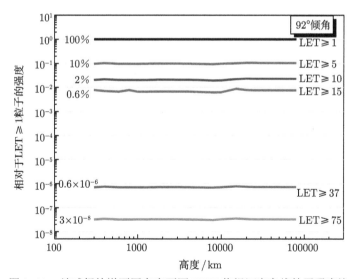

图 7-41 地球极轨道不同高度不同 LET 值银河宇宙线粒子强度比

(1) 在 600km 高度，35° 以下倾角，各 LET 值宇宙线粒子均无法到达，在轨不会遭受银河宇宙线诱发的单粒子效应风险。

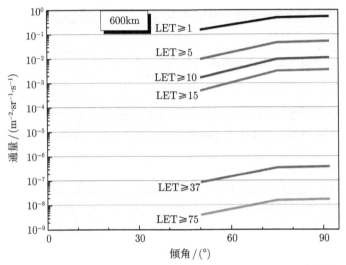

图 7-42　600km 高度不同 LET 值银河宇宙线粒子强度随轨道倾角的分布

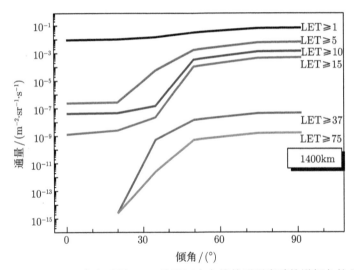

图 7-43　1400km 高度不同 LET 值银河宇宙线粒子强度随轨道倾角的分布

(2) 在 600km 高度，50° 以上倾角，宇宙线强度随倾角增大，在极轨附近饱和。

(3) 在 1400km 高度，除了 LET≥37 的宇宙线不能到达 20° 以下倾角，其他各 LET 值宇宙线粒子均可以到达该高度各倾角轨道，强度随倾角增大，在极轨附近饱和。

(4) 在 20000km 高度，只有 LET≥1 的部分低 LET 值宇宙线受到 50° 以下倾角轨道的地磁场偏转而强度稍有减小，其他更高 LET 值宇宙线粒子基本全部到达各个倾角轨道。

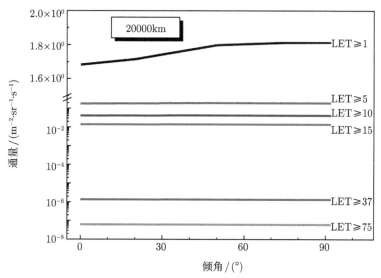

图 7-44  20000km 高度不同 LET 值银河宇宙线粒子强度随轨道倾角的分布

2. 诱发单粒子效应的辐射带质子的分布

通过核反应产生的次级重离子间接电离作用诱发的单粒子效应主要来自 10MeV 以上的辐射带质子，其空间分布就是辐射带质子的分布，如第 3 章的图 3-13~图 3-15 所示，不再赘述。

### 7.5.2  典型器件在典型轨道发生的单粒子效应分布

XILINX Virtex-II SRAM 型现场可编程门阵列 (FPGA) 等是近十年在空间广泛应用的大规模集成电路的代表，重离子和质子诱发其发生单粒子翻转的截面响应数据如图 7-45 所示[45]，其 LET 阈值约为 $1\text{MeV·cm}^2/\text{mg}$，属于 LET 阈值较低的现代数字器件的代表。

这里以该低 LET 阈值器件为例，分析计算其在近地不同轨道上应用发生的单粒子翻转频次，如图 7-46 所示，表现出如下特征。

(1) 对于低 LET 阈值器件 ($L_0$: 0.1~5MeV·cm$^2$/mg)，其在 LEO 应用时单粒子翻转主要来自辐射带质子，单粒子翻转频次分布与内辐射带质子强度分布一致，高高度 LEO 单粒子翻转频次高。

(2) 随着轨道高度增加，进入中高轨道，即外辐射带，单粒子翻转主要由银河宇宙线重离子贡献；单粒子翻转频次随着高度增加而略有增加，GEO 与月球轨道单粒子翻转频次相当。

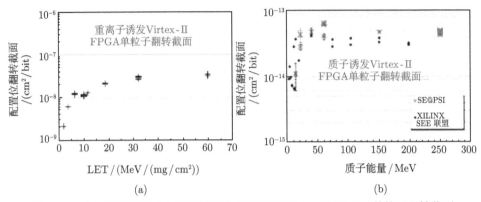

图 7-45　(a) 重离子和 (b) 质子诱发的 XILINX Virtex-II FPGA 单粒子翻转截面

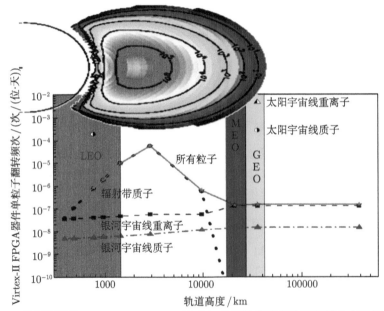

图 7-46　分析预计的 XILINX Virtex-II FPGA 在近地空间单粒子翻转分布及辐射带质子分布

(3) 低 LET 阈值器件在 500km LEO 的单粒子翻转频次与中高轨、月球轨道相当。

(4) 对于高 LET 阈值器件，辐射带质子对单粒子翻转的贡献急剧减弱甚至消失，其单粒子翻转主要来自银河宇宙线重离子，轨道越高、倾角越大，则单粒子翻转频次越高，高低轨道其单粒子翻转频次相差约半个量级。

(5) 一旦遭遇类似 1989 年 9 月的太阳宇宙线质子事件，低轨和高轨应用的该款 FPGA 的单粒子翻转频次会增加 2~3 个量级。

对于 LEO, 由于辐射带质子在南大西洋异常区 (SAA) 相对富集, 在轨航天器发生的单粒子效应也主要发生在此区域。图 7-47 是 1984 年 3 月发射的高度 679km×697km、倾角 98.2° 的 UoSat-2 微小卫星星上计算机存储器件发生的单粒子翻转分布图 [46], 除了主要发生在南大西洋异常区的单粒子事件, 其他少量的单粒子事件发生在两极区域, 这是由沿着高纬度进入近地空间的银河宇宙线贡献的。

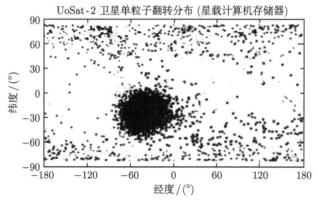

图 7-47　LEO 航天器在轨发生的单粒子效应空间分布

ESA 在 2003 年 9 月发射的 SMART-1 卫星, 曾长时间沿 GTO 横穿地球内外辐射带飞行, 随后又飞越至 38.4 万km 的月球轨道长时间飞行, 星上存储器件在轨发生的单粒子效应历史如图 7-48 所示 [47]。在 GTO 期间, 随着卫星的接近

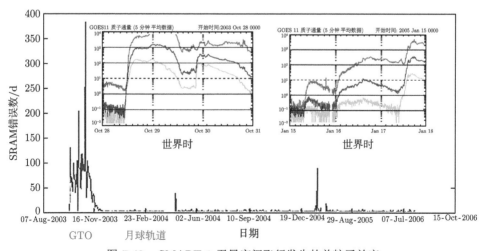

图 7-48　SMART-1 卫星空间飞行发生的单粒子效应

和远离内辐射带，单粒子效应次数涨落有序，其中三个时段有显著增强的单粒子效应发生，对应着卫星遭遇了太阳质子事件，图中上左嵌入了 2003 年 10 月 29 日较强的一次太阳质子事件。随着卫星离开近地空间进入月球轨道，单粒子效应发生次数显著下降，基本不发生，偶尔两三次短时稍强的单粒子效应也是对应着太阳质子事件发生，图中上右嵌入了 2005 年 1 月 16 日较弱的一次太阳质子事件。

# 7.6　抗单粒子效应设计指标

器件在轨发生的单粒子效应程度依赖所遭遇的辐射环境及器件自身的敏感性。目前航天器设计中常见的一类抗单粒子效应指标是规定拟选用器件的单粒子效应 LET 阈值，较高的阈值"半定量"地对应着较低的单粒子效应发生频次风险。具体的 LET 阈值指标可根据如图 7-27 所示的近地空间银河宇宙线重离子 LET 积分谱分布来设计，该 LET 谱有着明显的阶梯状"瀑布"分布，选取阶梯跨度大的拐点处 LET 作为设计指标，可显著降低器件发生单粒子效应频次，比如，通常针对出现异常大电流现象的单粒子锁定效应，规定器件 LET 阈值大于 75MeV·cm$^2$/mg 或者 37MeV·cm$^2$/mg；对于导致软错误的单粒子翻转，规定器件 LET 阈值大于 15MeV·cm$^2$/mg 或者 8MeV·cm$^2$/mg 等。

可以看到，随着 LET 值的增大，图 7-27 中的宇宙线粒子强度呈现九级"瀑布"式分布。

(1) LET>105，在整个"瀑布"最下端 (第一级)，此处粒子强度相对上游急剧减少两个量级，基本绝迹了，具有该指标的器件自然对单粒子"免疫"，属于"极品"，当然价格也是没商量的。

(2) LET 为 75 处，在第二级"瀑布"末端，此处粒子强度相对上游减少一个多量级。

(3) LET 为 37 处，在第三级"瀑布"末端，此处粒子强度相对上游急剧减少四个量级。

(4) 有些型号任务也规定 LET 为 26、8，以及 15 的指标，它们分别在第四、第二和第三级"瀑布"的末端，粒子强度较上游均减少近一个量级。

(5) 可以看到，LET 为 1 之上还有三级"瀑布"，此处粒子较最上游 (如 LET=0.01) 也有两个量级的减少。

因此，将 LET 阈值选在下游 LET"瀑布"的末端，在 LET 增大少许的情况下粒子强度呈现一到四个量级的下降，可使器件发生单粒子效应的风险呈现相应幅度的下降，具有较优的性价比。如图 7-41 所示，针对地球极轨道，相对于 LET(MeV·cm$^2$/mg)≥1、5、15、37、75 的粒子，其相对强度量级分别为 $10^0$、$10^{-1}$、

$10^{-2}$、$10^{-6}$、$10^{-8}$，选择器件的单粒子效应 LET 阈值为上述数值时，在轨发生单粒子效应的相对风险也具有类似比例关系。

严格的抗单粒子效应设计指标为：不对空间任务的实施造成影响的可容忍的器件在轨单粒子效应次数或者频次，比如，某些型号任务规定，关键设备用的关键器件在轨发生单粒子效应的次数在 3 倍任务周期内不超过 1 次，在此基础上得到允许器件发生的单粒子效应频次 (错误数/(器件·天)) 或者存储器件位发生的单粒子效应频次 (错误数/(位·天))。根据此要求选择满足指标要求的器件，比如，较多抗辐射加固设计的数字处理器件，其单粒子翻转指标为 $10^{-10}$ 错误/(位·天)。还比如，SRAM 型 FPGA 的单粒子翻转较严重，定时刷新其中配置存储位的错误，避免其累积酿成严重的故障，是较有效的防护设计手段之一，需要分析确定器件在具体使用环境下发生单粒子翻转的频次，要求刷新频率高于器件单粒子翻转频次的一个量级即可[48]。

## 7.7 单粒子效应防护设计

器件发生单粒子效应的类型不同对电路、设备造成的影响不同，则相应的防护设计策略及方法也不同。表 7-5 是综合考虑在轨发生频次和危害影响程度的航天任务需关注的单粒子效应排序，按关注度高低依次为 CMOS 器件单粒子锁定、数字器件单粒子功能中断与翻转、功率器件单粒子烧毁、模拟器件单粒子瞬态脉冲。

**表 7-5 航天器任务需关注的单粒子效应**

| 关注顺序 | 单粒子<br>效应类型 | 影响程度<br>(5 分制) | 发生频次<br>(5 分制) | 备注 |
| --- | --- | --- | --- | --- |
| 1 | CMOS 器件单粒子锁定 | 严重 (4) | 频繁 (4) | 限流较难以抑制其发生，一旦发生只能通过断电–重上电恢复 |
| 2 | 数字器件单粒子功能中断与翻转 | 较严重 (2) | 极频繁 (5) | 可进行纠错及恢复，比错误发生率快 10 倍应对 |
| 3 | 功率器件单粒子烧毁 | 极严重 (5) | 较少 (1) | 无法修复的硬错误，根据试验测定的安全工作电压降额使用 |
| 4 | 模拟器件单粒子瞬态脉冲 | 一般 (1) | 极频繁 (5) | 瞬时影响无驻留，少数情形下的功能中断、输出波动危害较大 |

单粒子效应防护设计的指导思想是风险管控，即完全杜绝单粒子效应是不切实际的。以下分别是针对典型单粒子效应的防护设计思路和主要方法。

### 7.7.1 单粒子烧毁和单粒子栅穿防护设计

单粒子烧毁 (SEB) 和单粒子栅穿 (SEGR) 是工作电压大于 70V 的大功率器件可能发生的硬毁伤单粒子效应，应当避免或降低其发生概率，以及减缓可能的危害。

首先在器件选用环节,尽可能选用高 LET 阈值的功率器件,避免或降低 SEB 和 SEGR 的发生概率。具体如下所述。

(1) LET 阈值大于 75MeV·cm$^2$/mg,如 7.5 节和 7.6 节所述,器件发生单粒子效应的概率是阈值大于 1 MeV·cm$^2$/mg 的亿分之一,从而认为风险极小近乎免疫,器件可以直接使用。

(2) 若 LET 阈值小于 75MeV·cm$^2$/mg,但是大于 37MeV·cm$^2$/mg,则器件发生单粒子效应的概率是阈值大于 1 MeV·cm$^2$/mg 的百万分之一,是情况 (1) 的 100 倍,有一些风险,重要空间任务要求进行额外的防护设计后应用。

(3) 若 LET 阈值小于 37MeV·cm$^2$/mg,但是其 LET 阈值大于 15MeV·cm$^2$/mg,器件发生单粒子效应的概率是阈值大于 1 MeV·cm$^2$/mg 的百分之一,是情况 (2) 的 10000 倍,重要空间任务时通常不建议使用。

(4) 对于近些年快速发展的商业航天,能够以综合的性价比承受更大的风险,包括单粒子效应风险,针对情况 (3) 下 LET 阈值大于 15MeV·cm$^2$/mg,可以进行额外的防护设计并通过验证后使用。

对于上述 (2)~(4) 对毁坏性 SEB 和 SEGR 较敏感的功率器件,采取额外的防护设计后可以使用,具体措施如下。

(5) 采用 LET 值 75 MeV·cm$^2$/mg 或者 37 MeV·cm$^2$/mg 的重离子或者激光脉冲对器件进行辐照试验,获得其不发生 SEB 和 SEGR 的工作电压阈值,如 MOSFET 的漏–源电压阈值 $V_{\mathrm{DSth}}$ 和栅–源电压阈值 $V_{\mathrm{GSth}}$ 等,在此基础上降额至 75%(甚至 50%) 使用。

(6) 采用额外并联或者冷备份的器件电路,在发生硬毁伤时可以替换工作,注意对失效单元的故障隔离设计。

### 7.7.2  单粒子锁定防护设计

单粒子锁定 (SEL) 通常是 CMOS 工艺器件较易发生的器件电源端与地近似短路的异常大电流现象的单粒子效应。对该类异常电流增长的单粒子效应,首先需要限制锁定电流,避免烧毁器件,再通过断电–重上电退出锁定。随着集成电路的规模日益增大,其内部供电网络复杂,也出现电流增长幅度较小的异常电流现象,即单粒子微锁定 (mSEL),这对锁定的检测及减缓设计带来困难。

1. 电阻限流

在器件电源端串接电阻 $R_{\mathrm{L}}$ 限流,$R_{\mathrm{L}}$ 取值一般应满足如下要求。

(1) 串接 $R_{\mathrm{L}}$ 在正常额定工作电流 $I$ 下会导致电路产生压降 $I \cdot R_{\mathrm{L}}$,该压降应不大于器件额定工作电压 $V$ 的容差 $\Delta V$,通常 $\Delta V \leqslant 10\% V$,即 $I \cdot R_{\mathrm{L}} \leqslant 10\% V$,$R_{\mathrm{L}} \leqslant 10\% V/I$,限流电阻阻值应不大于额定电压与额定电流之比的 1/10。

(2) 发生异常大电流锁定时，器件近乎短路，电源电压 $V_{DD}$ 几乎全部加在限流电阻 $R_L$ 上，$R_L$ 阻值应不小于电源电压 $V_{DD}$ 与锁定电流 $I_L$ 的比值，$R_L \geqslant V_{DD}/I_L$，保证该电阻对大电流的限制作用。

当锁定电流 $I_L \geqslant I \cdot V_{DD}/\Delta V$ 时，粗略地认为 $V_{DD} \approx V$，即 $I_L \geqslant 10I$；发生明显的大电流异常锁定时，上述条件 (1) 和 (2) 可以同时满足。锁定电流较小时，上述两条件难以同时满足，则必须满足条件 (1)，兼顾对相对较小的锁定电流形成一定抑制。由于限流电阻 $R_L$ 需要承载较大的锁定电流，所以其功率要满足降额要求，并且最好采用双电阻并联避免单电阻失效。

对于额外增加限流电阻时的压降所产生的副作用要认真分析和采取防范措施。图 7-49 是某星载计算机电路采用限流电阻发生单粒子锁定时的电压–电流变化情况[49]。该计算机电路采用了三片 SRAM 的冗余设计应对单粒子翻转，并串接了限流电阻以减缓单粒子锁定，但是在发生多次单粒子锁定后，电路系统依然发生了瘫痪。利用中国科学院国家空间科学中心的脉冲激光试验单粒子效应装置的精细试验，剖析了该单粒子锁定致计算机电路故障的机制。该电路采用的 SRAM 较容易发生单粒子锁定，在轨应用时若不及时应对，则有可能接连发生多次锁定，电路正常工作电流约为 200mA，随着发生锁定次数的增加，锁定电流不断增加，达到 800mA 时电路就出现瘫痪，如图 7-49(a) 所示。测试分析了电路系统多个器件对锁定电流的响应，发现随着锁定电流增加，关键的 CPU 器件供电电压线性下降，当锁定电流达到 800mA 时，CPU 供电电压低于 4.55V，难以维持工作，导致该计算机电路的瘫痪，如图 7-49(b) 所示。

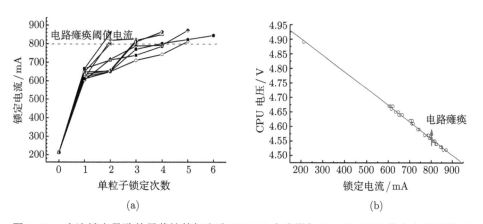

图 7-49 多次锁定导致的星载计算机电路 SRAM 电流增加 (a) 及 CPU 供电电压下降 (b)

2. 断电–重上电

有三种断电–重上电的实现思路: 自主操作、自主 + 人工干预操作、周期性自动操作, 前两种均需要监测易锁定器件的锁定电流, 具体如下所述。

(1) 锁定电流监测: 对负载的电流进行电阻取样, 对取样电压信号进行差分放大, 放大后的电压通过比较器与基准电压比较, 或者通过星载计算机采集判断是否产生了锁定异常电流。根据电路系统正常工作电流及其合理波动, 以及实测的锁定电流幅度特征, 比如, 设定监测到的电流超过正常工作电流的 50% 就认为是发生了单粒子锁定。

(2) 自主断电–上电: 在 (1) 检测到拟保护电路发生锁定异常电流时, 通过断电驱动电路或者星载计算机实施断电。注意要对拟保护电路的易锁定器件包括输入/输出 (IO) 在内的所有电源通道进行断电, 并维持断电状态数毫秒量级, 以保证电路彻底退出锁定。

(3) 自主 + 上下行指令断电–上电: 在 (1) 检测到拟保护电路发生锁定异常电流时, 将该参数提交星务计算机, 在卫星通过地面测控站时卫星下行锁定遥测参数, 测控站人员根据此遥测参数先后发送断电和重上电上行指令。该操作要求星上电路发生锁定后直到地面站干预之前电路不毁坏, 对于地面测控管理增加了较多工作量。

(4) 星上周期性自动断电–上电: 为减轻星上电路检测锁定电流、星上计算机或者地面测控站实施断电–上电等操作的负担, 可以根据预计的器件在轨发生单粒子锁定频次, 不进行具体的电流监测判断, 星上电路以较快的频率 (比如, 比锁定快 1 个量级 [48]) 周期性地自动实施断电–上电操作, 清除可能的锁定现象。

以上所有断电–重上电操作均要求: 器件在轨服役周期内不应多次发生锁定的潜损伤而最终毁坏器件, 断电–上电相关电路具有足够的可靠性, 可有效执行多次断电–上电操作。

3. 微锁定防护

微锁定电流较正常工作电流增长较小, 甚至与工作电流的正常波动水平差不多, 有利的是锁定电流产生的额外压降较小, 有可能不超过器件工作电压容差, 不会使器件欠压而不能正常工作; 不利的是其难以被检测到。针对常用的存储器件, 其发生微锁定会导致局部区域大范围地址、字数据产生大量簇错误, 错误规模远超单粒子多位翻转, 这可以作为存储器件微锁定的一个特征用于检测 [50]。微锁定若仅影响器件局部储存信息和部分功能, 在短时间内不对电路应用造成影响, 则可以在检测到微锁定后, 在电路空闲期间进行断电–重上电以彻底清除锁定现象。

对于处理器件等发生的微锁定, 有可能会由于控制电路瞬时大量错误而使整个电路功能中断, 需要采用下述的针对单粒子功能中断的检测手段, 但是其最终的消除也必须通过断电–重上电。

微锁定是局域化的, 发生锁定的区域有可能不对器件电路的主要功能造成影响, 据此可发展有针对性的局部防护措施。

4. 合理控制电流/电压–自主退出锁定

如图 7-50 是 CMOS 工艺器件发生单粒子锁定时的 $I$-$V$ 曲线, 其中曲线中的拐点处电流和电压分别为锁定维持电流 $I_{hold}$ 和锁定维持电压 $V_{hold}$, 即器件在发生单粒子锁定的过程中只有供给电压和电流分别大于上述电流电压值时才能处于锁定状态; 反之, 若调整控制器件电压和电流使之分别小于上述电流电压值, 就有可能使器件退出锁定状态。

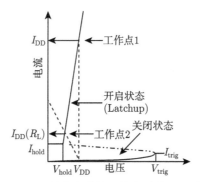

图 7-50 器件发生单粒子锁定时的 $I$-$V$ 曲线

上述单粒子锁定减缓思路的首要前提是: 针对具体器件实验测试, 获得其 $I_{hold}$ 和 $V_{hold}$; 然后采用恒流源电路精确控制电路供给电流 $I$ 使之大于器件正常工作电流 $I_{device}$、小于 $I_{hold}$, 从而难以维持锁定; 或者采用串联电阻 $R$, 在器件发生单粒子锁定的短时间内, 由于异常大电流而拉低供给电压使之小于 $V_{hold}$ 而难以维持锁定, 即满足 $R_{hold} < R < R_{max}$, $R_{hold}$ 为使器件退出锁定的最小电阻, $R_{max}$ 为不影响器件正常工作的最大电阻 [51]。如图 7-51 是文献 [51] 针对某款 SRAM 器件, 实验研究的采取 10mA(左) 和 30mA(右) 恒流源在脉冲激光模拟的重离子辐照下的电流变化情况, 前者在辐照实验时间段内没有发生显著的电流波动, 后者发生了明显的锁定大电流现象, 不得已人为关闭了电源。进一步检测在该实验过程中 SRAM 存储信息的变化, 发现前者导致了百余位数据翻转, 后者导致了数千位数据翻转。文献 [51] 针对该款 SRAM 器件采用不同的限流电阻, 获得了与图 7-51 类似的电流变化现象和存储位信息翻转情况。即采取合适的恒流源或者限流电阻能够使器件经历短暂的锁定后而退出, 短暂的锁定导致存储器件部分位信息出错, 可以通过软错误恢复措施消除。

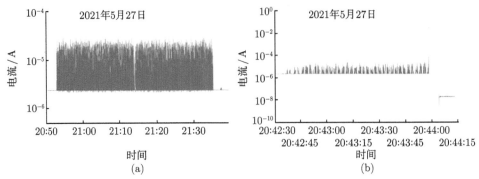

图 7-51    (a)10mA 和 (b)30mA 恒流源供电下 SRAM 器件单粒子锁定现象

文献 [52] 针对为单粒子锁定敏感器件供电的 DC-DC 组件，提出利用前置的 R-C-S 电路检测到异常锁定电流 $I_{\circ}$ 并改变 DC-DC 输入电压 $V_i$，随后 DC-DC 自身进行电压和电流振荡调整，使得输出电压 $V_{\circ}$ 低于器件锁定维持电压 $V_{hold}$ 而退出锁定，然后 DC-DC 调整输出电压升高和输出电流降低至正常状态。图 7-52 是采用与文献 [51] 同款的 SRAM 器件，利用脉冲激光模拟重离子辐照产生单粒子锁定，利用 DC-DC 和 R-C-S 电路相互配合，主动进行输入电压调整而自主退出锁定，该调整过程数毫秒，相较于传统的限流电阻防护措施，该措施对 "0" 位数据不产生任何错误，对 "1" 位数据产生的错误也明显减少。

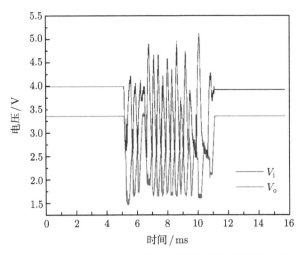

图 7-52    DC-DC 自动调整电压退出单粒子锁定的现象

### 7.7.3 单粒子翻转防护设计

航天器电子系统中的计算机系统和用于数据处理的 SRAM 型 FPGA 电路等, 是发生单粒子翻转的重灾区, 下面分别针对上述两种电路系统介绍常用的防护设计原则。

*1. 计算机系统*

计算机系统的 RAM 存储器和处理器中内嵌 RAM 单元, 是导致单粒子翻转的主要因素, 常用的防护设计方法如下所述。

1) EDAC 方法

EDAC(error detection and correction), 即错误检测与纠正, 主要作用是在数据写入时, 根据写入的数据生成一定位数的校验码, 与相应数据一起保存起来; 当读出数据时, 同时也将校验码读出比较, 发现错误后自动纠正或者报错。

目前, 1750、TSC695、AT697 等处理器自身带有 EDAC 功能, 只需要外接 RAM 的数据位宽支持处理器的 EDAC, 并且在初始化时打开 EDAC 功能即可。需要注意的是, EDAC 必须在首次对 RAM 操作之前就打开, 而后执行 RAM 初始化仅是清零。初始化的 RAM 写入必须使用计算机的整字长, 即 16 位机初始化 RAM 写入使用 16 位操作, 32 位机初始化 RAM 写入使用 32 位操作。1750、TSC695、AT697 等处理器自带的 EDAC 功能, 需要软件配合纠错, 需要进行在线测试调试。

对于自身不支持 EDAC 的处理器, 如大量使用的 80C32、8086 和 DSP6701 等, 需要外部采用高可靠反熔丝 FPGA 实现 EDAC。下面分别针对不同位宽的计算机系统, 介绍该类 EDAC 的防护设计要点。

(1) 针对 8 位计算机的 EDAC, 一般使用检二纠一的汉明 (Hamming) 码, 实现自动纠一位错误、发现两位错误的错误检验与纠正功能。

(2) 针对 16 位计算机的 EDAC, 一般可采用两种技术方案: 一种是将高低字节各自独立生成校验码, 即相当于两个并行 8 位数据分别进行 EDAC; 另一种是将 16 位一起生成纠错编码。

(3) 针对 32 位计算机的 EDAC, 一般采用 [32,39] 汉明码纠错, 其中 32 位是数据位、7 位是校验码, 校验位是由相应的数据位异或得来的。

2) 交织编码抗 MBU 设计

对于 MBU 导致的多位错误, 仅采用 EDAC 所需的校验位数较多, 一般采用交织编码配合 EDAC 的方法。图 7-53 为以字节为例的交织编码示意图, 交织后即使某一字节发生 MBU, 去交织后也会分散在不同字节, 配合 EDAC 即可实现纠错。

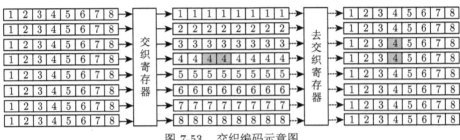

图 7-53　交织编码示意图

3) RAM 刷新

对于 8 位计算机，EDAC 对 CPU 处理时间的影响可以忽略。但对于 16 位及其以上的计算机，出错时的 RAM 回写会明显影响 CPU 操作时间。为了减少 EDAC 对处理速度的影响，大部分 EDAC 电路并不回写 RAM，这样，长时间的运行导致 RAM 中错误累积。此外，MBU 问题较为突出的器件也能造成错误的大量累积。

为了消除这一影响，需要通过软件的配合，定期对系统固定的初始化参数进行重加载，定期对仅进行 EDAC 校验但不回写的 RAM 进行回写。

对于 TSC695、AT697 这样自带 EDAC 的 CPU，RAM 错误一般会引起异常 (中断)，异常处理程序需要对出错的单元进行回写，以消除 EDAC 错误。由于 EDAC 使用的异常为异步中断，当出现一个异常的处理还没有完成，又出现另一个异常时，EDAC 功能会出现漏处理。同时，有一些单元由于长时间不使用，也会出现错误累积。为了防止错误累积以及 EDAC 出现漏处理，可以针对一个周期运行的任务对整个 RAM 进行读出写入操作。

4) 初始化状态的重加载

一般的地面电子系统，初始化之后的状态配置将不再发生变化。但在空间应用时，单粒子效应将导致初始化参数被改写。同时，一些接口器件的配置参数也有类似的问题。为了提高系统的运行稳定性，需要定期对 "所谓" 固定不变的初始化参数进行重加载，以消除单粒子效应的影响。

2. SRAM 型 FPGA 电路

FPGA 的单粒子效应故障可以归为两大类：由配置存储器、用户存储器/触发器发生单粒子翻转引起的故障和由 POR 状态机、配置状态机、硬件乘法器等发生单粒子功能中断和单粒子瞬态脉冲引起的故障。本部分重点描述工程任务中常用的 Xilinx 公司 SRAM 型 FPGA 的防护方法。

1) TMR 工具

对于 Xilinx 的 SRAM 型 FPGA，该公司提供的三模冗余 (TMR) 工具是进行单粒子翻转效应防护的有效手段, 在该设计工具可获得的情况下, 建议使用其进行 SEU 防护设计。工具使用中应注意如下事项, 由于 TMR 工具提供了不同层次的防护设计, 加上 FPGA 资源限制, 实际使用时, 需要根据任务的要求, 采用局部 TMR、完整 TMR 或者系统 TMR。

2) 逻辑代码及区域约束的方法

在无法获得 TMR 工具时, 需要设计人员从 FPGA 的逻辑代码和布局布线约束两个方面考虑单粒子翻转防护问题。

(1) 可综合代码级的 FPGA 单粒子效应防护设计。

逻辑代码级单粒子效应防护设计是从 FPGA 开发的最顶层——硬件描述语言设计上考虑, 采用一定的设计原则和设计方法来减少逻辑模块对单粒子效应的敏感性, 确保其可靠运行。常用的 FPGA 可综合代码级抗单粒子效应设计有: TMR、双模冗余 (DMR)、时间滤波冗余 (time filter redundancy, TFR) 和冗余编码等。

A. 时间滤波冗余设计。

单粒子效应会在 10ns 量级引起 FPGA 触发器的翻转或者在数据传输线上产生瞬态脉冲, 并有可能导致最终的输出错误, 可以采用时间滤波冗余的方法减缓单个比特的翻转或者瞬态脉冲。如图 7-54 所示为时间滤波冗余逻辑及其时序设计示意图。如果逻辑模块输出数据的间隔为 $T$, 则 TFR 表决模块分别在 $t0$, $t1$, $t2$ 时刻按照 clk_p0, clk_p1, clk_p2 上升沿节拍对逻辑模块输出进行采样缓存, 在 $t3$ 时刻给出多数表决结果, 作为逻辑模块的输出 [53]。

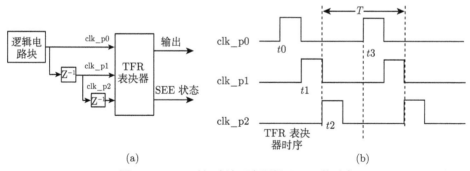

图 7-54 (a) 时间滤波冗余逻辑及 (b) 其时序

B. 时序电路抗 SET 设计。

SET 容易在时序电路中的时钟、数据或者控制线上产生短脉冲抖动, 可能进一步造成电路的误触发或者误锁存。为了减少这种短脉冲抖动的影响, 在设计上可做如下考虑: 内部复位电路尽可能使用同步复位; 控制线尽可能配合使能信号线使用；组合逻辑数据在锁存时尽可能配合使能信号。也就是说，尽量在触发逻辑中配合另一个使能条件，以屏蔽由单粒子瞬态 (SET) 产生的大部分抖动 [53]。

(2) 布局布线抗 SEU-MBE 设计。

FPGA 单个配置位的翻转可以造成 TMR 设计中两个冗余模块的同时错误，进而使 TMR 失效。以此可以推断，FPGA 配置存储器的单粒子翻转也同样可能导致关键功能模块的冗余设计中多个功能模块的同时错误，进而造成关键逻辑全部失效。这类现象就是配置存储器单粒子翻转造成的多个模块同时错误，即 SEU-MBE(single event upset induced multi-block error)。

解决 SEU-MBE 问题的区域约束法 (area constrain method，ACM) 要点是把逻辑设计中各元素的布线区域从几何上划分开来，避免不同模块中任意两个关键元素分布在同一个布线区域，避免了其在可编程互连线的相邻，这样可以有效避免单粒子翻转造成的多模块同时故障问题。

3) 动态重构自修复技术

针对 SRAM 型 FPGA 存在 MBU 和单粒子功能中断 (SEFI) 影响问题，除采用上述的单粒子翻转加固外，还需要配合使用动态重构方法。利用 Xilinx FPGA 的可重构特性，通过外控制器对 FPGA 进行重配置，可以最大限度地使器件恢复到原始设计状态。实现 SRAM 型 FPGA 器件的重配功能需要附加的高可靠单元控制器 (high reliability unit，HRU) 和存储器，其中 HRU 高可靠单元可以是加固的处理器或反熔丝 FPGA 等，存储器应为非易失性存储器，该技术的实现结构框图如图 7-55 所示。

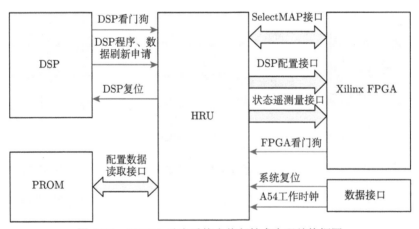

图 7-55　FPGA 动态重构自修复技术实现结构框图

SRAM 型 FPGA 器件的重配置是该类型器件空间应用抗单粒子效应的重要

途径。深入完整的技术包括：SRAM 型 FPGA 器件配置存储区数据的回读与校验，动态局部重构技术等。

FPGA 的动态重构自修复需要经历以下三个过程：逻辑功能的区域划分、动态回读校验和动态重配置。在 FPGA 发生单粒子效应故障时，HRU 通过对 FPGA 的状态监控、配置存储器的回读校验等措施，可以将故障定位于功能模块对应的布线配置区域。动态重构自修复是指 HRU 在不中断 FPGA 其他功能模块正常时序条件下，实现对 FPGA 故障区域的动态重构自修复。

### 7.7.4 SEFI 防护设计

空间任务中使用对 SEFI 敏感的大规模集成电路如 FPGA、CPU 和 DSP 等，首先明确 SEFI 发生的规律和特征，试验评估发生 SEFI 对电路功能的危害程度，通常的防护设计方法主要有错误计数器和看门狗。具体的防护设计方法如下所述。

1) 错误计数器

错误计数器用于检测存储器的 SEFI，因为存储器的 SEFI 通常意味着大量的数据错误，当一定时间内发生的错误数超过预先设定的阈值时，就认为器件发生了 SEFI，需要启动系统恢复功能。

2) 监视电路

一般计算机系统应采用监视电路，常用的做法是增加看门狗 (watchdog)，如图 7-56 所示。

图 7-56  计算机系统监视电路设计图

看门狗用于检测微处理器和其他控制器件的 SEFI，因为数据进入这些器件需要一定的运行时间再输出，所以 SEFI 很难立即就被发现。看门狗本身是一个计时装置，被检测的器件在正常工作时会每隔一段固定时间向看门狗发送清零信号，而该器件发生 SEFI 时清零信号将不会被发出。当看门狗计时器的计时值超过预先设定的阈值时，看门狗会发出警告并重新启动系统。

常用的看门狗电路有三个信号，分别是复位 (reset)、狗咬 (dogbite) 和喂狗 (feeddog)。复位系统上电时，产生复位脉冲，保证计算机系统的稳定初始化，软件在完成初始化之后，需要周期性输出喂狗信号，否则看门狗电路输出狗咬信号。

大部分设计中，狗咬信号接入 CPU 的不可屏蔽中断模块，在不可屏蔽中断的中断服务程序中，对狗咬信号进行处理，如对系统进行重新引导。一些 CPU 没有不可屏蔽中断，可采用将复位和狗咬相或之后，连接到 CPU 的复位输入上。一些看门狗电路没有专门的狗咬信号，相当于在其芯片内部进行了复位和狗咬相或的逻辑。

3) 动态重构自修复技术

针对 Xilinx 公司的 SRAM 型 FPGA 产生的 SEFI 现象，可采用上述动态重构自修复技术。

4) JTAG 接口的处理

根据 NASA 的一些实验结果，用于硬件测试的 JTAG 接口，在单粒子效应的作用下，会使整个芯片进入测试状态，从而对功能造成影响。这种影响是 CPU 出现 SEFI 的主要原因之一。

标准的 JTAG 接口包括 TDO、TDI、TMS、TCK 四个信号，外加一个可选的 TRST 信号。对于使用 TRST 信号的器件，应将 TRST 信号通过电阻下拉到地。对于没有 TRST 信号的芯片，需要将 TDI、TMS 上拉到电源，并且给 TCK 一个连续的时钟信号，从而保持 JTAG 接口处于复位状态。

由于 JTAG 标准要求接口信号上拉，一般芯片的 TDO、TDI、TMS、TCK、TRST 信号内部都有上拉，因而对于 TRST 的下拉必须足够强。一般可以参考芯片的手册，根据内部上拉电阻的值，确定外部下拉信号的电阻值。同时，使用万用表对下拉的实际输入电压进行测量，保证 TRST 的输入不大于 0.3V。

### 7.7.5  SET 防护设计

针对运算放大器、比较器、电源模块和光电耦合器等，其产生的 SET 扰动脉冲电压超出后级电路的输入范围，可能直接导致后级电路的损毁或异常，因而过压或欠压保护是常见的防护措施之一。此外，在电路中插入滤波元件也是常用的减缓 SET 方法，该元件应当是无源器件或对辐射不敏感器件，阻止 SET 脉冲在电路系统的传播，去除其对后续电路的影响；但插入滤波元件必然会降低电路速度，因此，工程设计人员必须在减缓 SET 与保证电路系统性能之间进行权衡设计。

#### 1. 电源电路的防护设计

电源电路的 DC-DC、LDO 由于 SET 导致的过压，一般为瞬态效应，可通过滤波减少危害。根据相关的资料，DC-DC、LDO 的负载对 SET 的后果也产生明显的影响，负载上升，则 SET 导致的过压、欠压幅度上升，持续时间也上升。因而，适当的降额可以减轻 SET 的危害。

1) 电压钳位

对于输入电压进行保护性钳位，在电压过高时，采用稳压二极管，使电压的上升不至于太大，从而保护后续电路，如图 7-57 所示。

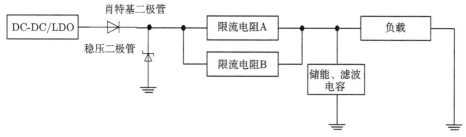

图 7-57　电压钳位设计图

DC-DC 或者 LDO 的输出,首先经过一个肖特基二极管,之后和地之间接入一个稳压管。当电源输出出现向上的波动时,稳压管对输出电压进行钳位,当电源输出出现向下的波动时,肖特基二极管和滤波电路一起,减少负载的电压波动,从而保证后续电路的稳定工作。

2) 电压滤波

参照上图,DC-DC 或者 LDO 的输出,在出现向下或者向上的波动时,滤波电路减少负载的电压波动,从而保证后续电路的稳定工作。

3) 电源欠压保护

参照上图,DC-DC 或者 LDO 的输出,在出现向下的波动时,肖特基二极管和滤波电路一起减少负载的电压波动,从而保证后续电路的稳定工作。

4) 输入过压保护

当前一级器件的工作电源电压高于后一级器件的工作电源电压时,单粒子瞬态效应可能导致输入过压,保护电路和电源输入过压保护类似,即输入级和地之间并接一个稳压管。

**2. 线性器件和接口器件的防护设计**

线性器件和接口器件可采用的主要防护设计措施是针对产生的 SET 扰动脉冲进行滤波处理,而对于器件可能产生的过压或欠压风险则可以参考 1. 电源电路的防护设计。

1) 模拟数字转换器 (ADC)

ADC 中的采样保持电路产生的 SET 会导致器件的输出数据异常,在时间允许的条件下,采用多次采集排序取中间值的方法,可以消除其影响。

2) 数字模拟转换器 (DAC)

DAC 中的模拟输出电路部分可直接导致输出产生 SET 扰动,对于安全性关键环节,防护设计方法主要是采用电压滤波的方式,减缓 SET 对后续电路的影响,可参考 1. 电源电路的防护设计。

3. 数字通信接口和线驱动器

SET 可导致接口传输的数据异常，在对于安全性关键环节，需要在后续电路中采用 SEU 防护措施，依据具体电路可采用 EDAC 等方法。

4. 定时器、计数器

SET 导致输出异常，在对于安全性关键环节，需要采用保护措施，一般需要控制回路的反馈检测和后续处理。

5. 脉冲宽度调制器 (PWM)

SET 导致输出异常，对于安全性关键环节，需要采用保护措施。一般需要控制回路的反馈检测和后续处理。

### 7.7.6　软件防护设计

软件的抗单粒子翻转容错设计是提高计算机系统可靠性的关键之一。应严格按功能进行模块化程序结构设计，模块保持高度的独立性、单向性以及具有防范非法侵入的自保护措施。具体方法如下所述。

(1) 由于 PROM 具有较强的抗单粒子翻转干扰能力，可将重要程序和一些固定的常数都固化在其中，可大大减少程序发生单粒子翻转错误的概率。

(2) 数据区与程序区隔离，避免程序进入 RAM 中，大面积冲毁 RAM 中的数据。

(3) 段存储器置初值：由中断服务程序执行给段存储器置初值，若段存储器出现单粒子翻转使程序出错，可恢复段存储器的值。

(4) 对 CPU、PROM、RAM 空闲区全部填充陷阱指令。若程序一旦跳入空闲区就进行跑飞程序处理，将程序拉回。

(5) 对模块输入、输出口标签值进行预置、检查和复位。每一个块入口的标签值有初始化，出口有约定标志；对只执行一次的指令码，仅在退出该块之前检查一次标签值；对循环指令码，在每次循环迭代时都检查一次标签值；程序退出该块，标签值复零。

(6) 对于决定程序分支标志的重要参数 FLAG，用一个字节或字作标志，不能用 0 或 1 两种状态作为判断标志。

(7) 三取二表决法：在每个采样周期都把对程序运行有重大影响的标志及对运算结果起关键作用的数据进行三取二比对表决。在双机或单机时间差比对发现错误后，转入错误处理程序，这时对中间变量也进行三取二处理。这种方法可以避免 RAM 的单粒子翻转软故障。若三取二仍然不能解决问题，则交给系统管理软件进行分析，确定是硬件故障或软件错误，属前者则通过硬件重构，然后返回应用软件继续运行。

(8) 模式间转换采用立即数跳转方式，而少用存储器及寄存器跳转方式。

(9) 设置软件看门狗：当程序按正常路径执行时，不断清除看门狗，如果程序进入死循环，则看门狗在规定的时间内不被清除，发出计算机复位信号，进行初始化处理，使计算机重新开始运行，从死循环中解脱出来。

### 7.7.7 系统防护设计

系统层面的防护设计可以在单机、分系统、整星等不同层次实施，其基本思路是利用位于顶层的少量高可靠单元 (HRU，可以是单个器件、电路或者单机) 来检测其他数量较多的高性能数据计算处理等应用单元 (也可以是单个器件、电路或者单机) 由单粒子效应等导致的健康异常问题，一旦发现应用单元健康异常，由高可靠单元对其执行断电–重上电、重启、重配置等恢复性操作，以此保障整个空间电子学系统的可靠性和性能。

此类系统层次的可靠性监控体系常见的有如图 7-58 所示的金字塔结构[53]。针对器件辐射效应，尤其是单粒子效应引起的单粒子翻转、SET 和部分 SEFI 等可恢复型软故障方面的防护设计策略，使用高等级、高可靠性的器件实施对中等级、中等可靠度器件的状态监控，中等级、中等可靠度的器件实施对低等级、低可靠度器件的监控，依此类推，构成一个金字塔形层层监控的可靠性体系结构。

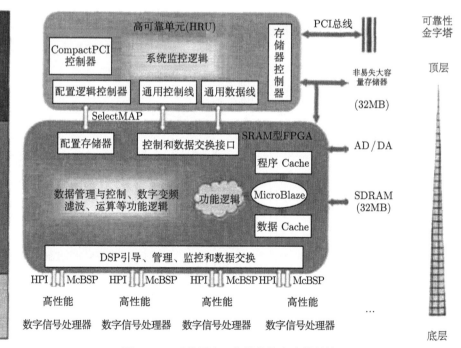

图 7-58    系统层次可靠性监控金字塔结构

　　金字塔机构结构中的高可靠单元 (如 Actel 的 A54SX 系列 FPGA，以 A54SX32 为例，下同) 处在体系的顶层，对 SRAM 型 FPGA 配置存储器进行回读校验，并根据 SRAM 型 FPGA 和数字信号处理器 (DSP) 内部三模冗余、双模冗余以及其他的单粒子效应故障检测模块提供的状态信息，对 SRAM 型 FPGA 和 DSP 当前功能的正常性作出分析与判断，对出现故障的功能模块实施 (局部) 动态修复。一般情况下，HRU 主要用在电源管理、姿态和轨道控制、指令和数据处理，以及遥测遥控等。由于其规模较小，高可靠单元不适合进行复杂信号处理，必须结合高性能的 FPGA、DSP 才能完成复杂的信号处理功能。处于第二层结构的是 SRAM 型 FPGA，也可以是其他低等级器件。SRAM 型 FPGA 完成多通道高速并行信号处理、DSP 阵列的数据管理和待处理数据流向的控制。它内部存在一个或多个嵌入式处理器核负责外部数据缓存器 SDRAM 的读写操作，并完成 FPGA 内部部分复杂的控制逻辑。多个地位平等的高性能定点 (浮点)DSP 构成了一个具有高速数据处理能力的信号处理网络，它们处于结构的第三层。

　　金字塔可靠性监控体系第一层的高可靠单元负责系统中低等级较低可靠性器件的故障诊断、控制、调配和重构；第二、三层依靠第一层的控制，具有自主重构的能力，并且根据内部软件的不同，可以完成不同的应用任务。

　　也有在低成本卫星中利用多台单机之间多重冗余实现的相互间可靠性监控，如图 7-59 所示。其中星务计算机承担整星数据信息管理任务，负责卫星的运行操作和综合信息处理工作，是星上的"数据管理中心"；应答机负责卫星上下行数据传输，是星地信息传输的"管道"。在多数卫星上，这两类设备都至少进行双冗余

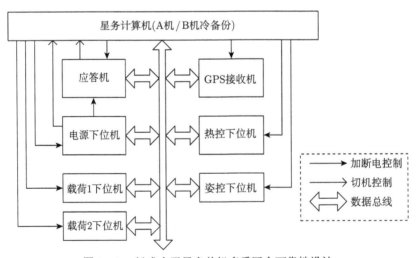

图 7-59　低成本卫星多单机多重冗余可靠性设计

备份设计, 其重要性不言而喻。在低成本卫星上, 应尽可能减少备份设计, 但综合考虑系统的可靠性、安全性和研制成本, 有必要将星务计算机进行冷备份设计。星务计算机和各下位机之间, 一般通过备份的双总线进行数据交互; 同时, 星务计算机应具有给其他设备彻底断电的设计措施; 为应对极小概率的设备级双重或多重故障, 借鉴软件 "看门狗" 的方法, 应再指定其他设备 (可以是多台) 对星务计算机和应答机进行切机或加断电控制。

## 习　题

1. 从内部电荷及电场的角度绘制 pn 结示意图; 在此基础上并结合其伏-安特性曲线, 阐述空间辐射粒子穿过反偏、正偏但未导通、正偏导通三种状态的 pn 结, 在其中产生电离电荷所造成的后果。

2. 简要阐述单个空间辐射粒子轰击 pn 结时形成的瞬态电离电荷 (电流) 诱导存储器电路翻转、组合逻辑电路瞬态脉冲、模拟电路瞬态脉冲、CMOS 工艺电路锁定、功率器件烧毁及栅穿的机制及特点。

3. 高能质子的最大 LET 值为 $0.1\mathrm{MeV\cdot cm^2/mg}$, 假设某款硅器件内部单粒子效应敏感部位的电荷收集长度为 $1\mathrm{\mu m}$, 若高能质子的直接电离作用即可导致该器件发生单粒子效应, 计算该器件发生单粒子效应的临界电荷 $Q_c$。

4. 绘制近地空间重离子的 LET 谱分布示意图, 调研中英文文献分析主要的航天型号任务或宇航用元器件抗单粒子效应指标的规定情况, 说明两者的关系。

5. 表 7-6 为不同能量 $(E_i)$ 的氟离子在硅材料中的 LET 值 $(\mathrm{LET}_i)$ 及射程 $(R_i)$ 数据。某实验采用了初始能量 $(E_0)$ 为 40MeV、初始 LET 值 $(L_0)$ 为 6.594 $\mathrm{MeV\cdot cm^2/mg}$、初始射程 $(R_0)$ 为 24.2μm 的氟离子进行器件单粒子效应试验。

(1) 利用上述数据, 如何计算该 40MeV 的氟离子穿过硅材料的深度 $d_i$ (类似器件的钝化层)? 此时的剩余能量及 LET 值如何表征?

(2) 利用上述数据, 具体计算该 40MeV 的氟离子穿过不同深度硅材料后对应的 LET 值及能量, 并绘制曲线。在此基础上分析该氟离子 LET 值在穿过不同厚度钝化层后的变化特点, 预测可能对单粒子效应试验结果的影响。

(3) 试验中 40MeV 的氟离子辐照注量达到了 $10^7\mathrm{cm^{-2}}$, 计算这些离子穿过 20μm 的钝化层后, 在器件敏感部位导致的电离总剂量。

**表 7-6　不同能量的氟离子在硅材料中的 LET 值及射程数据**

| $E_i/\mathrm{MeV}$ | $\mathrm{LET}_i/(\mathrm{MeV\cdot cm^2/mg})$ | $R_i/\mathrm{\mu m}$ |
|---|---|---|
| 0.5 | 3.09 | 0.8768 |
| 0.55 | 3.28 | 0.9375 |
| 0.6 | 3.462 | 0.9954 |
| 0.65 | 3.637 | 1.05 |
| 0.7 | 3.804 | 1.1 |
| 0.8 | 4.122 | 1.21 |
| 0.9 | 4.419 | 1.3 |

| $E_i$/MeV | LET$_i$/(MeV·cm$^2$/mg) | $R_i$/μm |
|---|---|---|
| 1 | 4.697 | 1.39 |
| 1.1 | 4.959 | 1.47 |
| 1.2 | 5.206 | 1.56 |
| 1.3 | 5.438 | 1.63 |
| 1.4 | 5.656 | 1.71 |
| 1.5 | 5.861 | 1.78 |
| 1.6 | 6.054 | 1.85 |
| 1.7 | 6.234 | 1.92 |
| 1.8 | 6.403 | 1.99 |
| 2 | 6.707 | 2.11 |
| 2.25 | 7.033 | 2.27 |
| 2.5 | 7.304 | 2.41 |
| 2.75 | 7.529 | 2.56 |
| 3 | 7.715 | 2.7 |
| 3.25 | 7.867 | 2.83 |
| 3.5 | 7.99 | 2.97 |
| 3.75 | 8.09 | 3.1 |
| 4 | 8.169 | 3.23 |
| 4.5 | 8.28 | 3.49 |
| 5 | 8.342 | 3.75 |
| 5.5 | 8.371 | 4 |
| 6 | 8.375 | 4.26 |
| 6.5 | 8.363 | 4.51 |
| 7 | 8.34 | 4.77 |
| 8 | 8.273 | 5.29 |
| 9 | 8.192 | 5.81 |
| 10 | 8.108 | 6.33 |
| 11 | 8.024 | 6.87 |
| 12 | 7.943 | 7.4 |
| 13 | 7.866 | 7.95 |
| 14 | 7.794 | 8.49 |
| 15 | 7.725 | 9.05 |
| 16 | 7.661 | 9.61 |
| 17 | 7.6 | 10.17 |
| 18 | 7.542 | 10.74 |
| 20 | 7.434 | 11.89 |
| 22.5 | 7.31 | 13.34 |
| 25 | 7.195 | 14.83 |
| 27.5 | 7.087 | 16.33 |

续表

| $E_i$/MeV | LET$_i$/(MeV·cm$^2$/mg) | $R_i$/μm |
|:---:|:---:|:---:|
| 30 | 6.983 | 17.86 |
| 32.5 | 6.882 | 19.41 |
| 35 | 6.784 | 20.98 |
| 37.5 | 6.687 | 22.58 |
| 40 | 6.594 | 24.2 |

6. 阐述综合利用地面重离子垂直辐照器件获得的单粒子效应截面-LET 值曲线，以及空间各向同性的重离子 LET 谱数据，预测该器件在轨由重离子诱发的单粒子效应频次的步骤要点。简要阐述在上述数据及方法的基础上，如何间接预测在轨的质子诱发单粒子效应频次。

7. 针对 400km 至月球轨道 (384000km) 范围高度的地球空间卫星 (必须考虑 400km、800km、1400km、20000km、36000km、384000km 几个主要高度)，绘制卫星采用 LET 阈值分别为 1MeV·cm$^2$/mg 和 20MeV·cm$^2$/mg 的两种存储器件单粒子翻转频次随卫星轨道高度的"定性"分布示意图，并说明构成该分布的原因。

8. 调研给出相关器件发生单粒子翻转、功能中断 (SEFI)、锁定 (SEL)、模拟瞬态脉冲 (ASET)、烧毁 (SEB) 等效应的 LET 阈值情况，推测上述单粒子效应在轨发生频次情况。简要阐述单粒子效应对器件及电路系统的影响后果，以及防护应对策略的要点。

# 参 考 文 献

[1] 韩建伟. 高能重离子径迹结构对单粒子翻转的影响. 空间科学学报, 2000, 20(4): 333-339.

[2] Waligórski M P R, Hamm R N, Katz R. The radial distribution of dose around the path of a heavy ion in liquid water. Nucl. Tracks Radiat. Meas., 1986, 11(16): 309-319.

[3] Katz R, Loh K S, Luo D L, et al. An analytic representation of the radial distribution of dose from energetic heavy ions in water, Si, LiF, NaI, and SiO$_2$. Radiation Effects and Defects in Solids, 1990, 114: 1-2, 15-20.

[4] Tabata T, Ito R, Okabe S. Generalized semiempirical equations for the extrapolated range of electrons. Nucl. Instr. Meth., 1972, 103: 85-91.

[5] Dodd P E, Musseau O, Shaneyfelt M R, et al. Impact of ion energy on single-event upset. IEEE Trans. Nucl. Sci., 1998, 45(6): 2483-2491.

[6] Paccagnella A. Single Event Effects: Introduction. Scuola Nazionale di Legnaro, 2007.

[7] McLean F B, Oldham T R. Charge funneling in n- and p-type Si substrates. IEEE Trans. Nucl. Sci., 1982, 29(6): 2018-2023.

[8] Srour J R, McGarrity J M. Radiation effects on microelectronics in space. Proceedings of the IEEE, 1988, 76(11): 1443-1469.

[9] Messenger G C. Collection of charge on junction nodes from ion tracks. IEEE Transactions on Nuclear Science, 1982, 29(6): 2024-2031.

[10] Nicolaidis M. Soft Errors in Modern Electronic Systems. Chapter 2 Single Event Effects: Mechanisms and Classification, Frontiers in Electronic Testing Vol. 41, DOI 10.1007/978-1-4419-6993-4_2, ©Springer SciencetBusiness Media, LLC 2011.

[11] Ferlet-Cavrois V, Massengill L W, Gouker P. Single event transients in digital CMOS— A review[J]. IEEE Transactions on Nuclear Science, 2013, 60(3): 1767-1790.

[12] 封国强, 胡永贵, 王健安, 等. 运算放大器 SET 效应的试验研究. 空间科学学报, 2010, 30(2): 170-175.

[13] 程佳, 马英起, 韩建伟, 等. 运算放大器单粒子瞬态脉冲效应试验评估及防护设计. 空间科学学报, 2017, 37(2): 222-228.

[14] 封国强, 马英起, 张振龙, 等. 光电耦合器的单粒子瞬态脉冲效应研究. 原子能科学技术,2008(S1): 36-40.

[15] Aoki T. Dynamics of heavy-ion-induced latchup in CMOS structures. IEEE Trans. Electron. Devices, 1988, 35(11): 1885-1891.

[16] Bruguier G, Palau J M. Single particle-induced latchup. IEEE Trans. Nucl. Sci., 1996, 43(2): 522-532.

[17] Sturesson F. Single Event Effects (SEE) Mechanism and Effects, Space Radiation and its Effects on EEE Components. EPFL Space Center 9th J., 2009.

[18] Hohl J H, Galloway K F. Analytical model for single event burnout of power MOSFETs. IEEE Trans. Nucl. Sci., 1987, 34(6): 1275-1280.

[19] Johnson G H, Brews J R, Schrimpf R D, et al. Analysis of the time-dependent turn-on mechanism for single-event burnout of n-channel power MOSFETs//RADECS 93// Second European Conference on Radiation and Its Effects on Components and Systems (Cat. No. 93TH0616-3). IEEE, 1993: 441-445.

[20] Lauenstein J M. NEPP Electronic Data Workshop, 2012.

[21] Allenspach M, Brews J R, Galloway K F, et al. SEGR: A unique failure mode for power MOSFETs in spacecraft. Microelectronics reliability, 1996, 36(11-12): 1871-1874.

[22] Scheick L. Testing Guideline for Single Event Gate Rupture (SEGR) of Power MOS-FETs. JPL Publication 08-10 2/08, 2008.

[23] International Rectifier's IRHM7260 Power MOSFET Datasheet.

[24] Petersen E L, Shapiro P, Adams J H, et al. Calculation of cosmic-ray induced soft upsets and scaling in VLSI devices. IEEE Trans. Nucl. Sci., 1982, 29(6):2055-2063.

[25] Shivakumar P, Kistler M, Keckler S W, et al. Modeling the effect of technology trends on the soft error rate of combinational logic// Proceedings of the 2002 International Conference on Dependable Systems and Networks, 2002.

[26] Dodd P E, Shaneyfelt M R, Felix J A, et al. Production and propagation of single-event transients in high-speed digital logic ICs. IEEE Trans. Nucl. Sci., 2004, 51(6): 3278-3284.

[27] Akkerman A, Barak J, Lifshitz Y. Nuclear models for proton induced upsets: A critical comparison. IEEE, 2001: 365.

[28] O'Neill P M, Badhwar G D, Culpepper W X. Internuclear cascade-evaporation model for let spectra of 200MeV protons used for parts testing. IEEE Trans. Nucl. Sci., 1998, 45(6): 2467-2474.

[29] Hiemstra D M. LET spectra of proton energy levels from 50 to 500 MeV and their

effectiveness for single event effects characterization of microelectronics. IEEE Trans. on Nucl. Sci., 2003, 50(6): 2245-2250.

[30] Petersen E L. The SEU figure of merit and proton upset rate calculations. IEEE Trans. Nucl. Sci., 1998, 45(6): 2550-2562.

[31] Zhu M G, Lu P, Wang X, et al. Ultra-strong comprehensive radiation effect tolerance in carbon nanotube electronics. Small, First published: 11 November, 2022. https://doi.org/10.1002/small.202204537.

[32] Adams J H. The variability of single event upset rates in the natural environment. IEEE Trans. Nucl. Sci., 1983, 30(6): 4475-4480.

[33] Tsao C H, Silberberg R, Adams J H, et al. Cosmic ray transport in the atmosphere: Dose and let-distributions in materials. IEEE Trans. Nucl. Sci., 1983, 30(6):4398-4404.

[34] 国家国防科技工业局. 宇航用半导体器件重离子单粒子效应试验指南 QJ 10005A—2018, 2018.

[35] ESCC Basic Specification No. 25100. Single Event Effects Test Method and Guidelines, Issue 1, 2002.

[36] Petersen E L, Pickel J C, Adams J H. Rate prediction for single event effects - a critique. IEEE Trans. Nucl. Sci., 1992, 39(6): 1577-1599.

[37] Mavis D G, Eaton P H. SEU and SET modeling and mitigation in deep submicron technologies// IEEE 45th Annual International Reliability Physics Symposium, Phonix, 2007: 293-305.

[38] Pickel J C. Single event effects rate prediction. IEEE Trans. Nucl. Sci., 1996, 43(2): 483-495.

[39] Adams J H. Nucl. Cosmic Ray Effects on Microelectronics, Part IV, Part. Sci. 33, 323-381. NRL Memorandum Report 5901, Washington, D.C., 1986.

[40] Bendel W L, Petersen E L. Proton upsets in orbit. IEEE Trans. Nucl. Sci., 1983, 30(6): 4481-4485.

[41] Stapor W J, Meyers J P, Langworthy J B, et al. Two parameter Bendel model calculations for predicting proton induced upset. IEEE Trans. Nucl. Sci., 1990, 37(6): 1966-1973.

[42] Barak J, Levinson J L, Akkerman A, et al. A simple model for calculating proton induced SEU. IEEE Trans. Nucl. Sci., 1996, 43(3): 979-984.

[43] 韩建伟, 叶宗海. 质子引发的单粒子翻转率估算的研究. 空间科学学报，1999，19(3)：266-271.

[44] Sierawski B D, Pellish J A, Reed R A, et al. Impact of low-energy proton induced upsets on test methods and rate predictions. IEEE Trans. Nucl. Sci., 2009, 56(6):3085-3092.

[45] Koga R, George J, Swift G, et al. Comparison of Xilinx Virtex-II FPGA SEE sensitivities to protons and heavy ions// Proceedings of RADECS 2003, Noordwljk, The Netherlands, 2003: 273-278.

[46] Harboe-Sørensen R. 40 years of radiation single event effects at the european space agency, ESTEC. IEEE Trans. Nucl. Sci., 2013, 60(3): 1816-1823.

[47]  Novak D, Granholm L, Kerek A, et al. In flight SEU tests on the European SMART-1 spacecraft// RADECS 2005 Proceedings, 2005.

[48]  Carmichael C, Caffrey M, Salazar A. Correcting Single-Event Upsets Through Virtex Partial Onfiguration. XAPP216 (v1.0) June 1, 2000.

[49]  韩建伟, 张振龙, 封国强, 等. 单粒子锁定极端敏感器件的试验及对我国航天安全的警示. 航天器环境工程, 2008, 25(3)：263-268.

[50]  刘沛龙, 常亮, 陈宏宇, 等. 星载计算机 SRAM 单粒子微闩锁检测方法. 天津大学学报 (自然科学与工程技术版), 2017,50(8)：856-861.

[51]  吴昊, 朱翔, 韩建伟, 等. SRAM 单粒子锁定效应电路级防护设计研究. 原子能科学技术, https://kns.cnki.net/kcms/detail/11.2044.TL.20220217.0915.002.html.

[52]  Xin J D, Zhu X, Ma Y Q, et al. Design of SEL self-recovery hardness for 90 nm COTS devices using R-C-S network with DC-DC converter//APCCAS 2022, 2022.

[53]  王跃科, 邢克飞, 杨俊, 等. 空间电子仪器单粒子效应防护技术. 北京：国防工业出版社, 2010.

# 第 8 章 表面充放电效应

## 8.1 表面充放电效应概述

### 8.1.1 表面充放电现象

表面充电是指航天器在空间等离子体、光照作用下导致电荷在航天器表面积累，使航天器表面电势与空间等离子体或航天器不同部位间充以不同电势的现象，如图 8-1 所示。当电荷累积到一定程度，其产生的电场超过表面材料的耐压阈值时，表面材料被击穿，出现静电放电，诱发设备甚至航天器发生故障。

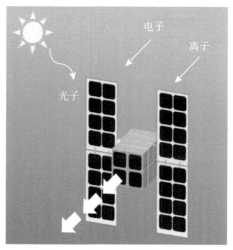

图 8-1　航天器表面充电现象

航天器充电过程类似往容器中加水，当流入和流出容器的速度达到平衡时水位不变，即航天器达到充电平衡，如图 8-2 所示。

航天器电容充电平衡方程如下：

$$\tau I = C\phi \tag{8-1}$$

其中，$\tau$ 为充电时间；$I$ 为充电电流；$C$ 为充电电容；$\phi$ 为充电电势。如果航天器简化为一个球模型，则其电容 $C$ 为

$$C = \varepsilon_0 4\pi R \approx 10^{-10} \text{F} \tag{8-2}$$

充电电流为 $I$，如下式所示，其中，$J$ 为电流密度；$R$ 为航天器半径。

$$I = J\pi R^2 \tag{8-3}$$

因此，充电时间为 $\tau$，如下式所示

$$\tau \propto \frac{\phi}{RJ} \tag{8-4}$$

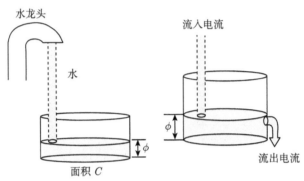

图 8-2　航天器表面充电过程

### 8.1.2　表面充放电效应的危害

表面充放电效应会导致航天器材料、结构和部件充以一定电势，形成一定的电场，还可能诱发放电，这种充电会形成放电脉冲，干扰星上电子设备正常工作，诱发故障、诱发太阳电池放电毁坏、妨碍星上低能带电粒子和电场等探测。

#### 1. 表面充电诱发放电脉冲，导致星上电子设备故障

表面充电在航天器材料和部件中形成一定的电场和电势分布，若空间等离子体、光照环境相同，航天器材料、接地状态等相同，航天器整体会形成相同的充电水平，称为等量充电 (或者绝对充电)；若上述环境及材料状况不同则导致航天器不同部位的差异充电。相关的电势差和电场强度超过一定阈值时会发生放电而形成放电脉冲，NASA-HDBK-4002B 技术手册 *Mitigating In-Space Charging Effects - A Guideline*[1] 和 ESA 的 ECSS-E-ST-20-06C 航天工程标准 *Spacecraft Charging-Space Engineering*[2] 等给出了相关阈值。

NASA-HDBK-4002B 给出的放电阈值如下：

(1) 介质表面电势比邻近的导体高 500V，实际应用中考虑正 400V 的更保守数值，易于触发介质表面放电；

(2) 介质和接地导体之间的电场大于 $2 \times 10^5 \text{V/cm}$，材料表面的边角、凸起、间隙、裂缝、瑕疵等会导致局部场强增大，易于触发介质表面放电；

(3) 介质材料内部电场大于 $2 \times 10^5 \text{V/cm}$，实际应用中材料边角、界面等使得击穿场强更低，因此考虑更保守的大于 $1 \times 10^4 \text{V/cm}$，易于触发介质击穿放电。

ECSS-E-ST-20-06C 给出的放电阈值如下：

(1) 正向电场梯度：介质与邻近更正电势导体间电势差超过 1000V、电场强度超过 $10^4 \sim 10^5 \text{V/cm}$，易于触发发生介质表面放电；

(2) 反向电场梯度：介质与邻近更负电势导体间电势差超过 100V，易于触发发生金属放电；

(3) 介质电场强度超过 $10^5 \text{V/cm}$，易于触发介质击穿放电。

大量的航天工程实践发现，表面充放电效应导致航天器故障。1996 年，NASA 发表研究报告 "Spacecraft System Failures and Anomalies Attributed to the Natural Space Environment" [3]，分析了从 1974~1994 年的 114 起空间环境诱发的航天器异常事例，其中单粒子效应和充放电导致的异常比例分别为 38.7% 和 36%。1999 年，美国 Aerospace 公司发表研究报告 "The Impact of Space Environment on Space Systems" [4]，研究了从 1971~1997 年的 299 起空间环境诱发的航天器异常事例，其中单粒子效应和充放电导致的异常比例分别为 28.4% 和 54.2%。表 8-1 为 NASA 对 114 例航天器在轨故障的统计分析，可以看出，由航天器表面充放电导致的故障占总数的 36%；表 8-2 为由航天器表面充放电效应导致卫星故障的典型事例，其中部分故障只是导致航天器出现"软错误"，部分严重的故障则导致整个卫星失效，部分卫星先后多次出现故障，部分卫星由于轨道环境和卫星结构特点类似而出现大量重复的故障。

表 8-1　在轨卫星发生故障统计表

| 故障原因 | 故障数/次 | 占总事件百分比/% |
| --- | --- | --- |
| 等离子体 | 41 | 36 |
| 粒子辐射 | 39 | 34.2 |
| 空间碎片/微流星体 | 11 | 9.6 |
| 热环境 | 12 | 10.5 |
| 中层大气 | 3 | 2.6 |
| 地磁场 | 2 | 1.8 |
| 太阳环境 | 6 | 5.3 |
| 总计 | 114 | 100 |

表 8-2　航天器表面充放电故障事例

| 序号 | 卫星名称 | 时间 | 故障诊断 | 影响 |
| --- | --- | --- | --- | --- |
| 1 | Anik B1 | 1978.12 | 表面 ESD | 未知 |

续表

| 序号 | 卫星名称 | 时间 | 故障诊断 | 影响 |
|---|---|---|---|---|
| 2 | Anik D2 | 1985.03.08 | 表面 ESD | 尽管最后恢复控制，但消耗了燃料，表面放电导致镜表面的退化 |
| 3 | DMSP F-13 | 1995.5.5 | 表面 ESD | 数据丢失 |
| 4 | DMSP F-10 | 1993.4.19 | 表面 ESD | 未知 |
| 5 | DMSP F2 | 1977 | 表面 ESD | 传感器数据严重衰减 |
| 6 | DMSP FLT 13 | 1996.12.2 | 表面 ESD | 未知 |
| 7 | DSP F1 | 1971.7.1 | 表面 ESD | 控制干扰 |
| 8 | DSP F10 | 1983.6.15 | 表面 ESD | 表现衰减 |
| 9 | DSP F2 | 1971.5.18/20 | 表面 ESD | 地面进程数据错误 |
| 10 | DSP F3 | 1974.3.3 | 表面 ESD | 地面控制错误 |
| 11 | DSP F4 | 1973.7.6 | 表面 ESD | 地面控制错误 |
| 12 | DSP F6 | 1977.1.30/1983.3.28 /1985.1.8 | 表面 ESD | 各种 |
| 13 | DSP F7 | 1983.12.3 | 表面 ESD | 各种 |
| 14 | DSP F9 | 1982.10.7 | 表面 ESD | 各种 |
| 15 | GMS-3 | 1984.9~1989.1 | 表面 ESD | 未知 |
| 16 | GOES-4 | 1981.4.29~1982.11.26 | 表面 ESD | 地面控制发出新指令，最终失去控制 |
| 17 | GOES-5 | 1981.8.20/1984.4.3 | 表面 ESD | 未知 |
| 18 | GOES-7 | 1989.2.26 | 表面 ESD | 未知 |
| 19 | GPS SVN 26 | 1995.10.9 | 表面 ESD | 未知 |
| 20 | GPS SVN 28 | 1995.10.9 | 表面 ESD | 未知 |
| 21 | GPS SVN 11 | 1994.2.11 | 表面 ESD | 未知 |
| 22 | INSAT-2D | 1997.10.1 | 表面 ESD | 任务减少，关闭印度存储交换，关闭通信 |
| 23 | IRON 7092 | 1995.3.26 | 表面 ESD | 未知 |
| 24 | IRON 9364 | 1992.10.16/1992.10.19 | 表面 ESD | 未知 |
| 25 | IRON 9443 | 1992.10.18 | 表面 ESD | 未知 |
| 26 | MARECS-A | 1985.8.31 | 表面 ESD | 未知 |
| 27 | MARECS-A | 1989.3.3 3.17/3.29 | 表面 ESD | 未知 |
| 28 | MARECS-A | 1982.2/1984.12 | 表面 ESD | 立即通信指令中断 |
| 29 | METEOSAT F-1 | 1977.11 后 | 表面 ESD | F-2 被设计优先现出 F-1 经历的问题 |
| 30 | NATO 3A | 1978 | 表面 ESD | 不合适的天线指向 |
| 31 | NATO 3B | 1978 年多发 | 表面 ESD | 不合适的天线指向 |
| 32 | SAMPEX | 1992.7.20 | 表面 ESD | 5%科学数据丢失 |
| 33 | SCATHA | 1981 | 表面 ESD | 很小 |
| 34 | SCATHA | 1982.9.22 | 表面 ESD | 2min 的数据丢失 |
| 35 | Skynet 2B | 1975-1976 | 表面 ESD | 未知 |
| 36 | Symphonie A | 1974.11 | 表面 ESD | 控制中心发送重置指令 |
| 37 | Symphonie B | 1975.8 | 表面 ESD | 控制中心发送重置指令 |
| 38 | TDRS 6 | 1994.1.4 | 表面 ESD | 数据丢失 |
| 39 | TDRSS | 1983.4 | 表面 ESD | 快速人工干预减少控制损失 |
| 40 | Telecom 1B | 1988.1.15 | 表面 ESD | 任务丢失 |
| 41 | Telstar 401 | 1994.10.9 | 表面 ESD | 1h 的服务干扰 |
| 42 | TEMPO | 1997.3.25 | 表面 ESD | 该问题会导致卫星能量减少 |

| 序号 | 卫星名称 | 时间 | 故障诊断 | 影响 |
|------|----------|------|----------|------|
| 43 | Sentinel1-A | 2016.08.23 | ESD | 太阳电池功率损失 300W |

**2. 表面充放电效应诱发太阳电池放电乃至烧毁**

太阳能电池作为航天器的主要供电系统之一，且大面积地暴露在空间等离子体中，其与空间环境中的等离子体相互作用，同样会引发表面充放电现象[5]。太阳能电池的充放电会对太阳能电池功率产生一定的损耗，降低太阳能电池的功率输出；表面放电会对表面材料造成物理损伤，使得太阳能电池的转换效率降低；放电电流会造成太阳能电池短路、烧毁，严重时导致太阳能电池无法正常工作[6]。太阳能电池作为航天器的主要能源系统，一旦其发生故障、损伤，会对整个航天器的运行产生影响[7]。

随着我国空间技术的迅速发展，空间站、高轨通信卫星等航天器对空间大功率能源系统的需求在日益增长。太阳电池阵作为航天器的主要供电来源，随着航天器对电源系统寿命及功率的需求越来越高，其输出功率也越来越大，从而导致太阳电池阵的面积越来越大，母线电压越来越高，因此需要高效率、质量小的新型高压太阳电池阵 (high voltage solar array，HVSA)。历史上，许多航天器上电源系统工作在标称电压 28V 下，在这样低的电压下，可以忽略太阳电池阵与等离子体之间的相互作用，航天器设计中也可以不考虑有关太阳电池阵充放电效应问题。随着空间应用技术的发展，能源系统输出功率的不断增加，航天器系统母线电压已逐渐由最初的 28V 提高至 100V，甚至更高等级的电压。然而当母线电压达到 100V 时，高压太阳电池阵受空间环境的影响将产生弧光放电，并由此引发了电源系统新的不可预测的损伤。

**3. 表面充电妨碍低能带电粒子和电场探测**

航天器表面充电会影响航天器上的科学探测。在日地空间物理探测任务中，为了研究太阳风、地球磁层、电离层等的特征及相互作用规律，经常需要搭载等离子体、低能电子、低能离子、电场等探测器进行原位测量，航天器表面充电效应会使得航天器地电势发生漂移，妨碍和影响相关的探测结果。如果航天器表面的充电电势为 $\phi$，在未充电时探测到的麦克斯韦指数分布的能量响应函数 $f(E)$，就会整体发生 $e\phi$ 的偏移。对于被该充电电势排斥的粒子，能量位移量为 $-e\phi$，导致能量低于 $e\phi$ 的粒子不能到达航天器表面，从而不能被探测到。航天器表面带电还会使带电粒子围绕地磁场螺旋运动的角度发生漂移，影响粒子入射方向的测量[8]。

### 8.1.3  不同轨道表面充放电风险分布

1989 年，NASA JPL 实验室发表的论文 "Spacecraft charging, an update"[9]，针对近地空间处于阴影区的铝制球形航天器外壳，考虑亚暴注入粒子及极光沉降粒子的恶劣等离子体环境，采用电流平衡方程分析计算了最恶劣的表面充电电势情况，结果如图 8-3 所示。

(1) GEO 内外及邻近赤道的附近区域，是磁层亚暴注入等离子体活跃的空间等离子体片区域，表面充电电势可高达数万伏，风险最高。

(2) 20000km 左右的 MEO 的赤道及附近区域，依然是磁层亚暴注入等离子体活跃的空间等离子体片势力范围，表面充电电势可高达数万伏，风险最高。

(3) 6000~10000km 的低高度中轨道的中低纬区域，邻近空间等离子体片，表面充电电势数百伏，接近 1000V，风险中等。

(4) 数千千米高度以下的中高纬度区域可能短时遭遇极区沉降粒子，表面充电电势通常数百伏，最高可达 600V，有一定风险或者中等风险。

(5) 100000km 以上的中高纬度磁鞘区域，表面充电电势 100V，有一定风险。

(6) 数千千米高度以下的低纬度电离层以及等离子体片之外的区域，表面充电电势接近 0V，风险低。

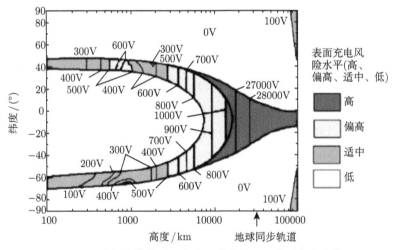

图 8-3   分析计算的不同高度及纬度航天器表面充电电势

低地球极轨卫星、GEO 卫星都容易发生表面充电问题，充电电势可在短时间内达到上千伏，并引发频繁放电。例如，美国国防气象卫星 (DMSP)[10,11] 长期观测并记录有表面充电的危害事件，GEO 卫星在午夜到黎明区间会发生大量表面充电事件[12]，如图 8-4 所示。

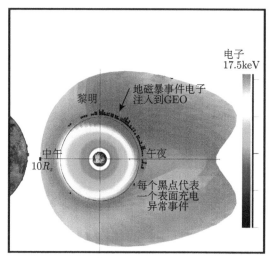

图 8-4 航天器表面充电事件分布

## 8.2 表面充放电物理机制

### 8.2.1 空间等离子体环境

空间等离子体是由低能量的电子、离子以及中性粒子组成的。其中正电荷和负电荷的数目基本相等，所以等离子体呈现出电中性。图 8-5 为简单的空间等离子体环境示意图，电子和离子随机运动的方向 (各向同性) 和速度 (存在能谱分布) 各异。由于电子质量远低于离子质量，则热平衡状态下等离子体的电子速度远大于离子速度，这导致入射到航天器表面的电子通量远大于离子通量，造成航天器表面充电现象。

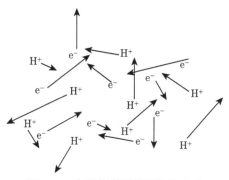

图 8-5 空间等离子体环境示意图

目前大多数航天器的主要运行轨道为低地球轨道 (LEO)、中地球轨道 (MEO)、

地球极轨道 (PEO) 和地球同步轨道 (GEO)。受地球高度、地球磁场以及空间辐射环境等因素的影响，各轨道的空间环境组成也相差较大，所以不同轨道高度中航天器受到的充放电危险也会有所不同。图 8-6 给出了典型地球轨道空间等离子体环境特征[13]。

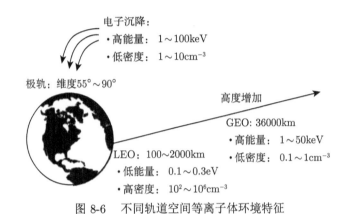

图 8-6    不同轨道空间等离子体环境特征

### 1. LEO 等离子体环境

LEO 高度范围在 100~2000km，囊括了大气层的电离层和等离子体层。地球高层大气受太阳高能辐射及宇宙线激励发生电离，产生电子、离子和中性粒子，构成了一个能量很低的准中性等离子体区域，这就是电离层。电离层从离地面 60km 延伸到数千千米处的地球高层大气区域，其温度范围在 180~3000K。

根据电离层不同高度处电子密度的不同，电离层可以分为 D 层、E 层和 F 层。

(1) D 层为地面高度在 60~90km 的区域，电子密度在日间变化较大，密度峰值出现在午后，为 $10^8$ ~$10^{10}$m$^{-3}$，高度 85km 处。该层的电子是由 NO 与空气电离产生的，其主要成分是 $NO^+$、$O_2^+$。

(2) E 层为地面高度在 90~130km 的区域。E 层的电子密度随昼夜交替、季节变化和太阳活动而均有变化，在每天中午、夏季和太阳活动高年时达到最大值。E 层电子密度最高可达 $10^{11}$m$^{-3}$，高度在 105~110 km 附近。该层的电子主要是由 $N_2$、$O_2$、O 和 NO 被太阳软 X 射线电离产生，产生的初级离子有 $O_2^+$、$N_2^+$ 和 $O^+$，但最主要成分为 $NO^+$、$O_2^+$。

(3) F 层可分为 F1 层和 F2 层。F1 层为地面高度 130~210km 的区域，电子密度最高可达 $2×10^{11}$m$^{-3}$，高度在 180km。F2 层为地面高度 210~1000km 的区域，其电子密度峰值可达 $10^{12}$m$^{-3}$，且出现在白天。受太阳光照的影响，白天 F1 层和 F2 层同时存在，而到了夜晚 F1 层则会消失。F1 层电子是受波长在 200~900Å 的太阳谱最强吸收部分的影响，产生的初级离子有 $O_2^+$、$N_2^+$、$O^+$、$He^+$ 和 $N^+$，

但后续反应产生的 $NO^+$ 和 $O_2^+$ 是该层最主要的成分。

电离层各层特征如表 8-3 所示。从表中可以看出，高度增加，各层的电子密度也随之增加，这是因为电离层是由大气分子吸收能量电离而形成的，高度越高则吸收的太阳能量越强，所以电离程度也越大。因此如图 8-7 所示，白天和夜间的电子密度也有所不同。

**表 8-3 地球电离层特征**

| 区域 | 高度范围/km | 电子密度/$m^{-3}$ | 主要成分 |
| --- | --- | --- | --- |
| D | 50～90 | <$10^2$(夜间)～$10^9$(日间) | $NO^+$、$O_2^+$ |
| E | 90～150 | $2 \times 10^9 \sim 1 \times 10^{11}$ | $NO^+$、$O_2^+$ |
| Es | 95～105 | $(1\sim2)\times 10^{11}$ | $NO^+$、$O_2^+$ |
| F1 | 120～210 | $(2\sim5)\times 10^{11}$ | $NO^+$、$O_2^+$、$O^+$ |
| F2 | >210 | $(2\sim5)\times 10^{11} \sim(1\sim2)\times 10^{12}$ | $O^+$、$N^+$、$H^+$、 |

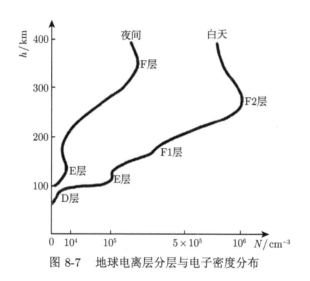

图 8-7 地球电离层分层与电子密度分布

电离层之上为等离子体层，该层密度远高于等离子体片，且由于其热能比磁能要小，所以属于冷等离子体。等离子体层的离子密度为 $10^9 \sim 10^{10} m^{-3}$，电子温度为 1000～10000K，平均自由程为 $10^4 \sim 10^8 m$。

### 2. PEO 等离子体环境

PEO 是指轨道平面与地球赤道面夹角为 $\theta(60° < \theta < 90°)$，穿过南、北两极的轨道。运行在 PEO 的卫星称为极轨卫星，其可能运行在任意轨道高度，但大部分极轨卫星运行在较低的轨道高度，一般为 200～1000km，属于高纬度低地球轨道。太阳同步轨道也属于 PEO，其轨道高度一般为 800km。由于 PEO 能到达南、北极上空，即卫星可以飞经全球范围的上空，所以诸如气象卫星、导航卫星

和对地观测卫星多采用这种轨道，比如我国的"风云"系列卫星和美国的 NOAA 系列卫星。

由于大部分极轨卫星的运行高度在 200~1000km 范围内，所以 PEO 等离子体环境具有 LEO 等离子体环境的特征，同时极轨环境受地球磁场的影响很大。地球磁场是偶极型磁场，近似于把一个磁铁棒放到地球中心，地磁北极处于地理南极附近，地磁南极处于地理北极附近。地球周围的带电粒子会被地球磁场捕获，使其沿着磁力线进入地球两极。沿磁力线进入极区的高能带电粒子会将大气层中的粒子进一步电离，形成极光电子注入，成为极光等离子体的一大来源。极轨等离子体环境中既有低温高密度的冷等离子体，又存在温度较高的极光电子注入，这会使背景等离子体浓度降低。注入的极光电子多分布在极光带和极盖区。位于极光带的极光电子注量表现为各向同性，而极盖区的极光电子则具有各向异性的特征，且向大气层方向的注量较高。

极光电子的能量分布根据区域和高度各有不同，造成电子能谱随高度变化的主要原因为大气层对电子的散射和吸收。当高度较低时，大气密度比较高，能量较低的电子 (1~100eV) 与大气的碰撞较高，此时电子注量降低。随着高度增加，大气开始变得稀薄，当高度大于 250km 时，高能电子 (30000 eV 以上) 的平均自由程将达到 100 km 以上，所以高能电子的注量基本不随高度变化。

### 3. MEO 等离子体环境

MEO 位于 LEO 和 GEO 之间，所以其等离子体环境主要包括等离子体层和等离子体层顶两部分。电离层之上为等离子体层，等离子体层是内磁层的重要组成部分，该层密度远高于等离子体片，且由于其热能比磁能要小，故属于冷等离子体。等离子体层的离子密度为 $10^9$ ~$10^{10}\text{m}^{-3}$，电子温度为 1000~10000K，最高温度可以达到 35100K，平均自由程为 $10^4$ ~$10^8\text{m}$。等离子体层的外边界，在离地球大约 4 个地球半径处为等离子体层顶。等离子体层顶的位置是由共转电场和对流电场决定的，同时也受地磁活动的影响。在地磁活动平静时期，等离子体层会向外慢慢扩张，等离子体层顶在 5~6 个地球半径处；当磁层亚暴发生时，磁层大尺度对流电场增强，会将等离子体层顶向地球方向挤压到 2~3 个地球半径位置，同时由于其半径的变化，等离子体层顶的内部结型也会发生变形，如产生羽状、肩状和通道状结构等。等离子体层的离子包括 $O^+$、$O_2^+$、$He^+$、$He_2^+$、$N^+$ 和质子等，其中主要成分为质子，其次为 $He^+$。氦离子数与质子数比值一般为 2%~6%，在太阳活动高年其比值会增大，这是由于此时太阳极紫外射线最强，使电离层中粒子光电离程度增强。当光电子被通量管束缚时，会引起等离子体层加热，进而导致比值上升。

MEO 等离子体环境主要由等离子体层的等离子体构成，对等离子体层粒子分布，人们提出了三种类型的模拟：第一类为磁赤道面密度分布模型，如 CA92 模型[14] 和 Sheeley 模型[15]；第二类为场向密度分布模型，如 Huang 模型[16]；第三类为全球密度分布模型，如 GCPM 模型。GCPM 模型 (globe core plasma model) 是由 Gallagher 等，根据许多卫星观测数据建立起来的关于等离子体层、等离子体层顶、电离层和极盖区的经验模型[17]。通过输入 Kp 指数，即可计算给定时间和地点，电离层和等离子体范围内电子、氧离子、氢离子和氦离子的密度。相比于其他等离子体层粒子分布模型，GCPM 有以下优点[18]：GCPM 的计算结果相比于理论模型更符合实际，输出量及其导数是连续的，开源模型可根据需要修改。

### 4. GEO 等离子体环境

GEO 高度为 35786km，卫星在该轨道的运行周期等于地球的自转周期。该轨道是应用卫星分布最密集的区域，也是表面充电的高发区。地球同步轨道穿越了等离子体层、等离子体层顶、外辐射带重叠部分和背阳侧的等离子体片的内边界部分这四个空间位置，如图 8-8 所示。此外 GEO 等离子体环境还受太阳活动、太阳光照和地球磁场等因素的影响。在地磁宁静时期，GEO 等离子体环境中充满冷等离子体 ($E < 10\text{eV}$)；当地磁亚暴发生时，在地影区的午夜附近会产生等离子体注入事件，等离子体片中低密度的热等离子体 (密度 $10^6 \sim 10^7 \text{m}^{-3}$，能量 $1 \sim 50\text{keV}$) 会取代 GEO 等离子体环境中的高密度冷等离子体 (密度约 $10^8 \text{m}^{-3}$，能量约 1eV)，从而引起表面充放电事件。

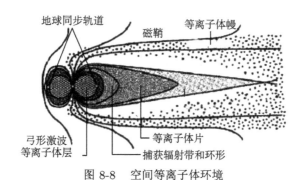

图 8-8　空间等离子体环境

GEO 空间等离子体可以通过麦克斯韦–玻尔兹曼 (Maxwell-Boltzmann) 分布函数来进行描述，其也是目前使用最为广泛的分布模式。粒子 $i$ 的 Maxwell-Boltzmann 分布函数 $F_i$ 如下式所示

$$F_i(\nu) = n_i \left( \frac{m_i}{2\pi k T_i} \right) \exp \left( - \left( \frac{m_i v^2}{2 k T_i} \right) \right) \tag{8-5}$$

式中，$n_i$ 为成分 $i$ 的数密度；$m_i$ 为成分 $i$ 的质量数；$k$ 为玻尔兹曼常量；$T_i$ 为成分 $i$ 的温度；$v$ 为速度。

对给定的等离子体分布方程，继而可以得到 GEO 等离子体环境的四个特征矩阵：

$$\langle ND_i \rangle = 4\pi \int_0^\infty (\nu^0) F_i \nu^2 \mathrm{d}\nu \tag{8-6}$$

$$\langle NF_i \rangle = \int_0^\infty (\nu^1) F_i \nu^2 \mathrm{d}\nu \tag{8-7}$$

$$\langle ED_i \rangle = (4\pi m_i/2) \int_0^\infty (\nu^2) F_i \nu^2 \mathrm{d}\nu \tag{8-8}$$

$$\langle EF_i \rangle = (m_i/2) \int_0^\infty (\nu^3) F_i \nu^2 \mathrm{d}\nu \tag{8-9}$$

式中，$\langle ND_i \rangle$ 为成分 $i$ 的数密度；$\langle NF_i \rangle$ 为成分 $i$ 的通量；$\langle ED_i \rangle$ 为成分 $i$ 的能量密度；$\langle EF_i \rangle$ 为成分 $i$ 的能量通量。

美国学者 Garrett 等通过实验发现，双麦克斯韦分布比单麦克斯韦分布在对空间等离子体的拟合上具有更高的精度[19]。双麦克斯韦等离子体分布方程如下式所示

$$F_2(\nu) = \left(\frac{m}{2\pi k}\right)^{3/2} \left[ \left(\frac{N_1}{T_1^{3/2}}\right) \exp\left(-\frac{m\nu^2}{2kT_1}\right) + \left(\frac{N_2}{T_2^{3/2}}\right)^{3/2} \exp\left(-\frac{m\nu^2}{2kT_2}\right) \right] \tag{8-10}$$

式中，$N_1$ 为成分 1 的数密度；$T_1$ 为成分 1 的温度；$N_2$ 为成分 2 的数密度；$T_2$ 为成分 2 的温度。GEO 等离子体环境的双麦克斯韦拟合参数[20] 如表 8-4 所示。

表 8-4　GEO 等离子体环境的双麦克斯韦拟合参数

| 环境参数 | 一般环境 | | 最恶劣环境 | |
|---|---|---|---|---|
|  | 组分 1 | 组分 2 | 组分 1 | 组分 2 |
| 电子数密度/(个/cm$^{-3}$) | 0.78 | 0.31 | 0.8 | 1.9 |
| 电子温度/keV | 0.55 | 8.68 | 0.6 | 26.1 |
| 离子数密度/(个/cm$^{-3}$) | 0.19 | 0.39 | 0.9 | 1.6 |
| 离子温度/keV | 0.8 | 15.8 | 0.3 | 25.6 |

5. 表面充电效应评估用等离子体环境参数

ESA 的空间环境手册 ECSS-E-ST-10-04C[21] 对空间等离子体环境进行了较为详细的定义。在低轨道上，电离层等离子体环境一般由背景冷等离子体和极光

沉降等离子体构成。背景冷等离子体环境可采用 IRI2007[22] 模型计算，表 8-5
给出了不同高度下的典型电离层电子密度参数。极光沉降等离子体参数一般采用
DMSP 卫星监测到的强沉降条件下的通量能谱参数，见表 8-6。

**表 8-5　电离层等离子体环境参数**

| 高度/km | 午夜电子密度/cm$^{-3}$ | 白天电子密度/cm$^{-3}$ |
|---|---|---|
| 100 | 3082 | 163327 |
| 200 | 16432 | 231395 |
| 300 | 688694 | 512842 |
| 400 | 978126 | 1394750 |
| 500 | 513528 | 1197828 |
| 600 | 254377 | 554483 |
| 700 | 140005 | 268714 |
| 800 | 85766 | 148940 |
| 900 | 57255 | 92547 |
| 1000 | 40847 | 62731 |
| 1100 | 30679 | 45401 |
| 1200 | 23989 | 34545 |
| 1300 | 19369 | 27327 |
| 1400 | 16047 | 22291 |
| 1500 | 13579 | 18637 |
| 1600 | 11693 | 15898 |
| 1700 | 10217 | 13788 |
| 1800 | 9038 | 12123 |
| 1900 | 8080 | 10785 |
| 2000 | 7288 | 9689 |

**表 8-6　DMSP 卫星遭遇的沉降等离子体通量谱**

| 电子能量/eV | 电子通量/(m$^2$·s·sr·eV)$^{-1}$ | 离子能量/eV | 离子通量/(m$^2$·s·sr·eV)$^{-1}$ |
|---|---|---|---|
| $5.000\times10^3$ | $1.000\times10^{10}$ | $5.000\times10^3$ | $1.000\times10^8$ |
| $1.000\times10^4$ | $8.000\times10^9$ | $1.500\times10^4$ | $9.000\times10^7$ |
| $1.500\times10^4$ | $6.000\times10^9$ | $2.000\times10^4$ | $7.000\times10^7$ |
| $2.000\times10^4$ | $4.000\times10^9$ | $2.500\times10^4$ | $5.000\times10^7$ |
| $2.500\times10^4$ | $2.000\times10^9$ | $3.000\times10^4$ | $3.000\times10^7$ |
| $3.000\times10^4$ | $1.000\times10^9$ | | |

目前，等离子体层环境可采用 NASA 马绍尔飞行中心的 GCPM 模型进行计
算，表 8-7 给出了等离子体层中不同高度下等离子体的主要参数。同时为了充分
考虑一些极端环境条件，表 8-8 给出了 GEO 平静和磁暴条件下的等离子体环境
参数，表 8-9 给出了 GEO SCATHA 卫星在 1979 年探测到的一次极端恶劣充电
等离子体环境参数 [23,24]。

表 8-7　平静等离子体环境参数

| 高度/$R_E$ | 电子密度/cm$^{-3}$ | 质子密度/cm$^{-3}$ | He 离子密度/cm$^{-3}$ | O 离子密度/cm$^{-3}$ |
|---|---|---|---|---|
| 1.3 | $5.31\times10^3$ | $4.73\times10^3$ | $5.46\times10^2$ | $3.24\times10^1$ |
| 1.35 | $4.98\times10^3$ | $4.44\times10^3$ | $5.22\times10^2$ | $2.69\times10^1$ |
| 1.4 | $4.68\times10^3$ | $4.16\times10^3$ | $4.91\times10^2$ | $2.42\times10^1$ |
| 1.5 | $4.12\times10^3$ | $3.68\times10^3$ | $4.25\times10^2$ | $2.08\times10^1$ |
| 1.75 | $3.00\times10^3$ | $2.70\times10^3$ | $2.85\times10^2$ | $1.50\times10^1$ |
| 2 | $2.19\times10^3$ | $1.99\times10^3$ | $1.90\times10^2$ | $1.09\times10^1$ |
| 2.5 | $1.16\times10^3$ | $1.07\times10^3$ | $8.35\times10^1$ | 5.81 |
| 3 | $6.17\times10^2$ | $5.77\times10^2$ | $3.67\times10^1$ | 3.08 |
| 3.5 | $3.27\times10^2$ | $3.10\times10^2$ | $1.61\times10^1$ | 1.64 |
| 4 | $1.74\times10^2$ | $1.66\times10^2$ | 7.04 | $8.69\times10^{-1}$ |

表 8-8　GEO 典型等离子体环境参数

| | 密度 /cm$^{-3}$ | 电子温度 /keV | 离子温度 /keV |
|---|---|---|---|
| 平静 | 10 | 0.001~1 | 0.001~1 |
| 磁暴 | 1 | 10 | 10 |

表 8-9　GEO 极端恶劣等离子体环境参数

| | 电子密度 /cm$^{-3}$ | 电子温度 /keV | 离子密度 /cm$^{-3}$ | 离子温度 /keV |
|---|---|---|---|---|
| 成分 1 | 0.2 | 0.4 | 0.6 | 0.2 |
| 成分 2 | 1.2 | 27.5 | 1.3 | 28.0 |

由于高度和地方时变化对磁鞘等离子体环境影响较大，目前没有标准的工程模型，表 8-10 给出了典型的磁鞘等离子体环境参数，表 8-11 给出了在拉格朗日 2(L2) 点磁鞘层、磁尾、等离子体片中典型的等离子体环境参数。表 8-12 给出了太阳风中典型的等离子体环境参数。

表 8-10　典型的磁鞘等离子体环境参数

| 地方时 | 密度/cm$^{-3}$ | 电子温度/K | 离子温度/K |
|---|---|---|---|
| 12 点 | 35 | 2E6 | 2E6 |
| 06 点 | 20 | 1E6 | 1E6 |

表 8-11　L2 点磁鞘层、磁尾和等离子体片中的等离子体环境参数

| | 密度 /cm$^{-3}$ | 电子温度 /eV | 离子温度 /eV |
|---|---|---|---|
| 磁鞘层 | 1 | 26 | 80 |
| 磁尾 | 0.1 | 180 | 540 |
| 等离子体片 | 0.15 | 145 | 610 |

表 8-12    太阳风中典型的等离子体环境参数

| 参数 | 平均 | 5%~95% |
|---|---|---|
| 密度/cm$^{-3}$ | 8.7 | 3.2~20 |
| 电子温度/eV | 10 | 1~30 |
| 离子温度/eV | 12 | 9~20 |

### 8.2.2    表面充电电流平衡方程

等离子体中电子的密度与能量同离子的近似相等，但由于离子的质量比电子的质量大几个数量级，所以以电子运动速度大于离子运动速度，这意味着入射到航天器表面的电子电流要比离子电流大得多，航天器表面积累负电荷。航天器表面积累的负电荷所形成的电场将排斥电子，吸引离子，随着电势值的升高，这种作用也随之加强，最终将形成一个动态平衡，达到平衡时的电势即为航天器表面充电电势。

航天器与空间等离子体相互作用机制如图 8-9 所示。从图中可以看出，入射材料表面的粒子流有入射电子电流、入射离子电流；离开材料表面的粒子流包括由入射电子和入射离子产生的二次电子电流、反向散射电子流，入射光子产生的光电流，航天器表面和结构体间的传导电流等。电流平衡方程如式 (8-11) 所示，式中各项电流都是材料表面电压、几何形状、速度及等离子体参数的函数[20]。

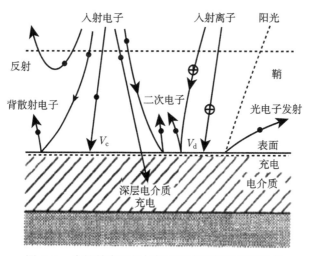

图 8-9    空间等离子体与航天器表面相互作用机制

$$I_{\text{net}} = -I_{\text{e}}(V) + I_{\text{i}}(V) + I_{\text{se}}(V) + I_{\text{si}}(V) + I_{\text{bse}}(V) + I_{\text{ph}}(V) + I_{\text{c}} \qquad (8\text{-}11)$$

式中，$V$ 为航天器表面电势；$I_{\text{e}}$ 为入射到航天器表面的电子电流；$I_{\text{i}}$ 为入射到航天器表面的离子电流；$I_{se}$ 为 $I_e$ 引起的二次电子电流；$I_{si}$ 为 $I_i$ 引起的二次电子电流；$I_{bse}$ 为 $I_e$ 引起的背向散射电子电流；$I_{ph}$ 为光电子电流；$I_c$ 为流到其他表面的电流。航天器的表面平衡电势 $V$ 决定了电流平衡状态。在表面电势达到 $V$ 平衡时，航天器表面净电流 $I_{net} = 0$，此时进出表面的电流达到动态平衡。

当空间电子和离子入射太阳能电池材料表面时，材料表面的部分原子会吸收入射粒子的能量，在吸收能量超过激发阈值后会释放其外层电子，形成二次电子发射。入射电子引起的二次电子通量如下式所示

$$J_{se}(V) = \frac{4\pi q}{m_e} \int_0^\infty \mathrm{d}E \int_0^{\frac{\pi}{2}} \delta_{se}(E, \theta) E f_e(E) \mathrm{d}E \cos\theta \sin\theta \mathrm{d}\theta \tag{8-12}$$

入射离子引起的二次电子通量如下式所示

$$J_{si}(V) = \frac{4\pi q}{m_i} \int_0^\infty \mathrm{d}E \int_0^{\frac{\pi}{2}} \delta_{si}(E, \theta) E f_i(E) \mathrm{d}E \cos\theta \sin\theta \mathrm{d}\theta \tag{8-13}$$

式中，$J_{se}(V)$ 和 $J_{si}(V)$ 分别为入射电子、离子引起的二次电子通量；$E$ 为入射粒子能量；$\theta$ 为入射粒子与材料表面的法向夹角；$\delta_{se}(E, \theta)$、$\delta_{si}(E, \theta)$ 分别为入射电子和离子的二次电子发射谱；$f_e(E)$、$f_i(E)$ 分别为入射电子、离子的分布函数。

空间电子入射材料表面，有一部分入射电子在损失一定能量后发生反弹，不被表面材料吸收，形成背散射电子电流，如下式所示

$$J_{bse}(V) = \frac{2\pi q_e}{m_e^2} \int_0^\infty \int_0^\infty B(E', E) \eta_i(E) E f_e(E) \mathrm{d}E \tag{8-14}$$

式中，$B(E', E) = G\left(\dfrac{E'}{E}\right) / E$；$G$ 为入射能量为 $E$ 的电子以能量 $E'$ 被反射的百分数；$\eta_i$ 为发生背散射电子概率。

光电子电流为由太阳光照射到材料表面而产生的电流。在低地球轨道，由于空间中等离子体密度比较大，则光电子发射效应的影响相对较小。而在高轨道或深空轨道，由于等离子体密度小，则光电子电流对卫星充放电的影响非常大，从而对航天器表面电子电流的平衡起到重要作用。光电子电流受太阳光强、光线入射角度、表面材料和表面电势等因素的影响。当材料表面电势为零，阳光垂直入射时，总的光电子电流如下式所示

$$J_{ph0} = \int_0^\infty W(E) S(E) \mathrm{d}E = \int_0^\infty H(E) \mathrm{d}E \tag{8-15}$$

式中，$W(E)$ 为单个光电子产生电子概率；$S(E)$ 为太阳光通量谱；$H(E)$ 为总光

电子产生率。光电子电流 $J_{ph}$ 与入射角 $\theta$ 和表面电势 $v$ 的关系为

$$\begin{cases} J_{ph} = J_{ph0}\exp\left(-\dfrac{v}{T}\right)\cos\theta, & \theta > 0 \\ J_{ph} = J_{ph0}\cos\theta, & \theta < 0 \end{cases} \tag{8-16}$$

### 8.2.3 航天器充电模型

航天器充电模型与空间等离子体的有效作用区域紧密相关。等离子体宏观上是电中性的,但是由于电子的热运动,等离子体局部会偏离电中性,如图 8-10 所示。这种偏离不会无限扩大,因为电荷之间的库仑作用会使周围电子朝向能恢复该区域电中性的方向运动。其中,偏离电中性的区域的最大尺度称为德拜长度 $\lambda_D$,表 8-13 给出了不同空间等离子体环境下的德拜半径尺度[25]。

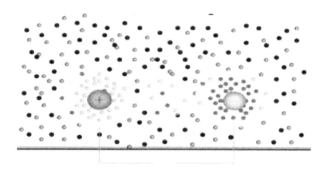

屏蔽层(德拜球)厚度: 德拜长度或德拜半径$\lambda_D$

图 8-10　等离子体德拜半径的物理图像

表 8-13　不同空间等离子体环境下的德拜半径

| 等离子体区域 | 密度/m$^{-3}$ | 温度/eV | 德拜长度/m |
|---|---|---|---|
| 行星际 | $10^6$ | $10^{-1}$ | $1$ |
| 太阳冕洞 | $10^{13}$ | $1\sim10^2$ | $10^{-2}\sim10^{-3}$ |
| 太阳风 | $10^3\sim10^9$ | $1\sim10^2$ | $1\sim10^2$ |
| 磁层 | $10^6\sim10^{10}$ | $10\sim10^3$ | $1\sim10^2$ |
| 电离层 | $10^8\sim10^{12}$ | $10^{-1}$ | $10^{-1}\sim10^{-3}$ |

等离子体鞘层是指,等离子体与器壁或电极接触时在两者之间形成的过渡区,如图 8-11 所示。由于电子跑向器壁的速率比离子大得多,使绝缘器壁相对于等离子体具有负电势,当到达绝缘器壁的电子流等于离子流时,达到准稳状态,这时器壁的电势约为粒子动能的量级。

航天器鞘层模型分为薄鞘层模型和厚鞘层模型 2 种[26],如图 8-12 所示。薄鞘层模型又称为 space-charge-limited model,适用于 LEO(航天器尺寸 $L > \lambda_D$),可

认为鞘层是平板, 收集电流取决于空间电荷密度; 厚鞘层模型又称为 orbit motion limited (OML) model, 适用于 GEO、PEO、行星际轨道 (航天器尺寸 $L < \lambda_D$), 由于空间电荷密度低, 则可忽略电荷屏蔽, 收集电流取决于入射粒子运动轨道。

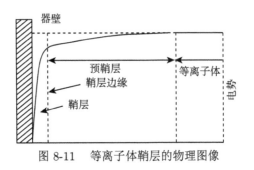

图 8-11　等离子体鞘层的物理图像

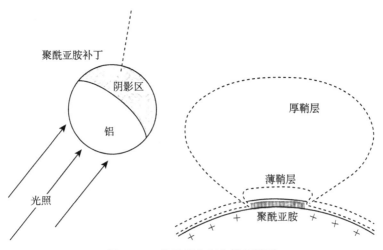

图 8-12　航天器几何和鞘层模型

### 8.2.4　太阳电池充放电原理

太阳电池是航天器上具有最大暴露面积的部件, 又同时具有电池片 (半导体)、导体电极与连接线, 以及汇流条、蜂窝铝基板、玻璃盖片、黏接剂等多种材料和结构, 是充放电威胁的最主要对象。

在 GEO 和 PEO 运行的航天器, 在遭遇上述磁层亚暴注入粒子和极光沉降粒子时会发生显著的表面充放电, 在 MEO 和 GEO 等轨道运行的航天器还会遭遇外辐射带增强电子, 诱发深层充放电。航天器用太阳电池一旦发生放电, 称为一次放电 (primary arc), 有可能导致放电部位材料碳化短路; 在电池自身光伏能源或者蓄电池储能的维持下有可能形成持续的二次放电 (secondary arc), 最终导致电池阵大面积烧毁。发生上述充电时，航天器的结构及与之相连的太阳电池金属部件均处于较高的负电势，太阳电池的玻璃盖片等介质材料由于具有更高的二次电子发射系数而处于相对的正电势，类似于如图 8-13 示意的 GEO 航天器结构和太阳电池玻璃盖片充电势分布那样[27]；即如图 8-14 所示的太阳电池的金属–介质–空间等离子体形成的 "三结合点"(triple jucntion) 结构容易形成反向电场梯度场景，在较低的充电电压下就容易诱发太阳电池放电。

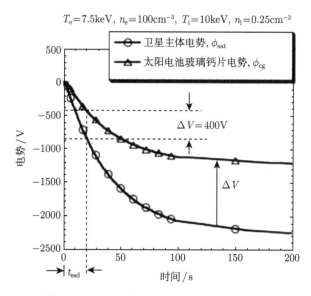

图 8-13　GEO 航天器太阳电池的充电情况

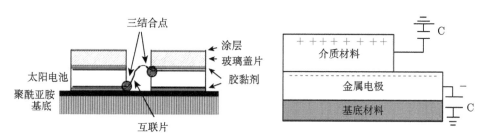

图 8-14　太阳电池的结构及简化模型的充电情况

低轨航天器在空间环境平静时主要遭遇的是电离层等离子体，其电子密度为 $10^8 \sim 10^{12} \mathrm{m}^{-3}$，温度低于 1eV，难以使航天器充上较高的电势。但是，对于低轨航天器外露的太阳电池阵而言，情况有所不同，由于太阳电池正负端之间存在稳定的电势差，所以带正电的一端会吸引等离子体中的电子，带负电的一端会吸引等离子体中的正离子，最终使得太阳电池和空间等离子体间的电势达到某一稳定的平衡状态。此外，由于航天器中太阳电池的面积占航天器面积的绝大多数，因此太阳电池阵的接地方式对其电势分布会产生显著影响。图 8-15 为常见的 LEO 太阳电池阵负端接地时电池与空间等离子体以及卫星结构间的电势分布情况，由于等离子体中电子质量远小于离子质量，流向电池的电子电流约是离子电流的 10 倍，所以相对于零电势的周围等离子体，太阳电池阵正端具有正的约 10％总电压，太阳电池阵负端及卫星结构具有负的约 90％总电压 [28]。这样，上述的太阳电池"三结合点"结构同样容易形成反向电场梯度场景，在较高的太阳电池工作电压下容易诱发放电。

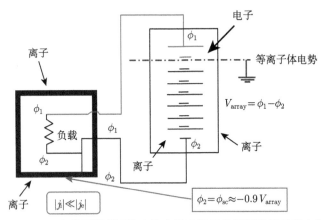

图 8-15　LEO 电离层等离子体中的太阳电池阵负端接地卫星带电示意图

　　运行在 LEO 的载人航天器使用的高压太阳电池阵通常也采取如图 8-15 所示的负端接地，使得航天器大部分结构相对周围等离子体和太阳电池阵正端具有不同的电势。这种情形导致航天员出舱活动时相对周围等离子体和太阳电池阵正端具有一定电势差；如果出舱活动时与航天器连接的脐带表面为非导体，则航天员表面电势逐渐与周围等离子体等同，返回航天器时二者又形成电势差；与在轨航天器对接的其他航天器之间可能存在电势差。这些电势差有可能诱发放电，放电脉冲尤其会对航天员健康造成影响 [29,30]。

## 8.3　表面充放电效应防护设计方法

### 8.3.1　表面充放电效应防护原则

　　表面充放电效应防护设计的基本原则可概括为以下三个方面：① 根据任务轨

道参数和任务要求对充放电风险进行初步判断；② 如果存在充放电风险，通过分析得到详细的充放电风险等级；③ 采取针对性防护设计，并且分析确认减缓风险至可接受水平[1,31]。表面充放电效应防护的目标是避免或消除放电产生的电磁干扰，防护的基本方法从三个方面进行，其分别是充电发生源头、受害目标，以及两者之间的耦合途径。

### 1. 表面充电发生源头

航天器表面充电的根源在于空间带电粒子环境及与之相互作用的载体。如果空间带电粒子环境不可避免，则可将 ESD 的发生源头归结于航天器上能够积累电荷及能量的载体，即悬浮导体和绝缘性能极高的介质。避免出现悬浮导体、限制使用绝缘性能极高的介质材料，使得航天器上的充电水平处于放电阈值电压以下而不会发生放电，这是减缓航天器充电效应的有效方法。

### 2. 受害目标

受害目标包括航天器材料、电子元件、单机载荷，甚至整个航天器系统。航天器上发生的 ESD 可以导致电子元件的软错误，也可以导致硬件的物理损伤。提高受害目标的抗电磁干扰能力，可以大大降低放电对航天器的影响，是进行航天器放电影响防护的主要措施之一。

### 3. 放电电磁干扰耦合途径

当 ESD 现象发生时，发生源头至受害目标传递的电磁干扰，由具体的耦合形式决定，并与其附近的结构密切相关。ESD 可发生在多种形式的结构之间，例如由金属到空间、金属到介质、金属到金属、介质到介质、介质击穿等。电荷的具体分布，决定了 ESD 的发生方式及耦合形式。切断或者削弱 ESD 发生源头到受害目标的耦合途径，将显著减缓 ESD 风险。通常可以通过电磁隔离、屏蔽和滤波方式切断或者削弱耦合途径。

上述防护方法是进行航天器放电影响防护的基本方法，在工程实际中，需要根据防护效果、防护成本、防护的可靠性等进行综合考虑，选择最优的一种或多种方法的组合进行防护。

## 8.3.2 表面充放电效应防护设计流程

表面充放电效应防护设计的主体一般应为航天器总体或核心分系统的设计师，设计师应通过制定设计原则、开展分析和试验，确保表面充放电效应不会导致航天任务目标的失败，以及科学数据的正常获取。本节对表面充放电效应防护设计的流程作简单介绍。

**1. 总体设计**

根据卫星任务总体设计确定表面充放电效应防护设计的基本条件和要求，确定航天器的轨道参数或者轨道选取原则，确定充放电相关的指标要求，确定充放电效应敏感的元件或系统。

**2. 表面充放电效应仿真分析**

根据卫星轨道参数和充放电效应的指标要求，对其充放电效应危害进行初步分析，确定充放电效应的危害等级，筛选出需要进行详细分析的对象，通过专用分析软件开展详细分析。随着对航天器带电效应的发现及探索，各国组织、机构研发了许多航天器表面充放电效应分析软件，如 NASCAP/NASCAP-2K、SPIS、MUSCAT、QUSCAT、EQUIPOT、PicUp3D 和 GES 等，其中比较知名且功能相对完善的软件为 NASCAP、SPIS 和 MUSCAT。

NASCAP(NASA Charging Analyzer Program)[32,33] 为 NASA 开发的一款航天器充电数值分析大型软件，它包括 NASCAP-GEO、NASCAP-LEO 和 NASCAP-POLAR 三部分。NASCAP-GEO 主要对 GEO 卫星充电进行模拟，采用双麦克斯韦分布来模拟环境中的离子和电子，通过计算电流，得出各个表面上的电势变化。电流和电势经过反复迭代计算，直到达到平衡充电状态。后来因低极轨卫星发生多次充电事件，NASA 又研制开发出了 NASCAP-LEO 和 NASCAP-POLAR。NASCAP-LEO 针对 LEO 下高密度、短德拜半径的等离子体相互作用及 LEO 特征进行仿真研究。其采用有限元法，可对小的、重要的物体特征进行局部细分，比如太阳阵互连片。NASCAP-POLAR 用于低极轨下由极区电子环境引起的卫星带电模拟。POLAR 采用数值技术来追踪航天器表面上，被充上负电荷的航天器周围静电鞘中离子的运动。其所涉及的物理效应有地磁场、鞘层与势垒结构、等离子体尾迹、光电子和二次电子的产生与传输等。2000 年前后，NASA 将之前 NASCAP系列软件进行整合，改进了部分算法，并采用了新的数值模拟技术 BEM(boundary element method)，推出了新一代软件 NASCAP-2K。NASCAP-2K 可对航天器在多种空间环境下的充放电进行仿真模拟，如地球同步轨道、太阳风、低地球轨道、极光区等，其还可对羽流、粒子轨迹以及等离子体密度变化等进行模拟。受到美国的出口限制，NASCAP-2K 软件只能在美国境内使用。

SPIS(Spacecraft Plasma Interaction System)[34] 是 2012 年在 ESA 资助下，由 ONERA、阿斯特里姆公司和巴黎第七大学共同开发的一款用于分析卫星与等离子体相互作用的开源软件工具，可从 www.spis.org 获取。SPIS 基于有限元、PIC 方法 (particle-in-cell method) 和粒子追踪等方法，可以对航天器在不同等离子体环境的相互作用进行建模分析，包括地球同步轨道、低地球轨道等，在自然和人工等离子体环境下带电分析。SPIS 可对材料表面的二次电子发射、背向散射、光电子发射、表面和体电导率等表面物理特性进行分析。

等离子体环境诱导电缆束线周围绝缘介质放电，导致地球观测卫星 ADEOS-II 失效，因此，日本宇宙航天研究开发机构 (Japan Aerospace Exploration Agency，JAXA) 和日本九州工业大学 (Kyushu Institute of Technoligy) 于 2004 年共同开发了航天器表面带电软件 MUSCAT(Multi-Utility Spacecraft Charging Analysis Tool)[35]。MUSCAT 可以对 GEO、LEO 和低 PEO 等离子体环境下航天器的充放电进行分析。

#### 3. 表面充放电效应试验评估

表面充放电仿真软件分析可以获得充放电效应中充电的基本数据，但是难以对放电影响进行评估，需要进一步开展地面试验评估放电影响。此外，对于仿真评估中缺少电阻率、二次电子发射系数、光电子发射系数等参数的材料，则需要进行试验测试获得相应参数。对于所有分析结果，建议设计相关试验对其进行试验测试和检验。

地面模拟试验测试是评估、检验表面充放电效应的重要手段，也是获得材料充电参数的手段。但是试验设备难以完全复制空间充电环境的所有特性，因此，地面模拟试验必须和仿真与分析相结合，试验设计应该参照仿真与分析进行。以下简要论述了几个不同层次的试验。

1) 材料试验

进行表面充电效应分析，必须准确获得航天器上介质材料的充电相关参数，例如电子二次电子发射系数、质子二次电子发射系数、光电子二次电子发射系数等。材料参数获得途径包括文献调研、传统电性试验、真空条件下粒子束试验等。这里所说的试验是指真空条件下的粒子束试验，它更符合材料在空间应用的实际情况。

2) 单机/部件试验

对于航天器上对表面充放电效应敏感，或经过分析认为存在较高充放电风险的关键单机或部件，建议进行地面模拟试验。试验应在专用装置内的模拟空间等离子体环境、低能电子环境下进行，试验过程中观测单机或部件的表面充电状态、放电 (若发生放电) 状态及对工作状态的影响。

对于 LEO，表面充电效应试验一般采用电子伏量级、稠密低能等离子体源模拟太阳电池的功率泄漏；对于 GEO、PEO，一般采用数十千电子伏量级电子枪进行高充电电势的模拟试验评估。

3) ESD 试验

对于航天器上使用的电子器件、电路板，以至系统，一般采用静电发生器参照相关标准开展 ESD 试验。

4. 检验

卫星表面充放电效应防护设计完成之后, 必须对防护结果进行检验, 包括内部检验和外部检验。内部检验由卫星充放电防护设计师团队主持开展, 需要对完成防护设计的系统进行充放电效应防护设计结果检验, 包括试验测试和仿真分析, 以及试验与仿真相结合的检验。外部检验, 需要邀请有经验的充放电效应领域专家来完成, 通过会议评审的形式对防护设计进行检验。

### 8.3.3  表面充放电效应防护设计方法

航天器表面充放电效应的防护设计方法一般包括轨道选择、屏蔽、滤波、接地、材料选择、电场和电势要求等 [1,2,31], 具体如下。

1. 轨道选择

对于航天任务来说, 实现科学目标是首要的, 因此卫星的轨道选择通常以科学目标为主导, 但是在不影响科学目标的情况下也尽量避免选择有充电风险的轨道, 或者在轨道设计阶段也适当考虑充放电效应的防护。

2. 屏蔽

表面充放电效应是空间等离子体对航天器暴露材料的作用结果, 屏蔽的主要作用是放电电磁干扰途径的阻断。通常将所有的电子元件, 屏蔽在一个法拉第笼之内, 使其免受航天器外放电脉冲的辐射或传导噪声的干扰。

航天器主结构屏蔽应保护航天器内部电子仪器免受航天器外放电脉冲的辐射或传导噪声的干扰。因此, 航天器应被设计成一个致密的抗电磁干扰 (EMI) 屏蔽笼, 将所有的电子学和电缆包围其中。理想情况下, 这个法拉第笼应百分之百完整, 星外的仪器和电缆, 以及星上的孔洞都要屏蔽, 形成一个完整连通、导通的外壳, 这样可有效保护星内电子仪器免受航天器舱外表面放电产生的电磁干扰的影响。对于航天器舱外表面放电产生的辐射电磁场, 所有屏蔽应能提供至少 40dB 衰减。航天器外壳通常由大约等效 1mm 厚度铝制蒙皮包裹, 已经构成了一个可以对 EMI 进行防护的法拉第笼的基本框架, 但是上述那些开孔的地方, 所有的通道、孔洞和裂缝 (例如恒星敏感器的观察孔、电缆线穿舱鼠洞等) 都应用接地良好的金属网或金属盘罩上, 以保持法拉第笼的完整。

3. 滤波

航天器上电缆线的防护水平通常达不到要求, 需要通过滤波来保护其连接的电路。采用滤波的另一个原因是, 某些电路的防护水平也达不到要求, 需要防止电路间的相互干扰。例如, 温度传感器位于航天器主体之外, 并与航天器主体之内的敏感电路相连接, 可采用 RC 滤波或二极管保护, 来抑制 ESD 对内部敏感电路的影响。滤波器应能够预防脉宽 20ns 左右的放电脉冲。例如，20pF 的电容，充电至 100nC 所产生的放电脉冲 (大约 5kV，250uJ)。如果可能，建议对滤波防护效果进行模拟试验验证。

4. 接地

将航天器的所有结构连接在一起，形成航天器的公共地。航天器所有表面都不要悬浮，都应直接通过电阻连接到公共地，或连接在电路内。要注意绝缘构件上的小块金属块的接地问题，其也应遵守上述规范。所有进出航天器法拉第笼的电缆必须屏蔽。这些用于 ESD 防护目的的电缆屏蔽，必须在进入航天器屏蔽区域时与法拉第笼电连接。出于 ESD 防护的目的，用导线将电子设备径直连接到航天器结构地，是最直接有效的方法。避免将多个设备串接起来，再通过一根导线接地；避免设备的接地点远离该设备。电路和导线在任何情况下都不要悬浮；为航天器任务周期内可能悬浮的电路 (例如，开关等) 设置泄放电阻。接地对于表面充电和深层充电的防护设计均适用。

5. 材料选择

选择合适的表面材料，可以减缓航天器表面的不等量带电。当前，唯一被验证的避免航天器表面放电的方法，是将航天器全部表面都导通，并将其连接到一个共同的地上。导电涂层正是出于这一目的而被使用，包括金属上的导电转换涂层、导电漆，以及部分金属化真空沉积膜，例如氧化铟锡 (ITO) 等。还存在一个减缓表面充电的方法，但较少被采用。该方法建议在航天器的金属表面形成氧化层，以提高二次电子产额。三维表面充电仿真结果显示，该方法可降低航天器表面充电的风险。

表面充电防护设计的主要手段是选择合适的材料，使得航天器表面之间的接地电阻较低，不至于产生较大的差异电势。因此对于航天器表面材料的接地电阻要进行限制。由于空间等离子体对航天器的充电电流相对较小，所以航天器表面的对地电阻可以较高，即能满足电荷泄放要求。各种情况的具体建议如下所述。

(1) 导体材料，例如金属，必须与航天器主结构导通，且电阻满足：

$$R < 10^9/A(\Omega)$$

其中，$A$ 为导体暴露表面的面积，单位 $cm^2$。

(2) 部分传导表面，例如漆，当其应用在接地导体材料表面时，电阻率和厚度的乘积必须满足：

$$rt < 2 \times 10^9 (\Omega \cdot cm^2)$$

其中，$r$ 为材料电阻率，单位 $\Omega \cdot cm$；$t$ 为材料厚度，单位 cm。

(3) 部分传导表面, 当其应用在绝缘材料表面时, 要求边缘接地, 且电阻须满足:

$$rh^2/t < 4 \times 10^9 (\Omega \cdot \text{cm})$$

其中, $r$ 为材料电阻率, 单位 $\Omega \cdot \text{cm}$; $t$ 为材料厚度, 单位 cm; $h$ 为表面至接地点的最大距离, 单位 cm。

上述 3 条指南, 依赖于航天器特定的几何和应用。在航天器设计中, 还使用过一些操作简单的指南, 如下:

(1) 孤立导体必须接地, 且与航天器结构之间的接地电阻小于 $10^6 \Omega$;

(2) 应用于导体基底上的材料, 体电阻率必须小于 $10^{11} \Omega \cdot \text{cm}$;

(3) 应用于绝缘基底上的材料, 必须在边缘接地, 且面电阻率小于 $10^9 \Omega/\text{m}^2$。

需要试验测量从材料表面任意点至航天器结构的电阻值, 以验证防护设计的效果。测量绝缘材料的电阻时, 使用的电压应高于 500V。

所有的接地方法必须经过论证, 以证明其在航天器的整个服役期内都是有效的——能够适应 ESD 事件的电流泄放、真空暴露、热胀冷缩等情况。例如, 直角边缘或两种不同材料接缝处的漆, 可能会裂开, 从而失去电连续性。

6. 电场和电势要求

为了避免发生表面放电, 应尽可能消除绝缘材料和导体之间容易出现高电压差的情况。根据欧洲空间局标准 ECSS-E-ST-20-06C 可分为两类: ① 正向电势梯度, 即绝缘体的电势低于邻近导体; ② 反向电势梯度, 即导体的电势低于邻近绝缘体。在正向电势梯度情况下, 为避免发生放电, 电势最多相差 1000V; 在反向电势梯度情况下, 为避免发生放电, 电势最多相差 100V。此外, 电源在一次放电的诱发下, 可能产生持续放电, 所以电源线不要裸露。

### 8.3.4　典型部件表面充放电效应防护设计方法

1. 太阳电池

如果太阳电池母线电压或者电池单元之间的最大电压差小于等于 40V, 则认为太阳电池安全; 如果电压差超过 80V, 则需要重点考虑太阳电池放电防护设计; 电压差在 40~80V, 则应通过试验测试对太阳电池的放电风险进行测试评估。此外, 需要注意太阳电池的开路电压会比正常工作状态的电压高 20%。

为了防止太阳电池放电, 尤其是防止二次放电和持续放电的产生, 以及形成放电烧毁等严重后果, 可对太阳电池串之间以及电池串与航天器结构地之间设置隔离二极管。隔离二极管的选择要有充分的依据, 需要承受实际工作状态下可能遭遇的最恶劣的 ESD, 最好通过地面模拟试验对隔离二极管的隔离效果和可靠性进行检验。

对于确实需要采用高压 (80V 以上母线电压) 的太阳电池，需要适当增大电池串之间的间隙，同时对电池的金属区域，例如互联片和导线等通过室温硫化型硅橡胶 (room temperature vulcanized silicone rubber, RTV) 进行绝缘保护与隔离，在加工的过程中注意避免形成气泡，并对于采取上述措施进行防护的太阳电池阵进行试验验证。

太阳电池的玻璃盖片等绝缘材料在满足绝缘要求的前提下，可以适当增加其导电性，以控制电荷的积累，防止放电的发生。同时，在太阳电池材料选用上，避免选用在真空条件下容易出气的材料，对材料的真空高低温老化等也要做充分的考虑，以避免材料老化后的电性能退化，导致充放电效应防护措施失效。

太阳电池与电源系统的连接需要进行滤波设计，滤波设计最好在航天器舱外完成，以减少太阳电池放电产生的电磁干扰对航天器内部电子学系统的影响和干扰。

对于太阳电池阵驱动装置 (solar array drive assembly, SADA) 机构需要考虑深层充电效应的影响，机构中绝缘材料的选用在保证绝缘性能要求的条件下应适当增加材料的电导率，同时材料的选择应充分考虑 SADA 运动产生的磨屑，避免选用磨屑多的材料，以避免由磨屑污染导致的放电。

对所有采用新工艺与结构的太阳电池，需要针对其应用的典型与恶劣空间环境进行充放电效应模拟试验，以对其充放电效应进行测试评估。

**2. 隔热毯**

所有多层隔热毯金属表面必须接地。隔热毯中多层金属表面必须通过隔热毯边缘接地的金属条串联在一起，金属条由宽度 2.5cm、厚度 0.005cm 的铝箔制成。铝箔在隔热毯每层金属面中折入 2.5cm×2.5cm 宽度区域，以使其与隔热毯金属面充分接触，确认隔热毯中所有导电层均已接地。隔热毯应由贯穿所有金属和介质层的金属螺母和螺栓固定，隔热毯的前后表面加上直径 2.0cm 的金属垫圈，垫圈处于折叠后 2.5cm×2.5cm 金属条的中心位置。隔热毯内层垫圈可以采用不同尺寸，确保折叠后的金属条与隔热毯导电层紧密接触。金属条与地必须有良好连接，它们之间接线最大长度不能超过 15cm。隔热毯接地金属条之间距离必须最小化，在不规则结构中采用额外的金属条，以确保隔热毯上任何一点 1m 内均有接地路径。

以下的过程在隔热毯设计、制造、处理、安装和使用中必须注意：

(1) 在隔热毯制造过程中，采用欧姆表测量所有金属层的接地状态；

(2) 在隔热毯安装后，确认隔热毯与航天器框架间的电阻小于 $10\Omega$；

(3) 封住隔热毯的边缘，以避免隔热毯内部直接受到辐照；

(4) 不要采用起皱或有折痕的金属膜材料；

(5) 放置隔热毯时小心处理，避免起皱和接地松落；

(6) 如果隔热毯表面是导电材料 (导电漆、铟锡氧化物)，采用欧姆表确保导电材料接地良好。

### 3. 涂层

大部分涂层表面是可积累电荷的介质，须考虑其充放电防护。要注意，非导电性底漆和基板可以使导电涂料悬浮而充电，此时必须为导电涂料提供接地路径，以泄放电荷。

### 4. 航天器外部线缆

航天器外部线缆必须提供足够的屏蔽，避免充电导致的放电现象发生。外部线缆须紧紧包裹，以减少线缆间空隙，抑制电弧传播。

### 5. 转轴与滑环

对于带滑环的旋转节点，底盘或线缆必须穿过滑环后接地。注意由太阳电池或其他路径引入的 ESD 电流传输，在可能的传导路径上采用串联电阻限制 ESD 电流进入航天器内部。

### 6. 温控百叶窗

将百叶窗叶片和转轴连通接地。最简单的方法是将双金属弹簧与百叶窗叶片和转轴连通，另一种方法是将百叶窗转轴与航天器底盘用薄的刮片连接。

### 7. 天线

天线应与航天器主体保持接地连通。在天线的设计阶段，就应当认真考虑实现天线接地问题。所有金属表面、伸杆、罩和反馈单元均应当通过导线或金属栓与航天器主体连接。所有的波导单元应当通过点焊连通后接地。这些单元在进入航天器内部的连接处，必须与舱体接地连通。必要时可以采用导电环氧树脂，但必须通过测量保证其接地电阻小于 $1\Omega$。

### 8. 天线孔径

航天器天线孔径涂层材料通常应接地和采用防静电材料。由介质材料组成的天线孔径和天线罩的充放电防护，可以通过在它们上面覆盖防静电材料得到控制，此时天线的工作能力需要重新验证。

对于介质组成的天线罩，放电问题可以导致附近的电路损坏。当天线罩放在低噪声放大器 (LNA) 附近时，天线罩充电后的放电电弧可以被吸引到低噪声放大器上，进而烧毁放大器。这是部分航天器在轨失效的原因。因此天线罩必须远离类似的电子装置。

放置于介质附近的裸露金属天线单元也可能发生同样问题。一个从介质到金属天线单元的静电电弧，可以将放电电流通过同轴电缆引入天线接收器而造成损伤。这种情况必须认真对待，对相关电子装置进行滤波或采用保护二极管。

天线反馈端和抛物面上的覆盖材料必须考虑充电问题。天线系统中的孤立介质材料，特别是在反馈线附近的介质材料，可以存储大量的电荷与能量。例如反馈线附近一块玻璃纤维分离器上的孤立介质，可以直接对馈线放电耦合而进入接收端电路。天线外端的介质必须特别关注，因为它们直接处于辐照环境下。因此需要计算天线不同区域的充放电风险，并考虑天线放大器或接收器等电磁兼容性。

9. 天线反射面

天线反射面在太空可视部分应当采用导电的电荷控制材料并且接地。必须采用恰当的表面覆盖技术。这些技术包括在介质层上覆盖导电网格、硅胶布、导电漆或者是具有导电通路的材料。接地良好的隔热毯也可以作为防护反射面充电的材料。

特殊的天线面，例如调整反射面阵列单元，可能在设计中存在悬浮导体。如果分析表明这些悬浮导体充电不至于产生危害，则可以允许它们存在。

10. 蜂窝结构

蜂窝结构需要特殊的接地方法。必须注意，铝制蜂窝结构内部也许会在预浸胶浸渍后形成孤立导体。一个小的接地引线穿透蜂窝板固定在边缘上，可以提供参考接地方式。导电面板也许会在相互对接后接地不良。采用一定步骤保证蜂窝结构和面板所有金属部分均接地良好，因为在组装时无法确认蜂窝结构内部接地情况。

11. 探测结构

如果航天器表面某些部位必须进行充电，例如科学探测器等，这些部位应当置于窗口内或进行屏蔽，以保证表面电势扰动小于 10V。采用表面电势测量的科学单元，如法拉第杯等，需要保证它们产生的电势不会干扰附近电势或在操作过程中产生放电现象。它们可以置于窗口内以使其在航天器表面电场最小或采用接地栅网屏蔽。这些探测器孔径或电场区域应当有导电接地材料面围绕。必须分析验证它们成为航天器表面电势奇点是容许的，并且周围结构不会影响测量结果。

## 8.4　表面充放电效应工程防护设计事例

航天器表面充放电防护设计的基本要求为：确定任务是否停留或经过充电风险区域；如果停留或经过充电风险区域，则确定环境的风险等级；采取措施减缓风险至可接受水平。本节将结合太阳风–磁层相互作用全景成像卫星 (SMILE) 介绍如何开展表面充电效应防护设计。

### 8.4.1　任务经过表面充放电风险区域的判定

SMILE 卫星设计的运行轨道包括 SSO(700km) 和 HEO(5000km×19$R_e$)。其中，SSO 可能遭遇的等离子体环境主要是电离层等离子体和极区沉降粒子；HEO 可能遭遇的等离子体环境主要包括磁层等离子体和太阳风等离子体。磁层等离子体环境可对 SMILE 卫星表面材料造成负高电势的充电风险，如图 8-16 所示；同时在稀薄的磁尾和太阳风等离子体环境下，光电子占据统治地位可导致表面材料带有一定的正电势，从而对低能粒子探测仪 (LIA) 的科学探测造成影响[36]。表 8-14 列出了可导致正电充电风险的等离子体环境和相应充电电势水平，Cluster II、Geotail 等卫星在经过磁尾瓣时均探测到 40~70V 的正电势[37-40]。

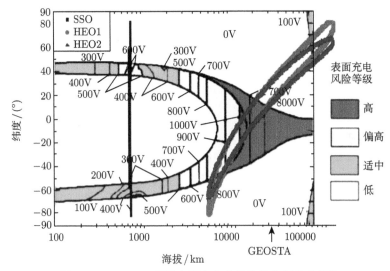

图 8-16　SMILE 卫星表面充负电风险的空间分布规律

表 8-14　光照下不同等离子体环境的充电电势

| 等离子体环境 | 充电电势/V |
| --- | --- |
| 太阳风 | +5~+10 |
| 磁鞘层 | +2~+5 |
| 外磁层 | +2~+15 |
| 磁尾瓣 | +15~+100 |
| 等离子体片 (平静) | +10~+20 |
| 等离子体层 | 0~+1 −5.4~0 |

### 8.4.2 航天器表面充放电风险一维仿真计算

SMILE 卫星在轨表面充电风险主要来自高负电放电风险和正电对科学探测数据获取的影响，本节将结合 ESA 空间环境手册 ECSS-E-ST-10-04C 推荐的等离子体环境参数和典型卫星表面材料参数，利用一维表面充电模型 Equipot 进行仿真评估，计算结果如表 8-15 所示。

表 8-15　不同等离子体环境下典型材料电势分析结果　　　　（单位：V）

| 等离子体环境条件 | 航天器结构 + 介质补丁 | | | | 航天器结构 + 介质补丁 | | | |
| | 导电白漆 | | OSR 铈玻璃 | | F46 ITO | | OSR 铈玻璃 | |
| | 光照 | 阴影 | 光照 | 阴影 | 光照 | 阴影 | 光照 | 阴影 |
|---|---|---|---|---|---|---|---|---|
| SSO 环境 (DMSP) | −1.0 | −1.01 | −2720 | −2720 | −0.96 | −0.98 | −2720 | −2720 |
| GEO 最恶劣环境 | 3.4 | −8970 | −3120 | −10100 | 6.8 | 0.12 | −3120 | −3120 |
| 磁鞘层等离子体 (中午 12 点) | 6.25 | 5.49 | 6.65 | 6.65 | 7.74 | 6.56 | 6.65 | 6.65 |
| 磁鞘层等离子体 (L2 点) | 18.9 | 0.34 | 0.83 | 0.43 | 21.5 | 0.75 | 0.89 | 0.43 |
| 磁尾等离子体 (L2 点) | 30.5 | 5.49 | 9.64 | 6.52 | 34.2 | 6.57 | 10.3 | 6.62 |
| 等离子体片 (L2 点) | 28.5 | 5.24 | 8.19 | 6.24 | 32.1 | 6.26 | 8.58 | 6.31 |
| 太阳风等离子体 | 8.32 | −21.3 | −19.2 | −21.5 | 10.4 | −20.8 | −19 | −21.5 |

从表中数据可以看到：极端恶劣条件下等离子体可导致导体和介质材料的不等量带电，其中 SSO 过极区飞行会存在短时 ESD 放电风险，GEO 附近飞行时存在较高 ESD 放电风险。在磁鞘、磁尾等稀薄的热等离子体环境中，光照作用可导致材料最高充至 34.2V 的正电压，可对 SMILE 卫星载荷 LIA 的探测结果造成一定影响。

### 8.4.3 航天器表面充放电风险三维仿真计算

一维仿真模型极大简化了卫星结构材料、等效电路、光照等条件，对于表面电势控制精度要求高的卫星来说，需要开展航天器三维表面充电风险。下面结合 SMILE 卫星经过的等离子体环境、结构和材料特点，利用 ESA SPIS 工具仿真表面充电风险。

#### 1. 卫星几何建模

根据 SMILE 卫星模型进行几何建模，如图 8-17 所示，表面材料信息及等效电路如表 8-16 所示，卫星光照条件如图 8-18 所示。

#### 2. SMILE 卫星表面电势分析结果

SMILE 卫星运行轨道包括 SSO 和 HEO。其中，SSO 可能遭遇的等离子体环境主要是电离层等离子体和极区沉降粒子，由于 SSO 不作科学任务观测且表面

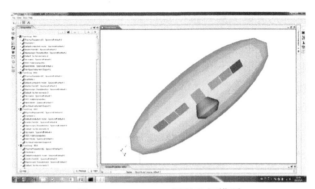

图 8-17  SMILE 卫星几何模型

充电风险较低,故不进行三维表面充电的仿真分析。HEO 可能遭遇的等离子体环境主要包括磁层等离子体和太阳风等离子体,其中磁层等离子体环境可对 SMILE 卫星表面材料造成负高电势的充电风险;同时,在极其稀薄的磁尾瓣和太阳风等离子体环境下,光电子占据统治地位可导致表面材料带有一定的正电势,从而对 LIA 载荷的科学探测造成影响。

表 8-16  典型部件的材料信息和等效电路设置

| 序号 | 航天器部件 | 电路节点 | 表面材料 | 电路设置 |
| --- | --- | --- | --- | --- |
| 1 | 航天器主体 (底面) | 节点 0 | ITO | |
| 2 | 航天器主体 | 节点 1 | ITO | R 0 1 20000 |
| 3 | 航天器主体 | 节点 2 | ITO | R 0 2 20000 |
| 4 | 航天器主体 | 节点 3 | ITO | R 0 3 20000 |
| 5 | 航天器主体 | 节点 4 | ITO | R 0 4 20000 |
| 6 | 航天器主体 | 节点 5 | ITO | R 0 5 20000 |
| 7 | 太阳电池下表面 | 节点 6 | CFRP | R 0 6 37500 |
| 8 | 太阳电池下表面 | 节点 7 | CFRP | R 0 7 37500 |
| 9 | 太阳电池下表面 | 节点 8 | CFRP | R 0 8 37500 |
| 10 | 太阳电池下表面 | 节点 9 | CFRP | R 0 9 37500 |
| 11 | 太阳电池下表面 | 节点 10 | CFRP | R 0 10 37500 |
| 12 | 太阳电池下表面 | 节点 11 | CFRP | R 0 11 37500 |
| 13 | 太阳电池上表面 | 节点 12 | ITO | R 0 12 20000 |
| 14 | 太阳电池上表面 | 节点 13 | ITO | R 0 13 20000 |
| 15 | 太阳电池上表面 | 节点 14 | ITO | R 0 14 20000 |
| 16 | 太阳电池上表面 | 节点 15 | ITO | R 0 15 20000 |
| 17 | 太阳电池上表面 | 节点 16 | ITO | R 0 16 20000 |
| 18 | 太阳电池上表面 | 节点 17 | ITO | R 0 17 20000 |
| 19 | 太阳电池侧面 | 节点 18 | CFRP | R 0 18 37500 |
| 20 | 推进器 | 节点 19 | ITO | R 0 19 20000 |

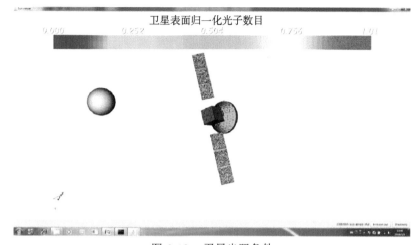

图 8-18　卫星光照条件

1) 极端恶劣等离子体环境下表面充电分析结果

根据 ESA 的空间环境手册 ECSS-E-ST-10-04C, 对于负电风险分析一般采用 GEO 极端恶劣等离子体环境进行表面充电评估, 如表 8-17 所示, 该数据主要是对 SCATHA 卫星在 1979 年 4 月 24 日的观测数据进行双麦克斯韦 (Maxwellian) 拟合获得。

表 8-17　GEO 极端恶劣等离子体环境参数

| | 电子密度 /cm$^{-3}$ | 电子温度 /keV | 离子密度 /cm$^{-3}$ | 离子温度 /keV |
|---|---|---|---|---|
| 成分 1 | 0.2 | 0.4 | 0.6 | 0.2 |
| 成分 2 | 1.2 | 27.5 | 1.3 | 28.0 |

表 8-18 给出了极端恶劣等离子体环境下不同光照条件时 SMILE 卫星典型材料的充电电势, 图 8-19、图 8-20 分别是阴影和光照下的卫星表面电势和空间电势分布。

表 8-18　SMILE 典型材料节点的充电电势

| 序号 | 航天器部件 | 电路节点 | 表面材料 | 电路设置 | 阴影下充电电势/V | 光照下充电电势/V |
|---|---|---|---|---|---|---|
| 1 | 航天器主体 (底面) | 节点 0 | ITO | | −6449.503 | 6.976 |
| 2 | 航天器主体 | 节点 1 | ITO | R 0 1 20000 | −6449.472 | 6.825 |
| 3 | 航天器主体 | 节点 2 | ITO | R 0 2 20000 | −6449.479 | 6.827 |
| 4 | 航天器主体 | 节点 3 | ITO | R 0 3 20000 | −6449.470 | 7.328 |
| 5 | 航天器主体 | 节点 4 | ITO | R 0 4 20000 | −6449.508 | 6.849 |
| 6 | 航天器主体 | 节点 5 | ITO | R 0 5 20000 | −6449.446 | 6.827 |
| 7 | 太阳电池下表面 | 节点 6 | CFRP | R 0 6 37500 | −6449.743 | 6.717 |

第 8 章　表面充放电效应

| 序号 | 航天器部件 | 电路节点 | 表面材料 | 电路设置 | 阴影下充电电势/V | 光照下充电电势/V |
|---|---|---|---|---|---|---|
| 8 | 太阳电池下表面 | 节点 7 | CFRP | R 0 7 37500 | −6449.513 | 6.762 |
| 9 | 太阳电池下表面 | 节点 8 | CFRP | R 0 8 37500 | −6449.559 | 6.742 |
| 10 | 太阳电池下表面 | 节点 9 | CFRP | R 0 9 37500 | −6449.615 | 6.708 |
| 11 | 太阳电池下表面 | 节点 10 | CFRP | R 0 10 37500 | −6449.565 | 6.758 |
| 12 | 太阳电池下表面 | 节点 11 | CFRP | R 0 11 37500 | −6449.555 | 6.750 |
| 13 | 太阳电池上表面 | 节点 12 | ITO | R 0 12 20000 | −6449.454 | 7.143 |
| 14 | 太阳电池上表面 | 节点 13 | ITO | R 0 13 20000 | −6449.483 | 7.119 |
| 15 | 太阳电池上表面 | 节点 14 | ITO | R 0 14 20000 | −6449.478 | 7.132 |
| 16 | 太阳电池上表面 | 节点 15 | ITO | R 0 15 20000 | −6449.484 | 7.144 |
| 17 | 太阳电池上表面 | 节点 16 | ITO | R 0 16 20000 | −6449.485 | 7.120 |
| 18 | 太阳电池上表面 | 节点 17 | ITO | R 0 17 20000 | −6449.490 | 7.129 |
| 19 | 太阳电池侧面 | 节点 18 | CFRP | R 0 18 37500 | −6449.659 | 6.794 |
| 20 | 推进器 | 节点 19 | ITO | R 0 19 20000 | −6449.365 | 7.373 |

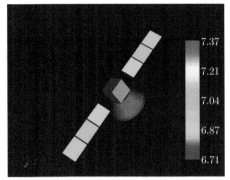

图 8-19　阴影和光照下的卫星表面电势分布

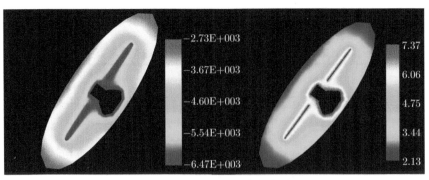

图 8-20　阴影和光照下的空间电势分布

2) 磁尾瓣等离子体环境下表面充电分析结果

对于正电风险分析，主要发生在空间等离子体密度非常稀薄、光电子充电电流占统治贡献的时候，太阳风、磁鞘层、等离子体片、外磁层等正电电势一般在 30V 以下，磁尾瓣等离子体可充至接近 100V 的正电势。表 8-19 给出了典型磁层和太阳风等离子体环境参数，可用于 SPIS 仿真计算；表 8-20 给出了磁尾瓣等离子体环境下 SMILE 卫星典型材料节点的充电电势结果；图 8-21 是阴影和光照下的卫星表面电势分布；图 8-22 是阴影和光照下的空间电势分布。

**表 8-19 典型磁层和太阳风等离子体环境参数**

|  | 密度/cm$^{-3}$ | 电子温度/eV | 离子温度/eV |
|---|---|---|---|
| 磁鞘层 | 1 | 26 | 80 |
| 磁尾瓣 | 0.1 | 180 | 540 |
| 等离子体片 | 0.15 | 145 | 610 |
| 太阳风 | 8.7 | 10 | 12 |

**表 8-20 SMILE 典型材料节点的充电电势**

| 序号 | 航天器部件 | 电路节点 | 表面材料 | 电路设置 | 光照下充电电势/V | 阴影下充电电势/V |
|---|---|---|---|---|---|---|
| 1 | 航天器主体 (底面) | 节点 0 | ITO |  | 21.289 | 10.300 |
| 2 | 航天器主体 | 节点 1 | ITO | R 0 1 20000 | 21.175 | 10.301 |
| 3 | 航天器主体 | 节点 2 | ITO | R 0 2 20000 | 21.009 | 10.300 |
| 4 | 航天器主体 | 节点 3 | ITO | R 0 3 20000 | 21.574 | 10.301 |
| 5 | 航天器主体 | 节点 4 | ITO | R 0 4 20000 | 21.094 | 10.301 |
| 6 | 航天器主体 | 节点 5 | ITO | R 0 5 20000 | 20.979 | 10.301 |
| 7 | 太阳电池下表面 | 节点 6 | CFRP | R 0 6 37500 | 21.228 | 10.298 |
| 8 | 太阳电池下表面 | 节点 7 | CFRP | R 0 7 37500 | 21.208 | 10.298 |
| 9 | 太阳电池下表面 | 节点 8 | CFRP | R 0 8 37500 | 21.291 | 10.299 |
| 10 | 太阳电池下表面 | 节点 9 | CFRP | R 0 9 37500 | 21.114 | 10.298 |
| 11 | 太阳电池下表面 | 节点 10 | CFRP | R 0 10 37500 | 21.247 | 10.298 |
| 12 | 太阳电池下表面 | 节点 11 | CFRP | R 0 11 37500 | 21.230 | 10.299 |
| 13 | 太阳电池上表面 | 节点 12 | ITO | R 0 12 20000 | 21.366 | 10.301 |
| 14 | 太阳电池上表面 | 节点 13 | ITO | R 0 13 20000 | 21.331 | 10.301 |
| 15 | 太阳电池上表面 | 节点 14 | ITO | R 0 14 20000 | 21.319 | 10.301 |
| 16 | 太阳电池上表面 | 节点 15 | ITO | R 0 15 20000 | 21.347 | 10.301 |
| 17 | 太阳电池上表面 | 节点 16 | ITO | R 0 16 20000 | 21.347 | 10.301 |
| 18 | 太阳电池上表面 | 节点 17 | ITO | R 0 17 20000 | 21.387 | 10.301 |
| 19 | 太阳电池侧面 | 节点 18 | CFRP | R 0 18 37500 | 21.210 | 10.299 |
| 20 | 推进器 | 节点 19 | ITO | R 0 19 20000 | 21.925 | 10.304 |

3) 不同接地电阻对表面充电电势的影响

以磁尾瓣等离子体环境、光照条件为例，改变 ITO 与卫星结构地之间的阻值分别为 0.01kΩ、1kΩ、5kΩ、10kΩ、20kΩ、40kΩ、100kΩ，仿真分析不同节点上

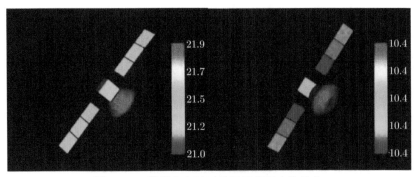

图 8-21　阴影和光照下的卫星表面电势分布

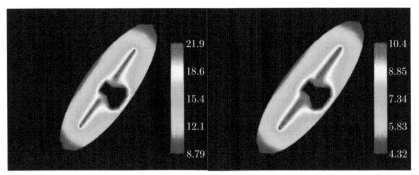

图 8-22　阴影和光照下的空间电势分布

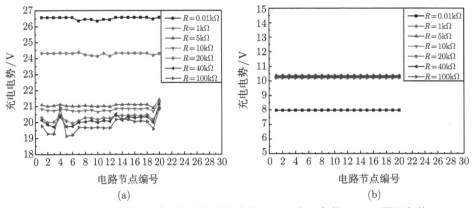

图 8-23　ITO 不同阻值下节点的充电电势 ((a)：光照条件；(b)：阴影条件)

的电势变化规律。从图 8-23 中可见，在光照条件下接地电阻越大则相对电势差距越大，绝对充电电势越小；反之，在阴影条件下接地电阻对充电电势的影响相对较小。

这里针对 SPIS 仿真结果，与类似轨道的 Cluster 卫星的典型空间探测数据进行了对比分析。图 8-24 是 Cluster SC1 和 SC3 在 2002 年 8 月 23 日探测到的表面充电结果 [40]，地理位置大约在 $[-17, -3, 5]R_e$，即地球磁尾瓣的北部；图 8-25 是采用 SPIS 仿真的 ITO 与 CFRP 的电势结果。对比图 8-24、图 8-25 可知，二者吻合较好。

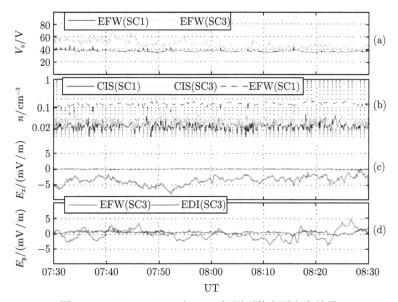

图 8-24  Cluster SC1 和 SC3 探测到的表面充电结果

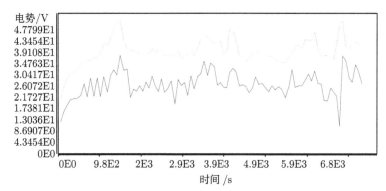

图 8-25  SPIS 仿真的 ITO(上面曲线) 与 CFRP(下面曲线) 的电势结果

综合上述分析结果可知：在极端恶劣等离子体、磁尾瓣等离子环境下，SMILE 卫星的绝对电势均未超过 30V；在极端恶劣等离子体环境下，在阴影区表面材料

电势约为 −6449V，在光照下表面材料电势约为 +7V；在磁尾瓣等离子体环境下，在阴影区表面材料电势约为 +10V，在光照下表面材料电势约为 +21V；不同 ITO 接地阻值影响不同节点的充电电势；SPIS 仿真结果与历史空间探测数据基本吻合、可信。

### 8.4.4 工程实施方案

卫星表面电势控制方法主要包括被动控制和主动控制 2 种方式，需要综合电势控制要求和成本代价选取。

被动控制主要通过改变卫星表面材料的特性参数、表面材料与卫星结构地连接、材料防护等措施进行防护。从整星构型、结构、材料和工艺等方面采取防止或减轻充电的各种措施，例如，表面分区接地，降低电荷积累量；尽量采用金属表面或表面金属化，使沉积在表面的电荷通过接地导走；涂敷特殊性能材料。例如，对热控多层处理要求：多层金属膜都应电连接到多层隔热膜材料的接地点上；每块多层上至少有两个接地点连接至卫星结构地上；对于表面长度大于 200mm 的多层隔热材料，应每隔 200mm 安装一个接地点，同时保证一块多层至少 2 个及以上接地连接；多层接地点至结构地搭接电阻小于 1Ω；多层金属膜表面任意两点的直流电阻小于 100mΩ；多层外表面任一点与整星结构地的电阻小于 10kΩ；热控多层材料长宽比应小于等于 3 等。

主动电势控制主要通过主动发射电子、离子或等离子体以达到控制卫星结构电势的目的。主动电势控制具有控制精度高的优点，但是需要占用星上宝贵质量资源、存在对空间环境探测数据污染的风险，国际空间站 (ISS)、Cluster 卫星上均采取了主动电势控制方法。

习　题

1. 请定性描述 GEO 和 LEO 等离子体环境的主要差异，以及表面充电风险的时空分布特征？

2. 表面充电的电势和充电时间由等离子体环境中的什么要素决定？

3. 表面充电的绝对电势和相对电势具有什么含义？可能带来的影响分别是什么？

4. 写出表面充电电流平衡方程，逐项说明表面充电的总电流由哪些分量组成？假设某航天器的表面材料全部为金属，且处于地球阴影区，请问，它在等离子体环境下会被充上正电还是负电？并说明原因。

5. 将航天器视为半径 2m 的铝制金属球壳，假设空间等离子体环境充电电流为 $0.5\text{nA/cm}^2$，则：

(1) 需要多长时间，航天器可被充电至 −1000V？

(2) 假设航天器在 −1000V 发生放电，且放电后航天器的电势为 0V，计算放电释放的能量？(真空介电常量 $\varepsilon_0 = 8.854 \times 10^{-12}$ F/m)

6. 半径为 1m 的球形航天器，处于 GEO，当它处于阴影区且忽略二次电子电流和背散射电流时，则航天器达到充电平衡时的表面电势为多少？

已知如下条件：

电子电流 $I_e = I_{e0} \exp\left(qV/kT_e\right)$, $I_{e0} = (qN_e/2)\left(2kT_e/\pi m_e\right)^{1/2}$；

离子电流 $I_i = I_{i0}\left[1 - (qV/kT_i)\right]$, $I_{i0} = (qN_i/2)\left(2kT_i/\pi m_i\right)^{1/2}$；

电子质量 $m_e = 9.109 \times 10^{-28}$g，离子质量 $m_i = 1.673 \times 10^{-24}$g；

$K = 1.38 \times 10^{-23}$J/K, $1\text{eV} = 11605$K；

$T_e = T_i = 10$keV；$N_e = N_i = 1\text{cm}^{-3}$。

7. 请阐述充电主动控制和被动控制的基本方法，其各自的优缺点和适用场景。

# 参 考 文 献

[1] NASA-HDBK-4002B. Mitigating In-Space Charging Effects - A Guideline, 2022.

[2] ECSS-E-ST-20-06C. Spacecraft Charging-Space Engineering, 2008.

[3] Bedingfield K L, Leach R D. Spacecraft system failures and anomalies attributed to the natural space environment. National Aeronautics & Space Administration Nasa Reference Publication, 1996.

[4] Koons H C, Mazur J E, Selesnick R S, et al. The Impact of the Space Environment on Space Systems. Aerospace Report TR-99(1670)-1, 1999.

[5] 武明志. 空间等离子体诱发太阳能电池表面充放电效应的仿真分析. 南京：南京航空航天大学, 2018.

[6] 薛梅. 高压砷化镓太阳阵 ESD 效应及防护技术研究. 天津: 天津大学, 2007.

[7] 朱光武, 李保权. 空间环境对航天器的影响及其对策研究 (续). 上海航天, 2002, 19(5): 9-16.

[8] (美) 黎树添. 航天器带电原理——航天器与空间等离子体的相互作用. 李盛涛，郑晓泉，陈玉，等译. 北京：科学出版社，2015.

[9] Garrett H B, Whittlesey A C. Spacecraft charging, an update. IEEE Transactions on Plasma Science, 2000, 28(6): 2017-2028.

[10] NeergaardParker L, Minow J I. Survey of DMSP Charging During the Period Preceding Cycle 24 Solar Maximum, 2013.

[11] Davis V A, Mandell M J, Ferguson D C, et al. Modeling of DMSP surface charging events. IEEE Transactions on Plasma Science, 2017, PP(99): 1-9.

[12] Krause L H, Font G, Putz V, et al. Bootstrap surface charging at GEO: Modeling and on-orbit observations from the DSCS-Ⅲ B7 satellite. IEEE Transactions on Nuclear Science, 2007, 54(6): 1997-2003.

[13] 涂传诒, 等. 日地空间物理学 (下册，行星际与磁层). 北京：科学出版社，1988.

[14] Carpenter D L, Anderson R R. An ISEE/Whistler model of equatorial electron density in the magnetosphere. Journal of Geophysical Research Space Physics, 1992, 97(A2): 1097-1108.

[15] Sheeley B W, Moldwin M B, Rassoul H K, et al. An empirical plasmasphere and trough density model: CRRES observations. Journal of Geophysical Research, 2001, 106(A11): 25631-25641.

[16] Huang X, Reinisch B W, Song P, et al. Developing an empirical density model of the plasmasphere using IMAGE/RPI observations. Advances in Space Research, 2004, 33(6): 829-832.

[17] Gallagher D L, Craven P D, Comfort R H. Global core plasma model. Journal of Geophysical Research: Space Physics, 2000, 105(A8): 18819-18833.

[18] 郭佳鹏，张东和，郝永强，等. 基于等离子体 GCPM 模型对电离层薄壳模型高度的仿真研究. 地球物理学报, 2014, 57(11): 3577-3585.

[19] Garrett H B, Whittlesey A C. Guide to Mitigating Spacecraft Charging Effects. Hoboken: John Wiley & Sons, 2012: 117-121.

[20] Tsipouras P, Garrett H B. Spacecraft charging model: Two Maxwellian approximation. Environmental Research Paper Air Force Geophysics Lab, Hanscom AFB, MA., 1979: 22-23.

[21] ECSS-E-ST-10-04C. Space Environment (15 November 2008) in Space Engineering, 2008.

[22] Lühr H, Xiong C. IRI-2007 model overestimates electron density during the 23/24 solar minimum. Geophysical Research Letters, 2010, 37(23): L23101-1-L23101-5.

[23] Gussenhoven M, Mullen E. A 'worst case' spacecraft charging environment as observed by SCATHA on 24 April 1979. AIAA Paper 82-0271, 1982.

[24] Koons H C, Mizera P F, Roeder J L, et al. Severe spacecraft-charging event on SCATHA in September 1982. Journal of Spacecraft and Rockets, 1988, 25(3):30.

[25] 朱士尧. 等离子体物理基础. 北京：科学出版社, 1983.

[26] Wrenn G L, Sims A J. The 'Equipot' Charging Code. Working Paper SP-90-WP-37, 1990; updated by Rodgers D J, 2002.

[27] ISO 11221. Space systems — Space solar panels —Spacecraft charging induced electrostatic discharge test methods, 2011.

[28] Ferguson D C. Interactions between spacecraft and their environments. NASA Technical Memorandum 106115，AIAA-93-0705, 2012.

[29] 黄建国, 易忠, 孟立飞, 等. 空间站快速充电效应的物理过程及特征. 物理学报, 2013(22): 449-455.

[30] 胡向宇, 孙迎萍, 刘海波, 等. 航天员生命安全保护神——空间站主动电位控制系统研制及在轨应用. 真空与低温, 2021, 27(3): 303, 304.

[31] 加勒特 H B. 航天器充电效应防护设计手册. 信太林，张振龙，周飞，译. 北京: 中国宇航出版社, 2016.

[32] Katz I, Parks D E, Mandell M J, et al. NASCAP, a three-dimensional charging analyzer program for complex spacecraft. IEEE Xplore, 1977.

[33] Mandell M J, Davis V A, Cooke D L, et al. Nascap-2k spacecraft charging code overview. IEEE Transactions on Plasma Science, 2006, 34: 2084-2093.

[34] Roussel J F, Rogier F, Dufour G, et al. SPIS open-source code: Methods, capabilities, achievements, and prospects. IEEE Transactions on Plasma Science, 2008, 36(5): 2360-2368.

[35] Kim J, Ikeda K, Hatta S, et al. Final development status of multi-utility spacecraft charging analysis tool (MUSCAT)// AIAA Aerospace Sciences Meeting & Exhibit, 2013.

[36] 许亮亮, 蔡明辉, 杨涛, 等. SMILE 卫星的表面充电效应. 物理学报, 2020, 69(16): 199-206.

[37] Pedersen A, Chapell C R, Knott K, et al. Methods for keeping a conductive spacecraft near the plasma potential //Spacecraft Plasma Interactions and Their Influence on Field and Particle Measurements, Proceedings of the 17th ESLAB Symposium,ESA SP-198, 1983: 185–190.

[38] Schmidt R, Arends H, Pedersen A, et al. Results from active spacecraft potential control on the Geotail spacecraft. Journal of Geophysical Research Space Physics, 1995, 100(A9): 17253–17259.

[39] Engwall E, Eriksson A I , André M, et al. Low-energy (order 10eV) ion flow in the magnetotail lobes inferred from spacecraft wake observations. Geophysical Research Letters, 2006, 33(6): 84-97.

[40] Torkar K, Riedler W, Escoubet C P, et al. Active spacecraft potential control for cluster-implementation and first results. Annales Geophysicae, 2001, 19(10/12): 1289-1302.

# 第 9 章　深层充放电效应

　　航天器充放电效应的研究与工程应用中，首先发现和开展的是表面充放电效应研究，随着研究和工程应用的发展，后续发现了深层充放电效应与内部充放电效应。航天器充放电效应包含两个物理过程，电荷在航天器材料表面或内部沉积与积累的过程称为充电，电荷积累到一定条件发生静电放电称为放电，在工程应用中将两个过程合称航天器充放电效应，在具体的研究中可以对充电和放电分别进行研究。目前关于充电的理论研究相对成熟，而关于放电的研究还相对薄弱。本章将对深层充放电效应的概念、空间环境、典型故障、在轨探测、试验研究、物理模型与软件等进行介绍。

## 9.1　深层充放电效应概述

### 9.1.1　深层充放电效应现象与概念

　　太阳爆发活动产生的带电粒子传输至地球辐射带，被地球辐射带俘获后，使得地球外辐射带的电子通量在数天时间内显著增强，其中能量超过 100keV 的高能电子穿透航天器绝缘介质材料浅表面，在材料内部积累电荷而带电的现象，通常称为介质深层充电 (dielectric deep charging)，简称充电 [1,2]。在航天工程中，能量高于 2MeV 的高能电子穿透航天器的外壳，在航天器内的未接地悬浮导体或介质材料中积累电荷而充电的现象称为内部充电 (internal charging)。航天器不同结构间由于构型、位置、辐照条件材料电学参数等存在不同而形成差异带电，如果充电导致航天器相邻结构间出现较高的电势差，或者绝缘介质内建电场强度达到材料的击穿阈值，就会产生静电放电 (ESD)，放电脉冲通过多种途径直接或间接地耦合至航天器灵敏的或未加防护的电子系统，就会造成干扰、伪指令，甚至烧毁。对于航天器充放电效应，充电通常不会对航天器的正常工作产生影响，充电诱发放电后才对航天器的安全与可靠运行构成威胁 [3-5]。

　　关于航天器 "内部充电" 和 "深层充电" 两个概念，在研究与工程应用中时常容易混用，并给人带来困惑，在此对这两个概念进行简单辨析。这两个概念的共同点都是与航天器表面充放电进行相互比对，但是也有明显的区别，内部充电与表面充电相比对时强调的是航天器的舱内与舱外，深层充电与表面充电相比对时强调的是材料内部充电和材料浅表面充电。基于上述基本概念，结合航天器充电的特征进一步分析, 由于发生在舱内的充放电效应更靠近航天器的电子设备, 更容易通过放电产生的电磁干扰对其正常工作产生严重影响, 因此内部充电这个概念在工程上应用更广泛。

内部充电主要用来区分充放电是否发生在航天器的舱内, 应该注意, 航天器舱内的悬浮导体遭受入射到舱内高能电子辐照充电时, 金属所带的电荷只存在于金属的外表面, 可以看成是内部的表面充电, 航天器内部充电如图 9-1 所示。在航天器充放电效应中约定: 将能量大于 100keV 以上的高能电子穿透绝缘材料浅表层后在材料内部形成电荷的沉积和输运的现象称为深层充电, 其更强调带电粒子在绝缘材料内的沉积与输运过程, 这同表面充电描述的材料表面与等离子体以及光照相互作用的物理过程存在明显区别; 例如航天器舱外尺寸较厚 (1mm 以上) 的介质材料被高能电子辐照, 电子沉积在材料内部的物理过程, 也属于深层充电。

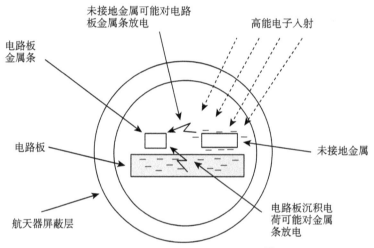

图 9-1　航天器内部充电示意图 [2]

### 9.1.2 深层充电的物理过程

深层充电的物理过程与表面充电存在明显差异, 其主要包括空间带电粒子入射至绝缘材料内部后的电荷沉积过程和材料内部电荷向航天器结构地的输运过程, 下面以简单的平板模型为例 (图 9-2) 来说明深层充电的物理过程 [1,6-11]。空间环境中的高能带电粒子 (主要是 100keV 以上的电子) 穿透屏蔽层或舱绝缘材料浅表层, 进入并沉积在绝缘材料内部, 形成沉积电流 $J_d$, 电流的注入使得电荷沉积区域与接地面之间建立电场。由于绝缘材料也具有一定的电导率 $\sigma$, 因此绝缘材料中的沉积电荷在该电场的作用下, 在绝缘材料内部会形成传导电流 $J_c$。绝缘材料深层充电中, 带电粒子辐射形成的沉积电流相对稳定, 材料的电导率通常非常小, 因此初始阶段传导电流 $J_c$ 很小, 而沉积电流相对较大, 使得材料内部的电荷不断积累。随着电荷的积累电场强度不断增加，传导电流不断增加，如果充电过程不会出现介质的击穿放电等干扰，则传导电流逐渐增加至最终与沉积电流达到平衡，此时材料内部的电荷不再增加，电场达到最大值，即达到充电平衡。由此可知，充电平衡时的电场最大值取决于沉积电流与材料电导率 $\sigma$。

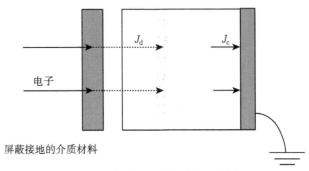

图 9-2    平板介质深层充电过程示意图

从上述深层充电的基本过程介绍可以看出，深层充电的物理过程相对简单，深层充电效应研究中主要就是根据空间辐射环境中高能带电粒子注入和材料的电阻率等参数，分析计算平衡状态下的电流沉积与传输过程。其中，沉积电流 $J_d$ 与环境中的带电粒子相关，由于空间带电粒子主要是电子和质子，尤其是电子的通量比质子高一个量级以上，此外质子与电子所带电荷极性相反，质子对于充电的影响在多数情况下都是减缓电子充电的作用，在航天器充放电效应中主要考虑恶劣条件下的充电效应，因此在目前的深层充电效应中仅考虑电子沉积电流的贡献。对于某些特殊应用场景，例如空间引力波探测任务中，则需要根据具体情况对质子甚至宇宙线粒子辐照产生的充电现象进行分析。

电子入射至介质材料内的沉积分布取决于电子能量及材料属性（主要是密度）。已有的研究给出了很多描述入射电子能量与射程关系的经验公式，各公式给出的结果基本相似，例如 Weber 公式[1]：

$$R = 0.55E \left[ 1 - \frac{0.9841}{1 + 3E} \right] \tag{9-1}$$

其中，$R$ 为电子射程，其单位是航天工程中常用的 $g/cm^2$，以该单位为度量的射程可以进一步除以材料的密度计算得到以 cm 为单位的射程；$E$ 为电子能量，其单位是 MeV。需要注意的是，通过上述计算获得的射程是确定能量的电子在材料中的平均穿透深度，实际过程中电子在材料中的沉积过程比较复杂，其沉积深度并不是一个固定的值，而是以其平均沉积深度为中心分布在一定范围内。通过上述方法可以计算得到电子在材料中射程的经验结果，更准确的计算需要采用蒙特卡罗模拟。目前，有多个蒙特卡罗模拟平台可供使用，较多采用的是欧洲核子中心主导开发的 Geant4 平台。

### 9.1.3 深层充放电效应的主要影响与危害

深层充电过程中，航天器上所使用绝缘材料的电导率是影响沉积电荷输运过程的关键参数。尽管被称为"绝缘"材料，但实际上这些材料仍然存在导电能力，只是其电导率在常规的电器设备中使用时值非常小，在绝大多数情况下使用时可以忽略其电导率，从而近似认为材料是绝缘的，但对于深层充电效应来说，绝缘材料的电导率不可忽略，并且是对充电过程起支配作用的物理量。深层充电现象可简单理解成"电荷积累"和"电荷泄漏"这两个动态物理过程的竞争，即空间辐射电子在材料内逐渐沉积的同时，由于电导率的存在，这些电荷也在通过接地点缓慢泄漏，而电导率 $\sigma$ 决定着充电平衡时间以及达到平衡时的状态。

绝缘材料的电导率并不是一个常数，而是受温度、电场和辐射等多种因素的影响而发生着显著的变化。在航天工程中，绝缘材料处在复杂的辐射环境中，辐射会在绝缘材料中通过电离作用产生新的载流子而使得材料内部载流子浓度明显变化，导致材料电导率发生变化。因此，在航天器绝缘材料深层充电效应研究中，通常将绝缘材料的电导率描述为暗电导率和辐射诱发电导率两项之和，这里，暗电导率 $\sigma_0$ 是温度和场强的函数，其中不存在外界电场条件下的暗电导率又称为本征电导率；辐射诱发电导率 $\sigma_{ric}$ 是辐射剂量率 $\dot{D}$ 的函数。国内外已开展的试验证实，对于航天器常用的绝缘材料，例如聚酰亚胺、环氧树脂等，在空间辐射环境下，其辐射诱发电导率有可能高出暗电导率几个量级，成为总电导率大小的决定项。辐射诱发电导率可描述为 $\sigma_{ric} = k_p \dot{D}^{\Delta}$，其中，$k_p$ 和 $\Delta$ 是与特性材料相关的参数。

目前的航天工程中，深层充放电效应对航天器构成的主要影响是放电产生的 ESD 脉冲对航天器电子系统的干扰和破坏。由于表面充放电引发的放电多数发生在航天器舱外的表面，放电电弧产生的电磁干扰在耦合进入航天器内部时遭受航天器外壳的屏蔽，电磁干扰的能量在一定程度上被削减，因此很少会对内部的电子器件构成威胁。相反，内部充放电主要是由高能带电粒子穿透并沉积在航天器内部形成的深层充放电，放电发生的位置靠近航天器舱内的电子设备甚至就是某些仪器设备的绝缘材料与组件，放电电磁干扰很容易对附近的敏感器件造成直接而强烈的干扰和危害，这也使得深层充放电效应的防护难度更大。

关于航天器深层充放电效应问题，是在航天器充放电效应发展过程中逐渐认识和发现的，在 20 世纪 70 年代中期以前，关于航天器充放电效应的研究和认知仅仅停留在表面充电范围，20 世纪 70 年代之后在对一系列航天器充放电效应问题的详细调查和深入研究的基础上，深层充放电效应逐步被提出和认识。自 20 世纪 90 年代以来，国内外相关研究机构逐渐加大了对深层充电的研究，发现 GEO

卫星中出现的与高能电子增强事件密切相关的异常是由深层充放电效应造成的，典型的案例是 1994 年 1 月 20 日两颗加拿大通信卫星 ANIK E1 和 E2 相继失效，被确认是深层充电所致，并广为报道之后，对深层充电的本质及其诱因的认识逐渐清晰起来。国外对 1973 年至 1997 年航天器的 299 例故障异常分类统计结果表明，由充电及放电引起的异常有 162 例，占总异常的 54.2%，在这些充电及放电异常当中，由深层充电造成异常已确定的有 74 例，约占 45.7%[12−15]。

# 9.2   深层充放电的空间高能电子环境及模型

理论分析和在轨应用表明，在近地空间深层充电比较严重甚至诱发放电的充放电效应的事件几乎都发生在地球的外辐射带。地球外辐射带处于磁层较外的区域，是一个高能电子的捕获区，是高能电子的密集区，也是近地空间深层充放电效应的高风险区。外辐射带经常受到太阳风及其引起的带电粒子的影响而产生强烈扰动，使得能量在 $0.2 \sim 10 \text{MeV}$ 的高能电子增强事件经常发生，其通量会在数天时间内上升 $2 \sim 3$ 个量级，并持续 10 天左右，也称之为高能电子暴。实际上，正是这些增强事件中的高能电子增强事件产生的充放电效应对卫星构成了真正的威胁，对 Telstar-401、ANIK E1/E2、Galaxy-4 等卫星的异常分析表明，严重的 ESD 异常都发生在电子增强事件期间。

20 世纪初，挪威空间物理学家斯托默从理论上分析指出，在地球周围存在一个带电粒子捕获区，这些粒子被地球磁场俘获，束缚在离地表一定距离的高空形成一条带电粒子带。20 世纪 50 年代末 60 年代初，美国科学家范艾伦 (van Allen) 根据 "探险者" 1 号、3 号、4 号的观测数据证实了这条辐射带的存在，确定了它的结构和范围，并发现其可分为内外两条带电粒子辐射带，于是将离地面较近的辐射带称为内辐射带，离地面较远的称为外辐射带，因是范艾伦最先发现的，故又称为范艾伦带，如图 9-3 所示。

内辐射带位于 $B\text{-}L$ 坐标系 (航天中常用的坐标系，后面将会进行简单介绍) 中 $1.0 < L < 2.0$ 区间，其带电粒子主要由电子、质子，以及氧离子等其他重离子组成。内辐射带电子主要来源于宇宙线漫散射中子的衰变和外辐射带电子的扩散。在 1000km 以下的电子寿命由大气标高决定，在太阳活动高年间，大气标高的增加导致该区域电子寿命和平均流强的减少；在 1000km 以上和 $L = 1.6$ 以下区域，内辐射带电子分布相对稳定，寿命在 400 天左右；在 $L = 1.6$ 以上区域，大的磁暴会注入能量在 $1.2 \text{MeV}$ 以上的电子。

地球外辐射带赤道平面内的位置离地面 $10^4 \sim 6 \times 10^4 \text{km}$，其中心强度的位置离地面 $2 \times 10^4 \sim 2.5 \times 10^4 \text{km}$。外辐射带的空间范围和带电粒子分布较不稳定，典型的电子通量峰值处于 $3.5 < L < 4.0$ 区间，在大磁暴后能量 5MeV 以上的电

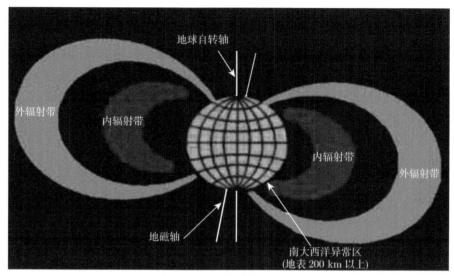

图 9-3 地球辐射带示意图

子可以在其中观测到，但在经历平静期一段时间之后高能电子基本消失，电子通量的最大和最小值间可以相差 5 个量级。外辐射带电子来源于亚暴粒子注入、行星际高能电子俘获等，典型寿命周期量级在 10 天左右，它们可以沿着磁力线运动到 100km 以下被大气层中性粒子俘获。

地球内辐射带又称为 "质子辐射带"，而外辐射带又称为 "电子辐射带"，外辐射带电子密度和能量更高，是深层充放电效应的高风险区域，目前报道的由深层充放电效应引起的故障与异常几乎都发生在地球外辐射带 ($3R_e \sim 7R_e$)，因此，以下主要针对地球外辐射带电子辐射环境进行分析。

### 9.2.1 外辐射带电子成分

地球外辐射带主要由电子和质子组成，质子的能量很低，通常在数兆电子伏以下，其通量随能量增加而迅速减小，所以，深层充放电效应研究中主要关注外辐射带电子。外辐射带中包含两种起源和运动规律截然不同的电子成分，分别用 "软"(30 ~ 300keV) 和 "硬"(300 ~ 2000keV) 来描述它们。其中，"软" 的电子成分是部分等离子片在瞬时亚暴注入过程中被加速形成的；它们出现在发生极光的磁力线上，体现出向背阳面漂移的倾向，并与地磁活动指数密切相关。"硬" 的电子成分通常被地磁场牢牢捕获，并规律性地经历一些周期性出现的通量增强事件，这些事件产生的高能电子增强会并持续数日。"软" 的电子成分在太阳活动极大期达到峰值，而 "硬" 的电子成分则在太阳活动极小期出现峰值。由于外辐射带电子由上述两种不同的成分组成，所以外辐射带电子的分布为双麦克斯韦分布 [16–18]。

### 9.2.2   高能电子随磁壳的分布

地球磁场是一个偶极子磁场，近地空间的带电粒子的运动基本上由地磁场控制。在航天工程中，通常基于上述特点发展和使用 $B$-$L$ 坐标对近地空间进行描述。在地球周围循着一条磁力线可以得到一个磁壳面，磁壳面用 "$L$" 表示，$L$ 值是赤道面跟磁力线的交点到地心的距离，以地球半径 $R_e$ 为单位。由于外辐射带电子被捕获在一条条的磁力线中，因此可以用磁场强度 $B$ 和磁壳 $L$ ($B$-$L$ 坐标) 来描述电子的分布。在考虑不同磁壳面上的径向分布时，$L$ 值是唯一有用的参数。外辐射带可描述为 $L$ 值在 $3 \sim 7$，穿透常用航天器外壳到达航天器舱内的通量最高的高能电子将在 $L = 4 \sim 5$ 的区域，也就是深层充放电风险最高的区域。

$L$ 值是一个很方便的概念，但它需要依赖于一个可靠的磁场模型。尽管目前有一些广泛使用的磁场活动模型，但是要在磁场扰动期间计算出准确的 $L$ 值仍是很困难的。在工程应用中，最好的近似就是 $L$ 值总是取平静时期的值。这种近似造成的问题并不严重，其主要原因是在磁暴发生后外辐射带中电子增强的峰值往往会持续数天，而此时的磁场已回到了相对稳定的状态。

根据部分探测器直接探测的数据对高能电子的分布特点进行分析。STRV-1b 于 1994 年 6 月 17 日发射进入 GTO，它携带的 REM (辐射环境探测器) 探测器在轨探测能量大于 1MeV 的电子通量 [19]。1995 年 4 月，一个高速的太阳风引起了外辐射带电子一段时期内的增强，图 9-4 分别是该探测器测量得到的能量大于 1.0MeV，1.9MeV，2.5MeV 的最大积分通量随 $L$ 的分布。可以看出，电子通量的峰值在 $L = 4 \sim 5$，外辐射带不同磁壳处的电子通量最大相差 $1 \sim 2$ 个数量级。

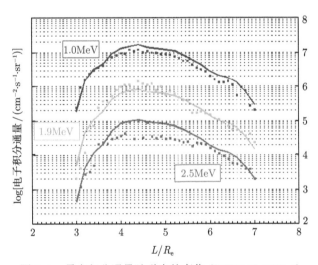

图 9-4   最大积分通量随磁壳的变化 (STRV-1b,1995.4)

　　图 9-5 是 1997 年 1 月的高能电子增强事件期间, 由数颗 GPS 卫星和 Polar 卫星测得的相对论电子在 $L$ 壳层分布的演变情况。其中 A 是 GPS 卫星 NS-33 和 NS-39 测的 1997 年 1 月 10 日 24h 内不同时间的 7 条 Flux-$L$ 曲线, 图上标注的时间是 GPS 卫星穿过电子通量最大处的时间 (相对于 1997 年 1 月 10 日 0UT)。从 12UT 到 24UT 峰值通量增大了 30 倍。B 是两颗相继经过的 Polar 卫星给出的曲线, 在 10 日 23UT 到 11 日 17UT 的时间内, $L = 6.6$ 处的通量下降了一个数量级以上, $L = 4.6$ 处下降了大约一半, 整个曲线向内平移, 通量峰值从 $L = 4.6$ 处移到了 $L = 4.0$ 处, 这可能是由于太阳风压力增大, 地球磁层受到了压缩。C 是由 4 颗 Polar 卫星得到的曲线, 从 11 日 17UT 到 15 日 09UT, $L < 5.5$ 处的相对论电子几乎没有变化, $L = 5.5 \sim 8.0$ 处的通量大幅上升, 且通量梯度趋缓。

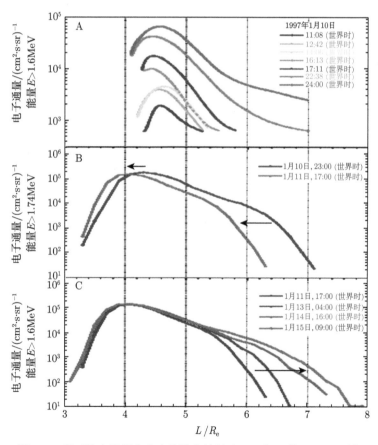

图 9-5　相对论电子径向分布的演变情况 (1997 年 1 月 10 ~ 15 日)

图 9-5 表明在增强事件发生期间高能电子在不同的 $L$ 磁壳上的分布有不同的变化特征，在同步轨道上观测到的通量峰值延迟并不是外带的普遍特征，而只局限于 $L > 5.5$ 的外带高层区域，而在 $L < 5.5$ 的外带区域，通量在开始上升后约 12 个小时到达峰值，在此后数天的时间内几乎不变。

电子通量沿磁力线的变化可以参照 AE-4 和 AE-8 的模式，通量的变化用如下的解析式来描述：

$$G[B, L] = \begin{cases} (B/B_0[L])^{-m[L]} \left( \dfrac{B_c[L] - B}{B_c[L] - B_0[L]} \right)^{m[L]+0.5}, & B < B_c \\ 0, & B > B_c \end{cases} \quad (9\text{-}2)$$

其中，$G$ 为通量沿磁力线的衰减因子；$B_0 = 0.311654/L^3$ 为地磁赤道处的磁场；$B_c$ 为镜面反射点的截止磁场；$m$ 是一个经验值。近似地 $B_c$ 可以取 0.6，$m$ 可以用下面的近似公式计算：

$$m[L] = \begin{cases} 0.6, & L = 4 \sim 8.5 \\ 0.6 + 0.06 \times (4 - L) + 0.46 \times (4 - L)^6, & L = 3 \sim 4 \end{cases} \quad (9\text{-}3)$$

则公式 (9-2) 可以用下面的近似公式来代替：

$$G[b, L] = \begin{cases} (b[L])^{-m[L]}(1 - 0.52b[L]/L^3)^{m[L]+0.5}, & b < b_c \\ 0, & b > b_c \end{cases} \quad (9\text{-}4)$$

其中，$b[L] = B/B_0[L]$，$b_c[L] = B_c[L]/B_0[L]$。

图 9-6 给出了不同磁壳上电子通量沿磁力线的相对变化，图中的点是 AE-8 的结果，曲线是用近似公式计算的结果。

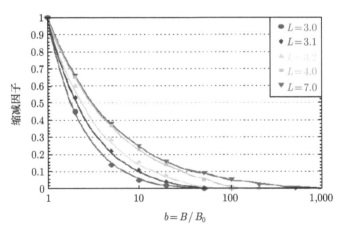

图 9-6　不同磁壳上电子通量沿磁力线的变化

### 9.2.3 高能电子变化规律

#### 1. 太阳 11 年周期活动的影响

地球外辐射带高能电子通量随着太阳活动, 主要是太阳黑子活动, 而存在 11 年的周期变化。图 9-7 是 1986~1996 年 11 年间 GOES 卫星测得的电子通量数据, 从中可以看到高能电子通量 11 年周期变化的特点。通过研究第 21 太阳活动周 GEO 的相对论电子 ($E > 2\mathrm{MeV}$) 发现, "外辐射带的相对论电子经历的太阳活动周变化是所有粒子中最剧烈的"。

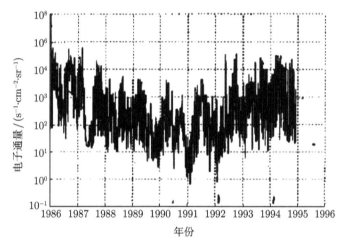

图 9-7　GOES 测得 11 年间的大于 2MeV 的电子通量

图 9-8 是用 1987~1997 年的 GOES 数据绘制的电子增强事件与太阳活动的关系, 图中最下方为每个卡灵顿 (Carrington) 自转周 (太阳自转周, 平均约 27.3 天) 中电子通量增强的天数 (红->$5\times10^8\mathrm{cm}^{-2}\cdot\mathrm{sr}^{-1}\cdot\mathrm{d}^{-1}$, 橙->$5\times10^7\mathrm{cm}^{-2}\cdot\mathrm{sr}^{-1}\cdot\mathrm{d}^{-1}$, 绿-> 其他), 图中间为每个自转周的最大积分通量, 绿色的通量表示当时发生了太阳质子事件, 图最上方为平滑处理的太阳黑子数。可以看出, 高能电子通量随太阳黑子数呈反相关变化, 在太阳黑子数量的下降阶段, 高能电子的增强事件达到峰值, 在太阳黑子数上升的阶段, 高能电子的增强事件达到谷值 [20~24]。

#### 2. 季节变化的影响规律

外辐射带高能电子通量随季节也呈现一定的周期性变化, 图 9-9 给出了 1995 年的 GEO 日平均电子通量随季节的变化, 电子通量在昼夜平分点 (即春分和秋分) 附近达到峰值, 而在至日 (夏至和冬至) 附近达到谷值。这种季节效应峰值位置每年都有所不同, 但主要受到行星际空间磁场南向分量与地磁场耦合的影响,

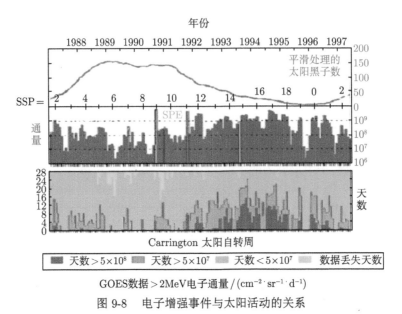

图 9-8    电子增强事件与太阳活动的关系

每年 4 月 5 日和 10 月 5 日为理论预测的峰值，3 月至 4 月间为高峰区间，其中 4 月的电子通量要比年平均月通量高 4 倍左右。

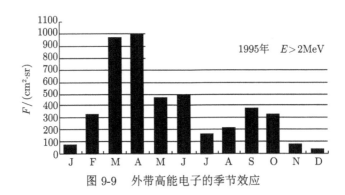

图 9-9    外带高能电子的季节效应

### 3. 太阳自转的影响规律

由于外辐射带电子受太阳活动影响非常明显，因此太阳周期性自转会导致正对地球的太阳方位存在差异，地球外辐射带高能电子也随之存在一定的周期性变化。图 9-10 中 GEO 上能量大于 2MeV 的电子 24h 平均强度随太阳自转呈现的 27.3 天周期性变化，表明了太阳为高能电子通量变化的根源。其本质是太阳自转使得冕洞区域以 27.3 天周期性地朝向地球，导致 GEO 高能电子通量周期性地增加。

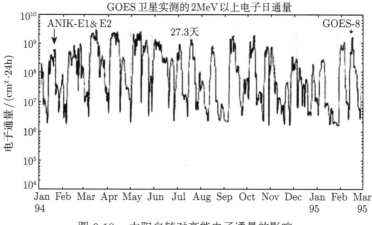

图 9-10 太阳自转对高能电子通量的影响

### 4. 高能电子增强事件规律

高能电子增强事件是指外辐射带中的高能电子一系列离散的通量增强现象，能量在数百千电子伏到数兆电子伏的电子通量会在数天时间内增大 2 ~ 3 个数量级，并持续 10 天左右，也称之为高能电子暴。

高能电子增强事件一般紧随太阳风高速流而来，图 9-11 给出了 GOES-7 在 1995 年 2 月观测到的高能电子增强事件，图中红色的曲线是能量大于 2MeV 电子的日通量，蓝色曲线是 WIND 飞船测得当时的太阳风速度。从图中可以看出两者之间有明显的关联性，电子的迅速增强紧随太阳风高速流到达之后出现。

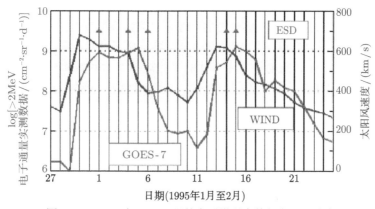

图 9-11 1995 年 1 ~ 2 月的电子增强事件与太阳风速度

高能电子增强事件分为周期性增强事件与随机性增强事件，其中周期性增强事件主要与太阳日盘上的冕洞有关，由于冕洞的寿命一般较长，能够持续好几个太阳自转周期, 因此外辐射带的高能电子增强一般都具有 27.3 天的周期性, 如图 9-12 所示, 这类事件称为可重现周期性增强事件。

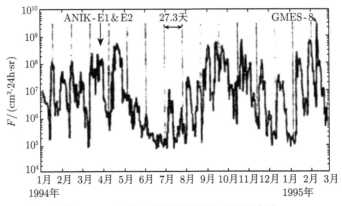

图 9-12　高能电子通量增强的周期性变化

　　冕洞并不是增强事件唯一的驱动者, 太阳随机的脉动性的爆发活动也会引发增强事件, 这类事件称为非可重现性增强事件, 或是突发性增强事件。许多非可重现性增强事件是由太阳质子事件 (SPE) 或是太阳日冕物质抛射 (CME) 事件引起的。CME 事件被认为是外辐射带能量 1MeV 以上高能电子突然增强的原因之一。在 CME 事件期间, 大量物质从太阳表面抛射而出, 经过行星际传播进入外辐射带。CME 事件的概率与太阳活动的 11 年周期相关。TELSTAR-401 卫星在 1997 年 1 月 11 日 CME 事件下失效, 该事件中高能电子受到 CME 磁场加速, 伴随着高速太阳风进入外辐射带, 最终导致卫星故障。图 9-13 为 1997 年 1 月观测到一次典型突发性增强事件中 5 颗同步轨道卫星测得的高能电子通量。突发性增强事件发生次数较少, 一个太阳活动周中大约只有几次, 但通常十分剧烈, 电子通量一般都很高。

　　为了更好地认识高能电子增强事件的变化规律并对其威胁进行分析评估, 欧洲空间局根据 GOES-5 卫星的探测数据, 总结归纳出 1985~1996 年 12 年中地球外辐射带电子增强事件的分布, 如表 9-1 所示。为了对高能电子增强事件进行判定, 最早是由 Wrenn 和 Smith 基于实际应用中能引起 GEO 卫星平台上电子系统伪指令异常的门限值作为判据, 其将能量大于 2MeV 电子的日通量超过 $5\times10^7\mathrm{cm}^{-2}\cdot\mathrm{sr}^{-1}$ 作为高能电子增强事件的依据。在此基础上, ESA 采用了上述判据, 当能量大于 2MeV, 通量大于 $5\times10^7\mathrm{cm}^{-2}\cdot\mathrm{sr}^{-1}$ 时视为增强事件, 而当通量大于 $5\times10^8\mathrm{cm}^{-2}\cdot\mathrm{sr}^{-1}$ 时则看作极端增强事件, 上述判据也被广泛采用 [24]。根据上述数据, 在 11 年中鉴别出 178 次增强事件, 平均每次持续 6.5 天。在 4018 天中, 有 1162 天 (29%) 是外带的增强时期, 312 天 (8%) 是极端增强时期。在 178 次增强事件中有一些与太阳质子事件有关, 如 1991 年 3 月和 1992 年 5 月的事件，它们出现在质子事件发生的几天后，十分剧烈，但不具有周期性。

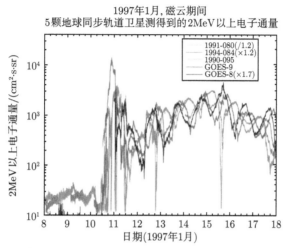

图 9-13 1997 年 1 月的增强事件中 5 颗同步卫星测得 >2MeV 的电子通量

表 9-1 1985~1996 年外辐射带电子增强统计结果

| 年份 | 增强事件的次数 | 通量大于 $5\times10^7$ 的天数 | 通量大于 $5\times10^8$ 的天数 | 太阳黑子数 | 第 22 太阳活动周 |
|------|----------------|------------------------------|------------------------------|------------|------------------|
| 1985 |                |                              |                              | 18         |                  |
| 1986 | 20             | 176                          | 60                           | 14         | Min.@Sep         |
| 1987 | 11             | 66                           | 6                            | 32         |                  |
| 1988 | 14             | 56                           | 1                            | 98         |                  |
| 1989 | 9              | 45                           | 0                            | 154        | Max.@Jul         |
| 1990 | 8              | 31                           | 0                            | 146        |                  |
| 1991 | 11             | 52                           | 4                            | 144        |                  |
| 1992 | 17             | 72                           | 17                           | 94         |                  |
| 1993 | 23             | 172                          | 31                           | 56         |                  |
| 1994 | 26             | 208                          | 89                           | 30         |                  |
| 1995 | 24             | 174                          | 77                           | 17         |                  |
| 1996 | 15             | 110                          | 27                           | 10         | Min.@May         |

高能电子增强事件导致的深层充放电效应，是引发外辐射带同步轨道卫星故障的重要原因。图 9-14 给出了 TELSTAR-401 通信卫星失效前后的高能电子流量，电子流量峰值出现在卫星失效前一天 (1997 年 1 月 10 日)，日流量为 $2.0\times10^8 \mathrm{cm}^{-2}\cdot\mathrm{sr}^{-1}$。此外还有 ANIK-E1、GALAXY-4 等卫星均伴随高能电子增强事件的发生而失效。

### 9.2.4 辐射带高能电子模型

从 20 世纪 60 年代初期开始，NASA 就根据卫星观测资料编制了一系列辐射带的经验模型，包括辐射带质子模型 AP 系列和辐射带电子模型 AE 系列。目前

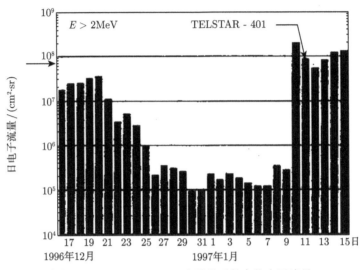

图 9-14    TELSTAR-401 失效前后的高能电子流量

已分别发展为 AP8 质子模型和 AE8 电子模型，它们至今仍被广泛使用，主要是用来计算轨道的辐射总剂量。图 9-15 是 AP8 和 AE8 分别计算出的辐射带质子和电子的分布情况。

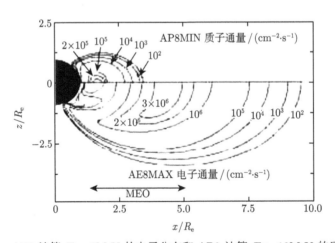

图 9-15    AE8 计算 $E > 1\mathrm{MeV}$ 的电子分布和 AP8 计算 $E > 10\mathrm{MeV}$ 的质子分布

AE8 模式是个静态模式，提供的是长时间内电子通量的平均值，已经不足以描述外辐射带高能电子增强事件中的高能电子环境——特别是与深层充电相关的高能电子环境。AE8 模式对随时间变化的电子通量进行了平均，而实际上高能电子通量不断地呈现出一系列的增强事件，这些增强事件才是导致深层充电危险性的真正诱因。

针对空间中高能电子引发的深层充放电现象，1998 年 ESA 推出了 FLUMIC 模型，随后在 2000 年更新为 FLUMIC2 模型，目前已使用的是 FLUMIC3 模型，应用于新版的充放电评估 DICTACT 软件中 [25-27]。

FLUMIC 模型采用的是 GOES 卫星 SEM 探测器、STRV-1b 卫星 REM 探测器，以及 STRV-1d 卫星 SURF 探测器数据，具体细节如表 9-2 所示 [17,18,27]。

表 9-2 FLUMIC 模型采用的数据来源

| | | |
|---|---|---|
| REM 探测器 | 轨道 | 7° 倾角的地球同步转移轨道 |
| | 时间 | 1994 年至 1998 年 |
| | 数据 | 电子通量分三个通道分别是：1~2.2MeV,2.2~4.6MeV 和 4.6~10MeV |
| GOES 卫星数据 | 轨道 | 经度在 75°W 至 135°W 之间的地球同步轨道 |
| | 时间 | 超过一个太阳活动周期 |
| | 数据 | 电子通量分两个通道分别是：大于 0.6MeV 和大于 2MeV |
| SURF 探测器数据 | 轨道 | 7° 倾角的地球同步转移轨道 |
| | 时间 | 由于卫星故障，只有 12 天的数据 |
| | 数据 | 两个屏蔽板后的电子通量，等效为两个通道的数据，分别是 1MeV 以上和 1.7MeV 以上的电子通量 |

该模型基于以上数据中的日均谱和大于 2MeV 能量电子恶劣谱，其模型计算结果要比平静状态下观测结果高，在 GEO 和地磁赤道附近更为精确，同时该模型还反映了季节性和太阳周期变化。

模型采用 LB 坐标体系，以指数分布形式假设高能电子能谱分布。通过拟合已有观测数据设定能谱公式中参考能量 $E_0$ 等量，最终得到 $L\text{-}B$ 坐标下不同空间的能谱分布，其模型计算结果与观测数据的比较如图 9-16~ 图 9-18 所示。

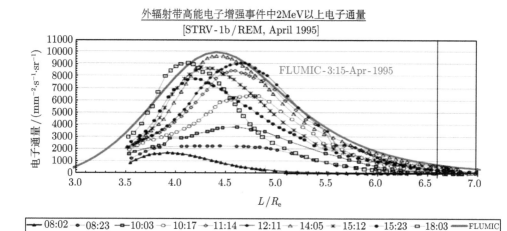

图 9-16 高能电子增强事件中 FLUMIC 模型与 REM 探测数据比较

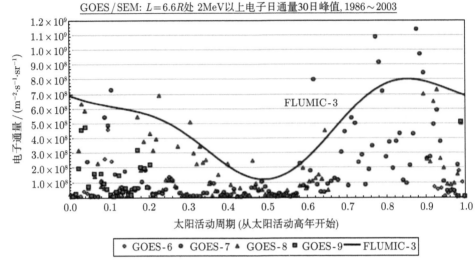

图 9-17　高能电子太阳周期变化中 FLUMIC 模型与 GEO 探测数据比较

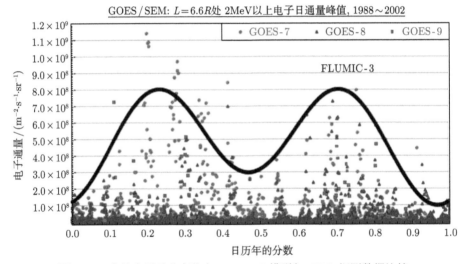

图 9-18　高能电子季节变化中 FLUMIC 模型与 GEO 探测数据比较

虽然外辐射带电子深层充电风险较高，但内辐射带高能电子充电风险仍不可忽视。FLUMIC 模型集成了内外辐射带电子分布数据，扩展至内辐射带环境电子通量模式，为辐射带空间环境高能电子深层充放电评估的重要模型。

### 9.2.5　高能电子环境及风险分析

为了对深层充电可能产生的威胁有充分的认识，并做出足够的防护，在深层充放电效应的研究与工程应用中通常选择恶劣条件下的辐射环境进行分析。针对航天器深层充放电效应风险较高的 GEO、MEO 和倾斜地球同步轨道 (IGSO)，选择恶劣的高能电子增强事件条件下高能电子环境进行充放电效应分析 [28,29]。

GEO 高度约为 36000km，$L$ 值在 6.6 附近，处于外辐射带中心靠外区域。在最恶劣条件下 GEO 不同时间尺度上高能电子通量的平均值如图 9-19 所示，数据取自 GOES-7 在 1991 年 3 月 26 日到 4 月 8 日的电子增强事件期间的数据，为了进行比对，图中也给出了 AE8 的计算结果。从图中可以看出，发生高能电子增强事件期间的电子通量要比 AE8 的结果高出 1 ~ 2 个数量级。对于 1991 年的这次事件，同步轨道上的高能电子在近 10 个小时内都保持非常高的通量，之后逐渐降低到正常的高通量水平，整个事件持续了两周左右。仔细观测图片上的数据可以发现，在恶劣环境下不仅高能电子的通量增加了，而且能谱的形状也变硬，即高能电子成分占比也会增加。这也是高能电子增强时间的典型特点，即，发生高能电子增强事件时，能谱的 "硬度" 也会增加。

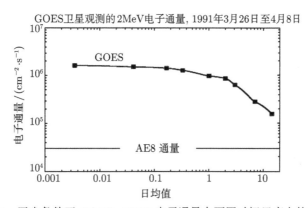

图 9-19 恶劣条件下 GOES>2MeV 电子通量在不同时间尺度上的平均值

NASA 利用 SOPA 地球同步卫星的能谱数据给出的恶劣条件下的 GEO 高能电子能谱如图 9-20 所示，该能谱被广泛用来开展 GEO 以及外辐射带深层充电分析评估。实际测试结果发现，GEO 电子本底通量 (>100keV) 为 $10^6 \mathrm{cm}^{-2} \cdot \mathrm{s}^{-1} \cdot \mathrm{sr}^{-1}$，即 0.1pA/cm$^2$，在恶劣高能电子增强事件条件下，其通量值可以提高 1 ~ 2 个量级。

IGSO 高度与 GEO 高度基本相同，但其倾角不为零，处于 24h 周期运动中。由于 IGSO 卫星必然穿越外辐射带，因此需要考虑深层充放电效应对其的影响；此外 IGSO 卫星随其倾角变化，所处外辐射带的充电时间与受辐照电子束流强度略有差别。

MEO 处于 LEO 与 GEO 中间，高度通常在 2000~25000km，正好穿越高能电子辐射带的中心区域。处于 MEO 的卫星将遭受极大的辐射剂量和高能电子深层充电的危害，其束流强度要比 GEO 平均高上 1 ~ 2 个量级。

电子通量, #电子 / (cm²·s·sr)

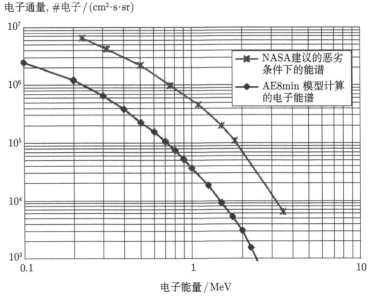

电子能量 / MeV

图 9-20    同步轨道恶劣条件下的能谱

目前在 MEO 的探测器较少，而能公开获得的数据更少，因此目前能够获得的 MEO 的环境探测数据有限。图 9-21 为 SURF 探测器 ($L$ 为 4.5) 三个电流收集板在 MEO 所探测的深层充电电流强度随时间的变化，其中上收集板 (top plate) 厚度为 0.5mm，收集等效 0.5mm 铝屏蔽后的电子电流；中收集板 (middle plate) 厚度为 0.5mm，收集等效 1mm 铝屏蔽后的电子电流；下收集板 (bottom plate) 厚度为 1mm，收集等效 2mm 铝屏蔽后的电子电流。

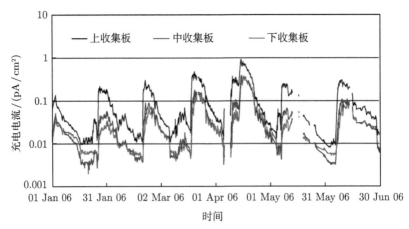

时间

图 9-21    MEO 深层充电电流强度随时间变化

从图 9-21 中可以看出，MEO 电子通量随着太阳自转，出现 27 天周期性的电子增强事件，其等效 0.5mm 铝屏蔽下探测器最大电子通量可以由谷值的 0.01pA/cm² 增加至峰值处的 1pA/cm²。需要注意的是，上述数据仍然是辐射环境相对温和时获得的，若发生日冕物质抛射等剧烈太阳爆发活动，则高能电子通量将会增加 1 ~ 2 个量级，这也表明 MEO 的深层充电环境是十分恶劣的。

法国空间实验室 ONERA 基于 GPS 数据，进行总结分析开发了部分实测数据的 MEO-V1 和 MEO-V2 模型。该模型仅适用于部分 GPS 卫星所在的高度 20000km、倾角 55° 轨道，其中电子的能量范围为 280keV~2.24MeV，该模型计算的高能电子的平均能谱结果与 AE8 模型的比较如图 9-22 所示，从图中可以看出，MEO 模型平均能谱低能段与 AE8 模型基本符合。

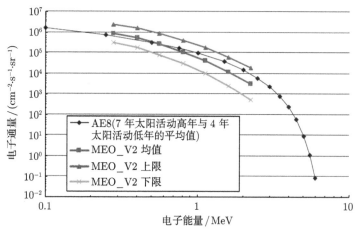

图 9-22    MEO-V2 模型与 AE8 模型的比较

此外，为了对深层充电效应进行分析评估，尤其是针对恶劣条件下高能电子诱发的深层充电进行评估，ESA 建立了专用于深层充电评估的 FLUMIC(flux model for internal charging)，为深层充电效应分析提供了较好的高能电子环境输入条件。图 9-23 进一步给出了 GEO 和 MEO 的电子环境的对比，分别来自 FLUMIC 模型和卫星实测数据。

地球外辐射带高能电子环境是诱发航天器深层充放电效应的关键因素，基于前述高能电子环境分析，结合典型的部件或航天材料就可以对深层充电风险进行分析，以获得近地空间不同轨道的深层充电风险。图 9-24 给出了不同地球轨道航天器的深层充电风险等级，可见深层充电风险有明显的区域性，其中深层充电较高的是 GEO 和 MEO，尤其以 MEO 的深层充电风险最高[29]。

GEO 高度约为 36000km，GEO 卫星的运行周期为 24h，处于外辐射带中心

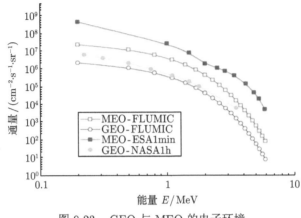

图 9-23    GEO 与 MEO 的电子环境

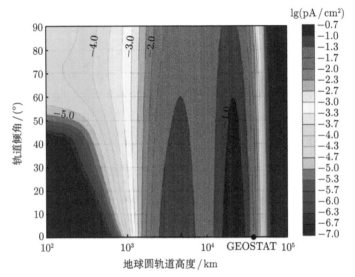

图 9-24    地球轨道不同区域航天器的深层充电风险等级

靠外区域，深层充放电问题是该轨道所面临的主要空间环境效应之一。MEO 高度通常在 2000~25000km，正好穿越高能电子辐射带的中心地带，处于 MEO 的卫星将遭受极大的辐射剂量和高能电子内部充电的危害，其束流强度要比 GEO 平均高上 1~2 个量级。

在太阳系内，除了地球外，木星和土星也有辐射带，存在辐射带高能电子环境，图 9-25~图 9-27 分别对上述行星的辐射带高能电子环境进行了对比，从图中可以看出，与地球相比，木星存在更强的辐射带，其高能电子的通量比地球高 2 个量级，且 2MeV 以上的高能电子通量和占比更高，因此其内部和深层充电效应将更

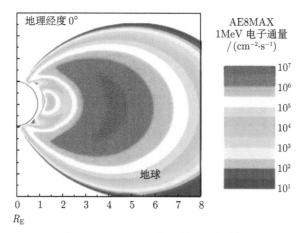

图 9-25 地球辐射带电子通量分布图

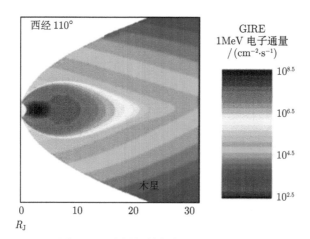

图 9-26 木星辐射带电子通量分布图

加严重。土星的辐射带比地球弱,其高能电子的通量比地球低一个量级,其内部充电效应相对较弱。对于上述行星的充电效应风险的简单对比如表 9-3 所示,其中,地球轨道的最高充电电势可达 2 万 V,木星的最高充电电势可达 2.5 万 V,土星的最高充电电势约为 500V。

我国已发射的部分卫星在轨探测数据也证明,MEO 卫星总是处于深层充放电风险高或极高的高能电子环境中,因此 MEO 卫星所面临的深层充放电效应非常突出,该轨道的卫星必须对深层充放电效应足够重视并进行针对性防护设计。

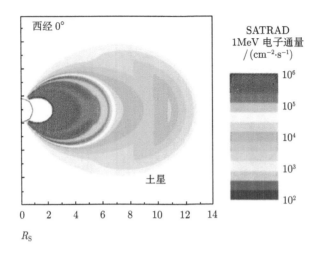

图 9-27　土星辐射带电子通量分布图

**表 9-3　不同行星充电风险对比** [29]

| 行星 | 区域 | 典型充电电势/V |
|---|---|---|
| 地球 | 电离层 | −4.4 |
| | 等离子体层 | −3.8 |
| | 极光区 | −500 |
| | 地球同步轨道 | −20000 |
| 木星 | 低温环 | −1.2 |
| | 高温环 | −70 |
| | 等离子体片 | −130 |
| | 外磁层 | −25000 |
| 土星 | 内部等离子体片 | −30 |
| | 外部等离子体片 | −500 |
| | 高温外磁层 | −500 |

# 9.3　深层充放电效应引起的典型故障

深层充放电效应对航天器的危害，目前仍然是威胁和影响航天器安全的重要因素之一。在工程应用中，通常按照充放电效应发生的位置是在航天器舱内还是在舱外而分为内部充放电与表面充放电，内部充放电效应诱发的故障中主要是由深层充放电效应造成的。为了更深入地了解这类威胁对航天器产生的影响，将文献中收集到的关于深层和内部充放电效应导致航天器故障的事例进行了整理，由于大多数故障发生时相关数据的缺失，故障的详细情况并不十分清楚，我们对部分数据相对充分的事故进行整理，并选择其中的典型事例进行分析。

### 9.3.1 深层充放电效应诱发的航天器故障事例

由于航天器故障分析事例多为内部报告，多数报告并未公开发布，所以收集和整理深层充放电效应导致的卫星故障事例比较困难。根据公开报道的资料，收集和整理了国内外发生的与内部充放电效应相关的故障，汇总如表 9-4 所示，该表中统计了 45 次内部充放电故障，上述事例主要集中在 20 世纪 90 年代，之前由于技术的原因，数据相对较少；之后的数据由于保密等原因，公开得相对较少。其中部分故障只是导致航天器出现 "软错误"，部分严重的故障则导致整个卫星失效，部分卫星先后多次出现故障，部分卫星由于轨道环境和卫星结构特点类似而出现大量重复的故障，例如，GPS 系列卫星中就出现了系列的内部充放电效应故障。此外还有部分数据显示，多颗卫星会在某个时间段几乎同时出现内部充放电效应故障，例如，Anik E1、Anik E2、Intelsat K 三颗卫星在 1994 年 1 月 20 日同时出现了内部充放电效应导致的故障。

**表 9-4　发生内部充放电效应航天器汇总表**

| 序号 | 卫星名称 | 时间 | 故障诊断 | 影响 |
|---|---|---|---|---|
| 1 | GPS 1 | 1978.9.2 | ESD 内部 | 纠正前系统精度异常 |
| 2 | GPS 2 | 1978.9.3～9.7, 10.6 | ESD 内部 | 纠正前系统精度异常 |
| 3 | GPS 2 | 1978.10.8 | ESD 内部 | 未知 |
| 4 | GPS(FSV-1) | 1980.6.13 | ESD 内部 | 无法循迹 44min 或 100min |
| 5 | HEO Spacecraft F3 | 1982.9.7 | ESD 内部 | 无大影响 |
| 6 | HEO Spacecraft F4 | 1982.9.7 | ESD 内部 | 无大影响 |
| 7 | GMS-3 | 1984.10～1985.8 | ESD 内部 | 未知 |
| 8 | METEOSAT 2 | 1986.8.10/1986.10.22 | ESD 内部 | 软错误 |
| 9 | NATO 3C | 1986.12-1987.9 | ESD 内部 | 未知 |
| 10 | NATO 3A | 1987.1.11 | ESD 内部 | 未知 |
| 11 | NATO 3B | 1987.1.11 和 8 月,9 月 | ESD 内部 | 未知 |
| 12 | FLTSATCON 6071 | 1987.4～6 | ESD 内部 | 系统软错误 |
| 13 | CS 3B | 1989.3.17 | ESD 内部 | 一半在轨的指令电路永久丢失 |
| 14 | NOAA 11 | 1989.3.11 ～ 20 | ESD 内部 | 未知 |
| 15 | GPS | 1990.4.10～16 | ESD 内部 | 未知 |
| 16 | CRRES | 1991.3.30, 1991.3.17 | ESD 内部 | 2.5h 和 8000s 失去数据 |
| 17 | NOAA 13 | 1993.8 | ESD 内部 | 电源故障 |
| 18 | Intelsat Satellites | 1993.8 | ESD 内部 | 未知 |
| 19 | TOPEX | 1993.11.7 | ESD 内部 | 未知 |
| 20 | TOPEX | 1994.1.4 | ESD 内部 | 未知 |
| 21 | METEOSAT 3 | 1994.1.12～20 | ESD 内部 | 图像损失 |
| 22 | Anik E1 | 1994.1.20 | ESD 内部 | 短暂故障 |
| 23 | Anik E2 | 1994.1.20 | ESD 内部 | 加拿大媒体超 7h 无法传输数据 |
| 24 | Intelsat K | 1994.1.20 | ESD 内部 | 指向重置 |
| 25 | DMSP FLT 8 | 1994.2.15 | ESD 内部 | 未知 |

续表

| 序号 | 卫星名称 | 时间 | 故障诊断 | 影响 |
|---|---|---|---|---|
| 26 | DSCC Ⅲ FLT(B-10) | 1994.3.14 | ESD 内部 | 未知 |
| 27 | TOPEX | 1994.3.25, 1994.5.13 | ESD 内部 | 未知 |
| 28 | GOES-8 | 1994.4.18/20 | ESD 内部 | 未知 |
| 29 | IRON 2102 | 1994.4.18 | ESD 内部 | 未知 |
| 30 | IRON 4524 | 1994.5.15 | ESD 内部 | 未知 |
| 31 | DRA Delta | 1994.6~1995 | ESD 内部 | 较小操作影响 |
| 32 | IRON 7092 | 1995.4.1 | ESD 内部 | 未知 |
| 33 | DSCS Ⅱ | 1995.4.8, 1995.9.14 | ESD 内部 | 未知 |
| 34 | FLTSATCOM-1 | 1995.5.12 | ESD 内部 | 未知 |
| 35 | IRON 9445 | 1995.10.6 | ESD 内部 | 未知 |
| 36 | Intelsat 511 | 1995.10.7 | ESD 内部 | 进入安全模式 |
| 37 | IRON 9445 | 1995.10.8 | ESD 内部 | 未知 |
| 38 | DSCS Ⅲ | 1995.11.10 | ESD 内部 | 未知 |
| 39 | Telstar 401 | 1997.1.11 | ESD 内部 | 卫星失效 |
| 40 | DMSP | 1997.7.24 | ESD 内部 | 未知 |
| 41 | GOES-8 | 1997.1.8~10 | ESD 内部 | 1 月 8 日和 1 月 9 日操作失控, 调整到备用能源系统 |
| 42 | Galaxy 4 | 1998.5.19 | ESD 内部 | 姿控设备故障 |
| 43 | TC1、TC2 | 2004.7.27~2004.8.9 | 26 次异常 | 磁强计复位、远程终端中断及其他设备异常 |
| 44 | Fengyun-2C | 2005~2008 | ESD 内部 | 多次短暂消旋失锁 |
| 45 | Galaxy 10 | 2010.5.6 | ESD 内部 | 卫星失效 |

### 9.3.2 充放电效应引起卫星故障的分析

针对内部充放电效应导致的卫星故障，选择部分代表事例对其导致的故障异常进行简单分析。AT&T 公司的 Telstar 401 卫星在 1997 年 1 月 11 日遭受了"一次突然的遥测和通信故障"。在此之前，在国际太阳能地面物理 (ISTP) 项目中，科学家们正在试图追踪一个源于 1997 年 1 月 6 日太阳表面的"磁云事件"，它的影响被多颗卫星和地面探测器详细监测，直到事件形成的高能带电粒子于 1 月 10 日到达地球。1 月 11 日，当高能电子持续作用在卫星上 10h 以上后，卫星的电子设备出现大量的异常与故障，导致航天器旋转，并且地面逐步失去对该卫星的控制，最终导致该卫星的失效。NASA 在其事故发生后进行了详细的分析，最终确认故障原因为深层充放电效应导致的电子设备工作异常。由于本次故障出现前，国际上针对触发高能电子增强事件的太阳活动进行了详细观测，同时高能电子增强事件发生后卫星多套设备出现了明显的故障与异常，因此该事例也成为充放电效应故障分析的典型案例 [30]。

Galaxy-4 是一颗重要的 GEO 通信卫星，它的突然故障导致了 4500 万用户的电话呼叫服务中断，各种通信业务中断。在 1998 年 5 月 19 日，姿态控制系统

的自动定向控制器 (APC) 发生故障，并且备份系统也出现故障，导致卫星不能维持对地的稳定，研究发现是由内部静电放电导致。2010 年，Galaxy-15 号卫星在高能电子增强期间突然失效，事后通过 GOES-11 卫星监测的高能电子环境数据发现，事故发生在高能电子增强事件中，GOES-11 卫星监测的高能电子通量如图 9-28 所示。事故发生时，轨道上的高能电子通量突然增加 2 个量级以上，分析认为，高能电子环境产生的内部充放电效应是卫星失效的原因 [30,31]。

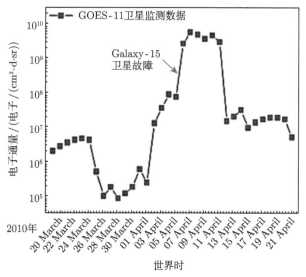

图 9-28　Galaxy-15 号卫星失效分析

2005~2008 年风云 2C 卫星的消旋组件多次出现短暂消旋失锁，导致卫星不能对地定向，与地面通信中断。图 9-29 为高能电子环境数据与卫星异常的对比分析图，事故分析发现，高能电子辐照导致的表面/深层充放电效应，造成地球敏感器 "地" 中脉冲信号异常，并且导致天线消旋的短暂失锁 [32,33]。

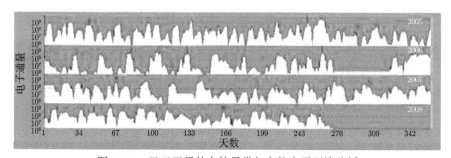

图 9-29　风云卫星的在轨异常与高能电子环境分析

探测双星是我国的首个空间科学卫星计划，包括两颗卫星，分别是近地赤道

区卫星 (TC-1) 和极区卫星 (TC-2)。TC-1 于 2003 年 12 月 29 日发射，倾角 28°，近地点 555km，远地点 78051km；TC-2 于 2004 年 7 月 25 日发射，倾角 90°，近地点 681km，远地点 38278km。在 TC-2 发射后不久，两颗卫星同时频繁出现异常，均表现为磁强计 (FGM) 复位以及远程终端 (RT) 中断，并伴随个别其他仪器发生少量异常。而此前 TC-1 一直正常运行。两颗轨道截然不同的卫星同时出现同一类型的故障，可初步认为异常很可能来自空间环境。

自 2004.7.27~2004.8.9，TC-1 和 TC-2 共发生异常事件 26 起，如此密集地在两个不同轨道卫星上出现异常，单粒子效应的可能性基本可以排除，而且在此期间 GEO 大于 10MeV 的质子通量也未见明显异常。从异常随磁地方时的分布上来看，TC-2 主要集中在子夜至黎明区间，但 TC-1 并无明显规律性，这也说明表面充电导致异常的可能性较低。由于绝大多数异常均出现在外辐射带 (磁壳半径 $L = 2 \sim 7$)，因此高能电子导致的内部充电危害更可能是诱发双星异常的源头。

图 9-30 给出了 GOES 卫星 (GEO) 在事件发生期间的大于 2MeV 的电子通量水平，同时也标出了异常发生的时刻。以 $10^3 \mathrm{cm}^{-2} \cdot \mathrm{s}^{-1} \cdot \mathrm{sr}^{-1}$ 为高能电子暴阈值通量，可以看出从 7 月 23 日到 8 月 6 日达到了高能电子增强水平，且异常事件大多发生在此期间，与高能电子环境增强具有显著的对应性 [34,35]。

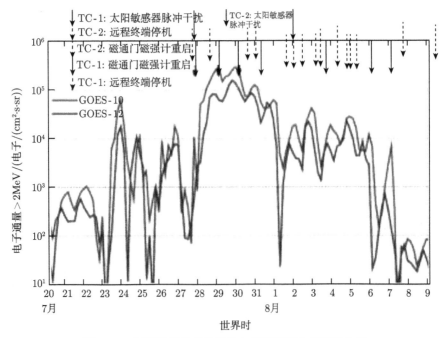

图 9-30　探测双星的在轨异常与空间高能电子环境分析

NOAA-13 卫星由于连接电池帆板与星体结构的螺钉过长，在 1993 年 8 月发生内部充放电效应，导致卫星太阳电池与结构之间形成电路短路，导致电源出现持续放电和功率泄漏。发现故障后，地面控制系统针对该卫星故障实施的改进措施都无法有效改善上述故障。

## 9.4 在轨探测实验

在充放电效应的早期研究和应用中，人们开展了大量的在轨探测与实验，用于获得充放电及其影响的基础数据，而 21 世纪初，为了更好地对卫星的健康状况进行监测，包含充放电效应监测单元的空间辐射效应监测设备的研究与应用也成为各航天大国的共同选择。本节内容主要针对在轨充放电效应的监测与相关实验进行阐述。

### 9.4.1 卫星放电在轨探测实验

本小节对充放电效应研究中在轨开展的放电效应监测与实验进行整理，列出其中典型的探测计划进行介绍。

1. CEEA 探测实验

SCATHA (Spacecraft Charging At High Altitudes) 计划始于 20 世纪 70 年代中期，该卫星又称为 P78-2 卫星，是美国空军用于在轨探测磁层空间环境导致的卫星充电效应的卫星计划。在此计划之前，美国已经开展了 3 次 SSPM (satellite surface potential monitor) 实验，对卫星的表面电势和电流进行了测量。该计划的主要目的是获得航天器在轨的环境和工程数据，测试和分析航天器表面充放电的防护方法。该卫星于 1979 年 1 月 30 日在堪培拉海峡由德尔塔 2914 发射，卫星的轨道是 28018 km × 42860 km × 10.2°，质量是 360kg，直径和高度均为 1.75m，卫星的外形如图 9-31 所示。

卫星搭载了 12 个科学实验，其中用于放电测量的仪器是一个 CEEA (charging electric effects analyzer)，包含了两个测量放电电流的脉冲电流分析器 (pulse analyzer) 和测量电磁脉冲的两根平行的天线。电流传感器实际上就是罗氏线圈，两个线圈的灵敏度都是 1mV/mA，一个线圈用来测量太阳电池与电源控制单元的电流，另外一个线圈用来测量其接地线与航天器结构之间的电流。两根天线相互平行，环绕航天器的舱内半圈为 1.8m 长的单级天线，两根天线 (甚低频天线 (VLF) 和微波天线 (RF)) 的主要区别是其阻抗不同。甚低频天线的一端与航天器的结构相连，另一端与 CEEA 控制单元的外壳间通过 50Ω 的电阻相连，其测量的电磁脉冲频率范围是 100Hz～300kHz。微波天线的一端通过 100kΩ 的电阻与航天器的机构相连，另一端与 10kΩ 和 50Ω 的电阻串联后同 CEEA 控制单元的外壳相连，其测量的电磁脉冲频率范围是 2 ～ 30MHz。CEEA 的连接如图 9-32 所示。

图 9-31　SCATHA 卫星

　　CEEA 探测器从 1979 年 2 月 7 日 ～1981 年 4 月 23 日 447 天中的 20 天里监测到 34 个脉冲信号，其中脉冲的频率范围是 5~32MHz，脉冲的峰值强度是 0.08~30.1V，脉冲宽度是 7ns~3.7ms[36,37]。

　　2. TPM 探测实验

　　TPM (transient pulse monitor) 最早是在美国 F19628-86-C-0231 计划的支持下设计出的，用于对航天器在轨放电的脉冲电场和电流进行探测，该探测器首先计划用于 IMPS (interaction mass payload for shuttle) 进行实验, 但由于挑战者号航天器飞机的失事而未能实现。美国空军菲利普斯实验室和 NASA 路易斯研究中心共同组织的一项针对航天器太阳电池放电效应的在轨实验 PASP (Photovoltaic Array Space Power) 计划为 TPM 实验提供了首次在轨测试的机会。该实验搭载于 APEX (Advanced Photovoltaic and Electronic Experiments) 卫星上，于 1994

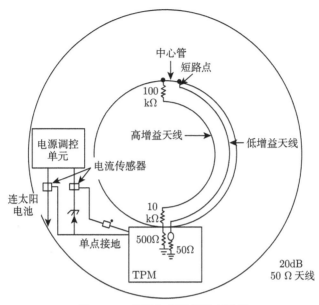

图 9-32 CEEA 探测器的布局图

年 8 月 3 日发射升空，其轨道参数是 1952km×361km×70°，卫星外形如图 9-33 所示。

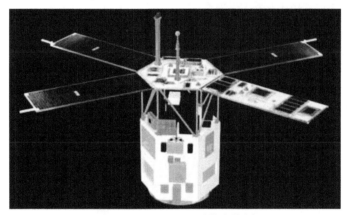

图 9-33 APEX 卫星的实物图

TPM 包含两种探测器，一种用于测量导线上电流，另一种测量空间电场，在该实验中 TPM 探测器由 5 个脉冲电场传感器 (其中 1 个为备用传感器) 和 1 个脉冲电流传感器构成，传感器在卫星上的布局如图 9-34 所示。电流探测器用于探测太阳电池高压偏压输出电流的瞬态变化，电场传感器位于太阳电池附近，探测其周围发生的放电现象。TPM 探测器主要通过电场传感器来获得放电的幅度、持续时间和放电势置等信息。TPM 的实物和结构如图 9-35 所示,传感器探头实际上由 1 块金属片构成。TPM 探测器主要记录脉冲峰值幅度、峰值宽度和实时积分强度。其主要测量结果如图 9-36 和图 9-37 所示 [38−40]。

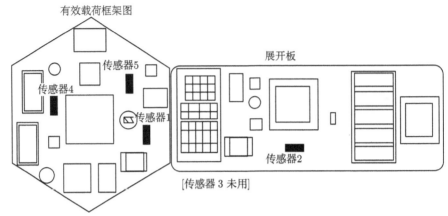

图 9-34   TPM 在 APEX 卫星上的布局图

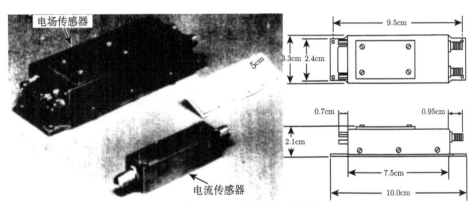

图 9-35   TPM 的实物及结构图

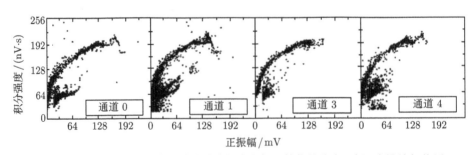

图 9-36   电场脉冲积分强度在脉冲峰值幅度坐标下的信号分布 (太阳电池施加偏压)

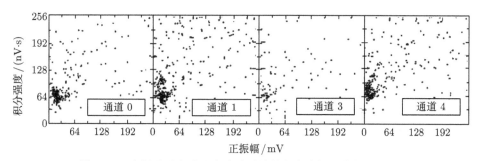

图 9-37 电场脉冲积分强度在脉冲峰值幅度坐标下的信号分布

### 9.4.2 内部充放电效应在轨探测实验

本节主要对内部充放电效应在轨探测的典型实验进行介绍。

1. CRRES 卫星计划

CRRES (Combined Release and Radiation Effects Satellite) 卫星的主要目的是对磁层内的场、等离子体和高能粒子进行探测,SPACERAD (space radiation effects) 是该卫星的一个项目,该项目由美国空军空间物理实验室主持,主要对内外辐射带环境及其效应进行研究。该卫星于 1990 年 7 月 25 日在堪培拉海峡由 Atlas-Centaur 发射,卫星设计寿命 3 年,但由于太阳电池故障,于 1991 年 10 月 12 日提前报废,卫星的轨道是 348km × 33500km × 18.2°,卫星的轨道周期是 9 小时 52 分,卫星会反复穿越内外辐射带,质量是 4383kg,卫星的外形如图 9-38 所示。

图 9-38 CRRES 卫星图

CRRES 卫星通过 IDM (internal discharge monitor) 探测器对绝缘材料的放电脉冲进行监测。其轨道在内辐射带时间较短,而在外辐射带时间较长,对于非极轨飞行的航天器具有代表性。探测器由 16 个电磁屏蔽良好且独立的介质板实验舱和 4 个电缆线实验舱组成，其质量为 33 磅 (1 磅 =0.454kg)，消耗 6.7W 的功率，其结构如图 9-39 和图 9-40 所示。实验舱的外壳为 0.2mm 厚的铝板，因此只有能量高于 150keV 的电子才能够穿过实验舱并沉积在试样上对其进行充电。样品宽度为 5cm×5cm，导线约 20cm 长，经 50Ω 电阻接地，当电阻上脉冲电压超过一定值时即认为发生一次放电。IDM 探测器主要测量不同接地条件下的不同介质在空间辐射环境中产生的脉冲数。

图 9-39　IDM 探测器的外形图 (左侧为 16 个介质板实验舱，右侧为 4 个电缆线实验舱)

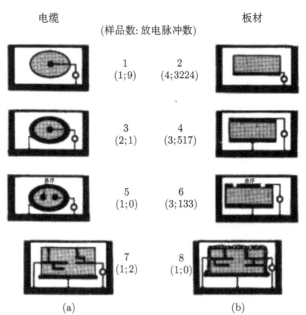

图 9-40　IDM 探测器的内部结构示意图 ((a) 为电缆线示意图，(b) 为介质板示意图，空心小圆为 50Ω 电阻)

IDM 探测器在轨工作 14 个月，16 个试样共监测到 4300 个脉冲信号，其中有 26 个信号是由航天器其他位置的放电干扰造成的假信号 (这类信号同时出现在 16 个传感器上)，第一次脉冲出现在航天器的第七轨道上，第 600 轨道 (超过 50 个脉冲) 之后放电脉冲频率达到最高，平均每一个轨道有 2 次以上的放电。

从 1990 年 11 月 20 号~1991 年 1 月 20 日，16 道信号的探测结果如表 9-5 所示。IDM 探测器证实了放电脉冲产生的数量与入射高能电子流强的相关性，其结果如图 9-41 所示 [41-44]。

**表 9-5 IDM 16 道信号的探测结果**

| IDM 样品的描述 | | | | |
|---|---|---|---|---|
| 信道 | 样品描述 | $V_{max}$ | CONFIG | PULSE |
| 1 | SC18 线，类型 ET 7MIL，聚四氟乙烯 | 1 | 1 | 9 |
| 2 | 瑞侃电缆 44/2421 | 5 | 5 | 0 |
| 3 | MEP G10 涂覆 Solithane | 50 | 7 | 2 |
| 4 | 环氧玻璃纤维，0.317cm，Cu | 5 | 2 | 1701 |
| 5 | RG 316 百通 83284 | 0.5 | 3 | 0 |
| 6 | ALJAC 电缆 RG 402 | 1 | 3 | 1 |
| 7 | ALUMINA，0.102cm，铜电极 | 40 | 6 | 0 |
| 8 | 环氧玻璃纤维，0.317cm，Cu | 1 | 4 | 517 |
| 9 | 氟塑料，0.229cm，铝电极 | 100 | 6 | 24 |
| 10 | 氟塑料，0.229cm，铝电极 | 0.2 | 4 | 0 |
| 11 | 聚四氟乙烯玻璃纤维，0.229cm，3M"250" | 1 | 4 | 0 |
| 12 | 环氧玻璃纤维，0.317cm，Cu | 5 | 2 | 909 |
| 13 | 环氧玻璃纤维，0.317cm，Cu | 100 | 6 | 109 |
| 14 | MEP G10 Solithane 有泄放漆 | <1 | 8 | 0 |
| 15 | 环氧玻璃纤维，0.119cm，Cu | 0.25 | 2 | 313 |
| 16 | 聚四氟乙烯玻璃纤维，0.229cm，3M"250" | 0.2 | 2 | 301 |

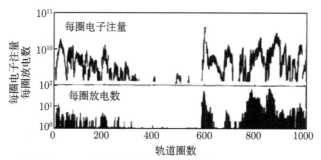

图 9-41 CRRES 搭载的 HEEF 探测器 (电子流强积分仪 0.85~8MeV) 探测结果与 IDM 单轨道脉冲数探测结果比较

## 2. 放电脉冲探测器 DDE

2000 年 3 月，由 ESTEC 研制的 DDE(discharge detector experiment) 探测器搭载俄罗斯的 Express-14 号航天器发射升空，开始对 GEO 的深层充电导致的

放电进行探测。探测器的探头主要由两部分组成，分别是由介质材料构成的充放电试样和对放电进行监测的 D 型天线，其高度为 17mm，能探测到 3GHz 的电磁信号，如图 9-42 所示。DDE 探测器的工作原理如图 9-43 所示，DDE 探测器在轨正常工作了 1 年多，但没有监测到放电信号[45]。

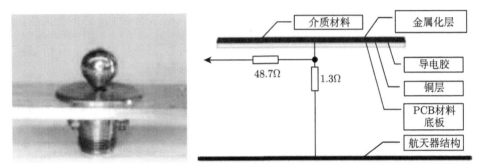

图 9-42　DDE 探测器的探头

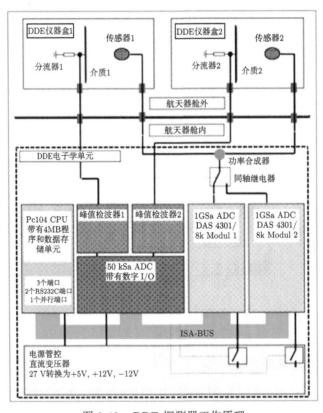

图 9-43　DDE 探测器工作原理

### 9.4.3 充放电效应对卫星威胁的在轨监测

为了对航天器充放电效应威胁进行监测，不同研究机构发展了各自的放电效应监测设备，本节对其中的典型进行介绍。

#### 1. 集成环境异常传感器 CEASE

CEASE 探测器于 2000 年 7 月首次搭载 TSX-5 卫星飞行，分为 CEASE I 和 CEASE II 两种型号，现已广泛应用于商业通信卫星。其主要用来监测总剂量效应、辐射剂量率、介质表面充电、内部充电和单粒子事件[46−48]。主要参数特征及外观分别如表 9-6 和图 9-44 所示。

表 9-6 CEASE 探测器主要参数

| | CEASE I | CEASE II |
|---|---|---|
| 尺寸 | 4.0×4.0×3.2″ | 4.0×5.1×3.2″ |
| 质量 | 1.0kg | 1.3kg |
| 功耗 | 1.5W | 1.7W |
| 标准接口 | RS422 或 MIL-STD-1553B | RS422 或 MIL-STD-1553B |
| 通信协议 | 10 字节每分钟 | 10 字节每分钟 |
| 诊断传感器 | 薄屏蔽的剂量计<br>厚屏蔽的剂量计<br>单粒子效应探测器<br>粒子探测望远镜 | 薄屏蔽的剂量计<br>薄屏蔽的剂量计<br>单粒子效应探测器<br>粒子探测望远镜<br>静电分析仪 |

对于非标准接口电源需求存在不同。RS422 接口额定功率

图 9-44 CEASE 探测器外观图

CEASE 探测器取得了一批丰富的环境探测、辐射剂量探测和电势探测数据，其监测到的表面与深层充电结果分别如图 9-45 和图 9-46 所示。

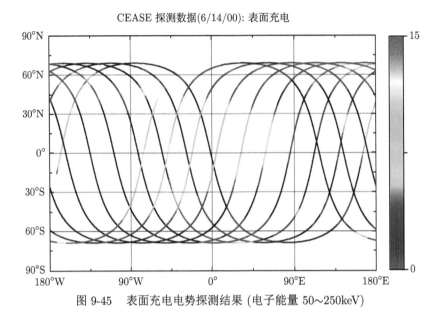

图 9-45　表面充电电势探测结果 (电子能量 50∼250keV)

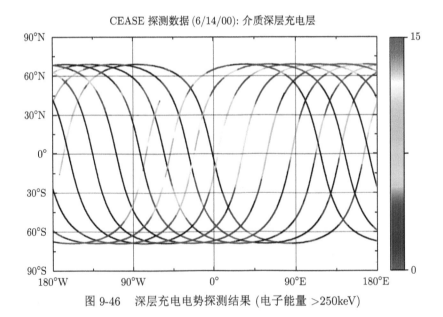

图 9-46　深层充电电势探测结果 (电子能量 >250keV)

2. SURF 探测器

SURF 探测器在 1999 年首次提出，后于 2000 年搭载 STRV1d 卫星进入 GEO，在 2005 年 11 月 28 日再次搭载 Giove-A 卫星进入 23300km 的 56° 倾角圆形轨道，主要用于探测 MEO 的辐射环境[49−51]。探测器内部结构如图 9-47 所示，外观如图 9-48 所示，探测结果如图 9-49 和图 9-50 所示。

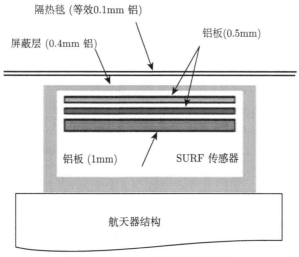

图 9-47　SURF 探测器内部结构

图 9-48　SURF 探测器外观结构

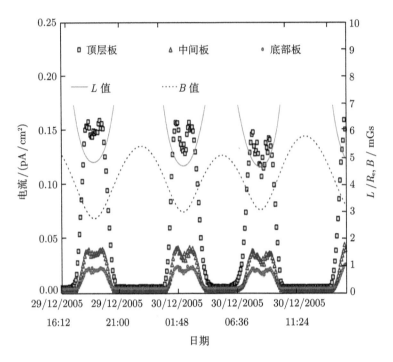

图 9-49    SURF 探测器所观测到的内部充电电流变化

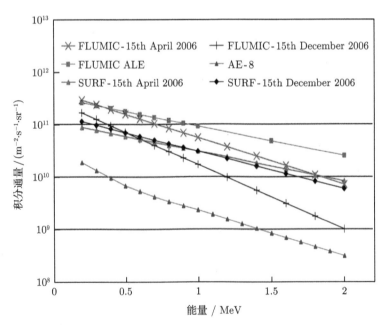

图 9-50    SURF 探测器监测到的 MEO 电子能谱与 FLUMIC 及 AE-8 模型比较

## 9.5 地面模拟试验

由于深层充放电效应在轨探测与实验的高成本且操作不便，地面模拟试验成为研究内部充放电效应的必要手段。本节对深层充放电效应研究领域国内外已建立的典型深层充放电模拟试验装置、充放电效应关键参数测量装置，以及相应的测试方法和代表研究成果进行介绍。

### 9.5.1 典型深层充放电效应模拟试验装置

#### 1. REEF 装置

REEF(realistic electron environment facility) 是由英国国防科技集团 Qinetiq 为了研究充放电效应而建立的深层充电效应试验装置，装置由一个真空罐 (真空度可达 $10^{-5}$mbar 以下)，$^{90}$Sr β 放射源及温控样品台 (样品台温度 $-10 \sim 40$℃，$\pm 1$℃ 可调) 组成，装置工作原理和结构如图 9-51 所示，REEF 装置的实物图如图 9-52 所示 [52]。

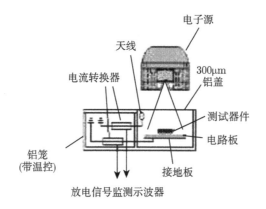

图 9-51 REEF 装置原理图

图 9-52 REEF 装置实物图

　　由于 $^{90}$Sr 放射源能谱与 GEO 最恶劣条件下的电子能谱分布相接近 (图 9-53)，因此该装置主要模拟 GEO 的深层充电。在 REEF 装置上曾进行代表性的深层充放电效应对 CMOS 脉冲触发电路影响的实验，实验的电路原理图如图 9-54 所示，实物如图 9-55 所示。

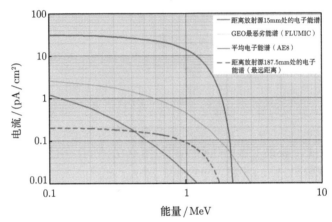

图 9-53　$^{90}$Sr 放射源能谱与 GEO 电子能谱比较

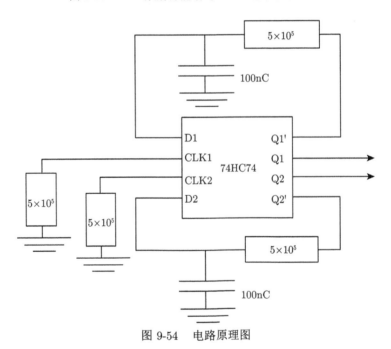

图 9-54　电路原理图

　　由于整个印刷电路板 (PCB) 处于放射源辐照下，所以电路板上芯片采用 2mm 铝屏蔽以避免因总剂量效应而失效。PCB 上另有悬浮金属块，同时延长了 CMOS

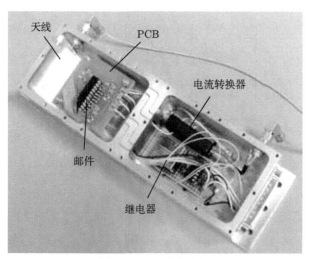

图 9-55 电路实物图

芯片 74HC74 输入端导线的长度，以增加 PCB 上放电信号的影响。实验测试 Q1 和 Q2 端的异常输出信号，以及 PCB 与接地之间的电流脉冲信号和空间电场信号。

实验前，PCB 在 60℃ 下烘烤 24h。实验期间，PCB 在不同温度下受到不同流强电子辐照，其实验条件变化和 CMOS 芯片输出结果如图 9-56 所示。实验在不破坏真空条件下持续了一个月，其结果表明，在相同束流强度辐照下，CMOS 触发器输出异常次数与温度相关，温度越低，则异常次数越高。实验测量到的放电形成的空间电场脉冲和放电电流信号分别如图 9-57 和图 9-58 所示。

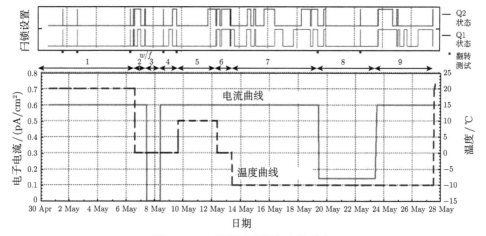

图 9-56 电路翻转信号与实验条件

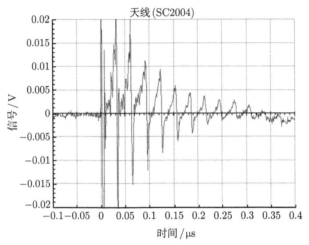

图 9-57   空间电场脉冲信号

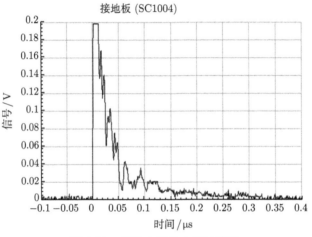

图 9-58   接地上的放电脉冲波形

## 2. SIRENE 装置

SIRENE 装置由法国空间实验室 (ONERA) 研制，位于法国图卢兹 (Toulouse) 的法国国家太空研究中心 (CNES)。该装置主要采用电子加速器模拟大的地磁活动下地球同步轨道电子辐射环境，电子能量为 10~400keV。SIRENE 主体由三节水平放置的圆柱形真空罐组成 ($L = 1.5\text{m}, \phi \approx 0.5\text{m}$)，真空度可达到 $10^{-6}$hPa。装置的样品台温度在 $-180 \sim 100$℃ 间可调。装置辐射源包括一个范德格拉夫 (van de Graaff) 电子加速器 (100~400keV) 和一个电子枪 (1~35keV)。装置结构图和实物图分别如图 9-59 和图 9-60 所示。

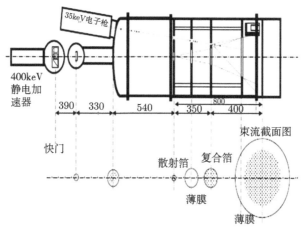

图 9-59 SIRENE 装置结构图

图 9-60 SIRENE 装置实物图

实验时,由范德格拉夫加速器产生单一能量电子,经散射片调节后形成接近于 GEO 的连续能谱分布,其结果如图 9-61 所示。在 SIRENE 装置上曾经对 Kapton 和 Teflon 样品进行单能和连续能谱辐照和衰减实验,测量样品表面电势变化,实验结果如图 9-62 和图 9-63 所示,其结果表明,材料电阻率是影响航天器绝缘材料深层充电的重要因素 [1]。

3. UT 装置

加拿大多伦多大学 (University of Toronto) 建立了以电子枪和 $^{90}$Sr 放射源为辐照源的试验装置 (UT 装置),其样品台设置如图 9-64 所示。典型实验中绝缘材料样品为长方形 5cm×5cm×0.6cm,置于铝制样品台上。样品 2mm 深处有 2 个

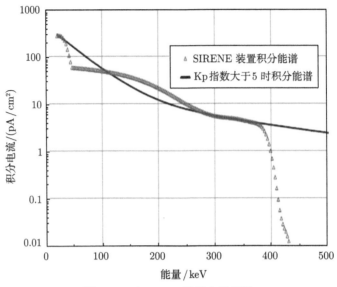

图 9-61　SIRENE 装置电子能谱

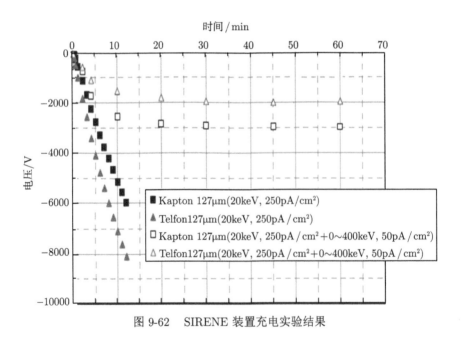

图 9-62　SIRENE 装置充电实验结果

电势探头, 4mm 深处也有两个电势探头。实验时分别采用 20keV 电子枪和 $^{90}$Sr 放射源进行辐照, 绝缘材料不同深度电势与模拟计算结果比较如图 9-65 和图 9-66 所示, 其结果吻合较好 [1]。

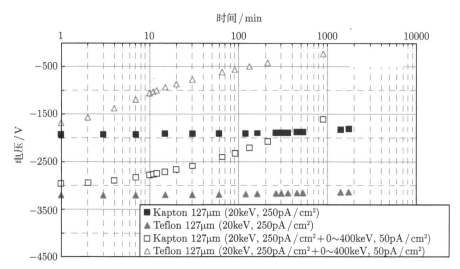

图 9-63　SIRENE 装置电荷衰减实验结果

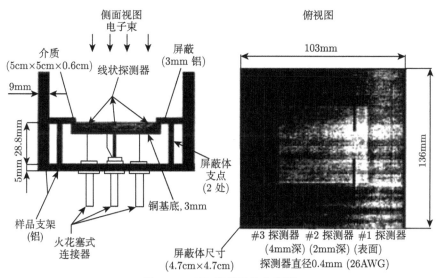

图 9-64　UT 装置样品台设置

### 4. 空间中心充放电效应模拟装置

中国科学院国家空间科学中心针对深层充放电效应研究与测试,先后建立了三套深层充电模拟试验装置,其中第一代装置主要基于一枚 $^{90}$Sr-$^{90}$Y β 源,可开展材料级深层充电的基本试验,基于该装置系统开展了材料级深层充电试验研究,现在已退役;第二代和第三代装置分别是国际上规模最大的基于放射源和电子加速器的深层充电装置,以下分别对其进行介绍[53,54]。中国科学院国家空间科学中心的第二代深层充电装置"航天器充放电效应模拟装置"是地面模拟航天器在空间环境作用下发生充放电效应的专用试验装置,通过真空系统、温控系统、$^{90}$Sr-$^{90}$Y β 源和最高能量 100keV 的电子枪,可对卫星轨道的高能电子环境进行较真实的模拟。装置照片如图 9-67 所示,装置的组成示意如图 9-68 所示。

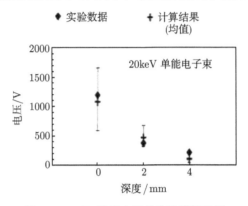

图 9-65　UT 装置电子枪实验模拟结果

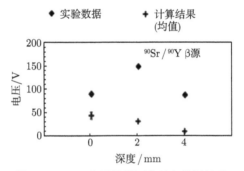

图 9-66　UT 装置放射源实验与模拟结果

图 9-67　航天器充放电效应模拟装置照片

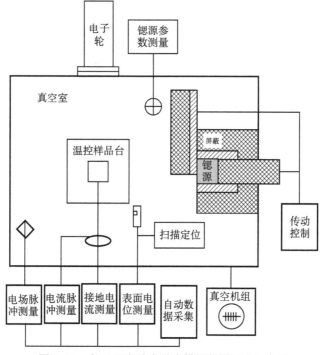

图 9-68 航天器充放电效应模拟装置组成示意图

装置的主要技术指标如下。

(1) 真空室。

水平圆筒结构,内部空间尺寸约为 $\phi 1m \times L1m$,有效试验空间约为 $W60cm \times H60cm \times L75cm$;一端和侧壁各有 1 个直径为 1m 的大活门。

(2) 真空系统。

极限压强约为 $10^{-5}$Pa,工作压强约为 $5.0 \times 10^{-4}$Pa;可长时间持续运行。

(3) 温控系统。

真空室中部有 1 个直径 200mm 的温控台;温控范围 $-60 \sim +100$℃,控温精度 $\pm 1$°。

(4) $^{90}$Sr-$^{90}$Y β 源。

活度 350mCi,通过调节 β 源与辐照样品之间的距离,改变样品上的辐照电子强度,可较好模拟 GEO 的恶劣电子环境,也可模拟 MEO 电子环境,如图 9-69 所示;发射的 β 电子具有连续能谱 (最大能量 2.28MeV),与空间实际情况比较接近,如图 9-70 所示;采用铝–铅复合屏蔽结构,试验人员剂量符合国家标准。

(5) 电子枪。

提供的单能电子束能量最低 5keV,最高 100keV,区间连续可调;电子束流

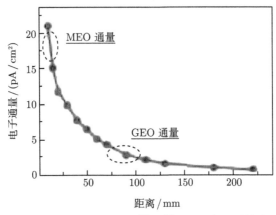

图 9-69　航天器充放电效应模拟装置的 $^{90}$Sr-$^{90}$Y β 源电子通量随距离的变化关系

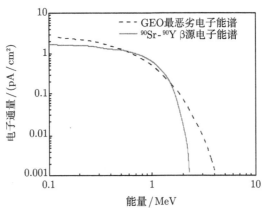

图 9-70　$^{90}$Sr-$^{90}$Y β 源电子能谱与 NASA-HDBK-4002 手册给出的 GEO 最恶劣电子
能谱的比较

强度从几十皮安到几十毫安每平方厘米每秒连续可调 (法拉第筒实测)。

(6) 真空室电气接口。

真空室后部有多个电气接口法兰可用，包括高压接口、多芯航空接口、SMA/BNC 接口等，还可根据用户要求加工法兰接口。

利用该装置进行内部充放电模拟试验的过程中，可监测辐照样品的表面电势、接地电流、放电电流脉冲、放电电磁脉冲等参数。测量系统示意如图 9-71 所示。

测量系统主要组成部分的技术指标如下。

(1) 表面电势测量。

利用 Trek341B 型静电电位计，进行非接触式测量，量程 0∼ ±20kV，分辨率 1V；由于 Trek341B 的探头对辐照电子很敏感，通常将其置于真空室之外，通

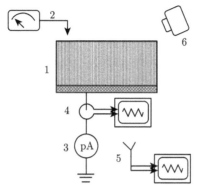

图 9-71　充放电参数测量示意图
1-试验样品; 2-表面电势非接触测量; 3-接地电流测量;
4-放电电流脉冲测量; 5-放电电磁脉冲测量; 6-高速摄像

过一组过真空的电容转接而实现样品表面电势的间接测量，再利用标准恒压源对测量结果进行标定；转接探头固定在一个可三维移动的机械手上，可对辐照样品的表面电势分布进行扫描测量，扫描范围为 250mm×280mm×230mm。

(2) 接地电流测量。

Keithley 6517A 型静电计，量程为 20pA~20mA，最高测量精度为 0.1fA。

(3) 放电电流脉冲测量。

Pearson 6595 型罗氏线圈，信号输出 0.5V/A，脉冲上升时间 2.5ns，量程 1000A；负载 50Ω，输出电压 0.1~50V。

(4) 放电电磁脉冲测量。

宽频带脉冲电场探头，主要包括天线、前置放大器、信号处理单元和光电转换单元等，其中的光电转换单元起到消除电磁脉冲干扰的作用；电磁脉冲仪测量频率范围为 1kHz~1GHz，动态范围 1V/m~10kV/m 可调。

(5) 放电视频观测。

美国 Fastec 公司 HiSpec-1 型高速相机，采用黑白摄像方式，具有外部触发和图像触发两种兼容工作模式，在分辨率 1280×512 条件下摄像速度可以达到 1319f/s。

(6) 主要通用测量仪器。

TDS 7104 数字示波器：4 输入通道，模拟带宽 1GHz，单通道实时采样速率 10GS/s，上升时间 400ps，垂直分辨率 8 位。

NI PXI-1042Q 数据采集系统：10MHz 参考时钟，300MHz 带宽，两输入通道，2G 采样率，128MB 存储深度，结合 LabVIEW 软件平台可实现测量自动化。

第三代充放电效应试验装置主要由 5MeV 电子直线加速器、辐射屏蔽系统、辐射试验终端以及配套的测试设备组成，如图 9-72、图 9-73 所示。该装置的特点是电子能量与束流密度调节范围宽、辐照面积大。电子直线加速器可直接加速形成 1~5MeV 连续可调的电子束，通过降能器可进一步形成 0.5~1MeV 的电子束，实现能量调节范围 0.5~5MeV。通过调节电子枪束流强度、加速管微波功率源占空比以及束流管线中的准直器等部件参数，可以实现束流密度调节范围 $1pA/cm^2 \sim 2nA/cm^2$。通过多级磁铁对束斑尺寸进行整形和扫描，可实现大束斑辐照，最大照面积 $800mm \times 800mm$。装置的核心关键参数见表 9-7。此外，在装置的束流管线中巧妙设计了真空隔离钛窗，使得装置具备大气辐照与真空辐照兼顾的能力。除了电子加速器和真空系统外，第三代深层充电试验装置继承了第二代装置的参数设备，在此不再赘述。

图 9-72   怀柔 (5MeV) 电子直线加速器设施三维图

图 9-73   怀柔 (5MeV) 电子直线加速器设施实物

表 9-7 空间电子辐射效应模拟装置核心参数

| | |
|---|---|
| 电子能量 | $0.5 \sim 5 MeV$ |
| 束流密度 | $1 \sim 2000 pA/cm^2$ |
| 电子注量率 | $5 \times 10^7 \sim 10^{11} cm^{-2} \cdot s^{-1}$ |
| 剂量率 | $0.1 \sim 300 rad/s@Si$ |
| 1~5MeV 电子穿透深度 (Al@2.70g/cm$^3$) | $2.0/4.5/6.9/9.2/11.5(mm)$ |
| 1~5MeV 电子穿透深度 (Si@2.33g/cm$^3$) | $2.3/5.1/7.8/10.4/12.8(mm)$ |
| 辐照范围 | $800mm \times 800mm$ |
| 束流均匀性 | $> 90\%$ |
| 电子能散 | $< \pm 10\%$ |
| 连续工作时间 | $> 18h$ |
| 真空室 | $\phi 1400mm \times 1450mm$ |
| 工作真空度 | $5 \times 10^{-5} Pa$ |
| 载物台 | $1050mm \times 1050mm$ |
| 温控范围 | $-100 \sim +150℃$ |
| 低频引线接口 | CX2-92、CX2-55 |
| 高频引线接口 | SMA、BNC |
| 光纤接口 | M12 锥螺纹 |
| 高压引线接口 | 耐压 25kV |
| 引线长度 (舱内样品到测试台) | 10m |

基于上述试验条件，空间中心在深层充放电试验中积累了丰富的试验数据，弄清了深层充电的基本规律和特征，并在试验研究的基础上建立了深层充电三维分析软件，服务于工程应用，为航天器在轨运行期间遭遇的深层充放电效应故障诊断和防护设计提供支撑。

图 9-74 为基于上述装置开展的充放电试验中，采用相同的辐照试验条件，模拟 GEO 恶劣条件下介质材料和悬浮导体充电的基础试验数据。基于上述数据可以获得介质材料深层充电的基本特征规律。

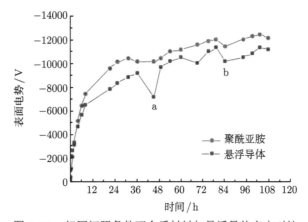

图 9-74 相同辐照条件下介质材料与悬浮导体充电对比

### 9.5.2　深层充放电关键参数测量装置

1) 航天用绝缘材料电阻率测试装置

在空间辐射环境下，绝缘的电阻率是决定材料内部充电程度的重要参数，航天器所用绝缘材料的电阻率非常高，已经超出常规的电导率测试方法的测试范围。NASA 的 JPL 研究建立了专用于航天器绝缘电阻率测量的电荷存储衰减装置，主要用于研究空间辐射环境下绝缘材料的电阻率。该装置原理和实物分别如图 9-75 和图 9-76 所示，该装置一次可以试验 3~5 个样品。由于样品电阻率测试时间非常长，上述装置的测试效率非常低，犹他州立大学 (Utah State University, USU) 开发了第二代的电荷存储和衰减装置，该装置可一次性试验 32 块样品，样品台实物图如图 9-77 所示。

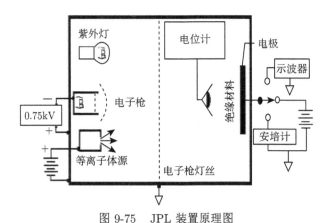

图 9-75　JPL 装置原理图

图 9-76　JPL 装置实物图

图 9-77　USU 装置样品台实物图

JPL 电荷存储衰减装置采用千电子伏能量电子对绝缘材料样品进行辐照充电以储存电荷, 之后让电荷自然衰减, 并测试样品上表面电势的衰减过程。根据表面电势衰减至初始电势 $1/e$ 的时间 $\tau$, 由公式 $\tau = \rho\varepsilon$ 结合绝缘材料介电常量 $\varepsilon$ 计算出绝缘材料在辐射环境下的电阻率 $\rho$。绝缘材料电荷衰减实验结果如图 9-78 所示, 由此测试出绝缘材料的电导率要比工业测量值低出 $2 \sim 3$ 个量级, 且其测试结果与在轨实验结果符合较好[55−59]。

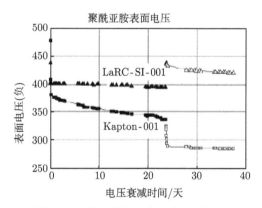

图 9-78　绝缘材料电荷衰减实验结果

2) 绝缘材料内部电荷分布测试装置

日本武藏工业大学 (现东京都市大学) 建立了绝缘材料内部电荷分布测试的试验装置, 对于测试绝缘材料内部电荷分布并基于其分布开展深层充电机制研究具有支撑作用，国内西安交通大学也建立了类似的装置开展深层充电机制研究。日本武藏工业大学的试验装置包含一个小真空罐及最高电压 100kV 的电子发射极，其装置原理图和实物图分别如图 9-79 和图 9-80 所示。该装置主要用于测量电子辐照下绝缘材料内的空间电荷分布，其测量原理如图 9-81 所示。高压脉冲加载在压电薄膜上，在压电薄膜上产生应力波，应力波穿过介质时介质内电荷发生微小位移，介质内电荷的位置变化引起介质表面电荷分布的变化，因此通过探测介质外部电流变化即可得到介质内的电荷分布情况。测量的分辨率与高压脉冲宽度及聚偏二氟乙烯 (PVDF) 薄膜厚度有关，例如，在测量 180μm 厚的介质内电荷分布时，采用 9μm 厚的 PVDF 薄膜和 500ns 宽的高压脉冲；而当测量 50μm 的介质时，PVDF 薄膜采用 4μm 而高压脉冲宽度为 1ns。图 9-82 为 180μm 厚 Kapton 薄膜在 125keV 电子辐照下 2min 内电荷分布的测量结果[1]。

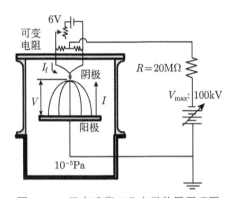

图 9-79　日本武藏工业大学装置原理图

图 9-80　日本武藏工业大学装置实物图

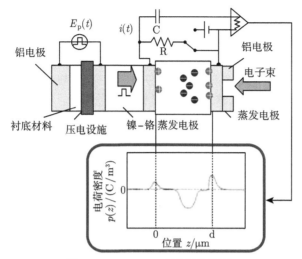

图 9-81 PIPWP 方法测量原理

压电致压力波传播 (piezo electric induced pressure wave propagation，PIPWP)

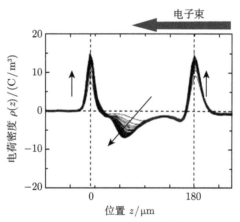

图 9-82 PIPWP 方法测量结果

### 9.5.3 航天用绝缘材料电导率测量方法

#### 1. 绝缘材料电导率的基本概念介绍

电导率是表征材料导电性能的宏观参数。从整体来看，决定材料导电性强弱的参数是载流子浓度和迁移率的大小。当有 $m$ 种载流子参与导电时，介质的电导率计算公式可以表示为

$$\gamma = \sum_{i=1}^{m} n_i q_i \mu_i \tag{9-5}$$

式中，$n_i$、$q_i$、$\mu_i$ 分别为第 $i$ 种载流子的浓度、所带电荷以及电荷迁移率。

从微观上看，对于聚合物介质材料，其原子分布是局部区域短程有序，但整体无序的排列，因此可以借用晶体材料的能级理论对其进行分析。聚合物中原子分布有序的区域 (晶区) 中通过导带电子和空穴导电，晶区与非晶区的界面、微孔、支链、链的折叠、端基、位错等缺陷，以及残余的催化剂、抗氧剂或极性基团会在聚合物中形成陷阱能级或真空能级，在没有外因干扰的条件下导带电子只能通过隧道效应穿越陷阱或真空能级。因此，在没有外界作用时，聚合物介质的电导率很小。

在研究材料的电导率时，通常会涉及的概念有本征电导率、暗电导率和辐射诱发电导率。本征电导率，是指材料未受外界因素 (如强电场、强辐射等) 影响时由材料中所含的载流子形成的电导率，本征电导率也可理解为材料最基本的电导率。暗电导率强调的是材料未受辐照时的电导率，主要与材料遭受辐照后的辐射诱发电导率相区别。通常情况下本征电导率与暗电导率相同，并未进行区分，但是当存在强电场时会由电场而激发出与电场相关的电导率，并显著改变材料的暗电导率，此时暗电导率与本征电导率不再相同。辐射诱发电导率是材料遭受辐照之后，由辐射激发出新的载流子而形成的电导率。

### 2. 影响绝缘电导率的因素

影响绝缘材料电导率的因素主要有温度、电场、辐射和材料的老化，其中温度、电场、辐射对材料电导率的影响机制相对清楚，材料老化对电导率的影响机制复杂。

温度对绝缘材料电导率的影响很大。温度升高时，材料中更多的价带电子获得足够大的能量而跃迁至导带，使得材料中载流子浓度增加，因此绝缘材料电导率随温度升高而增大。温度与绝缘材料电导率的关系一般用下式表示

$$\sigma(T) = \sigma_\infty \exp\left[-\frac{E_a}{k_B T}\right] \tag{9-6}$$

其中，$E_a$ 是材料的激活能；$k_B$ 是玻尔兹曼常量；$\sigma_\infty$ 是温度无穷大时的最大电导率。

强场作用下，绝缘材料内原子的能级被弯曲，导致有更多的载流子被激活，同时载流子的迁移率也变大，因此形成了强场电导率。1975 年，Adamec 和 Calderwood 提出电场与电导率关系表达式：

$$\sigma(E,T) = \sigma(T)\left[\frac{2 + \cosh(\beta_F E^{1/2}/2kT)}{3}\right]\left[\frac{2kT}{eE\delta}\sinh\left(\frac{eE\delta}{2kT}\right)\right] \tag{9-7}$$

辐射诱发电导率产生的物理机制仍然可以从聚合物的能带理论出发进行解释。辐射诱发电导率的产生主要是辐射过程会在绝缘材料激发出更多的载流子，

使得载流子密度增加，导致材料的电导率增加。在绝缘材料中，由于缺陷会形成载流子俘获陷阱，所以绝缘材料的辐射诱发电导率会受陷阱的调制，这是绝缘材料辐射诱发电导率的形成机制，相对于晶体材料更加复杂。绝缘材料辐射诱发电导率产生的物理过程如下所述。

(1) 在电离辐照下，绝缘材料中电子和空穴由于电离效应而分别被激发到导带和价带成为自由载流子。

(2) 在外界电场作用下，价带空穴和导带电子将发生定向迁移，但是由于绝缘中存在大量的陷阱，绝缘中自由载流子不能像半导体材料一样自由传输。空穴和电子在传输的过程中会受到能隙内的载流子陷阱俘获，浅能级陷阱内的载流子可以再次被激发到导带 (或价带)，导带 (或价带) 载流子以跳跃性传输的方式传导电荷。

(3) 绝缘中载流子复合具有两种形式：其一为作为自由载流子的电子和空穴之间发生直接复合；其二为发生在自由电子 (空穴) 和被深能级陷阱俘获的空穴 (电子) 之间的复合。

人们通过对辐射诱发电导率现象的理论分析和实验研究，得到辐射诱发电导率的经验公式：

$$\sigma_r = k_d \dot{D}^\Delta \tag{9-8}$$

其中，$k_d$、$\Delta$ 是与材料性质有关的常数；$\dot{D}$ 为辐射剂量率。

与半导体材料相比，绝缘材料中载流子的传输和复合过程相对复杂，而且在绝缘材料中由于载流子迁移率较低，其辐射诱发电导过程建立动态稳定的时间要长于半导体的，这决定了绝缘材料辐射诱发电导率随时间的演化过程是一个复杂动态过程。图 9-83 为典型绝缘材料聚四氟乙烯 (Teflon) 的辐射诱发电导率 (RIC)

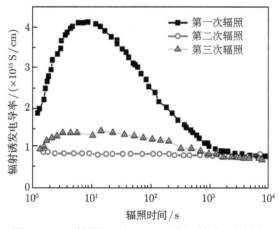

图 9-83　X 射线辐照下 Teflon 的辐射诱发电导率

随辐照时间的演化曲线，可见 Teflon 材料的辐射诱发电导率有明显的预辐照效应和 "过冲" 现象，辐射诱发电导率在辐照 $1\times10^4$ s 后才达到稳态值。

对于绝缘材料而言，其载流子传导机制可分为单极型传导和双极型传导两种。单极型传导是指在电子或空穴中只有一种载流子参与传导电荷；而双极型传导是指电子和空穴都参与电荷传导过程。单极性材料与双极性材料的辐射诱发电导率演化特点分别如图 9-84 和图 9-85 所示，可见单极性介质材料的辐射诱发电导率在预辐照时，会出现明显的 "过冲" 现象。

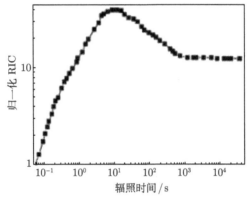

图 9-84　单极性介质的辐射诱发电导率

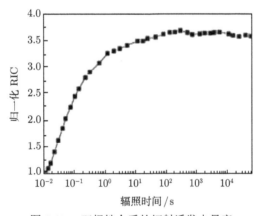

图 9-85　双极性介质的辐射诱发电导率

目前，对绝缘材料辐射诱发电导率的预辐照效应和 "过冲" 现象并没有给出满意的解释，但是通过对比单极性绝缘材料与双极性绝缘材料的辐射诱发电导率特点可以推断，辐射过程中形成的载流子陷阱是单极性材料辐射诱发电导率 "过冲" 的原因，绝缘材料辐射诱发电导率预辐照效应的产生与材料的辐照损伤能级变化能相关。

绝缘材料的辐射诱发电导率受绝缘材料中的陷阱调制,而不同种类的射线对绝缘材料的损伤不同,导致其对绝缘材料中的陷阱密度产生不同的影响,使得辐射类型对绝缘材料的辐射诱发电导率产生不同的影响。图 9-86 为质子辐照导致绝缘材料辐射诱发电导率降低的实验结果。此外辐射诱发电导率还随辐射粒子的能量而变化,并且当辐照结束之后辐射诱发电导率还有一定的滞后性[58]。

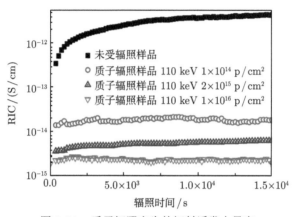

图 9-86 质子辐照产生的辐射诱发电导率

总之,绝缘材料的辐射诱发电导率的产生来源于绝缘材料的辐射激发的载流子,载流子的输运则受介质中的陷阱能级调制;绝缘材料的辐射诱发电导率随辐照剂量率而变化,但是受到辐射粒子种类、辐射粒子能量、绝缘材料的极性以及辐照时间等因素影响。

3. 电导率测量方法对比

材料电导率测量方法包括数字万用表测量法、高阻计测量法、工业电导率测量法和电荷贮存衰减法。其中数字万用表测量法和高阻计测量法能直接测量出被测试样的电阻值,根据测得的电阻和试样的尺寸计算出被测试样的电导率。工业电导率测量方法是广泛应用的介质材料电导率测量方法,其测试原理如图 9-87 所示,在被测试样两端加直流偏压,通过电流表测试回路的电流,利用欧姆定律得到被测试样的电阻,根据试样的尺寸计算得到被测试样的电导率,在测试过程中为了抑制表面电导的影响,试样上还增加了接地保护环。

1985 年,法国的 Levy 首次通过电荷贮存衰减法对 Kapton 等材料的电导率进行了测试,在测试中试样的背面被镀上金属层后接地,试样的正面通过电子枪辐照进行充电,之后通过电位计监测试样正面的表面电势衰减,通过电势衰减曲线获得试样的电导率,在 Levy 的测试中还对不同辐照剂量率下的材料的辐射诱发电导率进行了测量。

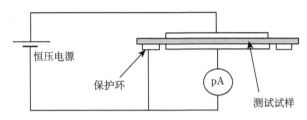

图 9-87　电导率测量原理图

1993 年，Fredrickson 为了研究电子能谱、材料厚度和材料参数对航天器充电的影响，再次使用电荷贮存衰减法对材料的电导率进行了测量，测量结果发现，使用该方法得到的 Kapton 材料的电导率比工业方法测量得到的 NASA 手册上的电导率低 2 个量级。

2001 年，Whittlesey 研究发现，利用工业电导率测量方法测量得到的电阻率与 CRRES 卫星上的 IDM 探测器测量到的放电监测结果不符，而利用电荷贮存衰减法测量得到的电阻率能够很好地对其放电监测数据进行解释。在该研究中，通过 Numit 软件结合空间电子环境条件和材料的电阻率可以计算出 IDM 探测器试样中的电场强度随轨道变化的结果，如图 9-88 所示，其中，图 9-88(b) 显示的是 IDM 探测器监测到的放电脉冲频次，图 9-88(a) 显示的是采用工业测量方法获取的电阻率仿真分析得到的试样表面的电场强度，图 9-88(c) 显示的是采用电荷贮存衰减法测量的电阻率仿真分析得到的试样表面的电场强度。以工业方法测量的电阻率为依据计算的电场强度小于 $2.5\times10^6$V/m，以电荷贮存衰减法测量的电阻率为依据计算的电场强度最大值超过 $6\times10^6$V/m。已经超过了 $0.25\times10^7$V/m 的放电阈值电压。此外，根据 IDM 探测器得到的放电脉冲监测结果推算得到的电阻率结果和不同方法测量的电阻率结果如表 9-8 所示，可见电荷贮存衰减法测量的绝缘材料的暗电阻率更符合空间实际情况。

表 9-8　CRRES 卫星数据与电阻率测试结果对比

| CRR 卫星上 FR4 电路板材料的电阻率测量结果 | | | |
|---|---|---|---|
| 电阻率测试方法 | 暗电阻率 /(Ω·m) | 辐射诱发电阻率 /(Ω·m) | 总电阻率 /(Ω·m) | 电势衰减时间常数 /h |
| 传统电阻率测试方法 | $5\times10^{15}$ | $3\times10^{16}$ | $2\times10^{15}$ | 5 |
| 电荷贮存衰减法 | $2\times10^{16}$ | $3\times10^{16}$ | $1\times10^{16}$ | 31 |
| 在轨数据拟合结果 | $6\times10^{16}$ | $3\times10^{16}$ | $2\times10^{16}$ | 52 |

2003 年，Fredrickson 等对电荷贮存衰减法进行了总结和改进，在此之前试样的表面电势测量是在真空室内通过静电电位计贴近被测试样表面进行直接测量的，这对电位计的安全等带来了不利影响，Fredrickson 等通过静电感应原理，将试样表面电势的测量转移到真空室外进行间接测量，保证了静电电位计的安全，同

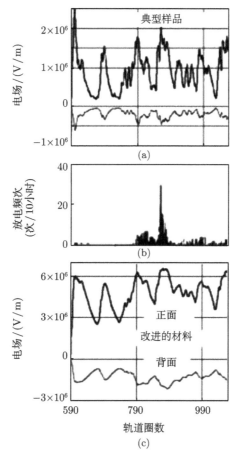

图 9-88 IDM 探测器放电监测结果与 Numit 软件计算电场强度

时一旦电位计出现故障，可以及时维修和更换而不影响试验[55,56,59]。

2006 年，Dennison 对不同的电导率测量方法在典型测试条件下的特点进行了总结，如表 9-9 所示，并提供了典型航天用绝缘材料的电导率，可见电荷贮存衰减法是航天绝缘材料暗电导率测量的最佳方法。

绝缘材料的电导率是影响航天器充放电的关键因素，材料的电导率包括暗电导率和辐射诱发电导率，其中暗电导率是最基本的参数，辐射诱发电导率对绝缘材料的充放电有重要影响，且随辐射环境的变化而变化。电荷贮存衰减法是已被在轨实验数据所证实的航天用绝缘材料暗电导率测量的最佳方法。航天材料的辐射诱发电导率测量主要是获得辐照剂量率与辐射诱发电导率的经验规律，以便于根据在轨辐射环境分析材料的辐射诱发电导率。由于辐射诱发电导率通常比暗电导率高几个量级，因此根据表 9-10 的结果，在满足条件的情况下可以通过工业电导率测量方法测量材料的辐射诱发电导率。

表 9-9　不同电阻率测量方法对比

| 测试方法 | 最大电阻/电势衰减时间常数 | 典型条件下最大测量值 (±6%) | | | |
|---|---|---|---|---|---|
| | | 电阻/$\Omega$ | 电流/A | 电阻率/$(\Omega\cdot cm)$ | 电势衰减时间常数 |
| 数字万用表电阻率测试方法 | $\sim 2\times10^{10}\Omega$/ $\sim5s$ | $\sim10^{10}$ | $\sim5\times10^{-9}A$ | $\sim1\times10^{12}$ | 0.1s |
| 静电电位计测试方法 | $\sim10^{16}\Omega$/ $\sim3d$ | $\sim10^{14}$ | $\sim5\times10^{-12}A$ | $\sim1\times10^{16}$ | <45min |
| 恒压电源-静电电位计测试方法 | $\sim5\times10^{17}\Omega$/ $\sim150d$ | $\sim5\times10^{16}$ | $\sim1\times10^{-13}A$ | $\sim5\times10^{17}$ | <1.5d |
| 电荷贮存衰减法 | $\sim10^{20}\Omega$/ <70a ($R_{max}C = 2\times10^{9}\Omega\cdot F$) | $\sim2\times10^{19}$ ($R_{max}C = 4\times10^{8}\Omega\cdot F$) | $\sim3\times10^{-17}A$ ($I_{min} = \Delta V/y_{max}$) | $\sim2\times10^{21}$ | <15a |

表 9-10　典型航天材料电阻率测试结果对比

| 材料名称 | 暗电阻率/$(\Omega\cdot cm)$ | 电势衰减时间常数/d | | | 电势衰减时间常数 | |
|---|---|---|---|---|---|---|
| | | 电荷衰减法实测数据 $\tau_{DC}$ | 恒压法实测数据 $\tau_P$ | 标称数据 $\tau_{ASTM}$ | $\tau_{DC}/\tau_P$ | $\tau_{DC}/\tau_{ASTM}$ |
| 聚酰亚胺 | $5.0\times10^{19}$ | 75 | — | 3.5 | — | $4\times10^{1}$ |
| 聚四氟乙烯 | $4.3\times10^{19}$ | 73.4 | 0.13 | 2 | $6\times10^{2}$ | $4\times10^{1}$ |
| 氟化乙烯丙烯共聚物 | $3.5\times10^{19}$ | 71 | 0.083 | 2 | $9\times10^{2}$ | $3\times10^{1}$ |
| 可溶性聚四氟乙烯 | $2.6\times10^{19}$ | 51.2 | 0.11 | 2 | $5\times10^{2}$ | $3\times10^{1}$ |
| 乙烯-四氟乙烯共聚物 | $3.1\times10^{19}$ | 68 | 0.24 | 0.27 | $3\times10^{2}$ | $3\times10^{2}$ |
| 聚氨酯灌封胶 | $1.6\times10^{18}$ | 2.2 | 0.81 | 0.015 | $3\times10^{0}$ | $4\times10^{2}$ |
| 环氧玻璃纤维电路板 | $1.1\times10^{18}$ | 5.2 | 21.5 | 0.015 | $3\times10^{0}$ | $5\times10^{2}$ |
| 聚四氟乙烯复合材料 | $3.0\times10^{20}$ | 341 | 0.75 | 2.1 | $4\times10^{2}$ | $2\times10^{2}$ |
| 氧化铝 | $2.9\times10^{17}$ | 21.4 | 0.26 | 0.001 | $8\times10^{1}$ | $3\times10^{3}$ |

电荷贮存衰减法在测量绝缘材料的暗电导率时所用的时间长, 为了提高效率, 一般是多个样品同时测量, 测量过程中需要保持试样始终处在优于 $10^{-3}Pa$ 的高真空条件下, 保持试样的温度恒定 (温度浮动不超过 1℃), 保持真空的清洁 (至少应选择分子泵不能选用扩散泵), 试样表面电势的测量精度建议优于 1V。

绝缘材料的辐照诱发电导率不仅与辐射剂量率有关, 还存在着 "过冲" 和预辐照效应等影响, 因此辐射诱发电导率的测量应该以同一辐照剂量率条件下电导率稳定后的值为最终测量结果, 并根据该数值获取辐射诱发电导率和辐照剂量率的经验规律。

### 4. 电荷贮存衰减法介绍

电荷贮存衰减法测量绝缘材料的电导率试验中，采用薄片状测试样品在真空条件下进行测试。试验测试的原理和布局如图 9-89 所示。样品的后表面镀上金属电极并接地，充电装置产生的电子辐照于样品的前表面达到设定的充电要求后，关闭充电装置，电荷从样品前表面通过样品内部向金属电极和地迁移而衰减，电荷衰减多少与样品前表面的电势成正比，通过监测样品的表面电势实现对贮存电荷衰减的监测，并通过监测表面电势的衰减曲线实现对样品体电导率的测量。

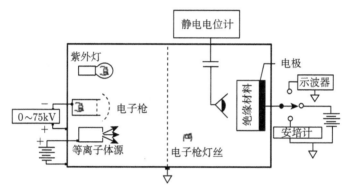

图 9-89 电荷贮存法测电导率原理图

样品充电完成之后的电荷传导衰减过程可以理想化为一个平板电容上的电容向地迁移和衰减的过程，如图 9-90(a) 所示；并可以进一步简化为一个理想的 RC 回路的放电过程，如图 9-90(b) 所示。在 RC 放电回路中电容器两端的电压随时间按指数减少，如 (9-9) 式所示

$$V(t) = V_0 \times e^{-(t/\tau)} \tag{9-9}$$

式中，$V_0$ 为放电开始时刻的初始电势；$V(t)$ 为 $t$ 时刻的电势；$\tau$ 为时间常数。时间常数 $\tau$ 由放电回路的电阻 $R$ 和电容 $C$ 决定，为 $R$ 与 $C$ 的乘积。

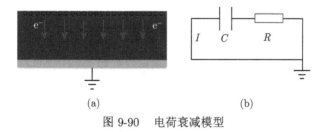

(a)        (b)

图 9-90 电荷衰减模型

对于面积为 $S$、厚度为 $d$ 的介质材料样品，$\sigma$ 为电导率，则电阻为

$$R = \frac{1}{\sigma} \times \frac{d}{s} \qquad (9\text{-}10)$$

如果忽略边缘效应，则为理想电容：

$$C = \varepsilon \frac{s}{d} \qquad (9\text{-}11)$$

根据公式 (9-10) 和公式 (9-11) 可得

$$\tau = \frac{\varepsilon}{\sigma} \qquad (9\text{-}12)$$

其中介电常量一般较容易获得，因此只要获得试样充电后放电的时间常数，就能得到试样的电导率。公式 (9-9) 对时间 $t$ 求导得到

$$\frac{\mathrm{d}V}{\mathrm{d}t} = -\frac{1}{\tau} \times V_0 \times \mathrm{e}^{-(t/\tau)} \qquad (9\text{-}13)$$

式中，$V_0$ 通过测量获得，根据试验测量到的衰减曲线可得 $t$ 时刻 $\dfrac{\mathrm{d}V}{\mathrm{d}t}$ 的计算结果，$\mathrm{e}^{-(t/\tau)}$ 根据计算精度的需要可以取得近似值，则根据公式 (9-13) 计算得到 $t$ 时刻电路的衰减常数，从而得到绝缘材料的电导率，并进一步得到绝缘材料在电荷衰减过程中的电导率随时间的变化结果。若电导率随着时间的增加，变化趋于稳定，则电导率测量结果可靠；若电导率随时间变化明显，则需要考虑辐射诱发电导率等对测量结果的影响。

电荷贮存衰减法测量绝缘材料的电导率在真空条件下进行，电导率测试的布局如图 9-91 所示，首先通过电子源 (电子枪、放射源或低能电子源) 对被测样品进行充电，达到预期的充电要求之后停止辐照，并测量样品表面的电势衰减过程，获得其衰减曲线，根据衰减曲线计算得到绝缘材料的电导率。

1) 样品的选择

根据辐照源的特点和样品在轨使用情况确定样品的尺寸，采用放射源作为辐照源时，样品的厚度建议厚于 1mm。加工制作 4~6 个测试样品，从中挑选出表面平整、完好的 2 ~ 3 个样品作为被测样品，并对样品进行标记。

2) 样品的预处理

从被测样品中挑选出一个样品，用酒精对样品表面进行清洗，清洗完之后用真空镀膜机在样品一侧进行镀膜，并确保镀膜过程不会对样品的测试面和侧面产生污染。在对样品进行充电之前还需对其进行烘烤，以去除样品中吸附的气体，样品烘烤的温度为 80°C，真空度优于 $10^{-3}\mathrm{Pa}$，烘烤时间长于 24h。烘烤可以在

图 9-91 所示的电导率测试装置上在样品安装完成之后通过其温控平台进行，也可以在专门的烘烤设备上进行 [60]。

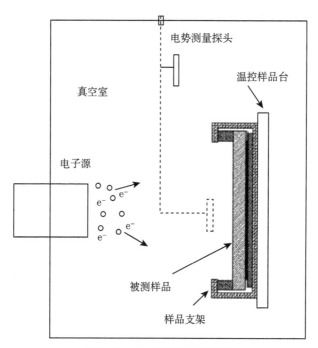

电势测量探头

温控样品台

真空室

电子源

e⁻ e⁻

e⁻

e⁻

被测样品

样品支架

图 9-91　电导率测试布局图

3) 样品充电

完成样品的固定安装之后，开启真空系统、温控系统和相关的测试设备，当系统的真空度优于 $10^{-3}$Pa 时，若样品在预处理阶段没有进行烘烤，则应先对样品进行烘烤。烘烤完成之后，根据电导率测试对环境的要求重新设定温控系统的温度，当温度达到设定的温度后，可以开始对样品进行充电。

4) 样品表面电势衰减

样品达到充电要求完成充电之后就停止辐照，进行电势衰减并对样品的表面电势进行测量，获得样品表面电势的衰减曲线。

5) 数据处理

对于利用低能电子源对样品进行充电后测量介质材料电导率的测试，可以直接按照上述试验流程进行测试，完成测试后对试验数据进行处理以获得电导率测量结果。对于采用电子枪和放射源对样品进行充电的介质材料电导率测试，需要通过数据处理来排除辐射诱发电导率的影响，因此在试验测试的过程中就需要对测试数据进行及时处理。

6) 细节要求

由于绝缘材料的电导率受多种因素的影响，为了保证测量结果的可靠，需要严格遵守下述要求。在试验前要对样品进行检查，确保测试样品表面平整完好且未受污染，选择合格的样品用酒精清洗表面，在真空条件下在背电极镀上一层导电性良好的金属背电极，之后在 80℃ 真空条件下将样品烘烤 24h，之后对样品进行充电和泄放，以测量其电导率。

7) 测试样品尺寸要求

试验样品为薄片状样品，样品的测量宽度与厚度比要大于 20；为了减少边沿效应的影响，样品最好为圆形或者正方形，样品的宽度通常为 5~10cm，厚度一般为 $0.1 \sim 2$mm，建议测试样品的厚度与材料在轨应用时所采用的典型厚度或最大厚度相同，以使得测量结果能更好地满足在轨充放电效应评估。

8) 测试样品安装固定方法的要求

样品的安装固定包括完全屏蔽、部分屏蔽和不屏蔽三种情况，如图 9-92 所示。其中，图 9-92(a) 为完全屏蔽和部分屏蔽时样品安装固定的示意图，样品通过金属材质的样品支架固定，样品支架与真空室壁接触保证样品在充放电过程中样品架始终处于地电势；样品支架通过绝缘垫将样品固定在样品架上，绝缘垫可保证样品充电完成之后在泄放过程中样品表面电荷不会通过样品架泄漏；样品背电极的面积稍小于样品的面积，与样品被辐照的区域相同，以减少辐照区域的电荷通过表面传导至背电极；背电极紧贴样品支架的绝缘板，背电极通过屏蔽电缆引至真空室外，在真空室外背电极与高压电源或电流表相连，用于充电或测量泄漏电流。在图 9-92(a) 所示的样品固定方法中，若在样品前面安装一个可以移动的样品盖，只在样品充电或进行电势测量期间将其打开，在其他时间均用样品盖将样品完全屏蔽，则为完全屏蔽式样品安装，若不加样品盖则为部分屏蔽式样品安装。图 9-92(b) 所示为不屏蔽式的样品安装固定示意图。由于样品中电荷的泄漏受光照等因素影响较大，因此除非能保证样品能够不受影响，一般都需要对样品进行屏蔽，建议做成完全屏蔽式，以减少其他干扰的影响，提高电导率的测量精度。

9) 测试环境要求

测试在真空和温控环境下进行，系统真空度要优于 $10^{-3}$Pa，测试期间保持被测试样温度控制。由于绝缘材料的电导率受温度影响较大，因此在电导率测量过程中，应该保持样品的温度稳定。在测量结果中注明测试的温度条件，大多数样品在低温条件下其电导率较低，因此建议在低温 (例如 $-40$℃) 条件下对样品的电导率进行测试。此外，由于绝缘材料的电导率低，利用电荷贮存衰减法测量介质材料电导率时所用的时间长，因此光照等对电导率的测试结果影响较大，所以在样品的电势衰减过程中，要尽量保证样品不受外界的光照等的干扰。

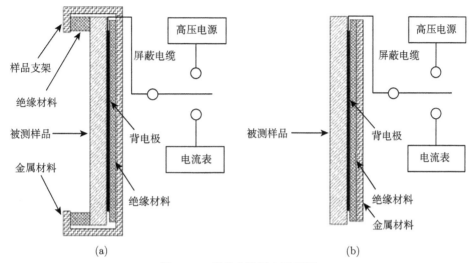

图 9-92 样品安装固定示意图

10) 辐照源的要求

为测试样品进行充电的辐照源，可选 β 放射源、电子枪和低能电子源。放射源产生的电子束流密度较低但电子能量较高，由于电子束流密度低，所以充电时间较长；由于电子能量高，所以样品厚度应该较厚，以免高能电子穿透样品辐照在样品架上的绝缘材料上，影响测试结果。电子枪产生的电子能量较低、束流密度大，试验中尽量选择较小的束流密度，以免束流强度过大充电过快，发生放电对材料产生损伤，影响试验结果。电子枪的束流强度建议小于 $1nA/cm^2$。在利用低能电子源对材料进行充电时，应与直流高压电源相配合，通过高压电源在样品背电极加一定的偏压将低能电子吸附至样品表面，使得样品表面带电。在利用电子枪和放射源对样品进行充电时，由于电子能量相对较高，会在样品中形成一定的辐射剂量，产生辐射诱发电导率，辐射诱发电导率在充电完成之后随着时间衰减，在数据处理过程中应该注意其影响，应该选择辐射诱发电导率衰减之后相对稳定的电导率测量结果。若采用低能电子源对样品进行充电，由于电子的能量较低不会产生辐射诱发电导率，因此充电完之后的衰减曲线就能推导出样品的电导率。

11) 电势测量的要求

电荷贮存衰减法测量绝缘材料的电导率关键是获得样品充电完成之后，在不受任何外界条件干扰下样品电势随时间衰减的曲线，根据衰减曲线获得衰减时间常数，最终获得材料的电导率。因此，样品表面电势的测量就是电导率测量的关键，不仅需要准确测量出样品表面的电势，并且测量过程不能对样品表面电势衰减过程产生影响。为了满足以上要求，样品表面电势的测量采用非接触式电势测量方法进行实时测量，比如采用静电电位计进行测量。在采用静电电位计对样品表面电势进行测量时，电势测量探头在测量时刻迅速移动至被测样品表面附近约 3mm 处，测量完成之后迅速移开，以减少电势测量对样品电势衰减过程的影响。探头在随移动机构移动时，其位置精度要求优于 0.5mm，探头在每次进行电势测量前，需要进行清零处理和电势校准，以减少空间电荷沉积在探头或其他因素导致的测量误差，表面电势的测量精度要求优于 ±10V，要求完成一次电势测量的时间短于 20s。

　　充电过程与电势衰减过程中电势测量时间间隔的确定有不同的原则，对于充电过程的电势测量，主要是确定样品的表面电势大小是否达到预期设定的充电电势，以确定充电停止的时间和电势衰减的开始时间，因此电势测量时间间隔需要根据辐射源的不同而不同，当用放射源对样品进行充电时，样品表面电势测量的时间间隔为 0.5~2 小时/次；当采用电子枪对样品进行充电时，表面电势测量的时间间隔应小于 5 分钟/次，当电子枪束流较大时，电势测量的时间间隔应更短；当采用低能电子源对样品进行充电时，仅需要在充电结束时对其电势进行测试。衰减过程中电势的测试是得到电势衰减曲线，并据此计算衰减时间常数和材料电导率的关键，其电势测量要求更高。在电势衰减的初期，要求每 5min 测试一次电势，10 个计数点之后电势测量的时间间隔延长至 30min，取 10 个计数点之后电势测量的时间间隔可延长至 2~4h，之后可根据试验测试情况选择延长电势测量的时间间隔与否。

　　12) 充电要求

　　充电要保证材料不会有发生放电的风险，在此基础上充电至材料在轨典型条件下的充电电势，在此原则下需要根据所采用的辐照源的不同来确定充电要求。利用放射源对样品进行充电时，由于电子能量高，样品厚度一般要求厚于 1mm，充电之后样品中的平均电场强度建议不超过 $2\times10^6 V/m$；由于放射源充电会产生辐射诱发电导率，充电完成之后的电势衰减会受辐射诱发电导率影响，因此需要更多的数据来排除衰减过程中辐射诱发电导率的影响，所以样品中的电势一般应高于 1000V。当采用电子枪对样品进行充电时，由于电子能量较低，因此电子主要沉积的样品表面，辐照过程中会产生一定的辐照剂量，在试验中要求充电后样品中的平均电场强度不超过 $5\times10^6 V/m$，辐照之后的样品电势衰减过程也会受辐照剂量产生一定影响，样品充电电势一般应高于 500V。

　　13) 电势衰减要求

　　电荷贮存衰减法测量绝缘材料的电导率的关键就是获得材料的电势衰减曲线和衰减时间常数，然后根据材料的介电常数计算出材料的电导率，因此电势衰减过程是电导率测量的关键。为了保证测量结果的准确性，对电势衰减过程进行规定。采用放射源和电子枪对样品进行充电时，会产生辐射诱发电导率，也即样品的电势衰减受到本征电导和辐射诱发电导的共同作用，因此衰减曲线给出的结果是上述电导率的组合；辐射诱发电导率在辐照停止之后随时间按指数衰减，而暗电导率不随时间变化，因此根据衰减曲线得到的电导率也随时间变化，当电导率随时间不再发生变化时，可以认为辐射诱发电导率的影响可以忽略，所得结果即本征电导率。因此，在采用放射源和电子枪辐照样品，采用电荷贮存衰减法测量电导率时，电势衰减时间应该足够长，直到电导率趋于稳定。利用低能电子源辐照样品，测量电导率的过程中不存在辐射诱发电导率的影响，理论上只需要较短的衰减时间就能获得衰减时间常数和电导率，在实际测量过程中为了减少测量误差，通常取样品表面电势衰减至初始电势的 $1/e$ 以下，作为电势衰减的时间要求。对于电子枪和放射源辐照的样品，衰减时间则取电导率趋于稳定的时间和衰减至初始电势 $1/e$ 所需时间的极大值。对于电导率非常小、电势衰减非常慢的样品 (比如电势衰减至 $1/e$ 需要 30 天以上)，则根据试验需要在达到一定的衰减时间 (比如 20 天) 后，若电导率趋于稳定，则可以停止试验，以提高试验效率。

14) 注意事项

由于绝缘材料的电导率本身受多种因素影响，因此在绝缘材料的电导率测量中除了保证试验方法的可靠性之后，还需要充分考虑对电导率产生影响的因素，并在测试过程中对以上影响因素进行控制，以减少其影响，保证试验结果的准确性和可靠性。

15) 温度对电导率的影响

绝缘材料的电导是由材料中的载流子运动形成的，材料的电导率受到载流子的性质和浓度影响，温度的变化会直接影响绝缘材料中载流子的运动性质和材料中载流子的浓度，从而对材料的电导率产生影响，因此在材料的电导率测量过程中需要保持材料温度的恒定，在给出材料电导率结果时，也应给出测试的温度条件。此外，为了更好地对航天用绝缘材料在轨运行期间的充放电风险进行分析，需要给出典型温度条件或恶劣温度条件 (低温) 材料的电导率测量结果。

16) 老化出气对电导率的影响

在绝缘材料内部会残留部分空气、水汽，以及材料加工过程中产生的残余气体成分等，这些成分会对材料的电导率产生影响。材料内部的空气和水汽的残余成分在航天材料在轨运行期间已经从材料中析出，因此在地面测量材料电导率的过程中应该通过真空烘烤去除以上成分，以保证测量结果的准确性。长期服役的航天材料在其服役的末期，则会由于空间的辐照和高低温老化等，其材料的内部结构和成分等发生一定的变化，从而影响其电导率，因此为了准确测量其电导率，需要在地面模拟试验条件下，先进行老化试验，之后再测量其电导率。

17) 保护环对电导率测量结果的影响

工业用电导率测量方法中，主要是通过测量被测样品间的漏电流来测量材料的电导率，在以上测试过程中通常采用保护环来减少表面电流的影响，提高电导率的测量精度；在电荷贮存衰减法测量材料的电导率时，主要通过电势衰减来测量电导率，保护环则不会起到以上效果，反而在一定程度上增大表面电流对测量的不利影响，因此电荷贮存衰减法测量电导率时，不采用保护环。

18) 辐照电子能量对电导率的影响

辐照电子能量不同也会对绝缘材料的电导率产生影响，这种影响主要有两种作用机制，分别是：高能电子的辐照会在材料中形成辐射诱发电导率，使得材料的电导率增加；大剂量的辐照会导致材料的辐照损伤，从而对电导率产生影响。在利用电荷贮存衰减法测量材料的电导率时，辐照剂量相对较小，对材料电导率的影响主要是由辐射诱发电导率形成的，为了排除辐射诱发电导率对测量结果的影响，需要在电势衰减过程中取相对较长的衰减时间，以去除辐射诱发电导率的影响。电子能量不同导致的电子在材料中的沉积深度不同，则不会对电导率的测量结果产生影响，前述分析已经可以看出，电势衰减的时间常数与材料的厚度无关，此外根据公式 (9-1) 可知，取电势衰减曲线的任意部分 (不考虑测量误差等影响) 都能得到衰减时间常数，在电荷只存在于介质材料前表面的理想情况下，电荷沿介质材料内部向背电极传输衰减一段时间后，其电荷分布也会发生变化，这种情况也就与不同能量的电子辐照导致电子分布于介质材料内部类似。因此，电子在材料中的分布不会对电导率的测量产生影响。

### 9.5.4　深层充电试验方法

本节以材料深层充电试验为参考，对深层充电试验方法进行介绍。材料深层充电试验是在地面实验室条件下，采用电子加速器或与空间电子能谱接近的 β 放射源对航天器绝缘材料进行辐照充电，充电过程中应对辐照电子源束流密度、试验样品表面电势和放电电流等参数进行监测，以获得材料深层充电的基础数据，包括材料的充电曲线、平衡电势、最大电场等参数，为航天器绝缘材料的选用提供依据 [61-66]。

#### 1. 试验系统

深层充电试验系统主要由真空系统、温控系统、电子辐照源、束流监测设备、电势测量设备、放电监测设备和通用测量设备组成，主要设备及试验布局如图 9-93 所示。

1) 真空系统

真空系统提供深层充电试验的基本真空条件，主要由真空室、真空泵组、真空计，以及配套的真空阀门和控制设备组成，真空室的材料一般选用无磁不锈钢，对真空室的观察窗等透光的部位应设置遮光罩，真空系统工作真空度应优于 $10^{-3}\mathrm{Pa}$。

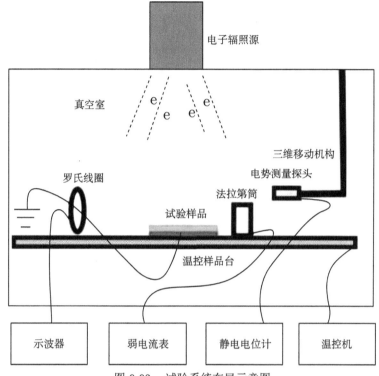

图 9-93 试验系统布局示意图

2) 温控系统

温控系统对深层充电试验的试验样品温度进行调控，主要由温控机和温控样品台组成，温控系统的温度调节范围应覆盖待测试验样品服役期可遭遇的温度变化范围，若无明确要求，温控范围通常为 $-40 \sim 100°C$。

3) 电子辐照源

电子辐照源用于对试验样品进行辐照充电，一般采用电子加速器或 β 放射源 (例如 $^{90}Sr$-$^{90}Y$ 放射源) 作为电子辐照源，电子辐照源应提供均匀度优于 $80\%$ 和 10h 内稳定性优于 $80\%$ 的电子束。

(1) 采用电子加速器作为辐照源，电子能量一般应为 100keV~2MeV，能量点的设置应参考空间中真实的电子能谱分布特点；电子束流密度一般控制在 $0.1\sim30$pA/ $cm^2$，以保持与空间真实环境中相似的电子辐照源条件。

(2) 采用 β 放射源作为辐照源，放射源产生的最大电子束流密度一般不小于 $5$pA/$cm^2$。

电子加速器与 β 放射源的使用应遵守 GB/T 18871—2002《电离辐射防护与辐射源安全基本标准》的要求。

4) 束流监测设备

束流监测设备对电子辐照源的电子束流密度进行测量，一般由法拉第筒和弱电流表组成，法拉第筒精度应优于 1pA，弱电流表精度应优于 0.1pA。

5) 电势测量设备

电势测量设备对试验样品的充电电势进行非接触式测量，一般由静电电位计和三维移动机构组成，静电电位计的量程应覆盖 0 ～ −20000V 区间，三维移动机构的重复定位精度应小于 ±0.1mm，完成一次测量动作所需的时间一般应小于30s。可采用直接测量或转接测量两种方式进行电势测量。

电势直接测量如图 9-94 所示，电势测量探头的电缆线经真空转接头穿过真空室壁，在真空室内靠近试验样品表面感应获得试验样品表面电势，并将感应信号传递给真空室外的静电电位计主机，实现对试验样品表面充电电势的测量。电势测量探头电缆线穿过真空接插件时应注意阻抗匹配。试验样品辐照充电期间，电势测量探头应置于电子辐照场之外并采取屏蔽措施，以避免辐照源出射的电子和杂散电子干扰探头及其电缆线；电势测量时，应先停止电子束的辐照，再通过三维移动机构将静电电位计探头移至试验样品前 1~3mm 处，电位计的示数为电势测量值。

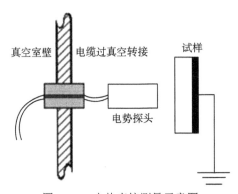

图 9-94　电势直接测量示意图

电势转接测量如图 9-95 所示，电势探头在真空室外通过虚线框中的电容转接机构间接测量样品的电势。采用转接测量时需要对转接机构的转接系数进行标定。标定时，通过标准高压电源对标定电极加电压，按图 9-96 所示，通过静电电位计和转接机构测量电势并记录其读数 $V_0$，可获得电极上电压 $V_1$ 与电位计读数 $V_0$ 的比值，即为转接测量系数 $K$。转接测量中得到的电势测量结果 $V$，则为静电电位计读数与转接测量系数 $K$ 的乘积。转接测量的优点是，对金属感应平板的屏蔽要求比较低，且可以在测量前将金属感应平板置于接地的参考电极前，在真空室外对金属感应平板接地清零，去除其积累的电荷，可有效减少由屏蔽不充分引起的测量误差；此外，也可避免长时间试验中真空室内复杂的辐射及电磁环境损坏电势探头而导致试验被迫提前终止[67]。

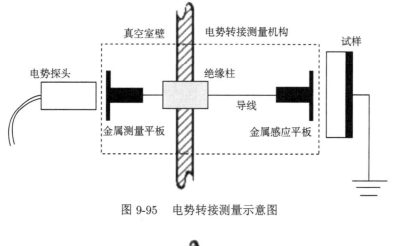

图 9-95 电势转接测量示意图

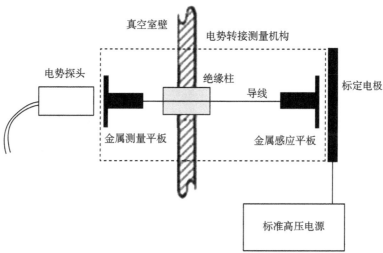

图 9-96 电势转接测量机构标定示意图

6) 放电监测设备

放电监测设备一般由罗氏线圈和示波器组成，对放电电流进行监测。

7) 通用测量设备

通用测量设备，例如真空计、热电偶、温湿度计等，应在检定有效期内。

8) 接地要求

所有电器设备都应接地，弱电流表应通过专用接地点接地，其接地电阻应小于 1Ω。

真空室内的所有金属都应接地。将真空室内除试验样品外的所有绝缘材料用金属材料进行屏蔽，且应对金属屏蔽材料进行接地，金属屏蔽材料厚度应大于电子源最高能量电子在屏蔽材料中的射程。

2. 试验样品

1) 样品规格

试验样品规格如下：

(1) 若试验样品为特定的试验对象，则试验样品规格尺寸应与之相同；

(2) 若未有特定对象，则样品尺寸一般为边长 40~50mm 的正方形或直径 40~50mm 的圆形，样品厚度范围为 0.1~50mm。

2) 样品制备要求

试验样品的后表面应具有金属电极，金属电极按照 GB/T 1410—2006《固体绝缘材料体积电阻率和表面电阻率试验方法》的方法和要求进行制备。

3. 试验程序

1) 试验流程

试验流程主要包括试验样品预处理、试验样品安装、抽真空及设定温度、辐照充电、充电电势监测、试验结束判断等步骤，试验流程见图 9-97。

2) 试验样品预处理

在对试验样品充电前，应先将其置于真空环境下进行烘烤，样品烘烤按 GB/T 34517—2017《航天器用非金属材料真空出气评价方法》执行。烘烤温度范围 80~125℃，真空度应小于 $10^{-3}$Pa，烘烤时间应大于 24h。样品烘烤为利用真空烘烤箱和充电试验设备两种方式，其操作如下所述。

(1) 利用真空烘烤箱对样品进行烘烤，之后再将样品转移至深层充电试验装置中，转移过程中样品暴露于大气的时间应小于 1h。

(2) 将试验样品直接安装在深层充电试验装置的温控样品台上，利用试验装置的真空和温控系统对样品进行真空烘烤，烘烤完成后重新设定所需的试验温度，待样品温度达到平衡后再进行充电试验。

3) 试验样品安装

将样品固定在试验设备的温控样品台上，样品应正对辐照源、表面平整、背电极接地良好。确保在真空室内，待测样品是唯一被电子辐照源辐照充电的对象。根据样品位置和电势测量时探头距离样品表面 1~3mm 的要求，设定电势测量探头与三维移动机构的移动程序，并进行检查与确认。

4) 抽真空及设定温度

检查确认各测量仪器及移动机构工作正常，关闭真空室，开启抽气系统抽真空。当真空室内的真空度小于 $10^{-2}$Pa 后，可开启温控机，设定试验所需温度，对温

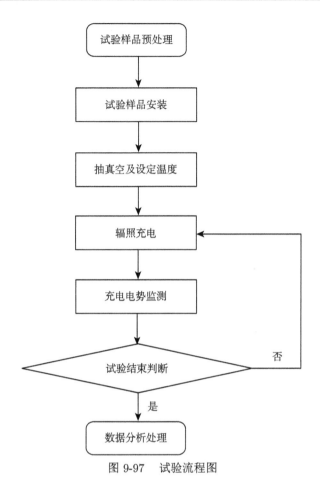

图 9-97　试验流程图

控样品台的温度进行控制；若已知试验样品在轨服役时的温度范围，则试验中设定的温度范围应覆盖上述温度范围；否则一般可设定温度为 20℃、0℃ 或 −20℃ 进行试验。

5) 辐照充电

当真空室内真空度小于 $10^{-3}$Pa，且样品温度平衡后，开启电子辐照源，对试验样品进行辐照充电。电子束流应覆盖整个样品，电子束流密度一般控制在 $0.1\sim30$pA/cm$^2$。电子束流密度选择依据如下：

(1) 对于 GEO 的深层充电试验，电子束流密度一般选择为 $1\sim10$pA/cm$^2$；

(2) 对于 MEO 的深层充电试验，电子束流密度一般选择为 $10\sim20$pA/cm$^2$；

(3) 对于其他对束流密度有明确要求的深层充电试验，可选择与之相同的束流密度进行试验。

除辐照过程中对试验样品电势进行测量外，应保持电子源连续辐照对试验样品进行充电。

6) 充电电势监测

辐照充电过程中，间隔一段时间测量试验样品的表面电势。测量试验样品表面电势时，停止电子辐照，试验样品电势测量引起的辐照充电间隔时间应控制在 2min 以内。充电起始阶段电势测量的间隔时间一般为 5min，累计充电30min 后电势测量间隔时间增加至 30min，充电 4h 后电势测量间隔时间增加至 2h。

充电过程中可能会发生放电，应采用罗氏线圈与示波器对放电电流信号进行监测。

7) 试验结束判断

根据试验目的的不同，试验结束判断条件如下。

(1) 深层充电试验以达到充电平衡作为试验结束判断依据，达到充电平衡后即结束试验；一般以束流密度保持恒定持续充电 10h，试验样品表面电势测试结果不超过 5%作为充电平衡条件。

(2) 以获得放电信号为目的的深层充放电效应试验，以达到预定的放电次数作为试验结束条件；若充电平衡后 36h 未获得放电信号，即结束试验。

有特定目的的深层充电试验，按相应的试验目的确定试验结束判断依据。

8) 数据分析处理

根据绝缘材料深层充电试验中测量的充电电势、充电时间和材料的规格尺寸等参数，获得材料的充电曲线、平衡电势和最大电场等基础数据。

(1) 以充电时间为横坐标，以充电电势为纵坐标，绘制充电电势随时间变化的曲线，以此为基础通过数据处理软件进行数据拟合，得到充电曲线；

(2) 充电曲线中的充电电势的极值就是材料的平衡电势，记录平衡电势时应注明充电束流密度、电子能量和温度等参数；

(3) 充电平衡时材料内部的最大电场，应根据充电数据利用充电仿真工具进行分析计算获得。

## 9.6  深层充电物理模型与仿真软件

深层充电的物理模型与软件同实验研究相互配合，可以对充电的物理过程有更深刻的认识。在过去的几十年的研究中，基于充电的基本物理过程建立了绝缘材料深层充电的基本物理模型，主要包括等效电路模型、RIC 模型和 GR模型等，并基于上述模型开发了深层充电软件，用于深层充电效应研究和工程评估。

### 9.6.1 深层充电物理模型

以简单的一维平板模型为例 (图 9-2) 来建立深层充电的物理模型。来自空间环境的高能电子穿透屏蔽材料，在绝缘材料中穿行慢化以及形成次级粒子，形成随材料深度 $x$ 分布和时间变化的沉积电流 $J_d(x,t)$，沉积电流在材料内部形成与位置和时间变化的电荷密度 $\rho(x,t)$，电荷的积累在材料内部形成电场 $E(x,t)$，该电场进一步诱发传导电流 $J_c(x,t)$；上述过程导致材料内部电荷密度 $\rho(x,t)$ 发生变化，并形成新的电场 $E(x,t)$ 分布；上述过程随时间演化，最终充电达到平衡，此后材料内部电场、电荷密度不再随充电时间而变化，即材料内部任何位置不再有电荷积累，即沉积电流 $J_d(x,t)$ 和传导电流 $J_c(x,t)$ 之和在材料内部处处相等，且与高能电子入射电流和材料的泄漏电流相等。注意，上述物理模型不考虑材料内部电场强度超过击穿场强而放电的情况。

根据上述充电过程，材料内部的电荷密度与电场满足泊松方程 (9-14)，式中，$\varepsilon$ 为材料介电常量。

$$\frac{\partial[\varepsilon E(x,t)]}{\partial x} = \rho(x,t) \tag{9-14}$$

电子在绝缘材料中穿行，产生了与剂量率 $\dot{D}(x)$ 正相关的辐射诱发电导率 $\sigma_r(x,t)$，如公式 (9-15) 所示，其中，$k$ 和 $\Delta$ 为与材料相关的常数。

$$\sigma_r(x,t) = k\dot{D}^\Delta \tag{9-15}$$

材料的总电导率 $\sigma(x,t)$ 为其暗电导率 $\sigma_0$ 与辐射诱发电导率 $\sigma_r$ 之和：

$$\sigma(x,t) = \sigma_0 + \sigma_r(x,t) \tag{9-16}$$

绝缘材料中的电荷在电场 $E(x,t)$ 的作用下内部会形成传导电流 $J_c(x,t)$，其满足欧姆定律：

$$J_c(x,t) = \sigma(x,t)E(x,t) \tag{9-17}$$

绝缘材料内部电荷随时间与位置的变化满足电荷守恒方程，如式 (9-18) 所示，其中左边项表示 $x$ 位置在 $t$ 时刻电荷密度的变化，右边项表示 $x$ 位置由沉积电流和传导电流在 $t$ 时刻随位置的微分。根据该方程可以看出，充电未达到平衡时，电荷密度变化的来源是由沉积电流与传导电流在不同位置而产生的；充电平衡时，电荷密度不再随时间变化，沉积电流与传导电流之和不再随位置变化，为处处相等的常数。

$$\frac{\partial \rho(x,t)}{\partial t} = -\frac{\partial[J_d(x,t) + J_c(x,t)]}{\partial x} \tag{9-18}$$

将上述电荷密度与电场、电流密度与电场的关系代入公式 (9-18)，合并表示如下：

$$\frac{\partial^2 [\varepsilon E(x,t)]}{\partial t \partial x} + \frac{\partial [\sigma(x,t) E(x,t)]}{\partial x} = -\frac{\partial J_{\mathrm{d}}(x,t)}{\partial x} \tag{9-19}$$

对公式 (9-11) 沿 $x$ 方向进行积分，计算得到某一时刻 $t$ 材料内部的电场分布，再随着时间步长逐步递进重复计算上述过程，就可以得到绝缘材料内随时间演化的电场分布。对于充电平衡状态下材料内部电场的计算，公式 (9-19) 中对时间求微分的第一项为零，另外两项可简化为对位置 $x$ 的函数，进一步简化可得电场强度与沉积电流的关系，结合入射的沉积电流和边界条件，即可计算得到材料内部电场。

在深层充电过程中，航天器上所使用绝缘材料的电导率是关键参数。尽管被称为 "绝缘" 材料，实际上这些材料仍然存在导电能力，只是其电导率值非常小，在绝大多数情况下可以忽略，从而近似认为材料是绝缘的，但对于深层充电效应来说，绝缘材料的电导率是不能忽略的，并且是对充电过程起支配作用的物理量之一。深层充电现象可简单理解成 "电荷积累" 和 "电荷泄漏" 这两个动态物理过程的竞争，即空间辐射电子在材料内逐渐沉积的同时，由于电导率的存在，这些电荷也在通过接地点向外缓慢泄漏，入射电子束流强度和电导率 $\sigma$ 是决定充电平衡时间以及达到平衡时的电场电势状态的关键参数。

### 9.6.2  深层充电仿真软件

基于深层充电的模型，国际上根据实验结果和工程应用需要发展了相应的航天器深层充电现象评估软件或程序，本节对部分软件进行简单介绍。

1. ESADDC (ESA deep dielectric charging) 软件

ESA 在计算机模拟研究方面不断深入，曾开发了深层充电效应分析软件 ESA-DDC 用于对在轨航天器的放电危险性进行评估，并对卫星的抗辐射加固设计提供参考。ESADDC 软件主要用于模拟一维结构绝缘材料的深层充电过程，计算一定空间环境下绝缘材料内电荷沉积和电场的建立。一维结构最上层绝缘材料表面受到直接辐照，最下层为接地的金属电极，中间可以由多层绝缘材料和金属电极混合组成。ESADDC 软件的计算过程主要如下。

(1) 计算带电粒子在绝缘材料内的电荷沉积和剂量分布。计算时采用 ITS/TIGER 代码计算电子的沉积分布，采用 RANGE 代码计算质子的沉积分布。整个计算过程不考虑绝缘材料内已有电荷沉积量和电场的影响。例如，对于 1cm 厚单层接地绝缘材料，在不同屏蔽厚度下的计算结果如图 9-98 所示。

(2) 将一维结构简化为多层电路模型，通过 ESA CAP (ESA Circuit Analysis Program) 软件计算一维结构内泄漏电流、电荷分布和电场的变化。

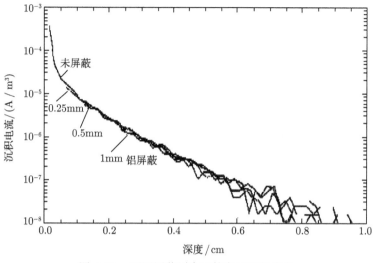

图 9-98    不同屏蔽厚度下的电子沉积分布

ESADDC 采用电路模型计算一维简单结构的深层充电过程，计算过程过于复杂，应用性能稍差。

2. DICTACT 软件

在 ESADDC 基础上，ESA 又进一步研制了 DICTACT 软件，在物理模型及评估结果的可靠性上都较前者取得了很大的进步，软件的运算速度也大有改进。DICTACT 软件可计算的绝缘材料结构扩展到 5 种平面构型和 5 种圆柱构形，更适用于航天器绝缘材料各种接地情况下深层充电过程的分析。

DICTACT 能将绝缘材料分成若干小块，对绝缘材料电荷沉积计算采用 Weber 线性公式，运算方法简单，但精度受到影响。其绝缘材料电场与电势计算公式如下：

$$E_i = \frac{J_i}{\sigma_i} \left( 1 - \exp \frac{-t}{\tau} \right) \tag{9-20}$$

$$\tau = \sum \frac{\varepsilon}{\sigma_i} \tag{9-21}$$

$$V = \sum E_i d \tag{9-22}$$

其中，$J_i$ 为每小块绝缘材料的电流；$\sigma_i$ 为电导率；$\varepsilon$ 为介电常量；$d$ 为每块绝缘材料厚度。这里 $\sigma_i = \sigma_i(E, T) + \sigma(J)$，包括本征电导率 $\sigma_i(E, T)$ 和辐射感应电导率 $\sigma(J)$，考虑了温度和电场的影响。

DICTACT 软件自身包含一个外辐射带最恶劣电子环境模型 FLUMIC(flux model for internal charging)。在输入 L-B 坐标和太阳活动周期后，FLUMIC 将给出电子通量的能谱分布。用户通过定义不同能谱分布的时间序列，即给出航天器运行期间的电子环境变化。得到电子能谱分布后，结合材料参数与绝缘材料内电场计算，DICTACT 将给出绝缘材料最大电场与表面电势，作为绝缘材料放电风险的判断依据和防护有效性的检验。

DICTACT 中计算程序目前已经被写入 ESA 环境信息系统 SPENVIS(Space Environment Information System)。SPENVIS 包含更多的空间环境模式，使 DICTACT 的应用更加广泛。

### 3. NUMIT 程序

NUMIT(Numerical Integration) 程序是一维深层充电评估模型，最初由 Frederickson 提出。该程序通过迭代求解一组方程，可以计算单能电子 (质子) 辐照下绝缘材料内电压、电流、电场的实时变化。主要计算方程如下：

$$J(x,t) = J_r(x,t) + J_c(x,t) \tag{9-23}$$

$$J_c(x,t) = g_{dark}E(x,t) + g_{rad}D(x,t)E(x,t) \tag{9-24}$$

$$\rho(x,t) = -\int_0^t \frac{\partial J(x,t)}{\partial x}dt + \rho(x,0) \tag{9-25}$$

$$E(x,t) = \frac{1}{\varepsilon(x)}\int_0^x \rho(x',t)dx' \tag{9-26}$$

式中，$J(x,t)$ 为总电流；$J_r(x,t)$ 为沉积电流；$J_c(x,t)$ 为传输电流；$g_{dark}$ 为暗电导率；$g_{rad}$ 为辐射感应电导率系数；$D(x,t)$ 为辐射剂量率；$\rho(x,t)$ 为电荷分布；$E(x,t)$ 为电场分布。NUMIT 程序根据具体问题设定不同的边界条件，适用于各类简单构型。计算前由 Tabata 程序计算出该构型下的 $J_r(x,t)$ 和 $D(x,t)$，结合相关材料参数，最终得到 $\rho(x,t)$ 和 $E(x,t)$。

NUMIT 程序在航天器深层充电评估上应用方便，而且也可以在特定实验条件下研究方程中 $g_{dark}$、$g_{rad}$ 等参数变化。但由于所采用的 Tebata 程序限制，NUMIT 只能计算 100keV 以上能量单能电子充电过程，目前还不适用能谱连续分布电子充电情况。此外 NUMIT 程序本身需根据绝缘材料的几何构型作出调整，使其应用存在不方便。

除以上软件或程序外，国内相关研究单位也建立了深层充电评估软件，其基本原理与上述软件类似 [68-71]。深层充电效应本身包含了复杂的物理过程，目前对该效应的认识还是不全面的，特别是对一些绝缘材料的放电危险性模拟结果，其与实验观测结果存在很大偏差，理论上还难以给出圆满的解释，因此更深入的研究工作还在进一步进行之中。

## 9.7 深层充放电效应防护指南与方法

### 9.7.1 深层充放电效应防护指南

在深层充电效应问题日益暴露出来后，NASA 在 CRRES 卫星等实验基础上于 1999 年提出 4002 标准 *Avoiding Problems Caused by Spacecraft On-Orbit Internal Charging Effects*，如图 9-99 所示 [72]。4002 标准作为表面充电 TP2361 标准的补充和完善，即主要针对内部充放电问题提出的防护设计的指导原则与方法。

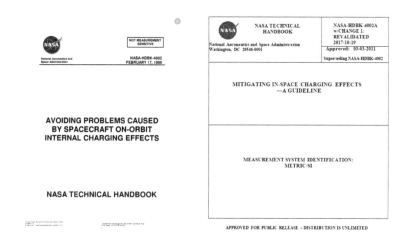

图 9-99　NASA 发布的 4002 系列手册

4002 标准内首先描述了深层充电问题，定义为航天器内部高能电子的累积，认为深层充电与表面充电的主要区别在于对航天器内部敏感电路的耦合作用：表面充放电对内部电路影响较小，而内部充放电发生在敏感电路附近，其耦合作用十分强烈。根据航天器外层屏蔽厚度不同，深层充电涉及的电子能量主要在 100keV以上，而表面充电在 50keV 以下 [72,73]。

4002 标准其次定义了需要深层充电防护的航天器类型，给出不同轨道的内部充放电风险，如图 9-100 所示。由该图可以看出，深层充电问题高风险区域主要在 GEO 和 MEO 环境中。此外，4002 标准根据 CRRES 卫星实验结果，定义航天器深层充电故障电子通量阈值为 10 小时总通量 $2{\times}10^{10}$cm$^{-2}$ 的高能电子辐照 (等效束流强度 $5{\times}10^{5}$cm$^{-2}{\cdot}$s$^{-1}$)。

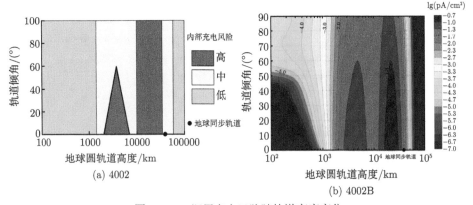

(a) 4002

(b) 4002B

图 9-100   深层充电风险随轨道高度变化

在以上定义基础上，4002 指南提出了内部充放电效应减缓措施，包括轨道的选择、材料电阻率和接地要求等。需要指出的是，NASA 的 4002 手册主要针对航天器材料和接地防护，对内部放电现象防护设计涉及较少，虽然手册附录中给出了相应的程序代码便于用户评估，但采用 4002 手册为标准的防护设计仍存在一定缺陷。针对以上问题，NASA 于 2011 年 3 月 3 日完成对 4002 手册的修订和更新，新手册命名为 4002a，修订的主要内容是将 TP-2361 中的内容融入进去，同时增加了太阳电池防护的内容 [74]。2022 年 6 月 7 日，NASA 对 4002a 进行了修订，主要是对充电风险区域进行了更详细的分析计算，对近地空间的充电风险区域及其可能出现的最高充电电压进行了更精细的计算，其最高充电电势由 20000V 提高到 27000V 以上，另外，对原来版本中的部分数据和错误进行了修订 [29]。

ESA 于 2008 年总结了当时的航天器充放电方面实验成果，提出了航天器充电标准 ECSS-06C，如图 9-101 所示 [24]。ESA 的航天器标准将表面充电和深层充电问题涵括在内，针对 GEO、MEO 和 LEO 的航天器，提出了不同部件在设计时需注意的标准和规范。

ECSS-06C 标准中,分别针对表面充电问题、太阳电池二次放电问题、等离子体环境中高压电流问题、内部充放电问题和推进器电学问题等,对表面材料、太阳电池、高压系统、推进器等提出电连接、接地、充电评估和测试等要求。此外,ECSS-06C 标准中对航天器绝缘材料放电防护标准,除提出 $10^7\mathrm{V/m}$ 的电场强度要求,还提出了电势差要求:绝缘材料相对导体负电势阈值为 1000V;导体相对绝缘材料负电势阈值为 100V,使其更便于工程应用。

ECSS-06C 标准中定义深层充电为航天器内部由空间环境引起的电荷累积现象,大部分情况是在绝缘材料深层充电,同时在航天器内部悬浮导体上也可能发生。ECSS-06C 标准描述了充电电流和泄放电流变化,认为深层充电主要是由辐射带中能量在 0.5MeV 以上的高能电子引起,其充电时间尺度由材料特性和环境特征决定,通常是几十小时至几天。ECSS-06C 标准中认为深层充电的主要危害在于内部放电引发的电流注入和电磁脉冲耦合,导致航天器电路故障,部分放电现象还会破坏绝缘材料绝缘性能,因此需要做好各种防护。

图 9-101 ESA 发布的 ECSS-06C 标准

值得一提的是,ESA 的航天器充电标准 ECSS-06C 附录中包含了航天器充电问题防护原则和定量评估、模拟及试验内容,便于用户根据航天器具体应用情况作出防护设计调整和评估。

### 9.7.2　深层充放电效应防护方法

在卫星防护设计过程中，必须根据具体情况进行分析，作出合理的减缓内部充放电效应的设计。内部充放电效应的防护设计，首先应当从卫星轨道选择开始，在可能的情况下避免选择高充电风险的轨道；在确定轨道后，要对卫星的在轨充电情况进行准确评估，评估手段主要有两种：地面模拟试验和计算机仿真，再依据评估结果给出合理的防护设计措施，例如屏蔽厚度、电子元件防护等，控制卫星的内部充放电效应风险。卫星具体内部充放电效应防护设计基本要求如下。

1. 材料选择与接地要求

(1) 所有金属部件必须有接地路径。该要求包括所有金属结构、屏蔽结构、变压器金属核、金属包装、电路板上未使用的金属条、未使用的测试端子等。

(2) 航天器任意位置相对地之间阻抗值应当小于 $10^{12}\Omega$。

(3) 连接到航天器外部的电缆线应当在满足功能要求时采用最小的绝缘厚度。

(4) 在满足绝缘要求条件下使用低电阻率材料，卫星内部绝缘材料电阻率参考值为 $10^{12}\Omega\cdot\mathrm{cm}$。

(5) 注意，在充电水平分析评估中，对于材料关键参数材料电阻率的选用，应当采用最低工作温度下的测量结果。

2. 电场与电势要求

(1) 除非有充分的试验验证，否则所有材料的内部电场强度应当小于 $10^7\mathrm{V/m}$。

(2) 材料内部电场强度应当由仿真计算或试验测试获得。

(3) 卫星内部材料表面电压应当满足如下要求：

(a) 绝缘材料相对周围导体负电势不应超过 $-1000\mathrm{V}$。

(b) 导体相对临近绝缘材料的负电势不应超过 $-100\mathrm{V}$。

(4) 卫星内部材料的电势应当由仿真分析计算或试验测试获得。

(5) 卫星深层充电评估时应当采用最恶劣条件下的电子能谱。

(6) 卫星内含有绝缘材料或悬浮导体，而且对充放电效应极为敏感时应在设计阶段就进行充分和详细的评估。

(7) 卫星中具有对充放电效应敏感的电路时，由深层充电引起的电场强度值应当保持在阈值水平之下。

3. 电流安全阈值与屏蔽要求

(1) 卫星内部在屏蔽后充电电流 $j$ 应满足如下关系：

$$j < E_{\mathrm{max}}\sigma_{\mathrm{min}}$$

式中，$E_{\mathrm{max}}$ 为材料击穿电场；$\sigma_{\mathrm{min}}$ 为材料最小电导率。

(2) 计算卫星屏蔽是否足够时,应当计算屏蔽后的充电电流是否满足上式要求。

(3) 材料在 $0.2\text{g/cm}^3$ 屏蔽下最低电导率建议值如下:

日平均温度 25℃:$10^{-16}\Omega^{-1}\cdot\text{m}^{-1}$。

其他温度:$2\times10^{-17}\Omega^{-1}\cdot\text{m}^{-1}$。

(4) 材料电导率值应考虑到老化后材料电阻率的变化。

(5) 基于以上 $E_{\max}$ 和 $\sigma_{\min}$ 的要求,材料充电电流阈值为 $2\times10^{-10}\text{A/m}^2$(对于材料使用温度高于 25℃ 时为 $1\times10^{-9}\text{A/m}^2$)。

(6) 以上电流阈值适用于等效屏蔽厚度低于 2.6mm 铝 (GEO) 和 5.1mm 铝 (其他轨道)。

定性的深层充电设计指南,可参考通用设计指南。航天器内部区域也有表面,可参考表面充电设计指南。

### 4. 将导体接地

航天器上未使用的电缆、电路布线以及其他未连接到电路里的导体,当面积大于 $3\text{cm}^2$(对于电路板,应为 $0.3\text{cm}^2$) 或长度超过 25cm 时,必须接地。连接到电路里导线和金属,不必考虑充电问题。确认所有部件 (包括器件原有的金属封装) 都已接地。尤其需要关注可能存在的未接地金属,例如,接插件上未使用的空针等。

在下面情况下,允许例外:

(1) 在预期遭遇的空间环境下,不会发生放电。

(2) 预期发生的放电时,放电不会对卫星电路系统正常工作产生干扰。

注意,对于上述定量指标可以作为参考,如果有充分的分析和试验可以依据具体分析结果为指导进行设计,例如,最大未接地金属面积在某些更严格的要求中规定不能超过 $1\text{cm}^2$(ECSS-E-ST-20-06C)。

### 5. 通过屏蔽限制卫星内部的电子通量

利用航天器所处轨道的最恶劣高能电子能谱,计算航天器内部各个位置的电子通量。依据计算结果,分析确认所有电路达到安全水平。

对于 GEO 卫星,如果卫星所有位置的屏蔽厚度达到 2.8mm (110mil) 铝等效厚度,则一般情况下就满足充电防护的需求,也不需要进行电子输运分析,屏蔽水平达不到 2.8mm 铝等效厚度时,就需要进行针对性的分析与试验评估。需要注意的是,2.8mm 仅仅是 GEO 的建议屏蔽厚度,对于一些对充放电效应防护要求更高的卫星,则需要进一步针对性评估后,提升屏蔽厚度。对于 IGSO,由于环境与 GEO 相近,屏蔽厚度可参考 GEO。MEO 的环境相比 GEO 更为恶劣,其屏蔽水平建议为 5.1mm 铝等效厚度。

如果通过计算证明,在任何电子环境下,目标位置的电子通量都小于 $0.1\mathrm{pA/cm^2}$,该位置满足充放电防护的要求。也有一些特殊的应用中有更严格的要求,建议电子通量应小于 $0.01\mathrm{pA/cm^2}$,这需要更充分的分析。

注意:以上建议是基于室温条件下常用绝缘材料的体电阻率给出的,由于绝缘材料的体电阻率通常会随着温度下降而增大,在实际应用中,若卫星常处于低温环境,通量限制还须下调。另外,$0.1\mathrm{pA/cm^2}$ 的通量限制,是基于 10h 注量小于 $10^{10}$ 电子/$\mathrm{cm^2}$ 得出的,对于时间常数大于 10h 的绝缘材料,应采用更长的电子通量积分时间进行评估。

如果电路是一级 ESD 敏感电路 (MIL-STD-88G3, Method 3015.7),或该类电路存在已知的在轨异常,当入射电子通量在 $0.1\sim0.3\mathrm{pA/cm^2}$ 时,须屏蔽到 $0.1\mathrm{pA/cm^2}$ 水平 (对于非常敏感的电路,应采用更厚的屏蔽,将电子通量限制在更低的水平)。如果电路是二级 ESD 敏感电路,当入射电子通量在 $0.3\sim1\mathrm{pA/cm^2}$ 时,须屏蔽到小于 $0.3\mathrm{pA/cm^2}$ 水平。

如果入射电子通量超过 $1\mathrm{pA/cm^2}$,产生 IESD 的风险较高,需要进行充分的分析评估与试验测试。

### 6. 在电路板上涂覆泄漏绝缘材料

可以在电路板上使用能够泄漏电荷的防护涂层。在 2007 年,Leung 等曾使用了一种电阻率为 $10^{10}\Omega\cdot\mathrm{cm}$ 的涂层,在电路板上产生电阻值为 $10^9 \sim 10^{13}\Omega$ 的电荷泄放路径。地面模拟试验显示,这种涂层能够泄放掉大部分的沉积电子,显著减缓电路板的充电效应,且不影响电路性能。需要注意的是,选用的涂层应具有航天资质,必须经过热真空试验的检验。

### 7. 限制电路板上能够积累电荷区域的面积

在设计电路板时应该注意:面积超过 $0.3\mathrm{cm^2}$ 的金属,都应通过不大于 $10\mathrm{M}\Omega$ 的电阻接地;同时,注意清除面积超过 $0.3\mathrm{cm^2}$ 的未使用绝缘材料,以降低充放电风险。建议在电路板上的空白区域设置接地或接入电路的布线,以降低充放电风险。

图 9-102 给出空白绝缘材料的充放电防护规则,即假设使用的是厚度为 2mm (80mil) 的标准 FR4 电路板材料,电路板上未使用绝缘材料区域的面积与板材厚度之间的关系。

### 8. 典型结构与部件防护

#### 1) 辐射屏蔽材料

辐射屏蔽材料必须接地,可以采用多种接地方式。如果屏蔽材料的电阻率大于 $10^{10}\Omega\cdot\mathrm{cm}$,必须采用多点接地。对于部分材料,如导电涂料等,必须考虑高真

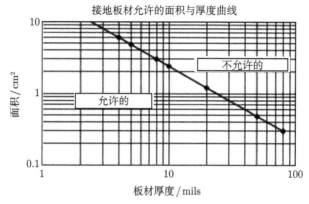

图 9-102 电路板上未使用绝缘材料区域的面积与板材厚度之间的关系

空和辐射环境下引起的材料老化导致其电阻率变化的情况。

2) 变压器

将变压器初级和二级绕组分开，降低初级和二级绕组间电容，以减少正常模式下的噪声耦合，这也是降低由空间 ESD 产生噪声的方法之一。

3) 悬浮导体

为所有悬浮导体提供电流泄放路径，包含但不限于以下类型导体：变压器内核、电容器壳、金属封装的集成电路、仪器盒、未使用的接插件空针或导线 (包括连接到开关上的导线)、继电器罐体等。

4) 卫星内部的电缆布线

卫星内部电缆布线必须远离卫星窗口及开孔，以减少高能粒子辐照。

5) 线路隔离

隔离由卫星外部接入舱内的电缆。对卫星外部进入舱内的线路，须尽可能在进入点之前进行滤波。如果无法进行滤波，常用的方法是对两者进行隔离，但 ESD 噪声仍有可能通过电磁耦合进入星内线路中，需要通过试验对隔离后的效果进行测试。

6) ESD 敏感器件

对 ESD 敏感器件需特别关注，尽可能剔除所有一类电磁敏感器件。在设计完成后，对电磁敏感器件进行充放电风险分析，必要时采用保护措施并对防护效果进行测试评估。

7) 发射机与接收机

卫星发射机与接收机必须对 ESD 脉冲兼容，包括天线绝缘材料面 (表面充电) 和反馈系统 (深层充电) 中产生的脉冲。卫星发射机与接收机设计必须兼容卫星充电效应。在设计阶段就应当考虑卫星 ESD 现象产生的兼容问题，使得发射机与接收机不受其干扰。发射机、接收机和天线系统必须测试反馈端附近产生 ESD

的兼容性。考虑由同轴电缆绝缘材料对导线放电脉冲的传播可能性。必要时改变设计。验证测试应当由有经验的 ESD 工程师进行。

8) 姿态控制单元

姿态控制电子系统应当对 ESD 脉冲干扰不敏感。姿态控制系统的传感器探头通常处于法拉第屏蔽结构体外部。在传感器探头和接线屏蔽不充分的情况下,具有 ESD 脉冲通过传感电路进入姿控系统的风险,因此姿态控制系统特别需要注意具备抗 ESD 翻转能力。

9) 无法接地单元

部分由于功能需要而无法接地的单元必须通过充放电风险评估与试验。典型卫星结构也许包含不能接地的单元或材料。例如在某次空间实验中必须采用悬浮金属网格或导电盘。要是这些单元足够小,也许不会造成充放电危害,但这应当通过分析验证。

## 习　题

1. 请列出近地空间深层充电风险较高的区域。请列出太阳系内具有深层充电风险的行星及其风险高低。

2. 分别从辐射环境与材料特性参数的角度列出影响深层充电的主要因素。

3. 请简单辨析材料的本征电导率、暗电导率和辐射诱发电导率的区别。

4. 利用电荷贮存衰减法对绝缘材料的电导率进行测量,若绝缘材料的电势衰减时间常数为 50h,材料的介电常量为 2,求材料的电阻率?若对材料进行辐照,假设辐照的剂量率为 0.1rad/s,则辐照条件下材料的电势衰减时间常数是多少?辐射诱发电导率相关的系数分别为 $K_p = 1 \times 10^{-13} \Omega^{-1} \cdot m^{-1} \cdot rad^{-\Delta} \cdot s^{-\Delta}$, $\Delta$=0.6,真空介电常量为 $8.85 \times 10^{-12}$F/m。

5. 束流强度为 $1 \times 10^7 cm^{-2} \cdot s^{-1}$ 的 1MeV 的电子垂直入射背面接地的 5mm 厚的聚酰亚胺平板,充电平衡时,求绝缘材料中的最高充电电场和充电电势。

相关的参数和公式如下。

材料内部剂量率平均为 0.2rad/s;材料密度为 1.42g/cm³;材料暗电导率为 $\sigma_d$=1×10⁻¹⁵ $\Omega^{-1} \cdot m^{-1}$;辐射诱发电导率相关的参数:$K_p$=1×10⁻¹³$\Omega^{-1} \cdot m^{-1} \cdot rad^{-\Delta} \cdot s^{-\Delta}$, $\Delta$=0.6,电子电荷为 $1.6 \times 10^{-19}$C。

电子在材料中的沉积分布可参照如下经验公式进行近似计算:

射程 $R = 0.55T \left(1 - \dfrac{0.9841}{1+3T}\right)$,沉积区间长度 $a = 0.238T$,其中 $T$ 为电子能量,单位是 MeV;$R$ 和 $a$ 为长度,单位是 g/cm²。

电荷沉积分布比例及与 $R$ 和 $a$ 的关系参考图 9-103,其中电荷 100％沉积在 $0 \sim R$ 的区域,电荷沉积峰值在 $R-a$ 处;充电过程中电荷沉积与传输参考图 9-104。

6. 假设绝缘材料块厚度为 5mm,放电阈值电压为 $2 \times 10^6$V/m,材料的相对介电常量为 2,真空介电常量为 $8.85 \times 10^{-12}$F/m,则绝缘材料面积为多大时可产生中等危险和严重危险的放电?

不同危害程度的危害划分参考条件如下:轻微放电 (放电释放能量小于 250μJ);中等危险放电 (放电释放能量介于 250μJ 与 4000μJ 之间);危险放电 (放电释放能量 4000μJ 以上)。

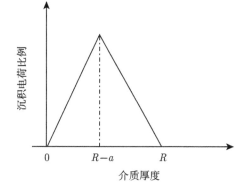

图 9-103　电荷沉积分布简化示意图

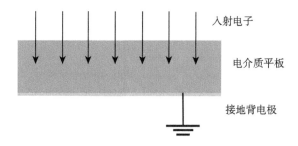

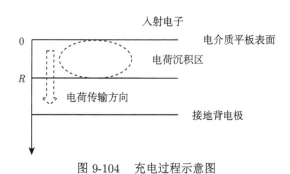

图 9-104　充电过程示意图

    7. 请列出深层充电风险判断的基本依据，例如充电电流阈值、充电电压阈值、材料中的电场强度阈值。

    8. 根据你的理解，分别针对绝缘材料和单机设备简单描述深层充电防护的方法。

## 参 考 文 献

[1]　全荣辉. 航天器介质深层充放电特征及其影响. 北京: 中国科学院空间科学与应用研究中心, 2009.

[2]　加勒特 H B, 威特利斯 A C. 航天器充电效应防护设计手册. 信太林, 张振龙, 周飞, 译. 北京: 中国宇航出版社, 2016.

[3]    Vampola A L. The hazardous space particle environment. IEEE trans. Plasma Science, 2000, 28(6): 1831.

[4]    Lanzerotti L J, Breglia C, Maurer D W, et al. Studies of spacecraft charging on a geosynchronous telecommunications satellite. Adv. Space Res., 1998, 22(1): 79-82.

[5]    Gussenhoven M S, Mullen E G. Space radiation effects program: An overiew. IEEE Trans. Nucl. Sci., 1993, 40(2): 221-227.

[6]    黄建国, 陈东. 卫星介质深层充电的计算机模拟研究. 地球物理学报, 2004, 47(3): 392-397.

[7]    黄建国, 陈东. 卫星中介质深层充电特征研究. 物理学报, 2004, 53(3): 961-966.

[8]    黄建国, 陈东. 不同接地方式的卫星介质深层充电研究. 物理学报, 2004, 53(5): 1611-1616.

[9]    全荣辉, 韩建伟, 黄建国, 等. 电介质材料辐射感应电导率的模型研究. 物理学报, 2007, 56(11): 6642-6647.

[10]   全荣辉, 张振龙, 韩建伟, 等. 电子辐照下聚合物介质深层充电现象研究. 物理学报, 2009 (2): 1205-1211.

[11]   黄建国, 陈东, 师立勤. 卫星介质深层充电中的主要物理问题. 空间科学学报, 2004, 24 (5): 346-353.

[12]   Love D P, Toomb D S, Wilkinson D C, et al. Penetrating electron fluctuations associated with GEO spacecraft anomalies. IEEE Trans. Nucl. Sci., 2000, 28(6): 2075-2084.

[13]   Koons H C, Mazur J E, Selesnick R S, et al. The impact of space environment on space system// Proc. of the 6th Spacecharft Charging Technology Conference, Air Force Research Laboratory, 1998: 7-11.

[14]   Catani J P. In flight anomalies attributed to ESD's, recent cases and trends// Proceeding of the 8th SCTC. Huntsville, 2003.

[15]   Leach R D, Alexander M B. Failures and anomalies attributed to spacecraft charging. NASA RP-1375, 1995.

[16]   Vampola A L. The hazardous space particle environment. IEEE Trans. Plasma Science, 2000, 28(6): 1831-1839.

[17]   闫小娟. 卫星介质充电机理和实验研究. 北京: 中国科学院研究生院 (中国科学院空间科学与应用研究中心), 2008.

[18]   闫小娟, 陈东, 黄建国, 等. 诱发卫星深层充电的高能电子环境模式研究. 航天器环境工程, 2008, 25(2): 120-124.

[19]   Daly E J, Buhler P, Kruglanski M. Observations of the outer radiation belt with REM and comparisons with models. IEEE Transition on Nuclear Science, 1999, 46(6): 1469-1474.

[20]   Cane H V.The structure and evolution of interplanetary shocks and the relevance for particle acceleration. Nucl. Phys. B (Proc Suppl), 1995, 39(1): 35-44.

[21]   Kallenrode M B. Space Physics: An Introduction to Plasmas and Particles in the Heliosphere and Magnetospheres. 2nd ed. New York: Springer, 2001.

[22]   Vampola A L. Natural variations in the geomagnetically trapped electron population// Proc. Nat. Symp., 1972.

[23]   Vampola A L, Blake J B, Paulikas G A. A new study of the magnetospheric electron environment. J.Spacecraft Rockets, 1977, 14(11): 690-695.

[24] ECSS-E-ST-20-06C., Spacecraft Charging, 2008.

[25] Jun I, Garrett H B, Kim W, et al. Review of an internal charging code NUMIT// Proceeding of the 10th SCTC, Biarriz, 2007.

[26] Sorensen J, Rodgers D J, Ryden K A, et al. ESA's tools for internal charging. IEEE Trans. Nucl. Sci., 2000, 47(3): 491-497.

[27] Rodgers D J, Hunter K A, Wrenn G L. The FLUMIC electron environment model// Proceedings 8th SCTC, Huntsville, 2003.

[28] Ryden K A, Morris P A, Ford K A, et al. Observations of internal charging currents in medium Earth orbit. IEEE Trans. Plasma Science, 2008, 36(5): 2473-2481.

[29] NASA -HDBK-4002B. Mitigating In-Space Charging Effects—A Guideline, 2022.

[30] Saiz E, Cid C, Guerrero A. Environmental conditions during the reported charging anomalies of the two geosynchronous satellites: Telstar 401 and Galaxy 15. Space weather, 2018, 16: 1784-1796.

[31] Ferguson D C, Denig W F, Rodriguez J V. Plasma conditions during the galaxy 15 anomaly and the possibility of ESD from subsurface charging// 49th AIAA Aerospace Sciences Meeting Including the New Horizons Forum and Aerospace Expansion, Orlando, Florida, 2011: 1-14.

[32] 薛炳森. 灾害性空间环境事件预报方法研究. 合肥: 中国科学技术大学, 2009.

[33] 周飞, 李强, 信太林, 等. 空间辐射环境引起在轨卫星故障分析与加固对策. 航天器环境工程, 2012, 29(4): 392-396.

[34] 黄建国, 韩建伟. 航天器内部充电效应及典型事例分析. 物理学报, 2010, 59(4): 2907-2913.

[35] Han J W, Huang J G, Liu Z X, et al. Correlation of double star anomalies with space environment. Journal of Spacecraft & Rockets, 2005, 42(6): 1061-1065.

[36] McPherson D A, Cauffman D P, Schober W. Spacecraft charging at high altitudes – the scatha satellite program// 1975 IEEE International Symposium on Electromagnetic Compatibility, San Antonio, TX, USA, 1975.

[37] Adamo R C, Matarrese J R. Transient pulse monitor data from the SCATHA/P78-2 spacecraft// 20th Aerospace Sciences Meeting, Orlando Fla., 1982.

[38] Richard C A, Kathy L G, David R D. PASP Plus Transient Pluse Monitor(TPM) -Preflight Characterization Report, 1994.

[39] Richard C A, Hammond C M, David R D. PASP Plus Transient Pulse Monitor (TPM)- Data Analysis and Interpretation Report, 1996.

[40] Frederick A H, Paul R M. Analyze data from the PASP plus dosimetering on APEX spacecraft, 1996.

[41] Frederickson A R, Holeman E G, Mullen E G. Characteristics of spontaneous electrical discharging of various insulators in space radiations. IEEE Transations on Nuclear Science, 1992, 39(6): 1773-1782.

[42] Frederickson A R, Mullen E G, Kerns K J, et al. The CRRES IDM spacecraft experiment for insulator discharge pulses. IEEE Trans. Nucl. Sci., 1993, 40(2): 233-241.

[43] Violet M D, Frederickson A R. Spacecraft anomalies on the CRRES satellite correlated

with the environment and insulator samples. IEEE Trans. Nucl. Sci., 1993, 40(6):1512-1520.

[44] Green N W, Frederickson A R, Dennison J R. Experimentally derived resistivity for dielectric samples from the CRRES internal discharge monitor. IEEE Trans. Plasma Science, 2006, 34(5): 1973-1978.

[45] Antonio C, Johannes W. The discharge detector experiment. 7th SCTC, 2001.

[46] Dichter B K, McGarity J O, Huber A C, et al. Detailed component design for a compact environmental anomaly sensor (CEASE): Mechanical design and calibration. NASA STI/Recon Technical Report N, 1995.

[47] Dichter B K, McGarity J O, Oberhardt M R, et al. Compact environmental anomaly sensor (CEASE): A novel spacecraft instrument for *in situ* measurements of environmental conditions. IEEE Transactions on Nuclear Science, 1998, 45(6): 2758-2764.

[48] Dichter B K, Turnbull W R, Brautigam D H, et al. Initial on-orbit results from the compact environmental anomaly sensor (CEASE). IEEE Transactions on Nuclear Science, 2001, 48(6): 2022-2028.

[49] Ryden K A, Rodgers D J, Morris P A, et al. Direct measurement of internal charging currents in geostationary transfer orbit. IEEE Trans. on Nuclear Science, 2001, 48(1): 44-50.

[50] Ryden K A, Morris P A, Ford K A. Measurements of internal charging currents in medium earth orbit// 11th Spaceecraft charing technology conference, Albuquerque , NM, USA, 2010.

[51] Ryden K A, Dyer C S, Rodgers D J. Observations of internal charging currents in medium earth orbit. IEEE Transactions on Plasma Science, 2008, 36(5): 2473-2481.

[52] Ryden K A, Morris P A, Rodgers D J, et al. Improved demonstration of internal charging hazard using Realistic electronment facility (REEF)// Proceeding of the 8th SCTC, Huntsville, 2003.

[53] 韩建伟, 张振龙, 黄建国, 等. 卫星介质深层充放电模拟实验装置研制进展. 航天器环境工程, 2007, 24(1): 47-50.

[54] 全荣辉, 韩建伟, 张振龙, 等. 航天器介质材料深层充放电实验与数值模拟. 空间科学学报, 2009, 29(6): 609-614.

[55] Frederickson A R, Benson C E, Bockman J F. Measurement of charge storage and leakage in polyimides. Nuclear Instruments and Methods in Physics Research B, 2003, 208: 454-460.

[56] 王燕, 张振龙, 全荣辉, 等. 用于深层充电评估的卫星介质电导率测量技术研究. 航天器环境工程, 2012, 29(4): 425-429.

[57] Standard test methods for DC resistance or conductance of insulating materials. ASTM D 257-93, 1993, re-approved, 1998.

[58] Gross B. Radiation-induced conductivity in Teflon irradiated by X-rays. J. Appl. Phys., 1982, 52(2): 571-577.

[59] Prasanna S, Dennison J R, Sim A, et al. Comparison of classical and charge storage

methode for determining conductivity of thin film insulator// Proceeding of the 8th SCTC, Huntsville, 2003.

[60] 曹旭纬, 张振龙, 汪金龙, 等. 真空出气对星用聚酰亚胺材料电导率的影响. 航天器环境工程, 2014(2): 158-161.

[61] 张振龙, 全荣辉, 闫小娟, 等. 电子辐照下聚酰亚胺薄膜的深层充电现象研究. 航天器环境工程, 2008(1): 22-25.

[62] 全荣辉, 张振龙, 韩建伟. 航天器典型悬浮导体结构深层放电现象的模拟试验研究. 航天器环境工程, 2011, 28(1): 21-24.

[63] 王子凤, 张振龙. MEO 卫星内部充电环境及典型材料充电特征分析. 航天器环境工程, 2016, 23(4): 382-386.

[64] 郑汉生, 张振龙, 韩建伟. 高能电子辐照下聚合物介质深层放电实验研究. 航天器环境工程, 2017, 34(3): 295-300.

[65] 郑汉生, 朱翔, 陈睿, 等. 空间静电放电对集成运算放大器的干扰影响模拟试验研究. 中国科学：技术科学, 2017, 47(1): 80-88.

[66] 郑汉生, 杨涛, 韩建伟, 等. 高能电子辐照下介质–导体相间结构深层充电特性研究. 航天器环境工程, 2017, 34(2): 183-189.

[67] 郑耀昕, 张振龙, 郑汉生, 等. 航天器介质充电效应模拟试验中的非接触式电位转接测量技术. 航天器环境工程, 2016, 33(2): 211-215.

[68] 张振龙, 全荣辉, 韩建伟, 等. 卫星部件内部充放电试验与仿真. 原子能科学技术, 2010, 44(B09): 538-544.

[69] 全荣辉, 韩建伟, 张振龙. 电子辐照下聚合物介质内部放电模型研究. 物理学报, 2013(24): 24505.

[70] 孙建军, 张振龙, 梁伟, 等. 卫星电缆网内部充电效应仿真分析. 航天器环境工程, 2014(2): 173-177.

[71] 张振龙, 贡顶, 韩建伟, 等. 航天器内部充电风险评估模型的问题及改进. 原子能科学技术, 2017, 51(1): 180-186.

[72] NASA-HDBK-4002. Avoiding Problems Caused by Spacecraft On-orbit Internal Charging Effects. NASA, 1991.

[73] Garrett H B, Whittlesey A C. Guide to Mitigating Spacecraft Charging Effects. New York: Wiley, 2012.

[74] NASA -HDBK-4002A. Mitigating In -Space Charging Effects—A Guideline. NASA, 2011.

# 第 10 章　空间碎片及微流星体撞击效应

自从 1957 年苏联发射世界上第一颗人造地球卫星，至今已有 65 年的时间，人类空间技术取得飞速发展和巨大成就的同时，也制造了大量空间碎片。目前，日益增长的空间碎片已经影响到人类正常的空间活动，对航天器构成了严重的威胁。本章将在空间碎片及微流星体环境与危害、地面模拟试验、仿真分析评估方法、应对对策等方面进行介绍。

## 10.1　空间碎片及微流星体环境

### 10.1.1　空间碎片及微流星体的定义

在茫茫的宇宙中，绝大多数的物质是以原子、分子、离子、气体、等离子体的形态存在的，只有极小的一部分是以常规的固态"物体"形式存在。在地球周围，除了远处的月球和行星，近处的天然物体只有飞速掠过地球的"流星体"，在它们偶然进入大气层时短暂地展现其身影——流星。然而空间的人造物体却与日俱增，一部分人造物体进入围绕太阳运动的轨道，已经成为人造行星而远离地球。大部分则围绕地球的轨道运动，成为人造地球卫星和废弃物——空间碎片[1,2]。

机构间空间碎片协调委员会《空间碎片减缓指南》[3]对空间碎片的定义："空间碎片系指轨道上的或重返大气层的无功能人造物体，包括其残块和组件。"

联合国《碎片技术报告》关于空间碎片的定义是："空间碎片系指位于地球轨道或重返大气稠密层，不能发挥功能而且没有理由指望其能够发挥或继续发挥其原定功能或经核准或可能核准的任何其他功能的所有人造物体，包括其碎片及部件，不论是否能够查明其拥有者。"

在太阳系内的星际空间和近地空间中，存在着许多由小行星和星体演变而来的固体物质，通常称为流星。它们具有各种不规则的外形，大的流星直径有几千米，质量则达数吨，接近于小行星的大小范围。不过绝大多数流星的直径都小于1mm，而质量则在 1mg 以下，这就是我们通常所说的微流星体。

### 10.1.2　空间碎片及微流星体的来源

空间碎片的来源有不同的分类[1,4]。按照碎片产生的原因来分类，空间碎片的来源包括：运载火箭箭体、遗弃的航天器、爆炸解体碎片、操作性碎片、固体火箭特殊碎片、喷射物、表面剥落、撞击产物。按照不同尺寸分类，尺寸在厘米以上的大空间碎片主要源于寿终航天器、末级运载火箭、意外解体碎片、工作遗弃物、钠钾冷却剂等；毫米级空间碎片主要源于航天器表面老化剥落碎片、溅射物、钠钾冷却剂、意外解体碎片、三氧化二铝残渣、微流星体等；微米级空间碎片则主要源于航天器表面老化剥落碎片、溅射物、三氧化二铝粉尘、微流星体等。另外也可按照碎片产生的国家和机构来分，据统计，产生碎片最多的是俄罗斯 (包括苏联)，其次是美国。

下面对几种主要的碎片来源作简单的介绍。

解体产生的碎片：研究显示，空间物体碰撞与爆炸解体是主要的空间碎片来源。截至 2008 年 10 月，一共发生了 200 多次解体事件，其中人为主动爆炸 48 次，产生 2244 块编目在册的碎片。解体的原因有：剩余推进剂爆炸、电池爆炸、有意爆炸、碰撞解体，以及未知原因引起的解体。在各种解体原因中，剩余推进剂爆炸是产生空间碎片的最主要原因，在解体总数中占 45.7%，产生的碎片数在解体碎片总数中占 53.1%。

遗弃的航天器和火箭箭体：航天器在轨运行期间会由空间环境的影响导致其相关材料和部件的功能衰减和性能退化，并最终无法工作，但是无法正常工作的航天器仍然会停留在轨道上最终成为空间碎片。这一类空间碎片在大气阻力的作用下会随着时间而逐渐陨落，但是其衰减时间都很长，并且轨道高度越高则衰减时间越长。此外，在卫星发射的过程中，末级运载火箭和卫星在相近的轨道上运动，它和卫星分离后即完成任务，自身也成为一块空间碎片。从 1957 年到 2003 年底，全世界共发射 5568 个航天器进入围绕地球的轨道，同时进入轨道的运载火箭末级有 4566 个。

固体火箭喷射物：在空间使用的固体火箭中，作为燃料添加剂的铝约占燃料质量的 18%，目的是提高发动机的性能和降低燃烧的不稳定性，在燃烧过程中，这些铝变为氧化铝喷射到空间，氧化铝的质量达到总质量 34%。氧化铝的形成可以分为两个过程：一种是在燃烧过程中形成的细小的尘埃颗粒，直径从 1μm 到 50μm 以上；另一种是燃烧快结束时产生的氧化铝熔渣，它的粒度比较大，能达到厘米级。到 1999 年 8 月 1 日为止，固体火箭在空间点火 1002 次，产生的氧化铝熔渣在 $10^6$ 个以上。

航天器在轨活动产生的碎片：在航天活动的操作过程中有意或无意丢弃的物体。无意丢弃的物体，例如航天员出舱活动时无意丢弃的物体；有意丢弃的物体包括早期航天活动中丢弃的一些物体。

剥落物：航天器表面材料在各种空间环境下退化剥落产生轨道碎片。原子氧、紫外辐射，高能粒子、碎片高速撞击、冷热交变等恶劣环境的影响会使得航天器表面各种温控材料及绝缘材料腐蚀、老化和剥落，成为新的空间碎片。

撞击产生的碎片：随着空间碎片的不断增加，空间碎片之间的碰撞概率也不断增加，而在碰撞过程中，会产生许多新的碎片。如果两块碰撞的碎片的体积和质量接近，而且由于空间碎片之间的平均碰撞速度高达 10km/s，因此碰撞的两块碎片都会碎裂而形成许多新的碎片。撞击产生碎片的特点是，当空间碎片数量达到一定的程度时，有可能会产生"雪崩"效应，使得碰撞频率和碎片的数量急剧增加。

特殊碎片：特殊碎片包括冷凝剂和 WestFord 铜针。苏联在 1980 年到 1988 年间曾发射过 16 颗雷达海洋监视卫星，采用的是核动力，并用液态金属 NaK 作为冷凝剂，每颗卫星带有 13kg 的冷凝剂，在卫星工作结束时，把反应堆的核心抛出，此时冷凝剂回路处于开放状态，冷凝剂向外泄漏，形成 100μm 至 4.54cm 的液态碎片。在 1999 年 8 月 1 日，估计有 264000 个直径 3mm ~ 4.54cm 的冷凝剂颗粒滞留在空间轨道上，成为空间碎片的重要组成部分 [5]。WestFord 铜针是 1958 年麻省理工学院的科学家将长 1.75cm、宽 0.0025cm 的 3 亿 5000 万枚铜针送入轨道，在空间形成一个 8km 宽、38km 长的铜针带，用于超短波通信。

微流星体非常小，它们通常产生于太阳系诞生之际，是来自于更大块的岩石或金属碎片的碎裂物。微流星体在太空中是很常见的，特别是在地球的附近，普遍存在着微流星体。

### 10.1.3  空间碎片的增长和分布

根据 NASA 约翰逊航天中心轨道碎片项目办公室 (Orbital Debris Program Office) 的统计 [6]，从 1957 年至 2020 年 1 月，各类空间碎片的数目随时间的变化如图 10-1 所示。从中不难看出，爆炸、碰撞等解体事件已经成为碎片等各类空间物体的主要来源。

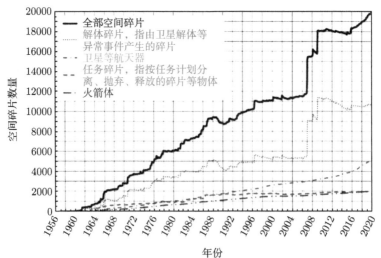

图 10-1    空间碎片数量的增长趋势

空间碎片不停地围绕地球运动，可以看到大于 10cm 的空间碎片在低地球轨道和地球同步轨道高度特别密集，如图 10-2 所示。

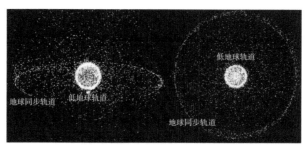

图 10-2 空间碎片空间分布

如果用"密度"来描述空间碎片随高度的分布，可以定量地看到，在 2000km 以下区域、地球同步轨道高度和半同步轨道高度上有 3 个明显的峰值，如图 10-3 所示。

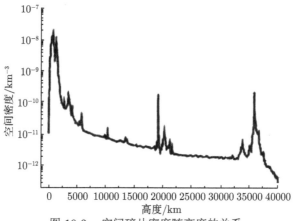

图 10-3 空间碎片密度随高度的关系

空间碎片速度主要分布在 0~30km/s 的范围内，图 10-4 是利用 ESA 模型 Master2005[7] 计算的 800km、1000km、1500km 三种典型轨道下碎片通量与速度的对应关系。从图中可以看到，15km/s 的空间碎片通量最大。

### 10.1.4 空间碎片的大小和分类

按照空间碎片的尺寸通常可将其分为以下 3 类。

1) 大空间碎片

尺寸大于 10cm 的废弃人造空间物体。通过地面望远镜可以观测并确定其轨道，对所得的数据进行编目，建立动态数据库。过去 40 年人类进行的空间发射

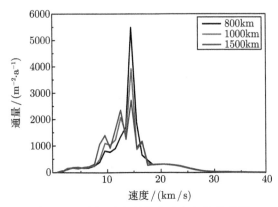

图 10-4　空间碎片通量随速度变化关系图

中，已送入空间被跟踪观测并编目的物体及其破碎物超过 27000 多个。

2) 危险空间碎片

尺寸在 0.1 ~ 10cm，通过天基雷达和地基雷达可以观测到。但是，对这类碎片不能进行有效可靠的跟踪，根据模型估算超过 20 万块。数量比大空间碎片多，航天器躲避困难，是十分危险的碎片。

3) 小空间碎片

尺寸在 0.1cm 以下的碎片，这类碎片主要靠天基探测和空间飞行器实验回收样品的分析结果，建立环境模型来估算，估计目前大于 0.1mm 的碎片有 200 亿块。

图 10-5 是利用 ESA 软件 Master2005 计算的不同尺寸碎片在不同高度下对应的通量，从图中可以看到，微米级小碎片数量巨大，碰撞概率远高于大碎片。

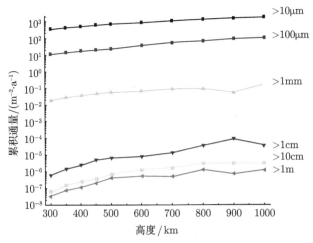

图 10-5　不同尺寸碎片累积通量的高度分布

# 10.2 空间碎片及微流星体超高速撞击效应

## 10.2.1 空间碎片及微流星体的危害事例

空间碎片和航天器撞击的平均相对速度是 10km/s, 撞击时的动能十分巨大, 一颗 10g 质量的空间碎片撞击航天器时, 它的撞击效果就和被质量 1300kg、时速 100km/h 的汽车撞击的效果一样, 后果将是灾难性的。和炸药相比, 1g 空间碎片的能量相当于 24g 炸药爆炸时释放的能量。空间碎片与航天器的碰撞为超高速碰撞, 撞击会伴随着相变以及等离子体的形成等过程, 而撞击过程中形成的冲击波等会使得撞击损伤远大于碎片的尺寸, 因此即使尺寸较小的碎片与航天器发生碰撞, 对航天器的影响也比较严重。

对于尺寸大于 10cm 的空间碎片, 由于其尺寸较大, 一旦与航天器发生碰撞将会导致航天器的彻底毁坏, 因此航天器在轨运行期间必须躲避这些碎片; 目前这类碎片数目相对较少, 且地面检测网可以对这些大碎片进行监测, 确定其轨道并进行编目和追踪, 一旦发现航天器有可能与大碎片发生碰撞便发出碰撞预警, 通过调整航天器的轨道避免与碎片发生碰撞, 保证航天安全。小于 1cm 的为小碎片, 可以被动防护, 其中 1mm ~ 1cm 的碎片能够形成撞击穿孔, 小于 1mm 的碎片又称为微小空间碎片, 这类碎片数量巨大, 航天器在轨运行期间将不可避免地遭遇微小碎片的撞击, 单次撞击虽然不会给航天器带来直接的灾难性后果, 但是累计撞击对航天器的暴露材料和部件的性能会形成一定的影响, 并且在长寿命、高可靠航天器中其危害不可忽视。尺寸在 1 ~ 10cm 的碎片称为危险碎片, 这类碎片一方面对于地面监测设备来说尺寸相对较小, 很难通过监测预警进行躲避, 另一方面相对于航天器的部件尺寸较大, 一旦与航天器的相关部件发生碰撞, 可能会导致相关部件的损坏和功能衰减, 因此这类碎片被称为危险碎片。从空间碎片对航天器的各种部件和机构的影响来看, 撞击危害度从高到低如下排列: 太阳电池、压力容器、热控材料、热管防护材料、蜂窝夹层结构、蓄电池、大型抛物面天线等。

大量飞行实验表明, 空间碎片的高速撞击可对在轨航天器造成严重危害。图 10-6 是哈勃空间望远镜 (HST) 太阳电池板由空间碎片撞击形成的穿孔损伤 [8,9], 图 10-7 是航天飞机 STS-7 的舷窗被空间碎片撞击形成的凹坑, 图 10-8 是俄罗斯和平号空间站太阳能电池遭遇的大量撞击形成的损伤 [10], 图 10-9 是法国 Cerise 卫星的重力梯度臂被一块碎片以 14km/s 的相对速度撞击, 进而导致卫星无法控制姿态而失效, 该碎片是由 10 年前发射的 "阿里亚娜" V-16 末级火箭分解产生 [11] 的。

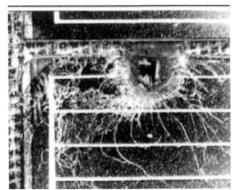

图 10-6　空间碎片撞击哈勃空间望远镜太阳电池板的损伤

图 10-7　空间碎片撞击航天飞机 STS-7 舱窗形成的损伤

图 10-8　空间碎片撞击俄罗斯和平号空间站太阳能电池形成的损伤

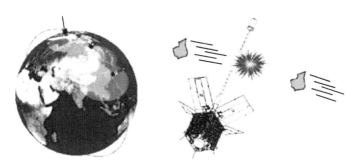

图 10-9  空间碎片撞击法国 Cerise 卫星导致失效

对微小空间碎片来说，超高速撞击形成的等离子是导致航天器故障的重要原因。微小空间碎片数量多，撞击航天器的概率高，通过撞击抛射的等离子体与航天器带电部位的电磁作用干扰或破坏航天器正常工作。微小空间碎片撞击航天器的电磁效应对航天器的影响主要有两种机制，一种机制是撞击形成的致密等离子体覆盖到航天器带电区域，导致该区域在较低电压下发生静电放电，放电脉冲冲击航天器的电子系统导致其异常甚至失效；另一种机制是撞击航天器带电区域形成的等离子体，在扩散过程中通过与已有电场的作用形成一定强度的电磁波，该电磁波可能会耦合到航天器的工作电路和天线中，形成干扰和"虚假"信号。图 10-10 给出了由空间碎片或流星体的超高速撞击导致的多颗卫星故障具体事例[12,13]。1993 年 8 月，ESA 的 Olympus 卫星在英仙座流星雨高峰期控制陀螺仪出现异常并最终导致卫星失效；1994 年美国导弹防御系统的 MSTI 卫星与地面控制系统失去联系，其故障极有可能是碎片撞击电缆线导致贮存的电荷释放所致；2002 年 3 月 16 日，Jason-1 卫星遭遇到微小空间碎片撞击，并导致其电源系统异常持续达 5h；2009 年在英仙座流星雨高峰期间，Landsat-5 卫星的陀螺仪出现异常。2011 年 3 月，NASA 发布的最新航天器充电减缓技术手册 NASA-HDBK-4002A 指出，空间碎片撞击诱发放电是航天器发生放电的重要触发因素之一[14]。

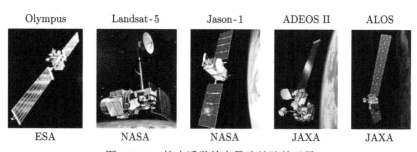

图 10-10  撞击诱发放电导致故障的卫星

空间碎片在陨落时也会威胁到地面的生态系统。空间碎片在陨落过程中首先和大气层发生摩擦，高温高压使其熔化和解体，但是最终仍有一些碎块陨落到地面。这些高速的炙热碎块会对地面的生态系统造成威胁。从 1959 年开始，每年都有许多空间碎片脱离轨道返回大气层，最多的是 1989 年，陨落的碎片超过了 1000个。再入的风险不仅是机械撞击，还有对环境的化学和放射性污染。以核能为动力的航天器陨落时，由于放射性物质大面积扩散和污染导致后果特别严重，尤其受到关注。1978 年 1 月 24 日，苏联雷达卫星宇宙 954 发生故障，在加拿大西北上空解体，星上 30kg 浓缩铀和反应堆陨落，放射性碎片遗撒在 800km 长的地带上，清除费用达 1400 万美元 [15]。到 1998 年，还有 29 个这样的反应堆在轨道上运行。如果空间碎片陨落在人口稠密区，甚至陨落在都市中，其后果是不堪设想的。提前预报空间碎片陨落的时间和地点是减轻其灾害的重要措施。因此，每次大型航天器陨落前都会十分紧张地动员全球的力量监测和预报它的轨道、陨落期和陨落点，一些国家还将空间碎片陨落作为需要采取应急措施的自然灾害之一。

### 10.2.2　空间碎片及微流星体超高速撞击物理过程

超高速撞击是指撞击所产生的冲击压力远大于弹丸和靶的结构强度。根据这种定义，不同的物质达到超高速撞击的速度会各不相同。与高速撞击和低速撞击相比，超高速撞击具有作用时间短、作用范围大、强非线性、毁伤作用复杂等特点。在受撞击局部会产生高温高压、高频振荡、极大变形，甚至发生相变，所以对超高速撞击问题的研究具有很大的挑战性 [16]。

20 世纪 50 年代，为了解决洲际弹道导弹防护和航天器抵御空间碎片和微流星体撞击问题，人们开始了超高速撞击技术的研究。半个世纪以来，超高速撞击技术在反卫反导、航天飞行器防护、轻质装甲与反装甲设计、类地行星地面陨石坑的诸多研究领域获得发展与应用。现在，空间竞争日趋激烈、空间碎片日益增多、动能武器迅速发展等因素给超高速撞击技术提供了更加广阔的应用舞台，同时也对超高速撞击技术的研究提出了迫切而重要的现实需求，这必将进一步促进超高速撞击技术的发展。超高速撞击动力学是超高速撞击技术发展的理论基础，而航天器防护则是超高速撞击技术应用的重要领域。

### 10.2.3　超高速撞击动力学

在超高速撞击条件下，弹、靶结构会发生破碎、飞溅、穿透、熔化或气化等撞击响应，这些过程与材料性质、撞击速度、角度、弹的形状大小、靶的厚度等因素有密切的关系 [17]。超高速撞击现象按板的厚度通常分为 3 类：厚板、中厚板和薄板。厚板是指板厚远超过坑深，主要现象是开坑；中厚板是指板厚与弹道极限相当，主要现象是充塞或穿透；薄板是指板厚远小于弹道极限，撞击过程中板被击穿并在板的背面形成碎片云。

### 1. 厚板撞击成坑

对超高速撞击的研究,最早主要集中在厚板成坑方面。国外在 20 世纪 50 ~ 60 年代中期做了大量的工作, 直到今天这方面的研究仍在继续。人们关心成坑的过程、坑深和坑的形态, 以及影响它们的各种因素。通过实验分析了弹丸与靶板界面撞击压力的变化过程,将压力随侵彻时间的变化分为 4 个不同的阶段: ① 击波加载阶段; ② 准稳侵彻阶段; ③ 成坑阶段; ④ 弹性回弹阶段。从理论与实验两个方面进行了观察与研究, 总结出 "坑深模型律" 和 "均匀膨胀律" 等一系列符合实验结果的经验公式。

"坑深模型律" 是指坑深随弹速、弹、靶材料的密度、强度、声速等参量以及弹靶几何形状 (如弹径) 变化的规律, 一般表示为

$$p_c/d_p = C(\rho_p/\rho_t)^{a_1}(v\sqrt{\rho_t/Y_t})^{a_2}(v/C_t)^{a_3} \tag{10-1}$$

其中, $C$、$a_1$、$a_2$、$a_3$ 是无量纲常数; $p_c$ 是坑深; $v$ 是弹速; $d_p$、$\rho_p$ 分别是弹的直径与密度; $\rho_t$、$Y_t$、$C_t$ 分别是靶的密度、强度和声速。由于实验和计算中所选用的材料和撞击速度范围不同, 不同研究者给出的公式中无量纲的系数和方幂值是有差异的。

"均匀膨胀律" 是指超高速撞击情况下, 随着弹速 $V_p$ 的增加, 坑深 $p_c$ 的增量与坑直径 $D_c$ 的增量之比趋于常数 0.5, 与坑半径的增量之比趋于常数 1, 即随着弹速增加, 坑深方向和坑径方向以同样的速度 "扩张"。在弹板同材的情况下, 该规律退化为 "半球说", 即在同种材料的超高速撞击条件下, 坑的形状将为半球形。

### 2. 中厚板撞击侵彻

超高速撞击侵彻中厚板的特征主要是成坑和层裂。侵彻前期与厚板完全相同, 主要是成坑。但是, 背面反射的稀疏波会对成坑过程有影响。这时出现有异于厚板侵彻的后期阶段。靶板中反射稀疏波与入射冲击波相互作用后, 靶中出现拉伸区, 背表面附近的粒子速度增大。随着反射稀疏波向靶板的深处传播, 拉伸区应力幅值逐渐增大, 当它达到靶板材料的动态拉伸强度时, 形成层裂片。此时, 波系中一部分动量将保留在该层裂片中, 使之以一定速度从其 "母体" 抛出, 自由地向前飞行。由于靶板中冲击波很强, 当第一次层裂形成以后, 在靶板新的背表面还会产生第二次层裂, 只要在新的背表面上产生的反射稀疏波与靶中传播的冲击波相互作用后, 出现的拉伸应力超过材料的动态拉伸强度极限, 这个过程就会一直继续下去, 直到冲击波衰减到很弱时为止。相同情况下, 中厚板的总的侵彻深度比厚板条件下稍许增加。如果最终坑底位置与层裂片位置重合, 则这时候的撞

击称为 "弹道极限穿透"。极限穿透速度为

$$v_{\mathrm{p}} = \sqrt{\dfrac{64h^3}{27k\rho_{\mathrm{p}}d_{\mathrm{p}}^3}} \qquad\qquad (10\text{-}2)$$

式中，$h$ 是靶板厚度；$k$ 是弹靶材料性质常数。

　　超高速撞击在靶板内各点产生的压力是该点距撞击点距离的函数，这些压力取决于在撞击点附近建立起来的初始压力以及靶材料的波传播特性。绘制超高速撞击所造成的压力场，为具体分析这种撞击的破坏潜力提供了一种很有效的途径。在强冲击波作用下靶板后表面的层裂，实际上是靶板自由表面的喷射过程，整个喷射过程符合等熵膨胀规律。

　　3. 薄板撞击形成碎片云

　　当超高速弹丸撞击薄板时，弹体中反向冲击波和板中冲击波在传播到各自的背面时，各自反射一稀疏波，在入射波和稀疏波的共同作用下，弹体和靶体破裂，形成固体颗粒。当撞击速度足够高时，部分固体材料出现熔融甚至气化。除一小部分反向喷出外，大部分弹体颗粒与靶体颗粒一起以 "碎片云" 的形式向前抛出。在上述过程中，碎片云一般要经过加速膨胀到等速膨胀的过程。人们通过研究揭示了碎片云的运动规律、结构特征与形成机制，并对其毁伤特性进行了实验与模拟研究。

## 10.2.4　行为各异的撞击现象

　　撞击条件不同，则撞击响应特性各异，呈现出多种复杂的物理力学现象。撞击速度对撞击现象的影响最为显著：撞击速度较低时，撞击对象 (弹丸和靶体) 处于弹性变形状态；随着撞击速度的增加，撞击对象可能发生塑性变形，并形成撞击坑；速度进一步提高，撞击时可能发生液化甚至气化等相变现象，此时撞击对象的材料行为类似于流体介质。

　　当撞击速度超过撞击对象的声速时 (铝 5km/s)，弹丸在撞击处的能量还没有来得及以波的形式向外扩散，弹丸的后续部分接踵而至，形成冲击波；动能急剧转化为热能，如果该处单位体积的热能超过熔解所需能量，将使撞击处的物质迅速熔化，熔化的物质在弹丸后续部分的挤压下向外飞溅，同时弹丸也深入撞击靶中，形成撞击坑；如果单位体积的热能超过气化所需能量，将使撞击处的物质迅速气化。

## 10.2.5　超高速撞击典型损伤模式

　　空间碎片的尺度、相对撞击速度以及被撞击处结构的材料和厚度等参数的不同，可能导致靶板前表面撞击成坑，后表面发生材料内部分层——层裂，甚至分

层材料在靶体后面脱落——剥落，或贯穿成通孔，如图 10-11 所示。

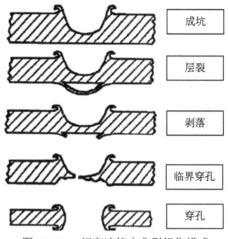

图 10-11 超高速撞击典型损伤模式

在超高速撞击条件下，弹丸、靶板材料会破碎、液化或气化，如果靶板被撞击穿孔，则在其背面通常喷出由弹丸、靶板材料形成的碎片云，称作二次碎片云[18,19]，二次碎片云进一步以较高速度撞击航天器内部仪器设备，使其损伤或失效，如图 10-12 所示。

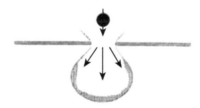

图 10-12 超高速撞击形成的二次碎片云

## 10.2.6 超高速撞击的撞击坑特性

弹丸撞击厚度较厚靶体时，在靶体表面形成弹坑。速度偏低时，如果弹丸材料强度大于靶体材料强度，那么在低速段，弹坑的深度大于直径，反之则深度小于直径；随着速度增加，弹坑深度逐渐接近弹丸半径，弹坑会趋于半球形。经常将形成半球形撞击坑作为超高速撞击的标志，如图 10-13 所示。

撞击坑的大小、深度，与弹丸的材料、速度、直径以及撞击靶的材料有关。弹丸速度和直径越大，则撞击坑的直径越大、深度越深。以弹丸和撞击靶均为铝合金材料为例，不同速度和直径弹丸撞击靶形成的撞击坑直径和深度如表 10-1 所示。

图 10-13　超高速撞击坑的形貌特征

表 10-1　超高速撞击坑尺寸与弹丸直径和速度的关系

| 弹丸速度 | 4km/s | | 10km/s | | 12km/s | |
|---|---|---|---|---|---|---|
| 弹丸直径/mm | 深度/mm | 直径/mm | 深度/mm | 直径/mm | 深度/mm | 直径/mm |
| 1 | 0.92 | 2.19 | 1.70 | 2.87 | 1.91 | 3.19 |
| 2 | 1.91 | 4.55 | 3.52 | 5.97 | 3.98 | 6.63 |
| 4 | 3.97 | 9.46 | 7.32 | 12.40 | 8.26 | 13.77 |
| 6 | 6.09 | 14.51 | 11.23 | 19.03 | 12.68 | 21.13 |
| 8 | 8.26 | 19.66 | 15.21 | 25.78 | 17.17 | 28.62 |
| 10 | 10.45 | 24.88 | 19.25 | 32.62 | 21.74 | 36.23 |

## 10.3　地面模拟试验方法

地面模拟试验是开展空间碎片/微流星体防护研究最经济、有效的手段。目前，地面模拟装置主要有二级轻气炮、激光驱动飞片装置、静电加速器及等离子驱动碎片加速器等。以上方法的加速原理，以及碎片的尺寸和速度范围各不相同：二级轻气炮利用炸药爆炸瞬间释放的能量将工作气体迅速压缩至高压，高压气体膨胀推动弹丸加速，可将 1~10mm 球形或柱形弹丸加速至 3~8km/s；激光驱动飞片方法是先在透明基底上制备一层金属膜形成飞片靶，将一束高强度的脉冲激光透过基底入射到金属层并使其表面瞬间产生等离子体，瞬间相互作用产生的高压冲击波将入射区前面的金属层剪切下来并驱动形成超高速飞片，可将直径 1~3mm、厚 5~60μm 的金属飞片加速到 2~20km/s；静电加速器加速方法是先通过粉尘粒子源使粉尘粒子带电，然后通过静电加速器获得加速，可将纳米至微米级的粉尘粒子加速到 $10~10^2$km/s 量级范围；等离子体驱动碎片加速器则是通过高压电容器对同轴枪放电而形成等离子体，而同轴枪内等离子体电流与其自身产生的磁场相互作用所形成的强大磁压力将等离子体高速驱动，并通过一个压缩线圈将等离子体通过电磁作用压缩成高密度，此高密度高速等离子体流将置于喷嘴处的微粒瞬间喷射而出，形成超高速微粒，可将几微米至几百微米的微粒加速到 1~15 km/s 的速度，所加速微粒可以是金属或非金属材料，根据模拟要求而定。各种加速设备的加速能力特点如图 10-14 所示。

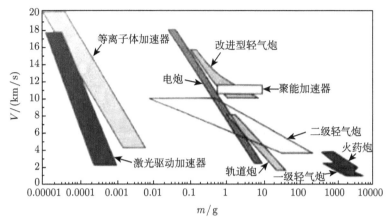

图 10-14 各种碎片加速设备能力比较

## 10.3.1 二级轻气炮

二级轻气炮是目前世界上使用最普遍的超高速加速装置，它具有良好的操作性能，可以发射各种形状的弹丸[20]。其发射能力随二级轻气炮的规格改变，发射管直径可做到几毫米到几十毫米。所发射的弹丸质量从几十毫克到几百克，应用领域比较广泛。发射较小弹丸时，弹速可达到 8km/s 以上。通常情况下，发射 1g 左右弹丸，其速度区间为 2 ~ 8km/s。典型二级轻气炮主要由火药室、泵管、高压器、发射管等组成，如图 10-15 所示。

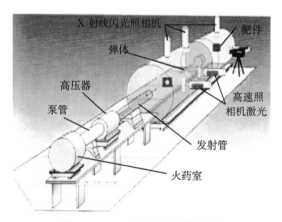

图 10-15 二级轻气炮系统组成

二级轻气炮工作原理如图 10-16 所示。利用活塞压缩泵管中的轻质气体并使其处于高压状态，推动弹丸前行。当火药被点燃后，产生的火药气体膨胀，冲破药室 (或气室) 与活塞之间的隔板，推动活塞向前运动，压缩活塞前部泵管中的轻质气体；当轻质气体被压缩到一定程度后，将冲破泵管与发射管之间的膜片，这时弹丸在高温、高压的轻质气体推动下前行，达到较高的速度。

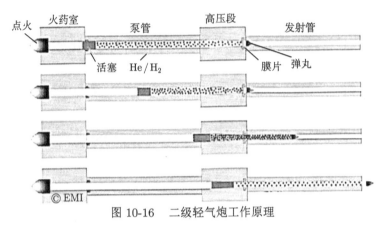

图 10-16　二级轻气炮工作原理

### 10.3.2　等离子体驱动微小碎片加速器

等离子体驱动微小碎片加速器是利用高压等离子体流喷射微粒至超高速的装置[21,22]。加速器的核心是等离子体放电电极，利用储能电容器存储的巨量电能对脉冲气体或金属箔放电形成等离子体；再经过加速、压缩由喷嘴喷射出，驱动位于喷嘴处的微粒。目前已实现了将 200μm 的石英微粒加速至 15km/s 的能力。等离子体驱动微小碎片加速器的典型实物见图 10-17，由同轴电极、压缩线圈、高压电容器组、脉冲充气阀、放电开关、充放电控制回路及真空系统等组成。

图 10-17　等离子体驱动微小碎片加速器

加速器的核心部件是同轴枪，如图 10-18 所示，它由一对同轴电极构成，二者间加脉冲高压，气体在电极间击穿后形成电弧，放电电流又形成角向磁场，流经电弧的电流在磁场的洛伦兹力 $\boldsymbol{j} \times \boldsymbol{B}$ 的作用下，向外运动，并不断被加速。在同轴枪出口处有一喷嘴，等离子体在此处驱动固体微粒将其加速。为了提高等离子体的能量密度，又在同轴枪后加一级锥形线圈，对等离子体进行压缩。其作用机制是，在线圈中形成螺旋状放电电流 $I_c$，并在线圈内产生轴向磁场 $\boldsymbol{B}$，同时在等离子体中感应出涡形电流 $\boldsymbol{j}_\phi$，$\boldsymbol{j}_\phi \times \boldsymbol{B}$ 形成指向轴心的磁压缩力 $\boldsymbol{f}$，使等离子体得到压缩，将等离子体压缩至高密度，从而形成高速高密度的等离子体射流，将置于喷嘴处的微粒瞬间喷出，形成超高速微粒。圆锥线圈右端出口就是喷嘴。为简化设计，压缩线圈不单独供电，而是当等离子体从同轴枪喷出后，将线圈左端和中心电极 (高压) 短路，产生一个并联放电回路。压缩线圈还有一个代用品，就是一个空心导体圆锥，放在压缩线圈位置。当等离子体在其中流过时，等离子体电流的磁场会在内圆锥面感生反向电流，同样会有压缩作用。

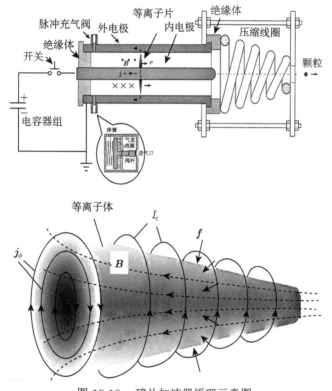

图 10-18  碎片加速器原理示意图

微粒的发射在微粒等离子加速器的炮室内完成，炮室由真空室和微粒操纵系统组成，如图 10-19 所示。炮室前端与同轴枪相连，压缩线圈置于炮室内，在紧贴压缩线圈末端喷嘴的垂直平面内，设计安装了可转动的轮盘，轮盘边缘开有若干等角距的圆孔，每个圆孔内有厚约 $3\mu m$ 的 Mylar 膜，膜上粘贴待加速的微粒，可通过步进电机或手动操作使圆孔对准喷嘴，当等离子体喷射到有机膜后使其迅速气化，从而将微粒加速至超高速范围。加速器炮室后端连接着长约 5.6m 的漂移管道，用来对伴随的等离子体进行冷却分离、对微粒束流进行限束，以及对后端靶室内的测量系统进行噪声分离等。微粒操纵系统可以在不破坏真空条件下实现微粒样品的更换，保证了较高的试验效率。

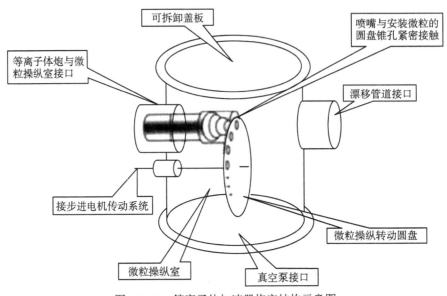

图 10-19　等离子体加速器炮室结构示意图

在轮盘圆孔中的有机膜上粘贴一层致密的微粒，就可以一次加速多个微粒，满足碎片累积撞击效应加速模拟的需求。为了研究超高速撞击的损伤特性，需要发射几个或者单个微粒，为此，有两种实现途径：一种是在 Mylar 膜上粘贴单个微粒并进行发射；另一种是在膜上粘贴并发射多个微粒，通过在漂移管道中设置多个限束孔栏而在靶上获得单个微粒。在试验过程中，由于微粒尺寸小，很难实现把单个微米量级尺寸的微粒粘贴在 Mylar 膜上，而且即使粘贴上了单个微粒，在经过等离子体加速器加速后，也可能无法经过 5.6m 长的飞行管道到达靶室。经过多次实验摸索后，这里确定在管道中设置孔栏，能够把到达靶室的微粒的数量限制到几个，而且通过设置孔栏还可以挡住一部分由加速器前端产生的等离子体，这是一种比较有效的方法，孔栏设置如图 10-20 所示。

目前，主要采用压电传感器测量空间碎片的速度参数。压电测速的原理是"飞行时间法"，即通过测量微粒飞过一段距离所用的时间，来间接得到微粒的速度。飞行距离是固定的，在等离子体加速器中飞行距离是 5.6m，关键问题是起始和终止信号的获取。压电传感器测速的原理如图 10-21 所示，在撞击靶板后面安置压电传感器，微粒飞行的起始信号由电容器组的放电信号给出，终止信号由微粒撞击传感器产生的压电信号给出。在撞击靶板后面安置压电传感器，将起始信号送入示波器的一路通道作为触发信号，将终止信号送入示波器的另一路通道，从示波器上读出两路信号的时间差，即是微粒的飞行时间。

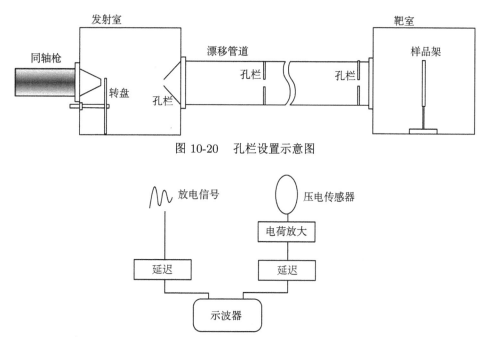

图 10-20 孔栏设置示意图

图 10-21 压电传感器测速的原理示意图

### 10.3.3 激光驱动飞片加速器

激光驱动飞片加速器是利用激光的能量来驱动微小飞片，使其达到高速[23,24]。其原理是：在透明基底材料上黏接或沉淀一层金属膜作为飞片，一束高强度激光透过基底材料入射到金属膜表面，使金属表面瞬间蒸发、气化、电离产生高温 ($10^4$K)、高压 ($10^9 \sim 10^{10}$Pa) 等离子体，等离子体产生的高压冲击波入射到前面的金属膜上，将剩余的金属膜剪切下来，高速驱动出去，形成超高速飞片，如图 10-22 所示。其只能发射质量很小的颗粒，用来研究微米级空间碎片。

### 10.3.4 静电粉尘加速器

静电加速器技术目前已非常成熟，模拟微米级空间碎片的试验设备与普通静电加速器的不同是增加了一个粉尘粒子源[25,26]。粉尘粒子源的用途是使粉尘带上电荷，并将带电微粒发射到静电加速区，通过静电加速器发射到超高速。加速后碎片速度 $v$ 与端电压 $V$ 之间的关系为

$$v = \sqrt{2QV/m} \tag{10-3}$$

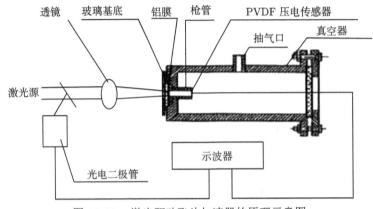

图 10-22    激光驱动飞片加速器的原理示意图

图 10-23 为典型静电粉尘加速器的结构示意图，接通直流高压电源后，钨针电极被加上高压并与真空贮箱 ($10^{-4}$Pa 以上) 之间形成强电场。带电粉尘粒子在库仑力作用下被钨针吸附并不断振动和旋转，吸附在电极球形尖端部分的带电粒子则沿接地释放板被拖出贮箱。

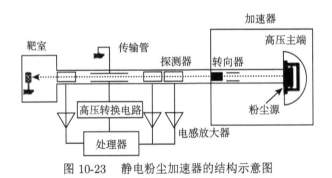

图 10-23    静电粉尘加速器的结构示意图

# 10.4    仿真分析评估方法

## 10.4.1    空间碎片及微流星体环境工程模式

20 世纪 90 年代以来，世界各航天大国和航天组织先后投入大量的人力、财力在空间碎片环境建模研究上，在这种大背景下，很多空间碎片环境模型和分析预报软件相继问世 [27,28]。目前世界各国已经提出十几个可供参考使用的空间碎片环境模型，表 10-2 给出了这些模型的主要特点。我国空间碎片环境工程模型的研究尚处于起步阶段，还没有自主的空间碎片工程模型。

表 10-2　空间碎片环境模型

| 模型名称 | 来源 | 模型类型 | 软件 | 最小尺寸 | 轨道范围 |
|---|---|---|---|---|---|
| CHAIN | NASA | 长期/演化 | 无 | 1cm | LEO |
| CHAINEE | EASA | 长期/演化 | 无 | 1cm | LEO |
| EVOLVE | NASA | 短期和长期/演化 | 无 | 1mm | LEO |
| IDES | DERA | 短期和长期/演化 | 无 | 0.01mm | LEO |
| LUCA | TUBS | 短期模型 | 无 | 1mm | LEO/MEO |
| MASTER | ESA | 短期/演化 | 有 | 1μm | LEO/GEO |
| SDPA | RSA | 短期和长期/演化 | 无 | 0.6mm | LEO |
| ORDEM | NASA | 短期/工程 | 有 | 1μm | LEO |
| SDMSTAT | CNUCE | 短期和长期/演化 | 无 | — | LEO/GEO |
| DEEP | USAF | 演化模型 | 无 | — | LEO |

注: EASA (欧洲航空安全局, European Aviation Safety Agency); DERA (英国国防评估与研究局, Defence Evaluation and Research Agency); TUBS (布伦瑞克工业大学, Technische Universität Braunschweig); CNUCE (意大利国立大学电子计算中心, National University Center for Electronic Computing); USAF (美国空军, The United States Air Force)。

ORDEM (orbital debris environment model) 是 NASA 约翰逊航天中心根据地基和天基测量数据建立的半经验性质的工程模型[29]，模型描述了 LEO 200~2000km 高度的轨道碎片环境。主要用于为航天器设计和运行提供比较精确的空间碎片环境，也适用于对碎片碰撞风险进行评估。ORDEM 系列软件包括 ORDEM96、ORDEM2000 和 ORDEM2010。

MASTER (meteoroid and space debris terrestrial environment reference) 系列是 ESA 根据空间碎片的密度和速度数据进行三维离散化而建立的半确定性模型[30]，描述了自然流星体、人造空间碎片环境，并且能够评估空间碎片对空间任务的威胁程度。MASTER 系列包括 MASTER96 模型、MASTER99 模型、MASTER2001 模型和 MASTER2005 模型。

MASTER 模型不直接从探测数据出发，而是先分析空间碎片的产生来源，对不同来源的空间碎片用不同的碎片源模型详细描述其产生过程，并将产生后的物体群的分布推演至某一参考时刻的分布。其主要功能是描述从近地空间到地球同步轨道高度 (186~36786km) 的自然存在的以及人造空间碎片环境和指定轨道上的空间碎片通量，并可以估计空间飞行任务的碰撞风险。

SDPA (space debris predictionand analysis engineering model) 模型是俄罗斯航空航天局 (RSA) 以美国和俄罗斯登记在册的空间碎片数据和实验数据为基础，通过建立数学模型，综合理论模拟和统计方法所建立的半解析性质的随机模型[31]。模型适用于尺寸大于 1mm 的空间碎片，用于 LEO 和 GEO 两个区域的空间碎片环境的短期与长期预测，可提供空间碎片密度和速度的空间分布、航天器轨道的代表性面积通量以及碰撞风险评估。主要有空间碎片环境工程模型 SDPA-E、空间碎片通量模型 SDPA-F 和 SDPA-PP 三个版本。

### 10.4.2   航天器撞击风险评估

风险评估的任务是预测航天器在轨运行期间其暴露于空间表面上各个部位遭受各种质量和各种速度空间碎片撞击的概率，并进一步根据表面结构的抗撞击特性预测其撞击损伤效应，包括撞击成坑和撞击穿孔的概率分布。在撞击损伤效应概率评估的基础上，结合失效判据，可以给出表征航天器上各种部件或分系统抵抗空间碎片超高速撞击风险能力的评估指标——非失效概率。目前，对于载人航天器，从安全角度考虑，通常采用密封舱表面结构非击穿概率 (PNP) 来评估其在空间碎片环境下的安全性 [32,33]。

航天器受空间碎片撞击的风险评估是一项系统性较强的分析工作。航天器在空间碎片环境中运行的非失效概率，与航天器在轨运行时间、航天器轨道和姿态、航天器几何构型、表面结构组成方案等因素有关，涉及空间碎片工程模式、表面结构抗空间碎片撞击特性数据库等基础数据；航天器外形结构有限单元建模与几何遮挡算法等关键技术；微流星体/空间碎片撞击预期数与撞击概率，以及表面结构失效概率分析等分析计算环节。

航天器有限元建模一般由专业软件完成，如 TRUEGRID、PATRAN、ANSYS 等。具体建模过程一般是先构建几何模型，再进行网格单元划分。航天器几何建模根据图纸、照片构建航天器各舱段及分系统结构模型，再进行单元合并得到整体模型，如图 10-24 所示。

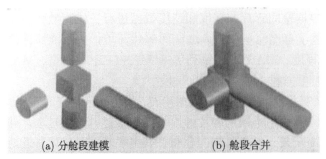

(a) 分舱段建模                              (b) 舱段合并

图 10-24    航天器有限元建模专业软件

几何遮挡处理模块的基本原则是对航天器进行舱段分解，剔除各舱段被遮挡单元，再进行合并去除舱段间的被遮挡单元。单舱段遮挡算法、舱段间遮挡算法，如图 10-25 所示。

以图 10-24 为例，总表面积为 13.854m²，考虑遮挡后不同方向最小暴露面积 5.3912m²，占总面积的 38.91%；最大暴露面积 7.6569m²，占总面积的 55.27%。

航天器表面遭遇碎片撞击数可用如下公式计算：

$$N = F \times A \times T \tag{10-4}$$

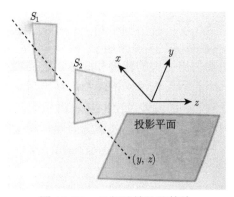

图 10-25 几何遮挡处理算法

其中，$F$ 为碎片通量，单位为个/(m²·a)；$A$ 为航天器暴露面积；$T$ 为在轨运行时间。

### 10.4.3 超高速撞击过程的数值仿真

超高速撞击过程的数值仿真，不仅能弥补实验室试验受发射设备发射速度能力所限之不足，扩展速度范围；还能在试验之前进行仿真试验，为制定实验室试验方案提供指导；更能帮助人们了解撞击的全过程以及超高速撞击现象的内在机制。计算机数值模拟与地面模拟实验研究相结合，是开展空间碎片超高速撞击研究行之有效的途径，已在航天器空间碎片防护设计工程应用中发挥了重要作用[34−36]。

超高速撞击数值模拟的基本方法如下所述。首先将研究对象及作用时间"化整为零"，利用物理学的守恒定律和材料本身的物理特性对每个"零"进行计算分析，然后再根据各个"零"之间的相互协调关系将所有"零"的结果"积零为整"，得到研究对象在超高速撞击条件下真实物理过程的仿真结果。包括光滑粒子流体动力学 (SPH) 数值算法、AUTODYN-2D/3D、DYNA-2D/3D 等大型非线性动力学分析软件。图 10-26 是仿真与试验的对比结果。

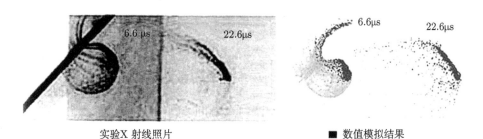

实验X 射线照片 　　　　■ 数值模拟结果

图 10-26 超高速撞击过程的数值仿真

# 10.5　空间碎片应对对策

空间环境的保护也要付出巨大的代价和成本，还要攻克诸多技术难点，往往不是人们自觉的行为。因此需要依法来治理空间环境污染，需要制定各种法规来约束污染环境的行为[37,38]。目前涉及空间环境污染的法规在形式上是设计标准或指南。最早制定国内标准的是美国，关于空间碎片减缓的第一份正式指导文件是 1993 年 4 月 5 日 NASA 的 1700.8 号管理指示文件"限制空间碎片产生的政策"。

我国已经陆续制定了一系列控制空间碎片产生的行业标准，将我国对空间碎片的控制法制化。针对进入地球轨道的航天器和运载器的方案、设计、运行及任务后处置，在管理上提出的基本要求是：

(1) 制定空间系统各研制阶段空间碎片减缓计划和减缓实施方案；

(2) 完成在空间系统的设计和制造阶段中将空间碎片的产生减至最少的任务；

(3) 完成在空间系统的发射及入轨阶段将空间碎片的产生减至最少的任务；

(4) 完成在空间系统的在轨运行及任务结束后将空间碎片的产生减至最少的任务；

(5) 空间系统在轨运行阶段且发生故障时将产生空间碎片的可能性减至最小；

(6) 建设和健全空间碎片管理体系，保证空间碎片减缓计划实施。

目前，常见的空间碎片应对措施包括躲避空间碎片碰撞、加强航天器防护和空间碎片减缓。

## 10.5.1　躲避空间碎片碰撞

航天器要躲避空间碎片碰撞，首先要知道航天器会不会被碰，就是在什么时候航天器和空间碎片到达同一位置，基本过程如下。

第一步：测量空间碎片的位置或速度；

第二步：确定空间碎片的轨道——足以描述空间碎片运动的一组"轨道根数"；

第三步：计算每一个空间碎片未来各个时刻所处的位置；

第四步：根据需要躲避的航天器运行轨道根数，计算未来各个时刻所处的位置；

第五步：比较航天器和空间碎片在各个时刻的位置，计算碰撞概率，判断是否发生碰撞；

第六步：改变航天器轨道，躲避可能的碰撞。

1. 空间碎片的监测

空间碎片的监测手段按照安装位置的不同，可分为地基探测和天基探测两类，主要技术手段为光电探测和无线电探测。

地基探测是利用安置在地球表面的设备测量空间碎片的位置。由于大气的吸收，在光电手段中，紫外、红外等波段都无法利用，可见光波段可利用，但受天气云层的限制。因此多采用无线电手段：机械跟踪雷达、相控阵雷达和电磁篱笆等多种形式。其特点是，高频无线电波段都能穿过大气层，但电离层对无线电波的折射和散射会影响测量的精度。和天基探测相比，地基探测便于长期连续监测，便于组网，技术成熟，建设和运行成本低。地基探测中光电手段和无线电手段也各有优势。光电手段是传统的探测手段，技术成熟，建设和运行成本低，对距离较远的高轨道碎片、地球同步轨道碎片有明显的优势；但是发现和搜索能力较弱，受昼夜和无光等天气条件的影响很大，有不可见期。无线电-雷达手段原则上可连续、全天候探测，具有多目标探测能力和发现新碎片的能力，对距离较近的低轨道碎片探测优势明显；但其建设和运行成本高，对周围环境有辐射污染；探测远距离、高轨道的碎片时，需要的无线电发射功率和天线尺寸急剧增大，不宜采用。

将探测设备安置在航天器上，彻底摆脱了大气层的干扰，可以在紫外、红外等波段进行探测。探测设备沿一定的轨道运动，好处是可以对部分空间碎片在近距离上进行探测，但是组网比较困难。同时，探测设备受航天技术的限制，本身技术难度大，建设和运行成本高。

1) 望远镜观测

(1) 望远镜是传统的天体观测设备，它通过恒星本身的发光和行星反射太阳的光进行观测。空间碎片本身不发光，需要依靠反射太阳光才能被观测，因此必须同时满足 3 个条件：空间碎片被太阳光照射，空间碎片是亮的；望远镜视场内的天空背景是暗的；空间碎片处于望远镜的观测范围内且不被遮挡，如图 10-27 所示。

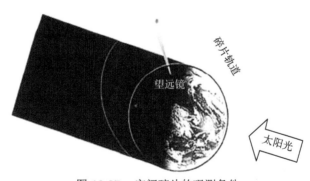

图 10-27　空间碎片的观测条件

这 3 个条件决定了只有在观测站处于晨昏时段，地面上因太阳已经落山或者还没有升起，天空是黑暗的，但高空运行的空间碎片仍在太阳光的照射下是亮的，而且需要天气晴朗、没有云层阻挡时才能看到碎片划过天空。一块碎片在运行过程中会有一段时间内 3 个条件不能同时满足，碎片就不能被望远镜观测，则这段时间成为 "不可见期" 或 "间歇期"，其长度与观测站位置和碎片轨道有关，为数十天至 100 余天。

(2) 望远镜由光学系统、记录系统、机架 3 部分组成。光学系统是望远镜成像部分，主要参数是孔径，孔径越大则观测能力越强。同样距离上孔径大的望远镜能够观测到更小的碎片；同样大小的碎片，孔径更大的望远镜能够观测到更远的碎片。记录系统最早是目视读数，观测到空间碎片时即时读出并记录空间碎片所在方位、仰角和时间。照相机和望远镜结合以后，利用感光胶片记录图像大大提高了观测精度和效率。望远镜固定指向空间碎片将经过的天区，长时间曝光可记录下碎片留下的光迹。CCD 技术发展以后，采用数码方式记录图像更便于数据处理和望远镜控制，已取代感光胶片而成为主要记录方式。若要使望远镜能对准任何天区的空间碎片，则望远镜需要绕两个互相垂直的轴转动，这由机架来实现。

2) 无线电监测

无线电手段和光学手段不同，采用 "主动" 方式进行探测，即由发射机发出一束无线电波，电波照射到空间碎片后被反射，接收机接收反射的无线电波，分析接收信号而获得空间碎片特性，其工作原理和系统组成如图 10-28 所示。它的优点是不受太阳光照和天空背景亮度的影响，白天、黑夜都能探测。雷达波段通常选择在电离层的截止频率 (约 20MHz) 以上，大气层、水汽、云层和电离层都不会阻挡电磁波的传播，因此具有全天候探测的优势。

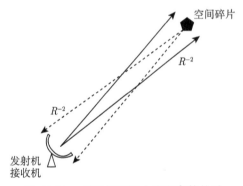

图 10-28　雷达探测能力和距离的关系

决定雷达探测能力的参数主要是雷达的发射功率和天线增益，发射功率越大、天线增益越高 (天线尺寸越大)，电磁波束能量密度越大，则探测的距离越远，能探测到的空间碎片越小。但是探测能力随距离的增加而迅速下降，与距离的四次方成反比：一部在 3000km 距离上能探测 $1m^2$ 大小碎片的雷达，在 1000km 距离

上可以探测到 $0.012\mathrm{m}^2$ 的碎片，500km 距离下可以探测到 $0.00077\mathrm{m}^2$ 的碎片。

(1) 机械扫描跟踪雷达。

机械扫描跟踪雷达是利用机械地转动天线来改变波束指向，对波束内的单个目标进行距离、方位、仰角、速度的测量，如图 10-29 所示。为提高探测能力，往往采用面积较大 (例如直径数十米) 的天线。机械扫描跟踪雷达不具备多目标探测和发现新目标的能力，一般用于航天器、运载火箭末级和大尺度空间碎片的观测。

图 10-29　机械扫描跟踪雷达

(2) 相控阵雷达。

相控阵雷达的天线由规则地布置在一个平面上的大量发射单元组成，每个发射单元都可以独立控制发射电磁波的相位。如果所有发射单元的相位都相同，则电磁波束指向与天线平面垂直的方向；如果相邻发射单元有一个相位差，则电磁波束的等相位面发生倾斜，电磁波束方向也随之改变，如图 10-30 所示。

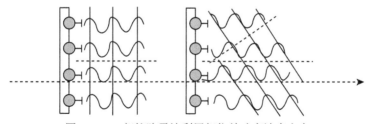

图 10-30　相控阵雷达利用相位差改变波束方向

因此，通过调节天线阵上各个发射单元发射的电磁波的相位可形成波束和改变波束方向，不需转动庞大的天线，更为灵活，而且可以有多种工作模式。

(A) 单波束模式：将所有发射单元的发射能量都集中在一个波束上，功率大，能够探测较远距离下较小的碎片。

(B) 多波束模式：形成多个波束同时测量多块碎片，实现多目标监测。

(C) 扫描模式：快速改变波束方向，对预定的空域进行扫描，完成发现和搜索任务。

(3) 电磁篱笆。

空间碎片监测要求测量所有需要规避的碎片并进行编目管理，则简单而有效的方法是在需要监测的空间编织张无形的网，所有通过这张网的碎片都能被记录。电磁篱笆就是编织的这样一张网：雷达天线发出的电磁波不是一条细细的波束，而是一个薄的面，像一个 "篱笆"。如果这条篱笆是沿纬圈布置，那么倾角高于篱笆所在纬度的空间碎片都会穿越这个篱笆，穿越时反射雷达的电磁波由接收机接收，就可以获得碎片的信息 [39,40]。

空间碎片穿越时只获得一个点的位置数据，常规的定轨方法无法唯一地确定轨道，需要将前后几次穿越的数据集合起来一同确定轨道。为了满足一次穿越定轨的要求，曾提出过 "V" 形篱笆方案 (美国) 和圆锥形篱笆方案 (法国)，分别如图 10-31 和图 10-32 所示。一次穿越就可获得两个位置信息，满足定轨要求。

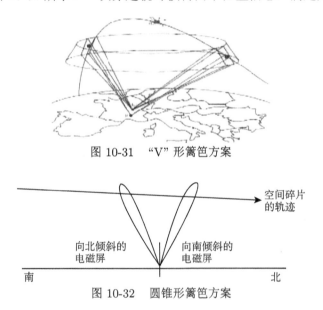

图 10-31　"V" 形篱笆方案

图 10-32　圆锥形篱笆方案

3) 空间碎片监测要求

为了实施有效预警，要求通过监测能迅速发现新的碎片，并能够完整、及时、连续地获得精确的轨道资料。

(1) 发现：新的航天发射活动和在空间发生的解体事件或其他航天活动都会

产生新的碎片，空间碎片监测必须具备及时发现新出现的空间碎片，并测定它们轨道的能力。通常要求在新碎片产生 1 天之内能发现并测定它的轨道。并且一个物体在经过探测间歇期后再次出现时，要做到能迅速被识别出来，而不把它误认为是新出现的碎片。

(2) 完整：要求能够在目前探测能力所及范围内，监测尽可能多、尽可能小的碎片。目前 10cm 以上的物体上万个，而 1cm 以下的物体数量达 10 万个以上。

(3) 及时：数据更新及时。空间碎片监测要求所有空间碎片的轨道根数都在一定的时间内更新，低轨道空间碎片的更新时间需要短到 1 天以内，否则会由于预报误差大而大大降低预警的可靠性。

(4) 精确：探测器测量空间碎片位置的误差是影响预警可靠性的主要因素之一。监测精度越高，则预警的可靠性越高，虚警越少，规避成本就越低。为了提高空间碎片碰撞预警的可信度，需要尽可能地精确测定和预测空间碎片的轨道。

(5) 连续：监测必须连续常规运行空间碎片监测系统。原则上是要求 1 年 365 天，1 天 24 小时都必须连续运转的业务系统。

4) 空间碎片监测策略

(1) 高、低轨道分别组网。

这两个区域内的空间碎片探测距离相差悬殊，由于碎片运动速度、轨道特征和变化规律不同，空间碎片的数量也相差很大，需要探测的更新率也不同，对应的探测优势探测设备也不同，则分别用两套设备监测更容易实现。

(2) 普测和精测。

要对所有碎片进行精确跟踪测量是很困难的。同时，大部分小碎片并不对航天器构成威胁，对这些碎片轨道的精确测量是没有必要的。于是可以将监测设备分为两类，一类是普测设备，另一类是精测设备。

(3) 分阶段实施。

低地球轨道区域和地球同步轨道区域两个分系统基本上是相互独立的，完全可以分别建设。低地球轨道上的空间碎片密度最高，碰撞威胁最严重，应优先建设低地球轨道碎片监测设备。此外，大型探测设备设计复杂，投资巨大，分阶段建设，随着工程的进展逐渐实现总目标则是科学的建设原则。雷达可以通过逐步扩展功率扩展探测距离，逐步提高性能，最后达到所要求的指标。光学望远镜可通过选用更优质的 CCD 从而具有一定程度上的扩展性能，望远镜阵可以通过增加望远镜的数目来扩大视野。

2. 空间碎片的预警

1) 空间碎片的轨道

空间碎片的运动具有类似卫星的轨道根数，如图 10-33 所示。

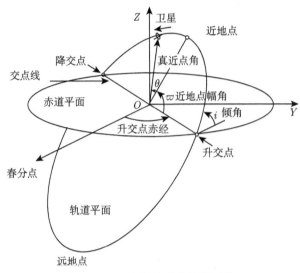

图 10-33    空间碎片的轨道根数

(1) 近地点：航天器绕地球运行的椭圆轨道上距地心最近的一点；

(2) 远地点：航天器绕地球运行的椭圆轨道上距地心最远的一点；

(3) 倾角：航天器绕地球运行的轨道平面与地球赤道平面之间的夹角；

(4) 升交点赤经：卫星轨道的升交点与春分点之间的角距；

(5) 近地点幅角：航天器绕地球运行的轨道平面内升交点到近地点的角度；

(6) 真近点角：航天器从近地点起沿轨道运动时其向径扫过的角度。

空间碎片的轨道受到引力、辐射压力、大气阻力等多种因素的影响，具体如下所述。

(1) 太阳和月球的引力。

空间碎片轨道也受到日月引力的影响，轨道越高影响越大，到了地球同步卫星的高度，可使轨道较扁的空间碎片的轨道偏心率在一段时间内越变越大，有时甚至使碎片的近地点很快降到稠密大气层中，造成碎片陨落。

(2) 太阳的辐射压力。

太阳辐射压力和受照射的碎片面积成正比，由于存在地影，碎片所受光压是间断的和不对称的，从而影响到半长轴的变化。

(3) 地球高层大气阻力。

地球高层大气的作用表现为阻力，它使空间碎片的运动速度减小，椭圆轨道逐渐收缩，远地点高度逐渐降低，慢慢变成圆轨道，圆轨道再逐渐收缩，直到完全陨落。

2) 空间碎片交会

两个空间物体沿着各自的轨道运行，发生碰撞的机会是很小的。两个物体的距离由远而近，到达最小的距离，然后由近而远，这个过程称为"交会"。交会过程中两个物体最近时的距离称为"交会距离"，达到最近距离的时间称为"交会时间"。如果两个物体在两个不同的轨道面上运行，交会只可能在轨道面交线上发生。轨道周期接近的两个物体在第一次"擦肩而过"以后，可能会反复多次近距离交会，有较多的碰撞机会。碰撞风险最大的空间碎片就是与目标航天器反复接近的碎片。轨道周期相差很大的两个物体即使有一次擦肩而过的机会，其下一次交会距离一般也会很远。"碰撞概率"描述航天器被空间碎片碰撞的可能性大小，它与航天器和空间碎片的交会距离，以及航天器和空间碎片位置预测的误差有关[41]。一般来说，交会距离越近，碰撞概率越高，如图 10-34 所示。

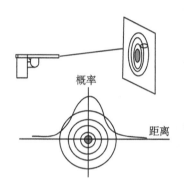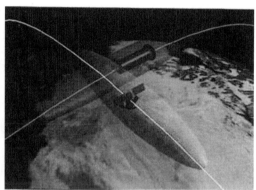

图 10-34　空间碎片的碰撞概率

规避区和警戒区是空间碎片碰撞预警工程实践中提出的两个概念。**规避区**：航天器周围的一个区域，一旦预测有空间碎片进入这一区域，航天器必须进行机动飞行来躲避。**警戒区**：考虑到航天器规避需要一定的反应时间，在规避区外划定的一个范围更大的区域。在 20 世纪，航天飞机采用的警戒区的尺度为沿运动方向前后各 25km，垂直于运动方向上下、左右各 5km；规避区相应的尺度是 5km和 2km，如图 10-35 所示。

3. 空间碎片的规避

在确认有可能发生碰撞时，需要利用航天器自身的动力进行机动变轨，使之离开原有的与空间碎片有碰撞危险的轨道，转移到一条安全的轨道上。一般来说，变轨时间离交会的时间间隔越长需要的速度增量越小，约为几米每秒的量级。

高度分离法是通过改变航天器在通过交会点时的高度以躲避和空间碎片碰撞的方法。在机动变轨时间和交会时间之间不到半个周期时，航天器改变沿迹方向

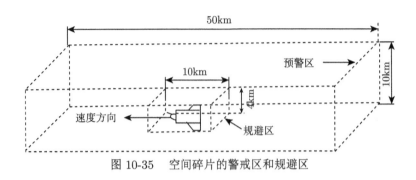

图 10-35    空间碎片的警戒区和规避区

的速度，可增加交会时刻航天器和空间碎片高度之间的距离，即增加交会时刻的
径向距离。这种方法对预报时间较短的交会最为适用。

    沿迹分离法是通过改变航天器通过交会点的时间以增加航天器和空间碎片在
沿迹方向距离来躲避碰撞的方法。在碰撞发生前几个轨道圈内，利用航天器几个
小的沿迹方向的速度增量进行机动变轨，以增加交会碰撞时刻轨道沿迹方向之间
的距离。从节省燃料的角度考虑，沿迹分离法较好。

### 10.5.2    加强航天器防护

    毫米级、微米级空间碎片是航天器防护的主要对象。

    毫米级空间碎片有可能穿透数毫米厚的舱壁，一颗空间碎片就可能导致航天
器的彻底失效。微米级空间碎片撞击航天器虽然不会立即影响其工作，只是在航
天器表面留下小小的撞击坑，但是因为它的数量众多，日积月累，表面上的"百
孔千疮"会改变航天器某些暴露表面的性能。例如，光洁的照相机镜头变成磨砂
玻璃，使成像质量下降；辐射器表面形成的"蚀坑"使其辐射和吸收热量的能力改
变，可能导致温度控制失灵。

    毫米级空间碎片和微米级空间碎片由于体积太小并且数量太多，无法逐个测
量它们的轨道，航天器无法实施机动策略躲避其碰撞，只能采取对航天器进行防
护设计的方法提高自身的"免疫力"，在"枪林弹雨"中求生存。

    空间碎片防护设计的途径有三条：一是通过优选表面材料、改变结构和增加
厚度来提高航天器抵御空间碎片撞击的能力；二是在航天器外面增加屏障，降低
空间碎片对航天器的撞击损害；三是将经不起撞击的关键部件安置在防护条件较
好的位置。

    1. 航天器防护设计任务及流程

    航天器采取防护措施以提高抗撞击能力是需要付出代价的，特别是增加厚度
或增设屏蔽，这都会增加航天器的质量，提高建造成本和发射成本。航天器防护

设计的主要任务是，在满足可靠性要求的前提下，研制开发既经济又安全的空间碎片防护结构或提供合理的设备布局建议。

风险评估是航天器空间碎片防护设计流程中的重要环节,基本流程如图 10-36 所示。风险评估包括确定航天器各部位受空间碎片撞击的概率分布评估 (能否撞上)、整个航天器及其各组成部分 (如各舱段、各分系统) 的失效概率评估两个主要部分。描述航天器运行轨道空间碎片分布规律的工程模式 (碎片环境模型) 是撞击概率分布评估的重要数据源。风险评估获得——非失效概率,将非失效概率与总体可靠性要求进行比对,如不满足要求,则修改设计方案重新风险评估,直到满足要求。

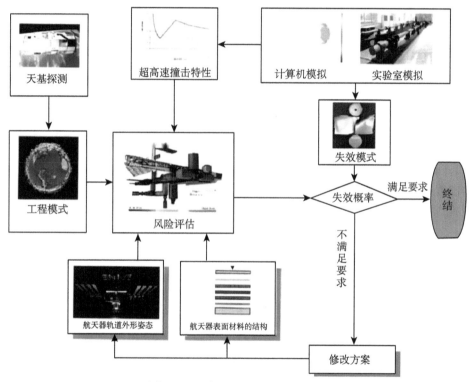

图 10-36　空间碎片防护设计流程

### 2. 空间碎片的天基探测

由于毫米级、微米级空间碎片数量巨大，则对其防护时必须进行天基探测以获得碎片通量信息，并形成空间碎片分布工程模式，包括被动探测和主动探测两类方式 [42−44]。

被动探测：空间碎片对在轨运行航天器的撞击会在其表面留下空间碎片的印

记，对回收航天器的表面进行分析可以获得空间碎片的信息，为编制空间碎片环境模型积累数据。

主动探测：在航天器上安装探测器，将空间碎片撞击航天器事件的机械 (力学) 信号转换为电信号，通过航天器遥测系统传回地面。由撞击信号可以获取撞击时间、地点，从而推测出空间碎片的质量、速度、成分等特性。例如，气压式探测器、压电式探测器、声波式探测器、电容式探测器、等离子体探测器等。20世纪末，以美国为主的航天大国采用轨道原位探测方法先后开展了大量天基微小空间碎片探测实验，表 10-3 列出了国际上开展的天基空间碎片探测实验。

表 10-3    天基空间碎片探测实验

| 航天器名称 | 轨道参数 | 在轨时间 | 姿态 | 面积/m² |
|---|---|---|---|---|
| 礼炮 4 号和礼炮 6 号 | 350km 51.6° | 1974 ~ 1979 | 多种方式 | 1 |
| 航天飞机舷窗 | 300 ~ 600km 28.5° ~ 51.6° | 1983 ~ 2003 | 多种方式 | 100 |
| 太阳峰年飞行任务 | 500 ~ 570km 28.5° | 1980 ~ 1984 | 向阳 | 2.3 |
| 长期暴露装置 | 340 ~ 470km 28.5° | 1984 ~ 1990 | 重力梯度稳定 | 151 |
| 尤里卡 | 520km 28.5° | 1992 ~ 1993 | 向阳 | 1315 |
| 哈勃望远镜太阳电池阵 | 610km 28.5° | 1990 ~ 1993 | 向阳 | 62 |
| 和平号空间站 | 290km 51.6° | 1995 ~ 1999 | 多种方式 | 15 |
| 空间飞行器 | 480km 28.5° | 1995 ~ 1996 | 向阳 | 50 |

图 10-37 是长期暴露装置 (LDEF) 的飞行器外形 [45]；图 10-38 是和平号空间站搭载的 "环境效应有效载荷"(MEEP)[46]，图 10-39 是该探测器利用二氧化硅气凝胶作为介质来捕获碎片的实验结果；图 10-40 是 ESA 的 GORID(Geostationary

图 10-37    LDEF 的飞行器外形

Orbit Impact Detector），通过收集微小碎片撞击产生的等离子体来获取微小碎片的速度质量等参数，优点是测量的空间碎片指标多，缺点是收集电极的结构复杂，在速度测量方面误差大，并且探测器抗干扰能力差，对信号与干扰信号的区分十分复杂，图 10-41 是在轨探测的实验结果 [47]。

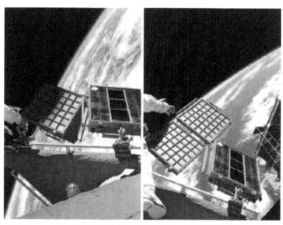

图 10-38 和平号空间站搭载的环境效应有效载荷

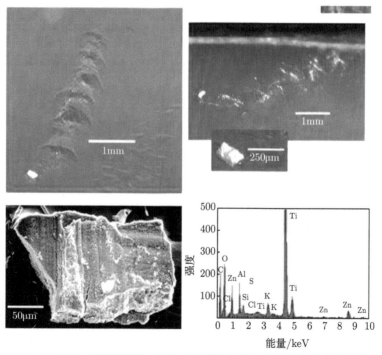

图 10-39 MEEP 探测器利用二氧化硅气凝胶作为介质来捕获碎片的实验结果

图 10-40　ESA 的 GORID

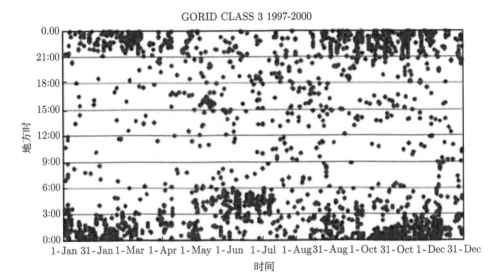

图 10-41　GORID 的在轨探测结果

#### 3. 空间碎片防护方法

航天器空间碎片防护设计中,既要考虑抵御空间碎片撞击的可靠性要求,同时也需要满足如尺寸、质量等总体方面的约束条件,不同航天器,可能选择不同的防护方案;同一航天器的不同部位,也可能选择不同的防护方案。目前,航天器空间碎片防护主要通过选择材料和改变厚度、优化结构设计来实现[48,49]。

1) 防护材料的选择

为了降低航天器建造和发射成本,作为抵御空间碎片超高速撞击的"盔甲",

防护结构应该具有面密度低、外轮廓尺寸小，并且具有很高的抗空间碎片撞击的能力。作为防护材料，除其有低密度特性外，还需具有能有效地破碎高速弹丸或具有较强的吸收冲击能量的材料特性。常用的空间碎片防护材料有铝合金、Nextel布、Kevlar布、Beta布、铝网以及铝蜂窝夹层等，随着材料技术的发展，先进陶瓷纤维或颗粒增强铝基复合材料、泡沫铝等具有非常好的应用前景。

聚亚安酯是由异氰酸酯与多元醇反应制成的一种具有氨基甲酸酯链段重复结构单元的聚合物。聚亚安酯泡沫密度低、比强度高、吸能性能优异、阻燃性高、绝热性能优越。聚亚安酯泡沫作为新型结构填充材料得到广泛应用。美国把聚亚安酯泡沫作为可展开式防护结构的填充材料开展超高速撞击特性研究，并将在国际空间站的"毕格罗"可膨胀式运输居住舱上得到应用，如图10-42所示。

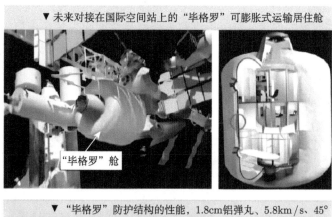

图 10-42　聚亚安酯泡沫材料

泡沫铝是一种铝或铝合金基体中含有大量结构及分布可控的孔洞，以孔洞作为复合相的新型复合材料。泡沫铝的低密度、高刚度、冲击吸能性、低热导率、低磁导率和良好阻尼等特性，使其在近10年来受到广泛关注。泡沫铝作为航天器空间碎片的防护结构和材料，相比传统的防护结构，在同等防护性能下，可以节省大约30%的防护质量，图10-43是典型蜂窝夹层板和泡沫铝夹层板防护空间碎片的效果对比。

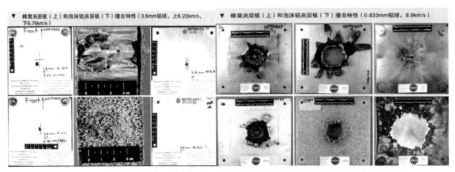

图 10-43　典型蜂窝夹层板和泡沫铝夹层板防护空间碎片的效果对比图

2) 防护结构的优化

虽然增加舱壁的厚度，可以提高航天器抵御空间碎片超高速撞击威胁的能力，但其代价过高。通过结构优化，可以在不增加质量成本下提高抗碎片撞击能力。如果在航天器舱壁外面一定距离处，加装一层防护屏，则可以起到事半功倍的防护效果，如图 10-44 所示。

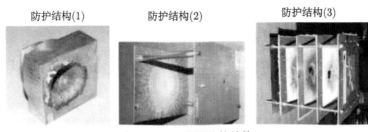

图 10-44　典型防护结构

这种防护结构是天体物理学家惠普尔 (Whipple) 于 1947 年为了提高航天器抵御微流星体撞击的能力而提出的，被称作惠普尔防护结构。惠普尔防护结构如图 10-45 所示，当弹丸撞击第一层防护屏时，弹丸被减速，靶板被击穿，共同形成二次碎片云 (图 10-45(b))；由于二次碎片云团面积增大，所以撞击能量分散，从而可以防止舱壁被击穿，使靶板的防护性能得到提高 (减速度、增面积的双重作用，图 10-45(c))[50]。20 世纪 80 年代以前，"阿波罗号"飞船、"礼炮号"空间站、天空实验室等均采用了这种防护结构。

假设碎片速度为 10km/s，6.1mm 单层铝合金板只能抵挡直径小于 1.26mm 的空间碎片；将铝合金单层板拆分成厚度分别为 1.3mm 和 4.8mm 的两层单层板，并保持间距 10.4cm，则可以抵挡直径小于 6.39mm 的空间碎片。

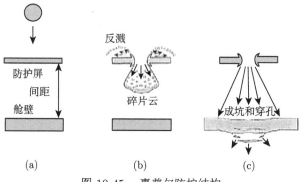

图 10-45　惠普尔防护结构

人们在惠普尔防护结构防护机制的基础上，开发研制了改型防护方案，其主要特征是多层结构型式，例如填充惠普尔防护、多层冲击防护、混合防护等。

3) 防护性能表征——撞击极限曲线

一般以临界穿透作为航天器舱壁结构失效的准则——用撞击速度和临界弹丸直径之间的关系曲线来表征其防护性能。该类曲线称作防护结构的撞击极限曲线。在以撞击速度为横坐标、弹丸临界直径为纵坐标的图上，弹丸直径位于极限曲线之上，防护结构被击穿，处于失效状态；位于曲线之下未被击穿，处于安全状态，如图 10-46 所示。

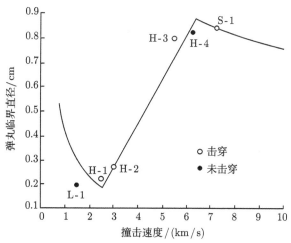

图 10-46　单板和惠普尔防护结构的撞击极限曲线

具有相同面密度，单板和惠普尔防护结构，弹道极限曲线走势不同。单板：随速度增加而递减，速度越高，能防护的弹丸直径越小。惠普尔防护结构的撞击极限曲线可以明显地区分为 3 个阶段：弹道段，粉碎段和液化、气化段。

(1) **弹道段**：弹丸撞击防护屏时，产生的冲击波无法粉碎弹丸，舱壁受到的撞击与原弹丸的撞击相似。

(2) **粉碎段**：弹丸撞击防护屏时产生的冲击波使弹丸发生破碎，在防护屏后形成由弹丸及防护屏材料组成的二次碎云。二次碎片云使撞击能量分散到一个不断扩张的面积域内。防护间距越大，二次碎片云运动时间越长，则舱壁单位面积上承受的冲击能量越小，因此舱壁损伤比弹道段小。

(3) **液化、气化段**：弹丸撞击防护屏时产生的冲击波使弹丸和防护屏材料发生液化或气化。防护屏后碎片云中包含液化或气化的材料。增加防护间距同样可以减少对舱壁的损伤。

一般填充式惠普尔结构与具有相同面密度的惠普尔防护结构相比，具有更好的防护效果。

### 10.5.3　空间碎片减缓

目前，空间碎片减缓措施主要有以下三种方式。

第一类是限制空间碎片的产生，因为在现阶段有的空间碎片还不可避免地要产生，例如完成任务的运载火箭和航天器，所以只能限制而不能禁止；

第二类是清除已有的空间碎片，包括目前已经在轨道上的碎片和今后航天任务可能产生的碎片,这类碎片应主动采取清除措施,例如任务完成后离开轨道陨落；

第三类是区域性的措施，保护航天活动最有价值的区域，减少对航天器的威胁。

1. 限制空间碎片的产生

1) 钝化

运载工具和航天器携带的能量是爆炸解体的原因，钝化是指采取措施将完成任务以后的运载工具和航天器携带的能量释放，从而避免它们爆炸。剩余推进剂的能量、高压气瓶的能量、电池的剩余能量、惯性器件和运动部件的能量等都可能造成解体，钝化措施又称为"消能"，如图 10-47、图 10-48 所示。

图 10-47　航天器钝化

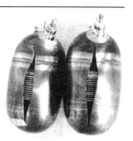

图 10-48 完好的和破裂的电池组

末级火箭在星箭分离之后，留在贮箱中的大量剩余推进剂就变成了祸根，必须及时将这些剩余推进剂清空，从而消除发生爆炸的潜在危险。清除推进剂的方法有两种，一种是简单地将推进剂排放出去；另一种是发动机再次点火，将推进剂燃烧殆尽。前者一般采用平衡排放方式，对箭体运动的影响很小。后者会产生较大的推力，影响箭体的轨道，要避免与运载的有效载荷 (航天器) 发生碰撞。两种方法都有大量排放物，都须注意对卫星的污染。

已发生的在轨解体碎片事件，1/3 是属于卫星解体。绝大多数卫星解体是由于星上蓄电池爆炸，尤其是镍–氢蓄电池。有效的措施是在卫星任务寿命终结后，先切断蓄电池充电回路，并及时通过放电回路释放蓄电池所储存的电能。

2) 限制释放操作性碎片

航天器从发射到入轨，以及在轨工作的整个寿命期之内，按照设计从航天器或运载火箭上分离出来并滞留在轨道上的构件，称为操作性碎片。在发射过程中运载火箭级间分离、航天器分离均可能抛出爆炸螺栓和弹簧释放机构等物体，以及航天器入轨后释放出来的各类保护罩、太阳电池阵展开解锁时抛出的压紧装置等物体，均属于典型的操作性碎片。目前编目的空间物体总数中大约有 13% 归类为各种航天发射任务所产生的操作性碎片。

有许多操作性碎片是完全可以避免的，例如航天发射时活动分离部件，可以很容易系留在火箭或卫星的本体之上，避免散落到空间，如图 10-49 所示。在早期的载人航天活动中，航天员是将生活垃圾直接抛到空间，成为名副其实的 "太空垃圾"，这些碎片和载人航天器具有相近的轨道，碰撞的概率很高，目前已经禁止航天员再随意抛弃生活垃圾。有一些操作性碎片是不可避免的，因此在一些国家的标准或指南中并没有完全禁止而只是限制数量。单个有效载荷的发射，除有效载荷之外，只能有一个部件 (如上面级) 进入轨道多个有效载荷的发射，除有效载荷之外，最多不超过 2 个部件 (如上面级、多有效载荷适配器结构) 进入轨道。

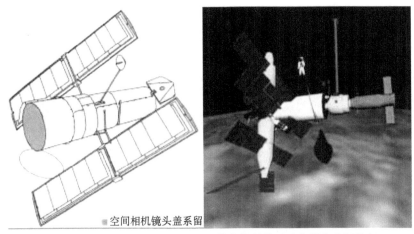

■空间相机镜头盖系留

图 10-49　空间相机镜头盖系留，禁止航天员再随意抛弃生活垃圾

### 2. 区域性的措施

彻底解决空间碎片问题，在经费上和技术上都十分困难，也很难在短时间内见到成效，目前的权宜之计是把最具应用价值的区域划为保护区，使大部分航天器能够在比较安全的环境下运行。目前包括中国在内的世界主要航天国家 (组织) 共同倡议在地球外层空间要划出两个必须受到保护的空域，即近地轨道受保护区和地球同步轨道受保护区，如图 10-50 所示。在这两个保护区工作的航天器，以及在这里形成的碎片都需要采取一定的措施离开这区域。

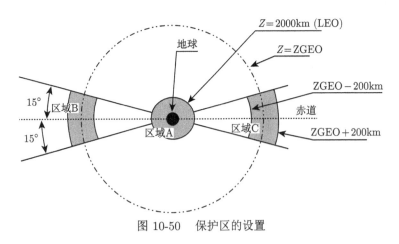

图 10-50　保护区的设置

1) 保护区

(1) 区域 A：

低地球轨道 (LEO) 区域——从地球表面延伸到 2000km 高度的球壳形区域。

(2) 区域 B:

地球同步区域——35786km (地球静止轨道高度):

下界高度 = 地球静止轨道高度 (35786km) 减去 200km;

上界高度 = 地球静止轨道高度 (36786km) 加上 200km;

南纬 15° ≤ 纬度 ≤ 北纬 15°。

2) 弃置区

与保护区设置配套的是在目前航天器利用较少的区域设置"弃置区",将新形成的空间碎片弃置在这些区域,它距离保护区较近,因此将空间碎片从保护区移到弃置区需要较少的能量,比较容易实现。但是弃置区的设置有一定的风险,也许有朝一日发现弃置区具有重要的利用价值,到那时再要清理弃置区会面临很大的困难。因此目前除针对地球同步轨道物体设置明确的弃置区以外,针对近地轨道区域空间物体的弃置区如何设置,目前还在讨论中。

3. 清除已有的空间碎片

运载工具或航天器完成任务以后,不可避免地成为空间碎片,对付这类空间碎片的办法是让其离开原来轨道:直接返回地面而彻底离开轨道,或者降低轨道高度来缩短其轨道寿命,或者将其从保护区移到弃置区,如图 10-51 所示。

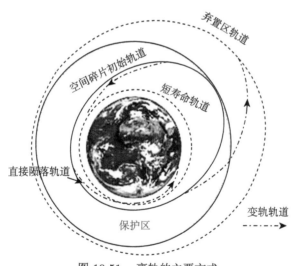

图 10-51 离轨的主要方式

1) 主动离轨

主动离轨是利用运载工具或航天器自身具有的动力所提供的能量离开原来轨道。对于运载工具而言,完成了将航天器送入轨道的任务以后,通常会剩余一些推进剂,利用剩余推进剂再次点火,只要能正确控制推力方向就可达到离开原有轨道的目的。要直接返回地面需要的剩余推进剂较多；而降低轨道高度和进入弃置区需要的剩余推进剂较少，比较容易实现。

航天器完成任务以后离轨的动力通常使用变轨发动机的推力，以太阳同步轨道上的对地观测卫星 SPOT1 为例，它在完成任务以后，经过三个阶段的变轨进入较短寿命轨道[51]。

(1) 第一阶段：2003 年 11 月 17 日两次点火，运行轨道下降 15km，避免和其他 SPOT 卫星碰撞，耗费燃料 5.9kg。

(2) 第二阶段：2003 年 11 月 19 日 ~ 27 日点火 8 次，近地点从 810.6km 降低到 619.2km，耗费推进剂约 40kg。

(3) 第三阶段：最后一次最大的机动于 2003 年 11 月 28 日进行，近地点高度降低到 580km，耗尽推进剂 8.34kg 实现钝化。

经过以上三个阶段后，剩余轨道寿命从变轨前的 200 年缩短到 18 年，如图10-52 所示。

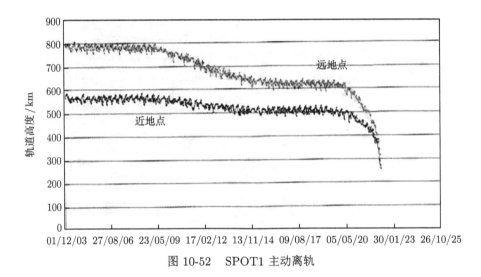

图 10-52　SPOT1 主动离轨

根据中美协议，中国使用长征二号 (CZ-2C) 运载火箭为美国发射 12 颗 "铱" 移动通信卫星。为适应任务需求，在原二级火箭上加装二轴稳定固体上面级，此技术状态称为 CZ-2C/FP。CZ-2C/FP 运载火箭在方案设计时，就将空间碎片问题作为软硬件设计的出发点。CZ-2C/FP 运载火箭上面级在星箭分离后，上面级的质量约为 600kg，飞行任务结束后，上面级轨道高度为 630km。若不进行离轨操作，则上面级的轨道寿命长达 53 年。在离轨方案设计时，采用主动离轨方式。在星箭分离后，利用箭上控制系统和姿控系统，将上面级调整到离轨姿态，最后姿控发动机工作，一方面将姿控推进剂排空；另一方面为上面级离轨操作提供制动力。离轨操作结束后，上面级的轨道为近地点 224km，远地点 630km，其轨道寿命约为两个月。

2) 被动离轨

被动离轨是利用自然的力量使空间碎片离开轨道而迅速陨落。例如，大气的阻力和地磁场产生的曳力。

高层大气对空间碎片的阻力与高层大气密度成正比；也与空间碎片垂直于运动方向的截面积成正比；阻力所形成的加速度，即空间碎片离开轨道陨落的速度，与空间碎片的质量成反比。在相同的高层大气密度和空间碎片质量的条件下，只要增加空间碎片的横截面积，就可以加速空间碎片的陨落，增加的面积越大，陨落得越快。增加面积最简单的方法是释放一个气球，在真空中不需要像地面那样用气泵来充气，只需在折叠的气球里残留一些空气，或放置一些易于升华的物质，一旦将折叠的气球释放出来，残留气体或太阳照射下升华物质产生的气体会很容易将气球膨胀起来，使得航天器所承受的大气阻力也大大增加，它将拖着航天器一同加速陨落，使轨道寿命大大缩短，如图 10-53 所示。如果空间碎片在 750km 高度上运行，质量为 100kg，截面积为 $1m^2$，在太阳活动为平均强度的前提下，它的轨道寿命将达到 100 年；如果展开一个气球，它的面积是 $50m^2$，则该空间碎片的轨道寿命将只有 2 年。利用大气阻力加快陨落只适用于高度较低的区域，在 1000km 以上不能使用，但是可以利用电磁曳力来加速陨落。

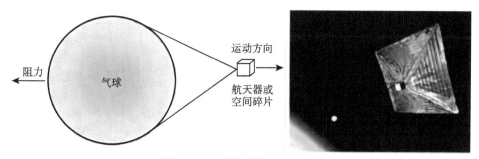

图 10-53　利用大气阻力离轨

导线在磁场中运动并产生感应电流是形成电磁阻力的必要条件，在近地空间环境中恰好具备这些条件：地球周围存在地磁场，在电离层中存在可承载电流的电子和离子，只要从希望加速陨落的航天器上释放出一条长长的导电缆绳——离轨索，在运动过程中离轨索切割磁力线，两端形成电势差，一端吸收电离层中的电子，另一端释放电子，与电离层共同形成电流回路，产生阻力的条件就基本具备了；地磁场作用在离轨索上的作用力与航天器运动方向相反，因而使之减速并加快陨落，如图 10-54 所示。离轨索越长，曳力越大，陨落越快，通常使用的长度在数千米到数十千米之间。以 GlobalStar 为例，运行高度 1390km，自然陨落需 9000 年，采用离轨索以后轨道寿命只有 37 天。

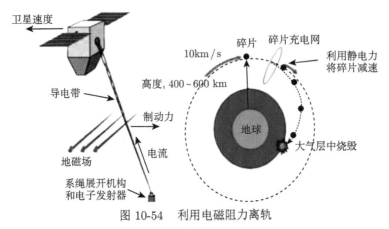

图 10-54　利用电磁阻力离轨

3) 机械捕获

对于已经完全丧失能力的碎片，只有靠外力来清除，虽然人们提出过许多设想，但至目前均尚未实现。欧洲提出了"机器人地球同步轨道修补者"计划，目的是将地球同步轨道上已经废弃的卫星拖离到弃置区。先将机器人发射到地球同步轨道，接近要拖离的目标，相距 15m 时由地面控制抛出一个网将目标罩住，然后机动飞行，连同罩住的目标到达弃置轨道后释放目标，一个机器人计划拖走地球同步轨道 20 个目标，如图 10-55 所示。

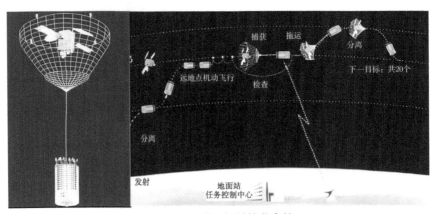

图 10-55　利用机械捕获离轨

4) 激光扫帚

激光扫帚——利用激光的光压改变空间环碎片的轨道。激光扫帚是清理低高度上 1 ~ 10cm 空间碎片的工具，特别是为空间站和航天飞机清扫道路。从地面发射一束激光照射空间碎片，利用激光产生的光压使空间碎片减速和改变运行方向，降低近地点高度达到缩短轨道寿命的目的。对 GEO 区域碎片，可抬高或降低其轨道，使其离开 (36000±235)km 的带状环形保护区域，达到离轨目的，如图 10-56 所示。

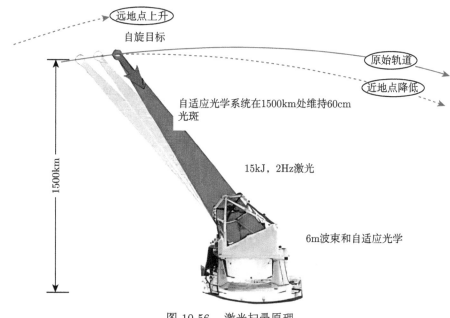

图 10-56　激光扫帚原理

## 习　　题

1. 针对 200 ～ 40000km 近地空间范围，"定性" 绘制卫星在轨遭遇空间碎片通量随高度的变化曲线，并说明构成该分布的主要原因。

2. 阐述空间碎片的大小和分类，不同尺寸碎片对航天器造成的主要危害机制？

3. 以空间碎片和航天器撞击的平均相对速度是 10km/s 为例，计算一颗 10g 质量的空间碎片撞击航天器时释放的能量，相当于多少 TNT 炸药爆炸时释放的能量？(1g TNT 爆炸能量为 4200J)

4. 阐述空间碎片高速撞击导致的典型机械损伤模式。

5. 利用 ORDEM 模型分析 SSO 卫星 (高度 800km，倾角 98°) 在轨 5 年遭遇的空间碎片 (大于 10μm) 累积注量，并分别给出面积为 $10m^2$ 的太阳电池板上遭遇的大于 10μm 碎片和大于 1m 碎片的撞击数量。

6. 分别阐述二级轻气炮、激光加速器、等离子体加速器、静电加速器的发射原理，能够加速碎片的尺寸范围和速度范围。

7. 惠普尔防护结构的基本原理是什么？定性画出单板和惠普尔防护结构的撞击极限曲线。

# 参 考 文 献

[1] 都亨. 空间碎片. 北京: 中国宇航出版社, 2007.

[2] 王海福, 冯顺山, 刘有英. 空间碎片导论. 北京: 科学出版社, 2010.

[3] 朱毅麟. IADC 空间碎片减缓指南 (草案). 国际太空, 2002(3): 20-24.

[4] 李春来, 欧阳自远, 都亨. 空间碎片与空间环境. 第四纪研究, 2002, 22(6): 540-551.

[5] Wiedemann C, Gamper E, Horstmann A, et al. The contribution of NaK droplets to the space debris environment// 7th European Conference on Space Debris, 2017.

[6] Shoots D, Liou J. Orbital debris quarterly news. 2009.

[7] Oswald M, Stabroth S, Wiedemann C, et al. ESA'S master 2005 debris environment model. Advances in the Astronautical Sciences, 2006, 123: 811-824.

[8] Kearsley A T, Graham G A, McDonnell J, et al. The chemical composition of micro-meteoroids impacting upon the solar arrays of the Hubble Space Telescope. Advances in Space Research, 2007, 39(4): 590-604.

[9] Kearsley A T, Grime G W, Colaux J L, et al. Micrometeoroid impacts on the Hubble Space Telescope wide field and planetary camera 2: Larger particles// 45th Lunar and Planetary Science Conference (LPSC 2014), 2014.

[10] 柳森, 李毅. 空间碎片/流星粒子对空间站的危害与对策. 载人航天, 2003(3): 15-19.

[11] Alby F, Lansard E, Michal T. Collision of cerise with space debris. Second European Conference on Space Debris, 1997.

[12] Akahoshi Y, Nakamura T, Fukushige S, et al. Influence of space debris impact on solar array under power generation. International Journal of Impact Engineering, 2008, 35(12): 1678-1682.

[13] Garrett H B, Close S. Impact-induced ESD and EMI/EMP effects on spacecraft—A review. IEEE Transactions on Plasma Science, 2013, 41(12 Pt.2): 3545-3557.

[14] NASA-HDBK-4002A: Mitigating In-Space Charging Effects - A Guideline, 2011.

[15] 朋吉碧. 宇宙-954 及其核反应堆. 国外航天动态, 1978, (3): 5-7.

[16] 李怡勇, 王卫杰, 王建华. 空间超高速碰撞. 北京: 科学出版社, 2018.

[17] 张庆明, 黄风雷. 超高速碰撞动力学引论. 北京: 科学出版社, 2000.

[18] 胡震东, 黄海, 贾光辉. 超高速撞击碎片云特性分析. 弹箭与制导学报, 2006(S4): 747-749.

[19] 马文来, 张伟, 管公顺, 等. 椭球弹丸超高速撞击防护屏碎片云数值模拟. 材料科学与工艺, 2005, 13(3): 294-298.

[20] 杨继运. 二级轻气炮模拟空间碎片超高速碰撞试验技术. 航天器环境工程, 2006(1): 16-22.

[21] 韩建伟, 张振龙, 黄建国, 等. 利用等离子体加速器发射超高速微小空间碎片的研究. 航天器环境工程, 2006(4): 205-209.

[22] 黄建国, 韩建伟, 李宏伟, 等. 等离子驱动微小碎片加速器机理及运行参数. 科学通报, 2009(2): 150-156.

[23] 董洪建, 黄本诚, 王吉辉, 等. 激光驱动微小碎片技术可行性研究. 中国空间科学技术, 2002, 22(5): 49-53.

[24] 张文兵, 董洪建, 龚自正, 等. 激光驱动微小碎片超高速发射技术研究. 装备环境工程, 2007, 4(1): 56-61.

[25] 杨继运, 龚自正, 张文兵, 等. 粉尘静电加速设备原理及发展现状. 航天器环境工程, 2007(3): 145-147.

[26] 白羽, 庞贺伟, 龚自正, 等. 一种微米级粒子的静电发射加速装置. 航天器环境工程, 2007(3): 140-144.

[27] 朱毅麟. NASA 空间碎片模型. 上海航天, 1999(3): 24.

[28] 王正义, 郄殿福. ESA 和 NASA 空间碎片模型的比较. 航天器环境工程, 2000(4): 20-24.

[29] Matney M. An overview of NASA's oribital debris environment model// 33rd AAS Guidance and Control Conference, 2010.

[30] Kanemitsu Y. Comparison of space debris environment models:ORDEM2000, MASTER-2001, MASTER-2005 and MASTER-2009. Japan Aerospace Exploration Agency, 2012.

[31] Fujisawa K, Fukuda M, Kobayashi K, et al. SDPA (SemiDefinite Programming Algorithm) user's manual — version 7.1.0. Tech Report B, 2000.

[32] 俞伟学. 空间碎片与航天器碰撞风险评估研究. 哈尔滨: 哈尔滨工业大学, 2003.

[33] 韩增尧, 郑世贵, 闫军, 等. 空间碎片撞击概率分析软件开发、校验与应用. 宇航学报, 2005, 26(2): 228-243.

[34] 闫晓军, 张玉珠, 聂景旭. 空间碎片超高速碰撞数值模拟的 SPH 方法. 北京航空航天大学学报, 2005, 31(3): 351-354.

[35] 曲广吉, 韩增尧. 空间碎片超高速撞击动力学建模与数值仿真技术. 中国空间科学技术, 2002, 22(5): 26-30.

[36] 闫军, 郑世贵, 曲广吉. 空间碎片超高速撞击数值仿真技术应用研究. 航天器工程, 2005, (2): 99-107.

[37] 段锋. 美国政府空间碎片政策研究. 空间碎片研究, 2022, 22(2): 32-39.

[38] 杨彩霞. 欧洲空间碎片减缓政策研究. 国际太空, 2011(5): 54-63.

[39] 肖文书, 朱旭东. 空间碎片穿越电磁篱笆屏的特性分析. 现代雷达, 2010, (11): 12-15, 20.

[40] 郭伟, 崔海英. 国外电磁篱笆建设要素分析. 现代雷达, 2010(2): 31-34.

[41] 刘静, 王荣兰, 张宏博, 等. 空间碎片碰撞预警研究. 空间科学学报, 2004, 24(6): 462-469.

[42] 陈国兴, 谢君斐, 张克绪. 天基微小空间碎片探测研究. 岩土工程学报, 1995, 17(1): 66-72.

[43] 袁庆智, 孙越强, 王世金, 等. 天基微小空间碎片探测研究. 空间科学学报, 2005, 25(3): 212-217.

[44] 刘武刚, 庞宝君, 王志成, 等. 天基在轨空间碎片撞击监测技术的进展. 强度与环境, 2008, 35(1): 57-64.

[45] di Brozolo F R, Bunch T E, Fleming R H, et al. Fullerenes in an impact crater on the LDEF spacecraft. Nature, 1994, 369: 37-40.

[46] Harvey G A, Humes D H, Kinard W H. Shuttle and MIR special environmental effects and hardware cleanliness. High Performance Polymers, 2000, 12(1): 65-82.

[47] Drolshagen G, Svedhem H, Grün E, et al. Microparticles in the geostationary orbit (GORID experiment). Advances in Space Research, 1999, 23(1): 123-133.

[48] 韩增尧, 庞宝君. 空间碎片防护研究最新进展. 航天器环境工程, 2012, 29(4): 369-378.

[49]  袁俊刚, 曲广吉, 孙治国, 等. 空间碎片防护结构设计优化理论方法研究. 宇航学报, 2007, 28(2): 243-248.

[50]  Wen K, Chen X W, Lu Y G. Research and development on hypervelocity impact protection using Whipple shield: An overview. Defence Technology, 2021, 17(6): 1864-1886.

[51]  Alby F. Spot 1 end of life disposition manoeuvres. Advances in Space Research, 2005, 35(7): 1335-1342.

# 第 11 章  原子氧、紫外线及低能带电粒子侵蚀效应

原子氧 (AO) 是低地球轨道环境中的主要成分，是由氧分子在太阳辐射作用下分解而形成的。原子氧与航天器作用，会造成航天器上聚合物、复合材料和部分金属材料的剥蚀，并可导致材料机械性能、热光学性能、电性能的退化。另外，原子氧的剥蚀产物还会给航天器表面、光学组件、热控涂层和太阳电池板带来污染。原子氧效应的研究一直得到了国内外的重视，是低轨道航天器空间环境效应研究的重要内容，也是目前低轨航天器设计必须考虑的空间环境要素之一。

紫外线由于光子能量高，会使得大多数材料的化学键被打断，造成卫星表面的有机材料、高分子材料、光学材料、薄膜、黏结剂和涂层出现性能退化。波长小于 200nm 的远紫外线，光子能量一般大于有机材料的键能，足以使 C—C、C—O 断裂，产生小分子量的成分，增加材料出气，产生挥发性可凝物；也可能使有机材料表面发生交联，使表面材料脆化，发生龟裂等。

能量范围在 0.1~200keV 的低能质子和电子，可对卫星表面材料造成表面溅射剥蚀效应、电离效应和位移效应。低能带电粒子由于穿透力有限，主要对暴露材料造成损伤，如光学石英玻璃、太阳电池、热控涂层等。

## 11.1  原子氧腐蚀效应

### 11.1.1  原子氧的环境特征

#### 1. 原子氧的定义

通常所说的氧气是由两个氧原子组成的稳定态分子氧，原子氧则是游离态的单个氧原子。高层大气中的氧，绝大部分以单个游离状态的原子氧存在 [1]。图 11-1 是地面大气成分和 400km 轨道大气成分的对比，在此高度，大气 95.9％的成分是原子氧。

#### 2. 原子氧的来源

原子氧是低地球轨道环境中含量最高的粒子，是由太阳紫外光线与氧分子相互作用并使其分解而形成的，如图 11-2 所示。两个游离态的原子氧再复合形成一个氧分子时需要有第三种粒子的参与，以带走复合时释放的能量，而 LEO 环境中处于高真空状态，因此原子氧与第三种粒子发生碰撞复合的概率很小。例如，在 400km 轨道上中性原子氧的平均自由程接近 $10^4$m，使得光致复合的机会非常小。

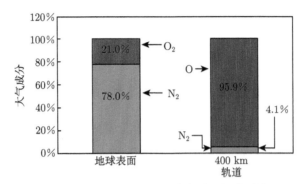

图 11-1　地球表面和空间大气成分组成对比

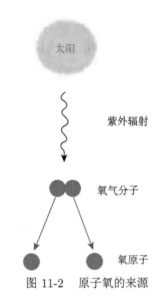

图 11-2　原子氧的来源

### 3. 原子氧的空间分布和变化规律

低地球轨道尤其是载人航天低地球轨道高度上，大气环境中主要有 $N_2$、$O_2$、Ar、He、H 及 O 等成分，其中原子氧含量可高达 80%~90%，是对航天器影响最为重要的环境因素之一。图 11-3 是原子氧数密度随高度的分布情况，由图可知原子氧的数密度为 $10^5 \sim 10^{11} cm^{-3}$，随着高度的增加，密度先增加后减小，100km 左右原子氧的数密度最高。

原子氧数密度随太阳活动周期、地球磁场强度、轨道高度、时间及季节的变化而变化，会有 2~3 个数量级的涨落。图 11-4 给出了原子氧通量与太阳活动的 F10.7 指数的相关性，图 11-5 给出了太阳活动极大、极小年时不同高度的原子氧通量对比，图 11-6 给出了"天宫一号"实测的原子氧数密度随地方时的变化。

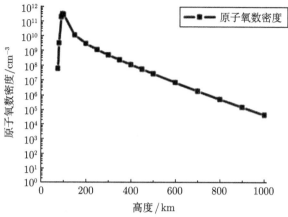

图 11-3　大气中不同成分随高度的变化

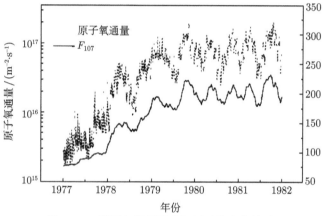

图 11-4　原子氧通量随太阳活动的变化关系

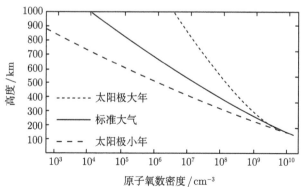

图 11-5　不同太阳活动下的原子氧数密度随高度的变化关系

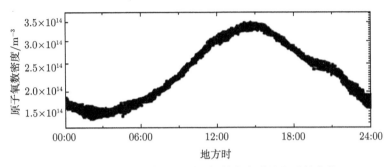

图 11-6　天宫一号实测的原子氧数密度随地方时的变化

#### 4. 航天器遭遇原子氧通量的计算方法

原子氧通量是指单位时间内入射到飞行器材料表面单位面积上的原子氧数目，如图 11-7 所示。

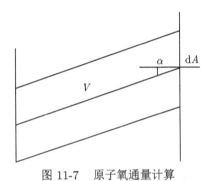

图 11-7　原子氧通量计算

原子氧通量计算公式为

$$F = NAV\cos\alpha \tag{11-1}$$

其中，$N$ 为原子氧的数密度 $(\mathrm{m}^{-3})$；$A$ 为单位面积 $(1\mathrm{m}^2)$；$V$ 为原子氧的运动速度 $(\mathrm{m/s})$；$\alpha$ 为速度方向与作用面法线方向的夹角。

1) 原子氧速度计算

原子氧速度主要来自航天器的飞行速度和大气热运动速度。

(1) 航天器的速度计算。

原子氧主要存在于低地球轨道，此时航天器受到的地球引力远大于太阳及其他天体的引力作用，计算时可只考虑地球引力。对于圆轨道航天器，根据万有引力公式可以计算，表 11-1 是典型高度下的速度。

$$F = G\frac{Mm}{r^2} = m\frac{v^2}{r} \tag{11-2}$$

**表 11-1　典型高度下的航天器运行速度**

| 高度/km | 100 | 200 | 300 | 400 | 500 | 600 |
|---------|------|------|------|------|------|------|
| 速度/(km/s) | 7.85 | 7.79 | 7.73 | 7.67 | 7.62 | 7.56 |

(2) 原子氧的热运动速度计算。

300km 以上的大气温度可达 1000K 左右, 这时大气分子的热运动速度可达 1.15km/s, 相对于 7 ~ 8km/s 的卫星速度而言显然不能忽略。原子氧的热运动速度为热平衡下麦克斯韦分布, 如图 11-8 所示。

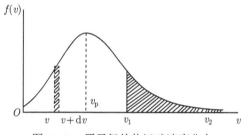

图 11-8　原子氧的热运动速度分布

原子氧的热运动速度计算公式如下:

$$f(v) = \left(\frac{M}{2\pi KT}\right)^{\frac{3}{2}} \mathrm{e}^{-\frac{Mv^2}{2KT}}\left(4\pi v^2\right), \quad v_{\mathrm{p}} = \sqrt{\frac{2KT}{M}}, \quad \boldsymbol{v} = \sqrt{\frac{8KT}{\pi M}} \qquad (11\text{-}3)$$

其中, $K$ 为玻尔兹曼常量, $K=1.38\times10^{-23}$J/K; $T$ 为热力学温度 (K); $M$ 为原子质量 (kg)。

2) 原子氧数密度计算

原子氧数密度受太阳活动周期、地球磁场强度、轨道高度、季节和昼夜诸多因素影响, 难以用简单的公式来计算。原子氧数密度的计算可采用美国海军实验室 (NRL) 的 NRLMSISE-00[2,3], 计算所需的输入条件 F10.7cm、地磁活动指数 Ap 可由马歇尔太阳活动预测模型 (MSAFE) 给出 [4]。

(1) NRLMSISE-00 大气模型。

NRLMSISE-00(US Naval Research Laboratory Mass Spectrometer and Incoherent Scatter Radar Extended) 大气模型是由 NRL 开发的全球大气经验模型, 描述了从地面到热层高度范围 (0~1000km) 的中性大气密度、温度等大气物理性质, 是目前使用得最多的大气模型之一。该模型是在长时间的观测数据基础上建立的并不断更新, 主要数据源为火箭探测数据、卫星遥感数据和非相干散射雷达数据等, 模型是通过采用低阶球谐函数拟合大气性质随经纬度、年周期、半年周期、地方时的变化而建立的。最初的模型是由 A. E. Hedin (NASA) 在 1977 年设计建立，而后在 MSIS-83、MSIS-86 两个版本中得到改进，并在目前也较为常用的 MSISE-90 版本中，将高度范围由以前的 90~1000km 扩展为 0~1000km；直到现在最新的由 NRL 进一步改进得到的 NRLMSISE-00 经验大气模型。

MSISE-90 模型数据源包括 1965~1983 年地面、火箭、卫星测量的数据，数据来源于多种观测技术，包括非相干散射雷达 (ISR)、质谱仪、极紫外线吸收计、压力计和落球等。最新一代的模型 NRLMSISE-00 经验大气模型是对 MSISE-90 模型的升级，和 MSISE-90 模型相比，其改进主要体现在吸收了最新探测数据，例如，① 在总的质量密度中吸收了卫星阻力和加速计数据；② 在 500km 以上的高度上考虑了热原子氧和原子氧离子对总的质量密度的贡献；③ 吸收了美国太阳峰年科学卫星 (SMM) 上太阳紫外线掩星观测的氧分子数密度数据。

目前 NRLMSISE-00 模型主要数据源包括如下。

(A) 卫星阻力数据，轨道衰减数据 (1961~1971)；

(B) 加速计数据, 卫星大气探测数据：AE-C，AE-D，AE-E，MESA，air Force SETA，CACTUS，san Marco 5；

(C) 非相干散射雷达外层温度数据 $T_{\mathrm{ex}}$：Millstone Hill(1979~1996)，Arecibo (1985~1995)；

(D) 非相干散射雷达低热层温度数据 $T_{\mathrm{low}}$：Millstone Hill(1979~1996)；

(E) SMM 卫星上太阳紫外线掩星观测的氧分子数密度。

对于指定的空间和时间坐标，并输入太阳活动指数 F10.7，地磁活动指数 Ap 等参数，NRLMSISE-00 大气模型可以为我们提供高层大气温度、总的中性成分质量密度和各组成成分的数密度 (如 $N_2$，$O_2$，O，Ar，He，H，N)。

(2) 输入参量。

NRLMSISE-00 经验大气模型具体的输入参量如表 11-2 所示。

### 表 11-2　NRLMSISE-00 输入参量一览表

| 序号 | 参量标识 | 说明 | 单位 | 极限值/阈值 | 备注 |
|---|---|---|---|---|---|
| 1 | IYD | 年和日期 | d | 1, 365 | |
| 2 | SEC | 世界时 | s | 0, 86400 | |
| 3 | ALT | 高度 | km | 0, 1000 | |
| 4 | GLAT | 大地纬度 | ° | −90, 90 | |
| 5 | GLONG | 大地经度 | ° | 0, 360 | |
| 6 | STL | 当地视太阳时 1 | HRS | 0, 24 | |
| 7 | F107A | 81 天平均的 F10.7 通量 | $10^{-22}\mathrm{W}/(\mathrm{m}^2\cdot\mathrm{Hz})$ | 0, 400 | |
| 8 | F107 | 前一天的 F10.7 通量 | $10^{-22}\mathrm{W}/(\mathrm{m}^2\cdot\mathrm{Hz})$ | 0, 400 | |
| 9 | AP | 每日的地磁指数 | 2nT | 0, 400 | |
| 10 | MASS | 质量数 | 无 | 0, 48 | |

(3) 输出参量。

NRLMSISE-00 经验大气模型具体的输出参量如表 11-3 所示。

表 11-3　　NRLMSISE-00 输入参量一览表

| 序号 | 参量标识 | 说明 | 单位 | 备注 |
|------|----------|------|------|------|
| 1 | D(1) | He 数密度 | $cm^{-3}$ | |
| 2 | D(2) | O 数密度 | $cm^{-3}$ | |
| 3 | D(3) | $N_2$ 数密度 | $cm^{-3}$ | |
| 4 | D(4) | $O_2$ 数密度 | $cm^{-3}$ | |
| 5 | D(5) | Ar 数密度 | $cm^{-3}$ | |
| 6 | D(6) | 总的质量密度 | $g/cm^3$ | |
| 7 | D(7) | H 数密度 | $cm^{-3}$ | |
| 8 | D(8) | N 数密度 | $cm^{-3}$ | |
| 9 | D(9) | 异常氧数密度 | $cm^{-3}$ | |
| 10 | T(1) | 外大气层温度 | K | |
| 11 | T(2) | 高度 ALT 所对应温度 | K | |

## 11.1.2　原子氧与暴露材料作用机制

原子氧具有强氧化性、高能量、高通量的特点，主要是通过氧化和腐蚀而对航天器表面材料产生各种物理和化学作用，使得材料发生表面形貌变化，质量和厚度损失，机械强度下降，光学和电学性能改变等。最终导致污染加重，结构材料变形、断裂甚至完全消失，能源系统的性能下降，温度控制系统失效，影响飞行器的正常工作 [5,6,7]。

### 1. 原子氧的能量

原子氧的能量可由如下能量公式计算，氧原子质量 $m_o = 2.657 \times 10^{-26}$ kg。

$$E = \frac{1}{2} M v^2 \tag{11-4}$$

单个原子氧的能量不高，但是数量巨大的原子氧反复撞击材料，则会释放巨大能量，对材料表面造成损伤。表 11-4 给出了典型的汽车、空间碎片与原子氧能量的数值，$5.88 \times 10^{23}$ 个原子氧碰撞材料时释放的能量与 1300kg 的汽车、0.01kg 的空间碎片能量相当。

表 11-4　　典型的汽车、空间碎片与原子氧能量的数值

| | 质量/kg | 速度/(m/s) | 能量/J |
|------|---------|-----------|--------|
| 汽车 | $1.3 \times 10^3$ | 27.78 | $5.02 \times 10^5$ |
| 空间碎片 | 0.01 | 10000 | $5.00 \times 10^5$ |
| 原子氧 | $2.657 \times 10^{-26}$ | 8000 | $8.50 \times 10^{-19}$ |

原子氧将通过溅射方式对表面材料造成损伤。物理溅射模型强调碰撞过程中的动能传递，其溅射阈值取决于表面原子的结合能、入射原子与靶原子的质量比，以及入射原子传递给目标原子的能量最大值。当高能量的氧原子以一定角度入射到表面并成功被表面势阱所俘获时，氧原子的能量将全部传递给目标原子，从而破坏原子间的结合键，形成一个个孤立的原子从材料的表面逸出，从而造成质量损失。图 11-9 是原子氧轰击 $GeO_2$ 表面的物理过程示意图。

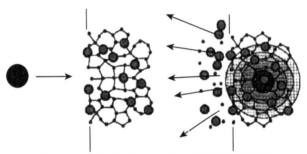

图 11-9　原子氧轰击 $GeO_2$ 表面的物理过程

### 2. 原子氧的强氧化性

原子氧通过不同化学反应机制与有机聚合材料相互作用，主要表现为插入和取代等反应方式，导致聚合物的有机分子链不断降解，同时生成 CO、$H_2O$、$CH_3$ 等小分子逸出，造成聚合物质量损失。主要反应方式如下：

(1) 提取——原子氧从高分子材料分子中拉出一个 H 或 C 原子；

(2) 添加——原子氧化合进入单体分子中；

(3) 置换——原子氧从分子中拉出一个原子同时立即化合进去；

(4) 析出——原子氧作用下分子析出未成对电子的 H 原子；

(5) 嵌入——原子氧射入两个相邻的原子 (如 C、H) 之间。

### 3. 原子氧腐蚀效应对材料的影响

原子氧对材料的腐蚀效应是溅射和氧化共同作用的结果，表 11-5 列出了对原子氧敏感的航天器常用高分子材料。

通过地面模拟试验或在轨就位监测，可以获得原子氧对航天器表面各种材料的反应系数 $R_e$，即单个原子氧 (5eV) 与表面材料碰撞反应后引起材料的质量损耗，具体计算公式如下：

$$R_e = \frac{\Delta m}{\phi_a} \cdot \frac{1}{\rho \cdot A} = \frac{\rho \cdot A \cdot \Delta h}{\phi_a \cdot \rho \cdot A} = \frac{\Delta h}{\phi_a} \tag{11-5}$$

式中，$R_e$ 为原子氧反应系数 ($cm^3/atom$)；$\Delta m$ 为质量损耗 (g)；$\phi_a$ 为单位面积原子氧累积总量 ($atoms/cm^2$)；$\rho$ 为材料密度 ($g/cm^3$)；$A$ 为暴露表面积 ($cm^2$)。

**表 11-5 对原子氧敏感的常用航天器材料**

| 材料类型 | 材料主要结构和用途 | 原子氧对材料的侵蚀效果 |
|---|---|---|
| 树脂基复合材料 | 各种环氧树脂、聚酰亚胺、聚硫化合物、酚醛类树脂和碳素材料等；使用在有效负载、能源、热控装置等仪器设备上 | 有机部分很容易被原子氧氧化侵蚀，从而使整个材料失效 |
| 摩擦材料 | 固体润滑剂、环氧树脂、酚醛树脂、聚酰亚胺树脂等；在控制陀螺、换向轴承、降低转速轴承及滑环等飞行器的主要摩擦部件应用 | 润滑剂与原子氧作用发生化学降解，表现为氧化、冲蚀或形成挥发性氧化物，从而导致润滑性能改变或润滑剂失效 |
| 热控材料 | 聚合物 (如 FEP Teflon 和 Kapton)、有机涂料和镀金属的聚合物等；控制航天器的热量平衡，使航天器温度保持在正常工作范围内，被广泛应用在航天器热控元件、第二表面镜上 | 原子氧能引起热控材料损坏，主要表现形式为热学、光学性能的降低，以及质量损失 |
| 光学材料 | 透明的有机物镀层，有机玻璃、硅橡胶菲涅耳透镜等；空间光学系统的精密光学器件和仪器 | 原子氧侵蚀后，发生质量损失、表面形态变化，从而引起光学性能的退化，甚至整个光学系统的失效 |

表 11-6 给出了典型空间材料的原子氧腐蚀率，图 11-10 ~ 图 11-12 给出了一些原子氧腐蚀效应造成的材料损伤图片[8−10]。

**表 11-6 典型空间材料的原子氧腐蚀率**

| 材料 | 腐蚀率 | 材料 | 腐蚀率 |
|---|---|---|---|
| 碳、石墨 | $(1.2 \sim 1.4) \times 10^{-24}$ | 铝 | 0 |
| Kapton | $3.0 \times 10^{-24}$ | 金 | 0 |
| 聚乙烯 | $(3.3 \sim 3.7) \times 10^{-24}$ | 锡 | 0 |
| 聚苯乙烯 | $1.7 \times 10^{-24}$ | 银 | $10.5 \times 10^{-24}$ |
| Teflon | $(0.03 \sim 0.5) \times 10^{-24}$ | 铜 | $(0 \sim 0.007) \times 10^{-24}$ |
| 聚砜 | $(2.3 \sim 2.4) \times 10^{-24}$ | 镍 | 0 |
| Mylar | $(1.5 \sim 3.9) \times 10^{-24}$ | 镁 | 0 |
| 硅树脂 | $0.05 \times 10^{-24}$ | 钼 | $(0 \sim 0.006) \times 10^{-24}$ |
| 聚碳酸酯树脂 | $2.9 \times 10^{-24}$ | 二氧化硅 | $< 0.005 \times 10^{-24}$ |
| 环氧 | $1.7 \times 10^{-24}$ | 二氧化钛 | $0.0067 \times 10^{-24}$ |
| 碳纤维/环氧 | $(2.1 \sim 2.6) \times 10^{-24}$ | 三氧化二铝 | $< 0.025 \times 10^{-24}$ |

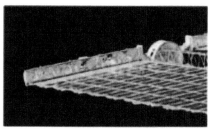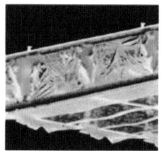

图 11-10 国际空间站 (ISS) 上的太阳电池热毯失效

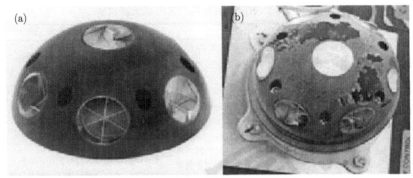

图 11-11    原子氧导致二次反射镜的性能退化

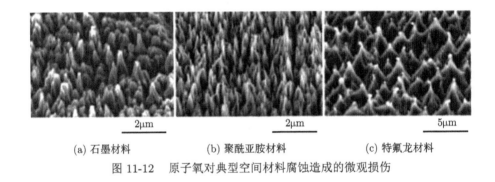

(a) 石墨材料                    (b) 聚酰亚胺材料                    (c) 特氟龙材料

图 11-12    原子氧对典型空间材料腐蚀造成的微观损伤

### 11.1.3    原子氧与紫外线、空间碎片的协同作用机制

在 200~1000km 的低地球轨道上，同时存在原子氧、紫外线、空间碎片等环境，大量飞行实验和地面模拟试验结果表明，以上环境要素存在协同作用机制[11-17]。

1. 原子氧对紫外线辐射效应的"漂白"作用

紫外辐射环境和原子氧环境对航天器表面材料的协同作用机制复杂。紫外辐射可造成航天器表面材料，如温控白漆的颜色加深甚至黑化，使太阳吸收率增加；而原子氧环境则对紫外线产生的温控漆退化产生"漂白"作用，使其光学性能有某种程度的恢复。因此，两者对温控漆光学参数的影响表现为相互抵消的作用。这是因为紫外辐射可以使航天器表面涂层材料内部的颜料粒子产生色心，即材料内部的金属氧化物吸收紫外辐射光子产生电子跃迁，形成空穴–电子对，从而引起吸收率增加，而金属氧化物颜料粒子的色心在暴露氧环境后会消失，产生"漂白"或"恢复"效应。

**2. 紫外辐射对原子氧腐蚀效应的"促进"作用**

原子氧和紫外的协同效应会加剧某些温控漆表面剥蚀，表现为相互加强的作用。这是因为紫外辐射会导致温控涂层或者有机聚合物发生分子链的交联，价键的断裂，从而引起材料的表面软化或者碎裂，为原子氧的腐蚀提供了通道，加剧原子氧的腐蚀。

目前，人们非常重视原子氧与紫外辐射的协同效应。紫外辐射的存在，将会影响到原子氧与某些材料的反应或剥蚀速度。但不能简单地考虑协同效应是加强或减弱了环境效应的影响，视具体情况表现出其复杂性。例如：Teflon 在单一原子氧环境中表现出较高的稳定性 (反应系数小于 $0.05\times10^{-24}$ cm$^3$/atom)，但在原子氧、紫外线环境的协同效应作用下，反应加剧，反应系数高达 $0.36\times10^{-24}$ cm$^3$/atom；Kapton 在紫外辐射的作用下性能变化较小，而原子氧、紫外线的协同作用对其剥蚀率几乎没有影响。因此，对原子氧、紫外线多因素环境协同效应模拟技术和试验方法的研究，能更真实地模拟航天器经受的原子氧环境条件，对提高设计品质、保证航天器寿命有重要意义。

**3. 原子氧与空间碎片的协同作用**

空间碎片和原子氧的协同作用将大大加剧空间材料遭受腐蚀的程度。小于 1mm 的空间微小碎片通常不会对航天器造成灾难性损伤，但是由于数量大，与航天器的碰撞概率高，其表面多次撞击造成的长期积累效应是很明显的。在微小碎片的撞击下，空间功能性防护膜上产生许多针孔或裂纹，尽管这些缺陷小得难以发现，但给原子氧提供了一个进入基底材料的通道，使原子氧在防护层下"潜蚀"并掏空，使防护层撕裂和脱落，进而导致防护措施失败，尤其是对大面积板形结构的平面阵天线和太阳能电池阵危害更大。以色列 Ronen Verker 研究小组利用激光驱动的高速微小碎片研究了微小碎片与原子氧对航天器表面聚合物热控材料的协同效应，研究发现，微小碎片高速撞击热控材料后引起了原子氧刻蚀速率的增加。这就说明由微小碎片的撞击而引起了氧扩散的增强，从而给航天器表面材料带来更大的危害，证实了二者的协同作用确实存在。图 11-13 是 3km/s 的微小碎片撞击镀铝 Kapton 后，再用原子氧进行辐照实验而获得的结果，在微小碎片的撞击下，空间功能性防护膜上产生许多针孔或裂纹。

### 11.1.4 原子氧腐蚀效应评估方法

原子氧与材料相互作用的研究方法，目前主要包括空间飞行实验、地面模拟试验、仿真分析及数值模型研究。

图 11-13　空间碎片与原子氧耦合效应实验结果

### 1. 空间飞行实验

在轨飞行实验是原子氧腐蚀效应研究的重要手段，也是获取原子氧腐蚀效应基础数据的重要来源。自 20 世纪 80 年代开始，以 NASA、RSA、ESA 和 JAXA 为代表的各航天组织都曾通过在轨实验对原子氧腐蚀效应进行研究和评估。主要在轨测试包括迄今在轨时间最长的 LDEF 长期暴露实验 (1984~1990)[18,19]，航天飞机 (STS) 短期暴露实验 (1982~1992)，Mir 国际空间站 OPM，POSA 实验 (1996~1998) 以及国际空间站 (ISS) MEDET、MISSE 1-8 等多项实验 [20-22]，如表 11-7 所示。

表 11-7　原子氧空间飞行实验

| 代号 | 机构 | 发射时间/<br>实验起始时间 | 回收时间/<br>实验终止时间 | 实验<br>时间 | 轨道高<br>度/km | 原子氧注量/<br>$cm^{-2}$ |
|---|---|---|---|---|---|---|
| EOIM-1 | NASA | 1982.11.11 (STS-5) | 1982.11.16 | 43.5h | 300 | $1.0 \times 10^{20}$ |
| EOIM-2 | NASA | 1983.08.30 (STS-8) | 1983.09.15 | 41.75h | 225 | $3.5 \times 10^{20}$ |
| LDEF | NASA | 1984.04.07 (STS-41C) | 1990.01.12 | 69 月 | 332~476 | $9.0 \times 10^{21}$ |
| LSFE | NASA | — | — | 105 天 | — | $1.85 \times 10^{22}$ |
| COMES/Mir | 俄罗斯 | — | 1990.02.19 | 392 天 | 400 | $5.9 \times 10^{20}$ |
| ROCC-1/Mir | 俄罗斯 | 1990.01.11 | 1991.04.26 | 470 天 | 400 | $5.36 \times 10^{22}$ |
| ISAC | Intelsat | 1990.10.06 | 1990.10.10 | 23h | 300 | $1.1 \times 10^{20}$ |
| EOIM-3 | NASA | 1992.07.31 (STS-46) | 1992.08.08 | 42h | 230 | $2.3 \times 10^{20}$ |
| EURECA | ESA | 1992.07.31 | 1993.06.24 | 11 月 | 500 | $2.3 \times 10^{20}$ |
| MEEP/Mir | 俄罗斯 | 1996.03.22 | 1997.09.26 | 18 月 | 400 | $2.1 \times 10^{20}$ |
| ESEM | NASA/NASDA | 1997.08.07 | 1997.08.19 | 40h | 255~290 | $1.0 \times 10^{20}$ |

1) 短期空间飞行实验

NASA 的研究人员利用航天飞机进行了多次短期暴露实验 [23−26]。

(1) STS-4 飞行任务：1982 年 6 月 27 日发射，飞行高度为 306km，主要搭载了航天器表面常用的热控涂层材料，如聚酰亚胺和聚乙烯等。研究了低地球轨道原子氧环境与航天器表面热控材料作用原理，实验结果证明，聚酰亚胺等聚合物在原子氧环境下剥蚀严重，性能下降。

(2) STS-5 飞行任务：1982 年 11 月 11 日发射，飞行高度为 300km，累计在轨暴露时间 44h，在轨遭遇原子氧通量约为 $1 \times 10^{20}$ atom/cm²。研究了不同材料的原子氧反应速率受样品温度影响关系，主要对聚酰亚胺、聚酯、聚四氟乙烯等薄膜进行实验，将其放置在 6 个加热板上，样品表面温度分别是 297K、338K、394K。

(3) STS-8 飞行任务：1983 年 8 月 20 日发射，飞行高度为 225km，累计在轨暴露时间 42h，在轨遭遇原子氧通量为 $3.5 \times 10^{20}$ atom/cm²。实验包括了 360 多种材料样品，研究了金属材料在原子氧环境下的腐蚀与性能退化，以及原子氧撞击到材料表面时的散射角分布情况。

(4) STS-41 飞行任务：1984 年 10 月发射，飞行高度为 225km，累计在轨暴露时间为 35h，原子氧累积量约为 $3 \times 10^{20}$ atom/cm²。实验分析了材料样品的质量损失和表面形貌变化，尤其对表面防护涂层的原子氧防护效果进行了评估。

(5) STS-46 飞行任务：1992 年 7 月 31 日发射，飞行高度为 230km，累计在轨暴露时间 42h，原子量累积通量为 $2.3 \times 10^{20}$ atom/cm²，进行了原子氧效应评价实验 (EOIM-3)、长期选择暴露实验 (LDCE) 以及材料工艺研究实验 (CONCAP)。其中 EOIM-3 (evaluation of oxygen interaction with materials Ⅲ) 飞行实验是 NASA 组织的重要的原子氧效应飞行探测实验。STS-46 还搭载了大量的聚合物材料、热控材料、金属和光学材料等进行原子氧效应被动实验研究。同时，搭载了多种主动监测仪器，包括镀银电阻原子氧传感器、玻璃态碳膜电阻传感器和厚碳膜电阻传感器等。这些电阻膜传感器测得的原子氧通量约为 $10^{15}$ atom/cm²，与 NASA 的 MSIS 模型计算的结果相近。

我国也曾利用神舟七号开展短期空间暴露实验 [27]，如图 11-14 所示。固体润滑材料空间实验项目，主要包括润滑薄膜系列、润滑涂层系列和自润滑复合材料。实验目的是获得低地球轨道原子氧、紫外线等环境对固体润滑与防护材料性能、结构、失效破坏机制的影响规律，进而开展高可靠、抗腐蚀、长寿命固体润滑与防护材料及其相关技术的研究。

通过开展短期空间飞行实验获得了一系列实验结果。确认了过去飞行实验中观察到的一些现象，在 LEO 原子氧作用下，大部分空间材料都会被剥蚀，其厚度和质量会有损失；裸露的碳纤维/环氧复合材料在原子氧作用下反应明显，树脂

表面呈 "灯芯绒" 状，碳纤维表面被氧化后会变得多孔、疏松，这会对复合材料强度和刚度造成影响；金属银表面产生的黑色金属氧化物层厚度增加；铝、金、锡、铅等其他金属具有较好的抗原子氧能力；无机物 (金属氧化物、$SiO_2$ 等) 在原子氧的作用下非常稳定，可以用作抗原子氧保护涂层；部分热控涂层材料在原子氧作用下，表面光学性能有较大变化，不适合直接用在航天器上；大部分材料会与原子氧发生作用，释放出气体产物，并沉积在航天器表面、热控涂层和太阳电池板等部件上污染航天器。

图 11-14　　神舟七号空间暴露实验

2) 长期暴露实验

(1) 长期暴露实验装置。

长期暴露实验 (long duration exposure facility，LDEF) 于 1984 年由美国发射，主要研究 LEO 环境空间环境效应。LDEF 由 "挑战者号" 航天飞机 (STS-41C) 送入太空，被 "哥伦比亚号" 航天飞机 1990 年 1 月 11 日回收，期间在轨共停留了近 69 个月，跨越了近半个太阳活动周期。LDEF 是最早的空间材料暴露实验装置，在轨时间最长，也是规模最大的暴露实验，时间长达近 6 年。其上共搭载了 57 项实验，10000 多件试样，涉及航天技术使用的无机材料、金属材料、聚合物、复合材料、陶瓷/玻璃等，这些涂层和材料分布在 LDEF 的 4 个独立的区域中暴露，如图 11-15 所示。LDEF 航天器研究的空间环境因素包括紫外辐射、电子/质子辐照、原子氧腐蚀、温度交变与热循环、真空环境、空间碎片和宇宙尘埃等。

图 11-15　LDEF 暴露装置

LDEF 上进行了航天器常用材料暴露实验、氧化实验、原子氧剥蚀实验和污染监测实验，以及相关的空间站材料原子氧剥蚀实验等，并获得了大量的探测数据，为美国提供了最大和最完整的空间材料数据库。飞行了 69 个月后其轨道高度由最初的 482km 下降到 332km，其迎风面部位接收的原子氧累积通量最大，约 $9.0 \times 10^{21} \text{atom/cm}^2$。航天器回收后分析和测试表明，由于运行轨道高度上原子氧效应和表面分子污染与颗粒物污染的影响，马歇尔研究中心在 LDEF 上所携带的 18 个太阳电池阵单元输出效率均出现下降，下降幅度最小值是 4.3%，最大约为 80%。

(2) Mir 空间站 POSA 实验和 OPM 实验。

俄罗斯 Mir 空间站被动光学样品实验 (passive optical sample assembly, POSA) 于 1996 年 3 月 25 日通过 STS-76 航天飞机安装在国际空间站对接模块上，1997 年 9 月 26 日通过 STS-8 航天飞机回收。它是空间环境暴露装置 MEEP (mir environment effects payload) 的三大模块之一，用以评价未来国际空间站用材料在同一轨道上受空间环境效应尤其是原子氧效应的影响程度。这些材料包括黑漆样品、玻璃涂层、绝缘多层以及一些金属材料等。

POSA 主要研究了原子氧剥蚀及污染效应，附着在样品表面的污染层使其光学常数前后变化巨大，如 Z-93P 白漆的红外发射率减少了 18%，而太阳吸收率增加了 33%，Z-93P 白漆的吸收率也增加了近 50%。

Mir 空间站光学特性实验 (optical property monitor, OPM) 用于研究航天器用材料自然或诱发的空间环境长期效应，同时监测由材料出气引起的分子污染。该实验装置于 1997 年 1 月送到 Mir 上，1998 年 1 月回收，有效工作时间 8 个月。该仪器将实验材料样品均布在圆盘上暴露，样品在旋转过程中可接受测量仪器的检测，以反映材料光学特性。OPM 实验测定空间环境对航天器材料的损伤机制，提供了多种材料在线的光、热性能变化，表面退化效应，污染效应等。其中的 TQCM 子系统用于监测材料的空间环境诱导效应引起的表面污染。

(3) ISS 空间站 MEDET 实验。

材料暴露与性能衰减实验 (material exposure and degradation experiment, MEDET) 放置在舱外的有效载荷平台上 (EAS's columbus module)，2008 年 2 月 7 日发射入轨，2009 年 9 月 11 日完成实验任务，在轨工作时间 18 个月。其目标是研究低轨道空间环境对航天器材料性能的影响，了解和准确评估空间环境对光学镜头的影响，同时采用 QCM 技术和薄膜探测器监测原子氧通量水平。

MEDET 采用 3 种 QCM 传感器，用于监测空间站轨道环境的原子氧通量及在轨分子污染和颗粒污染程度，通过测量石英晶体谐振频率变化可计算其所在方位处原子氧通量，分别如下所述。

(A) 谐振基频为 10MHz，传感器灵敏度为 $4.4 \times 10^{-9}$g/(Hz·cm$^2$)，石英晶体电极表面镀金，测量航天器表面污染沉积质量。

(B) 谐振基频为 10MHz，其传感器灵敏度约 $2.45 \times 10^{15}$atom/(Hz·cm$^2$)，石英晶体电极表面镀金，同时在金电极上涂覆了碳层，用于感测原子氧通量。

(C) 谐振基频为 11MHz，灵敏度为 600Hz/K，用于校准上述两种 QCM 传感器温度变化。该传感器电极表面镀金，采用 YT 切型测量温度。

MEDET 上还搭载了薄膜型原子氧探测器，采用电阻变化反映原子氧通量变化。一种是碳膜型电阻原子氧感测传感器，另一种是氧化锌膜传感器。

(4) ISS 空间站材料实验 MISSE 1-8。

国际空间站 ISS 上进行了一系列的国际空间站材料实验 (materials international space station experiments, MISSE)，研究材料在低轨道空间环境尤其是原子氧环境的长期暴露效应。NASA 利用 MISSE 系列装置对很多材料样品进行了在轨飞行考核实验，包括热控材料、金属材料、机械活动部件、生物材料和聚合物材料等，对材料在低地球轨道中的原子氧效应及寿命进行测试，并对新型的典型材料进行暴露分析，考核航天器表面材料的空间环境耐受能力。这些实验进行了原子氧通量在轨监测，研究原子氧剥蚀与原子氧散射，聚合物材料在应力环境下的剥蚀效应等。实验也证明，太阳辐射会导致聚合物和宇航服纤维的损耗，引起应力效应。

MISSE 采用被动暴露实验箱 (passive experiment container, PEC) 将材料暴

露于 ISS 空间站的外部空间环境中，PEC 样品面板在航天飞机飞行过程中面对面闭合，到达 ISS 空间站后由航天员手动打开并安装在 ISS 空间站外部。MISSE1-8 已经成功在轨飞行且回收，在轨暴露时间长达 1~4 年。

MISSE 1~2 装置于 2001 年安装在 ISS 空间站上，暴露近 4 年后回收。尤其是 MISSE 2 装置上的聚合物剥蚀和污染实验 PEACE (polymer erosion and contamination experiment)，携带了 41 个材料试样，研究了空间站有机硅污染问题。有机硅污染被氧化后会形成脆性表面，污染层受紫外辐照后会影响光学系统性能。

MISSE 3~4 于 2006 年 8 月安装在 ISS 空间站上，暴露 1 年后回收。这四种实验装置采取被动方式，主要研究材料与原子氧的相互作用，以及紫外辐射效应等。

MISSE 5 于 2005 年 8 月安装在 ISS 空间站上，暴露 1 年后回收，包括 1 个被动实验和 2 个主动实验。被动实验与 MISSE 1~4 类似，热控层材料被动暴露在轨道空间环境中，实验检测和研究了材料在空间环境中各种因素影响下的性能下降及退化机制。

有别于 MISSE 1~5 实验装置，MISSE 6 和 MISSE 7 装置大部分是主动实验。MISSE 6 于 2008 年 3 月通过 STS-123 飞行任务送到 ISS 空间站上，2009 年 9 月在地面回收。其上一共有 177 个样品放置在 2 个 PEC 即 6A 和 6B 中，分别放置在迎风面和背风面，其中有 6 项被动实验，6 项主动实验。

MISSE 7 中有 155 个样品放置在 2 个 PEC 即 7A 和 7B 中，7A 放置在天顶和天底位置，7B 放置在背风面和迎风面上。MISSE 7 中有 6 个被动实验，3 个主动实验。MISSE 7 实验中包括许多与空间站任务相关的材料，如太阳电池阵防护涂层、聚合物热控涂层、密封材料和航天服纤维材料等。它由空间站提供电源，具有通信功能，主动数据通过遥测下行地面接收。

MISSE 8 包括一个 PEC 箱子，以及光学反射材料实验装置 ORMatE-Ⅲ R/W (optical reflector materials experiment Ⅲ ram/wake)，均复用 MISSE 7 的安装接口和电源数据接口。PEC 箱子朝向天顶或天底，而 ORMatE-Ⅲ R/W 朝向迎风面和背风面。MISSE 8 是第三个与 ISS 有电源和数据接口的空间材料暴露装置，可以通过下行数据来分析材料特征。

2. 地面模拟试验

地面模拟试验目前是原子氧腐蚀效应研究中应用最广泛的研究手段。在轨实验可以获得材料与环境相互作用的第一手资料，具有真实性和高可信度，但是限制条件多、周期长、费用高，而且很难实时跟踪实验进展。地面模拟试验的成本低，参数易于测量与控制，灵活性强，而且能够定性了解原子氧能量、通量等对材料的影响，揭示原子氧与材料相互作用的机制，还可以通过加速试验，在较短的时间内模拟长时间原子氧腐蚀的效果，实现对材料长期在轨遭受原子氧腐蚀效应的评估。

国内外已经建立大量地面模拟设备，并在筛选材料、分析机制、提出和改进防护措施等方面取得很多成果。目前现有的地面原子氧模拟设备，根据不同的工作原理可分为以下几种类型：中性原子氧型、等离子体源型、带负电金属靶反射型、离子束型、压差膨胀型等，如表 11-8 所示[28-31]。

表 11-8　常见原子氧模拟设备

| 模拟设备 | 原子氧产生方法 | 原子氧能量/eV | 原子氧束流密度/(atom/(cm$^2$·s)) |
|---|---|---|---|
| 中性原子氧型设备 | 离子氧后电场偏转中性化 | 5~200 | $10^{12}$~$10^{16}$ |
| 等离子体源型模拟器 | 辉光放电分解 $O_2$ | 0.04~0.06 | $10^{18}$~$10^{20}$ |
| 带负电金属靶发射型 | 等离子体撞击带负电金属板产生原子氧 | 5~10 | $10^{13}$~$10^{16}$ |
| 离子束型设备 | 射频、电弧或微波产生氧等离子体，电场引出离子束 | 30~2000 | $10^{13}$~$10^{15}$ |
| 压差膨胀型 | 射频、电弧或微波放电产生等离子体，小孔喷出，多级加速 | 0.14~4 | $10^{15}$~$10^{17}$ |

目前原子氧地面模拟系统大部分还是等离子体型设备，虽然这类设备作用在材料表面的是能量较低的热能原子氧，但大量试验已证明，它在预估和评价材料的 LEO 环境原子氧反应特性方面较为有效，所获得的数据与 LEO 空间暴露试验结果较为吻合。但从国外的研究情况来看，原子氧地面模拟设备要想同时满足 5eV 的能量及 $10^{14}$~$10^{16}$atom/(cm$^2$·s) 的通量比较困难。

目前国内对原子氧环境效应比较重视，北京卫星环境工程研究所、北京航空航天大学、兰州空间技术物理研究所、哈尔滨工业大学和中国科学院国家空间科学中心等都建立了原子氧模拟装置，具备了相应的研究和试验能力。其中北京卫星环境工程研究所的原子氧地面模拟设备采用微波电子回旋共振技术产生高密度氧等离子体，经过中性化处理氧等离子体变成氧原子束，可产生 5eV 能量，$10^{15}$atom/(cm$^2$·s) 通量的中性原子氧束流。北京航空航天大学利用热阴极灯丝放电原理建立的原子氧模拟设备，可以产生 0.04eV 能量，$10^{17}$atom/(cm$^2$·s) 通量的氧等离子体；兰州空间技术物理研究所基于微波等离子体同轴源建立的原子氧模拟设备，可以产生 5~8eV 能量，$10^{16}$atom/(cm$^2$·s) 通量的中性原子氧。中国科学院国家空间科学中心采用的是基于负离子潘宁源的原子氧模拟设备，原子氧能量可达到 5~8eV，通量可达到 $6\times10^{15}$atom/(cm$^2$·s)。

原子氧通量的测量是原子氧地面模拟试验研究工作的基础，是量化航天器材料和部件的原子氧暴露程度、评估其空间原子氧使用寿命的重要参数。常用的几种原子氧通量测量方法有 Kapton 质量损失法、NO$_2$ 滴定法、银表面催化法、光谱法、质谱分析法、银膜和半导体膜电阻法等，目前普遍采用 Kapton 质量损失法，具体计算公式如下：

$$f_k = \Delta M_k / (A_k \rho_k E_k t) \tag{11-6}$$

式中，$\Delta M_k$ 是质量损失，单位为 g；$A_k$ 是有效辐照面积，单位为 $cm^2$；$\rho_k$ 是 Kapton 材料的密度，单位为 $g/cm^3$；$E_k$ 是 Kapton 材料与原子氧的反应系数，单位为 $cm^3/atom$；$t$ 是辐照时间，单位为 s。

在地面试验评估中，具体试验要求可参照 GJB 2502.9—2015《航天器热控涂层试验方法第 9 部分——原子氧试验》执行。

### 3. 数值仿真

由于原子氧与材料相互作用效应较为复杂，目前还无法构造出完善的理论模型。国外理论工作者根据试验结果，基于经典的散射理论建立了一些理论模型，且根据原子氧与表面材料相互作用的动力学研究，开发了相关软件 [32-36]。

#### 1) 掏蚀模型

1992 年，B.A.Banks 等基于各种试验数据，分析和研究了原子氧的撞击入射角和撞击能量对原子氧与航天器表面材料作用概率的影响，表明原子氧防护材料表面缺陷处的掏蚀和氧化使得星表材料和聚合物结构受损。该模型较好地反映了 LDEF 实验上的镀铝 Kapton 试件的掏蚀纵向形状，缺点是在掏蚀模型中设定了反应概率参数，限制了其实用性。

#### 2) 反应散射模型

1995 年，S.L.Koontz 通过研究反应概率与动能的相关性，采用归一化动能分布函数作为反应函数，应用统计平均的方法计算材料的原子氧反应率。该模型能描述气相条件下平动能与原子氧反应的相关性，但试验数据与分析结果拟合相对简单。

#### 3) 键和方向性模型

1998 年，Baird 提出根据表面的靶原子与其他原子在表面切向键合强度大小，决定了其在碰撞中能否活化。假定氧原子始终处于平衡状态，基于原子氧的动能，反映其与表面单原子发生碰撞的情况。模型研究原子氧和靶原子的质量对能量传输的影响，说明了键合强度的强弱，但不能估算空间材料的剥蚀速率。

#### 4) 量子力学模型

纽约城市大学 Asta-Gindulyte 基于量子力学方法研究了航天材料与原子氧反应模型，评估原子氧效应引起的材料性能退化速率和机制。目前该方法不能深入完整解释聚合物材料在 LEO 原子氧环境中的性能退化问题。

以上模型均以原子氧与材料表面间的经典散射理论为基础，研究重点各有不同。掏蚀模型主要研究原子氧的入射角和能量对表面材料的性能影响，也能解释已散射但未发生化学反应的原子氧对材料表面的潜在破坏作用。但绝大部分原子氧模型没有解决 LEO 上原子氧随时间的累积通量信息。

5) 基于 DSMC 的原子氧仿真技术

DSMC (direct simulation Monte Carlo) 方法是在质点蒙特卡罗 (Monte Carlo) 方法和分子动力学方法的基础上发展起来的一种求解玻尔兹曼方程的蒙特卡罗方法。该方法的基本要点可以简述成：用有限个仿真分子代替真实气体分子，并在计算机中存储仿真分子的位置坐标、速度分量以及内能，其值随仿真分子的运动、与边界的作用以及分子之间的碰撞改变，最后通过统计网格内仿真分子的运动状态实现对真实气体流动问题的模拟。DSMC 方法是用来研究原子氧与 Kapton 材料发生掏蚀作用的一种主要方法。这种模拟方法是在通过长期飞行实验所获得的一些数据的基础上进行大胆的假设建立起来的，并不断将模拟结果与飞行实验结果进行拟合改进和完善。

DSMC 方法仿真研究原子氧掏蚀现象时，原子氧对 Kapton 的掏蚀现象主要集中在保护层的缺陷处。原子氧通过保护层缺陷处撞击到 Kapton 材料，以一定的概率与之发生反应，未反应的原子氧将发生反射，如果反射后又撞到 Kapton 则在新的撞击点上发生反应或反射，这样原子氧在掏蚀空洞中将不断反射，直到发生反应或从缺陷处逸出，基本物理过程如图 11-16 所示。

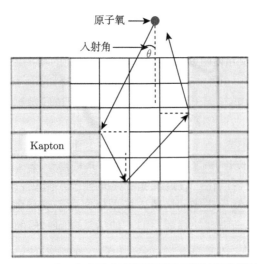

图 11-16　DSMC 方法仿真研究原子氧掏蚀的物理过程

DSMC 方法仿真中的假设条件如下所述。

(1) 原子氧的运动限制在与材料表面垂直的平面内：横截面基蚀。

(2) 原子氧不与保护层反应，如二氧化硅、氧化铝。

(3) 热运动的原子氧速率服从麦克斯韦分布。

(4) 原子氧之间不会重新组合成氧分子。

(5) 多个原子氧产生的效应可以看成是原子氧逐个作用效应的累积，忽略原子氧相互碰撞。

(6) 未反应的原子氧以两种方式离开材料表面。① 漫反射。发生这种反射表示原子氧被热同化了，即原子氧与材料发生了热交换，使原子氧的温度与碰撞表面达到平衡。② 镜面反射。原子氧与 Kapton 碰撞为弹性碰撞，原子氧离开表面时能量保持不变。

### 11.1.5 原子氧防护技术

有许多材料在原子氧作用下是稳定或相对稳定的，比如大多数金属、几乎所有的金属氧化物、大多数有机硅化合物以及少数有机化合物 (如 Teflon) 等。原子氧防护技术研究的目的是寻找反应系数低的材料作防护层，使得对原子氧敏感的基底材料不被剥蚀。目前常用的原子氧防护方法主要有包覆法、耐原子氧剥蚀的新材料、原子氧防护涂层及改性层。包覆法会改变基底材料的原有性能，因此应用的范围有限；耐原子氧剥蚀的新材料开发难度大，周期长；涂层方法适用于多种表面，制造工艺简单，既能保护基材不受原子氧剥蚀，又能保持基底材料原有的性能，应用较广泛 [37−40]。

防原子氧涂层的性能应满足以下几点要求：

(1) 有良好的防原子氧剥蚀性能，并有一定的抗紫外线 (UV) 辐射和高低温交变的性能，且不明显改变基底材料的原有特性；

(2) 与基底材料结合牢固，裂纹、针孔、气孔等缺陷较少，不会造成原子氧的"潜蚀"效应；

(3) 有一定的机械性能，较好的柔韧性，卷曲使用时不会出现微裂纹。

原子氧防护涂层主要包括有机防护涂层和无机防护涂层。有机防护涂层主要有聚硅氧烷、聚硅氮烷、聚硅氧烷–聚酰亚胺共聚物、氟化聚合物 Teflon、聚氟膦嗪聚合物等。有机防护涂层有较好的柔韧性，不易出现裂纹，与航天器表面的有机基底材料结合牢固；但是真空出气现象较严重，在空间环境因素作用下容易出现老化、裂纹等现象。无机防护涂层主要有 $SiO_2$、$SiO_x$、$SiO_x$/含氟聚合物、$Al_2O_3$、$MgF_2$、$Si_3N_4$、ITO、TO、Ge、$TiO_2$、$ITO/MgF_2$、Al 和 Au 等；无机涂层原子氧防护性能良好，制作工艺简单，成本较低，但是柔韧性较差，在加工、处理、应用过程中会由于弯曲而产生裂纹，为原子氧提供"潜蚀"通道。

耐原子氧剥蚀的新材料主要有本征型抗原子氧腐蚀材料和添加型抗原子氧腐蚀材料。本征型抗原子氧腐蚀材料是在聚合物主链上引入杂原子如磷、氟、硅等，可以提高抗原子氧腐蚀的能力。目前，有机硅、癸硼烷基聚合物、硼–硅聚合物、含氟聚合物以及含磷聚合物等，是被广泛研究的几种主要抗原子氧物质。如含磷抗原子氧聚合物、含氟抗原子氧聚合物、含锆抗原子氧聚合物。添加型抗原子氧腐蚀材料是在易受原子氧剥蚀的材料中加入不与原子氧反应的有机或无机物材料，以增强其抗原子氧剥蚀的性能。常见的有在航天器聚合物基体中添加无机纳米颗粒、空心微珠等技术。如添加纳米二氧化硅、添加超细空心微珠、添加有机硅化合物。

## 11.2　紫外辐射效应

### 11.2.1　紫外辐射环境特征

空间电磁辐射能量主要是来源于太阳电磁辐射，其次是来源于其他恒星的辐射和经过地球大气散射、反射回来的电磁波，第三是来自地球大气的发光。太阳电磁辐射波长覆盖 γ 射线、X 射线、紫外线、可见光、红外、无线电波。空间轨道太阳电磁辐射中红外、可见光、紫外线占总强度的 99.9%，其中可见光占 43%、红外占 48.3%、紫外线占 8.7%，如图 11-17 所示 [41]。

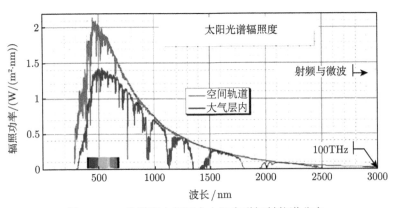

图 11-17　轨道和大气层内太阳电磁辐射能谱分布

太阳常数 (SC) 是指在地球轨道上大气层外距离太阳为 1AU 处并垂直于太阳光线的单位面积上，单位时间内接收到的太阳总辐照度，约为 1353W/m²。太阳常数随着太阳周期活动、日地距离的变化而变化，如图 11-18 和表 11-9 所示。

太阳紫外辐射是指波长在 100~400nm 范围的电磁辐射。其中，近紫外线 (200~400nm) 辐射光谱辐照度为 118W/m²，占太阳常数 8.7%；远紫外线 (10~200nm) 辐射光谱辐照度为 0.1W/m²，占太阳常数 0.007%。

卫星外表面结构取向及其在轨运动期间所发生的变化，以及进出地球阴影的时间，都会影响太阳紫外辐照的实际辐照时间，如图 11-19 所示 [42]。

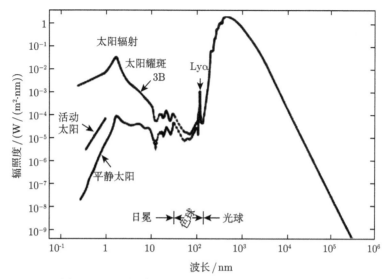

图 11-18 不同太阳活动下的太阳电磁辐射能谱分布

表 11-9 不同日期和日地距离下的太阳常数变化

| 日期 | 太阳辐射能/(W/m²) | 日期 | 太阳辐射能/(W/m²) |
|---|---|---|---|
| 1 月 3 日 (近日点) | 1399 | 7 月 4 日 (远日点) | 1309 |
| 2 月 1 日 | 1393 | 8 月 1 日 | 1313 |
| 3 月 20 日 (春分) | 1365 | 9 月 23 日 (秋分) | 1345 |
| 4 月 3 日 | 1355 | 10 月 1 日 | 1350 |
| 5 月 3 日 | 1322 | 11 月 1 日 | 1374 |
| 6 月 21 日 (夏至) | 1310 | 12 月 22 日 (冬至) | 1398 |

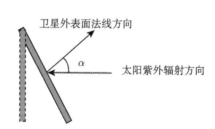

图 11-19 卫星表面与光照方向的示意图

紫外辐照强度具体计算公式如下:

$$H = \sum (E_s \cdot t_i \cdot \theta \cdot \cos \alpha_i) \tag{11-7}$$

其中, $H$ 为卫星外表面紫外辐照强度; $E_s$ 为太阳紫外辐照强度; $\theta$ 为卫星轨道受晒因子; $\alpha$ 为卫星外表面法线与太阳紫外辐射方向夹角; $\cos \alpha_i$ 为 $t_i$ 时段卫星外表面结构取向因子。

表 11-10 是图 11-20 所示的卫星不同表面在典型轨道遭遇的紫外辐照强度。

**表 11-10　典型轨道的紫外辐照强度**

| 轨道 高度/km | 1 面/ $(MJ/m^2)$ | 2 面/ $(MJ/m^2)$ | 3 面/ $(MJ/m^2)$ | 4 面/ $(MJ/m^2)$ | 5 面/ $(MJ/m^2)$ | 6 面/ $(MJ/m^2)$ | 7 面/ $(MJ/m^2)$ |
|---|---|---|---|---|---|---|---|
| 600 | 727.910 | 438.930 | 0 | 983.171 | 109.341 | 197.472 | 2420.103 |
| 20000 | 843.956 | 838.275 | 0 | 2495.869 | 839.086 | 839.764 | 3721.305 |
| 36000 | 848.150 | 843.582 | 0 | 2486.277 | 837.220 | 847.249 | 3721.305 |

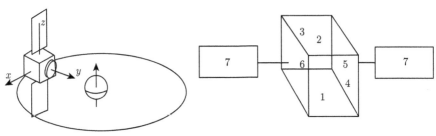

图 11-20　卫星轨道及表面定义

从表 11-10 中可以看到:

(1) 在中轨道和地球同步轨道上,地影对卫星的影响很小,而在低轨道,地影影响则很大;

(2) 同样把其余列数据与第 7 面的数据相比 (第 7 面是太阳帆板,它在飞行过程中总是垂直于太阳辐照方向),则可以看出取向因子对紫外辐照强度的影响也很大。

### 11.2.2　紫外辐射与暴露材料作用机制

太阳紫外波段占太阳总辐照度的比例虽然很低,但是由于光子能量高,会使得大多数材料的化学键被打断,造成卫星表面的有机材料、高分子材料、光学材料、薄膜、黏结剂和涂层出现性能退化 [42-45]。

波长在 10~400nm 的紫外线所提供的能量足以切断大多数类型的化学键,如图 11-21 所示。波长小于 200nm 的远紫外线,光子能量一般大于有机材料的键能,足以使 C—C、C—O 断裂,产生小分子量的成分,增加材料出气,产生挥发性可凝物;也可能使有机材料表面发生交联,使表面材料脆化,发生龟裂等。

光子能量随着波长的减小而迅速增大,因此短波长光子对分子键的断裂能力更强。随波长的变短,量子效率以指数速度迅速增加。这意味着虽然太阳远紫外辐射强度较弱,但由于量子效率的迅速增加,使其对材料的影响起主要作用。

紫外辐照对高分子材料可造成瞬态效应和累积效应两种不同效应,如图 11-22 所示。瞬态效应 (剂量率效应) 是可逆的,当外界紫外辐照撤掉后,高分子材料的性能基本保持不变。空间紫外辐照对材料造成的影响类似于 γ 射线辐照，在短期 γ 射线辐照下高分子材料电导率的变化明显分为三个阶段 (图 11-22(a))：导电率上升 (A 阶段)—保持 (B 阶段)—恢复至初始状态 (C 阶段)，短期辐照时高分子材料的最大电导率取决于辐照剂量率，如图 11-22(b) 所示。

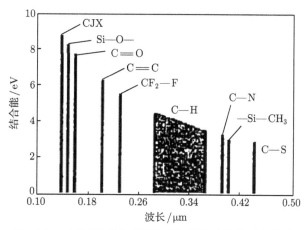

图 11-21　不同波长紫外辐射可切断化学键的对应关系

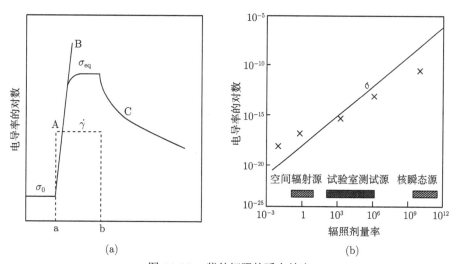

(a) (b)

图 11-22　紫外辐照的瞬态效应

　　累积效应 (总剂量效应) 是不可逆的，高分子材料在长期紫外辐照后发生成分和结构的变化，造成材料性能退化。当总辐照剂量超过一定值后，发生不可逆的化学反应，形成新的成分和分子链结构，从而导致高分子材料性能的下降。高分子链的交联：即高分子材料的分子量增加，当辐照剂量足够高时，生成三维的网状结构，如图 11-23 所示。高分子链断裂：即平均分子量降低，材料软化，强度下降，如图 11-24 所示。

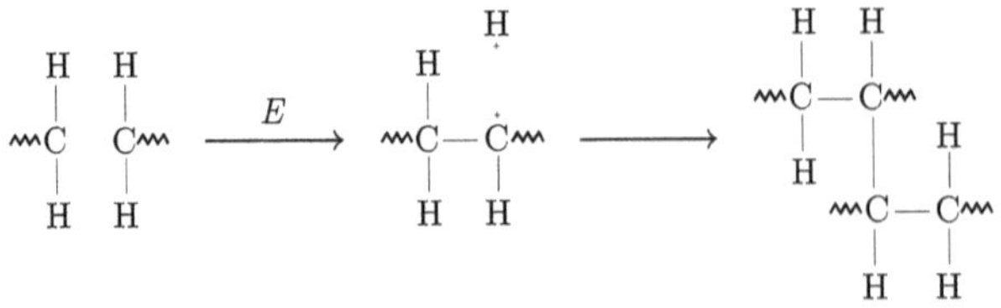

图 11-23　高分子链的交联

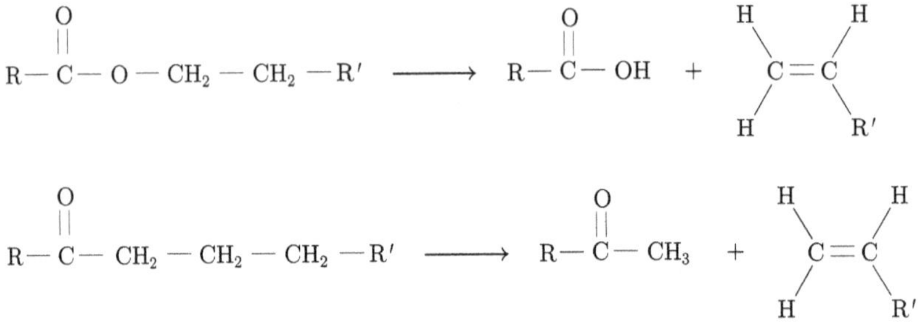

图 11-24　高分子链的断裂

**受太阳紫外线影响明显的主要是光学材料、热控材料、聚合物材料。**使光学玻璃、太阳电池盖片玻璃和甲基异丙烯窗口等改变颜色，影响光谱的透过率；会改变介质材料的介电性质，破坏聚合物分子的化学键，引起光化学反应，造成分子量降低、材料分解、裂析、变色、弹力和抗张力降低等，聚乙烯、涤纶等高分子薄膜受紫外辐射影响较大；影响橡胶、环氧树脂黏合剂和甲基丙烯气动密封剂性能的稳定性；改变热控涂层的光学性质，使表面逐渐变暗，对太阳辐照的吸收率显著提高。

图 11-25 是最常用的光学膜层 ZnS 在不同紫外辐射条件下的性能变化。紫外

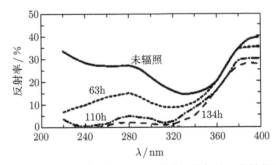

图 11-25　光学膜层 ZnS 在不同紫外辐射条件下的性能变化

线在 220nm 对 ZnS 膜层的反射率影响很大；在照射 63h 后，其反射率已从 34%
下降到 7%；而照射 134h 后，反射率几乎减小到 0%；在波长大于 360nm 的区
域，太阳紫外辐射对膜层反射率的影响很小。原因是 ZnS 分子键的结合能较低，
仅为 113kJ/mol，ZnS 膜层很容易被紫外辐射分解成 Zn 和 $S_2$，在有氧环境下形
成 ZnO，沉积在反射镜表面，导致其反射率降低。

热控材料是航天器热控系统的重要组成部分，是专门用来调整卫星表面热辐
射性质从而达到热控制目的的表面材料。在空间紫外辐射作用下，热控涂层的太
阳吸收率 ($\alpha_s$) 和热发射率 ($\varepsilon_h$) 会发生变化，造成卫星热控系统达不到设计要求，
进而影响卫星的设计寿命。表 11-11 是热控涂层 S781 白漆在空间紫外辐射下太
阳吸收率 $\alpha_s$ 的衰退变化规律。

表 11-11　热控涂层 S781 白漆在空间紫外辐射下的性能变化

| 在轨时间 | 12 小时 | 0.5 年 | 1 年 | 2 年 | 3 年 | 4 年 | 5 年 | 6 年 | 7 年 |
|---|---|---|---|---|---|---|---|---|---|
| 太阳吸收率 $\alpha_s$ | 0.192 | 0.235 | 0.263 | 0.294 | 0.311 | 0.338 | 0.345 | 0.362 | 0.373 |
| 在轨时间 | 8 年 | 9 年 | 10 年 | 11 年 | 12 年 | 13 年 | 14 年 | 15 年 | |
| 太阳吸收率 $\alpha_s$ | 0.379 | 0.392 | 0.398 | 0.400 | 0.418 | 0.415 | 0.424 | 0.425 | |

### 11.2.3　紫外辐射效应试验评估方法

卫星暴露于外表面的分系统和单机用材料的紫外辐射效应主要采用地面模拟
试验方法开展研究。当无法确定材料的耐紫外辐射能力时，需进行紫外辐照试验。
紫外光源可选用超高压汞灯、超高压汞氙灯、超高压氙灯等；在 200nm 以下紫
外辐照建议采用氢灯、氘灯或气体放电装置作为紫外光源；辐照试验中紫外光源
的出射度衰减不应超过初始强度的 30%，否则更换新的光源；紫外灯应有防护
罩 [46-50]。具体试验条件如下：

(1) 真空室压力应不高于 $1.3 \times 10^{-3}$Pa；近紫外波长范围为 $200 \sim 400$nm，加
速因子一般不大于 5，辐照度为 $118 \sim 590$W/m²，辐照度不均匀性不超过 ±15%；

(2) 远紫外波长范围为 $10 \sim 200$nm，加速因子一般不大于 100，辐照度为
$0.1 \sim 10$W/m²，辐照度不均匀性不超过 ±20%；

(3) 辐照面积应大于试验试样面积，辐照剂量按试验任务书或有关技术文件
规定；

(4) 光谱匹配要求按试验任务书或有关技术文件的规定；

(5) 试验过程中，试验试样温度不应超过试验任务书或有关技术文件的规定。

### 11.2.4　紫外辐射防护技术

高分子材料在空间紫外辐照条件下，形成大量强极性的自由基，使材料性质
发生不可逆的改变；同时，在外部电场作用下，这些强极性的自由基成为传输电

流的载流子而导致其绝缘性能下降 [51,52]。两种途径可提高材料耐空间紫外辐照能力。

(1) 提高高分子材料中高共价键能官能团的比例，尽可能地减少由紫外辐照所形成的强极性自由基数量。在选用高分子材料时选择含有较多高共价键能官能团的聚合物单体，如含有较多双键甚至三键的官能团 (酮 (C=O)、醚 (–O–) 和砜 (S=O) 等键能较大的基团)；可通过在高分子材料中添加第二相无机共价化合物材料，如 $SiO_2$、$Al_2O_3$ 和 SiC 等提高高分子材料的成分稳定性，增强其耐紫外辐照能力。

(2) 降低紫外辐照后产生的强极性自由基活性，从而在减缓自由基迁移速率的同时减缓化学反应速率。在绝缘材料加工时需提高高分子材料的结晶程度，减小杂质和其他小分子的含量，从而提高材料微观组织的稳定性；选择高分子主链结构稳定的材料，其自由度小不易发生扭曲、折叠等变形，有利于减小极性自由基的转移，从而增强高分子材料的稳定性。例如，PET (聚对苯二甲酸乙二醇酯) 主链上含有更多的单键，因而其变化自由度大；而 PEI (聚醚酰亚胺) 主链上含有更多苯环结构，链的扭转、折叠自由度小，因而结构更稳定。

# 11.3　低能带电粒子辐射效应

## 11.3.1　低能带电粒子与暴露材料作用机制

低能带电粒子主要来自太阳风等离子体、极光沉降粒子、地球辐射带等。能量范围在 0.1~200keV 的低能质子和电子，对表面材料的辐照效应主要包括表面溅射剥蚀效应、电离效应和位移效应。

(1) 粒子束轰击靶样品，如果靶原子获得能量而逃逸出样品表面，则这种过程为溅射。能量在几十千电子伏以下的粒子打到材料表面，会引起材料组成原子的溅射，导致材料表面的溅射剥蚀。溅射过程与材料种类、入射粒子的原子序数及能量有关。能量在几十至几百千电子伏的质子或电子在材料中的射程较小，对反射镜等光学材料有特殊的表面效应，能在很多材料的表面引起特殊的起泡现象。

(2) 电离效应是一定能量的带电粒子与材料原子核外电子发生弹性碰撞或非弹性碰撞，使核外电子摆脱原子核的束缚，离开原来的轨道，成为自由电子。失去核外电子的原子成为正离子，形成电子–空穴对，电子–空穴对的后续行为影响着材料的结构和性能。

(3) 位移效应是带电粒子与原子核发生弹性碰撞或非弹性碰撞，使得原子离开原先的结构位置，或入射粒子填充晶格间隙处，从而形成空位和间隙原子，导致了材料结构和性能的变化。

低能带电粒子由于穿透力有限，主要对暴露材料造成损伤，如光学石英玻璃、太阳电池、热控涂层等[53-58]。对光学材料而言，带电粒子辐照造成的主要影响就是在材料内部产生各种色心结构，从而影响其光学反射性能。光学材料经带电粒子辐照后，在特定波段产生光吸收，当被吸收波段位于可见光区域时，材料就呈现与被吸收光互补的颜色，造成材料着色。物质之所以能吸收光，是由原子中电子吸收能量受到激发，从基态跃迁到激发态所致。晶体中的色心，按其微观结构可分为俘获电子型色心、俘获空穴型色心和杂质色心三类。俘获电子型色心主要指晶体中的 F 心、聚集 F 心，以及它们受到各种其他的杂质和本征缺陷扰动后构成的色心。F 心是指包含正常晶格负离子相同电荷数目的负离子空位；F 心得到或失去一个电子分别生成 $F^-$ 和 $F^+$ 心，两个或两个以上 F 心聚集形成的色心称为聚集 F 心，如图 11-26 所示，表 11-12 给出了不同色心对应的吸收能量和波长。

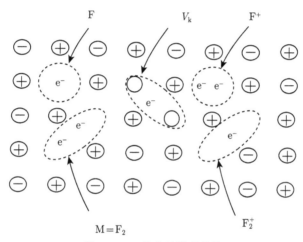

图 11-26　色心的微观结构

表 11-12　不同色心对应的吸收能量和波长

| 晶体类型 | 色心类型 | 吸收能量/eV | 对应波长/nm | 备注 |
|---|---|---|---|---|
| | F 心 | 6.00 | 200 | $O^{2-}$ 空位 + 两电子 |
| | $F^+$ 心 | 4.80 | 251 | $O^2$ 空位 + 电子 |
| | | 5.40 | 223 | |
| $Al_2O_3$ | | 6.30 | 191 | |
| | | 3.80 | 316 | |
| | $F_2$ 心 | 4.11 | 302 | F 聚集心 |
| | $F_2^+$ 心 | 2.76 | 450 | |
| | | 2.18 | 570 | |
| $SiO_2$ | $E'$ 心 | 5.83 | 213 | $Si+$ 电子 |
| | Al 杂质心 | 2.26 | 550 | $Al^3 + O^2$ 空位 |
| | NBOHC | 2.00 | 620 | $Si+ O^-$ |

### 11.3.2　低能带电粒子试验评估方法

暴露于卫星外表面的热控涂层等光学材料，当无法确定材料的耐低能带电粒子辐射能力时，需进行辐照试验。低能电子辐照源及基本要求如下 [59,60]：

(1) 根据需求可选用电子枪或电子加速器；

(2) 电子能量和束流应可调；

(3) 辐照面积应大于试验试样面积，试验试样被照面的束流不均匀性一般不超过 ±20%，束流不稳定性一般每小时不超过 ±5%，能量不稳定性每小时不超过 ±0.1%；

(4) 束流测量采用法拉第杯和微电流计测量系统；

(5) 根据样品特性，电子辐照要求在 10～60keV、60～180keV、180 keV～1MeV 之间至少选取三个能量点，束流加速因子一般不大于 500。

低能质子辐照源及主要要求如下：

(1) 根据需求可用质子源或质子加速器；

(2) 质子能量和束流应可调，分析器确保质子纯度达 95% 以上；

(3) 辐照面积应大于试验试样面积，试验试样被照面的束流不均匀性一般不超过 ±30%，束流不稳定性一般每小时不超过 ±5%，能量不稳定性每小时不超过 ±0.1%；

(4) 束流测量采用法拉第杯和微电流计测量系统，测量中要抑制二次电子和杂散带电粒子对测量精度的影响；

(5) 根据样品特性，质子辐照要求在 10～60keV、60～180keV、180 keV～6.8MeV 之间至少选取三个能量点，束流加速因子一般不大于 500。

## 习　　题

1. 简述原子氧导致空间暴露材料受到侵蚀作用的物理机制。

2. 计算航天器在 300km 所遭遇原子氧的能量范围；计算航天器表面材料在轨 3 年遭遇的最大原子氧累积注量。

提示：

(1) 大气温度 1000K；

(2) 氧原子质量 $m_o = 2.657 \times 10^{-26}$ kg；

(3) 能量换算 1eV = $1.6 \times 10^{-19}$ J；

(4) 300km 高度下原子氧数密度为 $6.5 \times 10^{14}$ m$^{-3}$；

(5) $G = 6.67 \times 10^{-11}$ m$^3$/(kg·s$^2$)，$M = 5.97 \times 10^{24}$ kg；

(6) 玻尔兹曼常量 $K_B = 1.38 \times 10^{-23}$ J/K；

(7) 地球半径 $R_e = 6371$ km。

3. 原子氧地面模拟试验中常采用 Kapton 质量损失法测量原子氧的辐照注量，假设试验前后的质量损失为 5g，辐照面积为 4cm$^2$，求样品遭遇的累积辐照注量。

提示:

(1) Kapton 密度为 $1.4g/cm^3$;

(2) Kapton 与原子氧反应系数为 $2.4×10^{-24}$ $cm^3/atom$。

4. 简述原子氧防护涂层应满足的主要性能要求。

5. 简述紫外辐射与暴露材料相互作用机制。

6. 给出低能带电粒子地面模拟实验辐射模拟源的技术要求,论述实验设计依据。

7. 阐述哪些空间环境要素具有明确的耦合效应,其作用机制是什么?

# 参 考 文 献

[1] 沈志刚, 赵小虎, 王鑫. 原子氧效应及其地面模拟试验. 北京: 国防工业出版社, 2006.

[2] Picone J M, Hedin A E, Drob D P, et al. NRLMSISE-00 empirical model of the atmosphere: Statistical comparisons and scientific issues. Journal of Geophysical Research: Space Physics, 2002, 107(A12): SIA 15-1-SIA 15-16.

[3] 卢明, 李智, 陈冒银. NRLMSISE-00 大气模型的分析和验证. 装备指挥技术学院学报, 2010, 21(4): 57-61.

[4] Suggs R J. The MSFC Solar Activity Future Estimation (MSAFE) Model. Applied Space Environments Conference (ASEC), 2017.

[5] 多树旺. 低地轨道空间原子氧对材料的侵蚀机制与防护涂层研究. 沈阳: 中国科学院金属研究所, 2004.

[6] 张蕾, 严川伟, 屈庆, 等. 原子氧对航天材料表面的作用与防护—II. 原子氧敏感材料的防护. 材料导报, 2002, 16(2): 7, 8, 11.

[7] 张岚, 刘勇, 董尚利, 等. 原子氧对航天材料的影响与防护. 航天器环境工程, 2012, 29(2): 185-190.

[8] Groh K D, Banks B A, Mccarthy C E, et al. MISSE 2 PEACE polymers atomic oxygen erosion experiment on the International Space Station.High Performance Polymers, 2008, 20(4): 388-409.

[9] Samwel S W. Low earth orbital atomic oxygen erosion effect on spacecraft materials. Space Research Journal, 2014, 7(1): 1-13.

[10] Stevens N J. Method for estimating atomic oxygen surface erosion in space environments. Journal of Spacecraft & Rockets, 2015, 27(1): 93-95.

[11] 沈自才, 邱家稳, 丁义刚, 等. 航天器空间多因素环境协同效应研究. 中国空间科学技术, 2012, 32(5): 54-60.

[12] 沈志刚, 赵小虎, 邢玉山, 等. 空间材料 Kapton 的真空紫外与原子氧复合效应研究. 北京航空航天大学学报, 2003, 29(11): 984-987.

[13] 赵小虎, 沈志刚, 王忠涛, 等. 空间 Kapton 材料的原子氧、温度、紫外效应试验研究. 北京航空航天大学学报, 2001, 27(6): 670-673.

[14] 姜海富, 李胜刚, 周晶晶, 等. 原子氧与紫外综合辐照下 Kapton/Al 结构变化. 强激光与粒子束, 2015, 27(12): 202-208.

[15] 陈荣敏, 张蕾, 严川伟. 原子氧与真空紫外线协同效应对有机涂层的降解作用. 航空材料学报, 2007, 27(1): 41-45.

[16] 李宏伟, 蔡明辉, 韩建伟, 等. 微小空间碎片与原子氧协同效应研究. 空间科学学报, 2011, 31(4): 503-508.

[17] 翟睿琼, 任国华, 田东波, 等. 低轨道紫外、带电粒子、热循环与原子氧协合效应研究进展. 真空, 2019, (1): 72-76.

[18] Whitaker A F, Kamenetzky R R, Finckenor M M, et al. Atomic oxygen effects on LDEF experiment AO171. NASA Technical Reports, Document ID, 1993: 0019092.

[19] Banks B. Atomic oxygen, LDEF materials data analysis workshop. NASA-Kennedy Space Center February, 1990.

[20] Dinguirard M, Mandeville J C, Chambers A, et al. Materials exposure and degradation experiment (MEDET)// 2001 Conference and Exhibit on International Space Station Utilization. American Institute of Aeronautics and Astronautics, 2001.

[21] Pippin G. Technical operations support (TOPS) II. Delivery order 0011: Summary status of MISSE-1 and MISSE-2 experiments and details of estimated environmental exposures for MISSE-1 and MISSE-2// Annals of Biomedical Engineering, 2006.

[22] Groh K, Banks B A. MISSE PEACE polymers atomic oxygen erosion results// 2006 MISSE Post-Retrieval Conference, 2006.

[23] Peters P N, Linton R C, Miller E R. Results of apparent atomic oxygen reactions on Ag, C, and Os exposed during the Shuttle STS-4 orbits. Geophysical Research Letters, 2013, 10(7): 596-571.

[24] Visentine J T, Leger L J, Kuminecz J F, et al. STS-8 atomic oxygen effects experiment. AIAA Pap., 23rd Aerospace Sciences Meeting, 1985.

[25] Zimcik D G, Maag C R. Results of apparent atomic oxygen reactions with spacecraft materials during shuttle flight STS-41G - Shuttle Environment and Operations II Conference (AIAA). Journal of Spacecraft & Rockets, 1988, 25(2): 162-168.

[26] Linton R C, Vaughn J A, Finckenor M M, et al. Orbital atomic oxygen effects on materials: An overview of MSFC experiments on the STS-46 EOIM-3. NASA Langley Research Center, 1995.

[27] 佚名. ”神七” 飞天与材料科学和涂料技术. 表面工程资讯, 2008, 8(6): 3, 4.

[28] 沈志刚, 赵小虎, 陈军, 等. 灯丝放电磁场约束型原子氧效应地面模拟试验设备. 航空学报, 2000, 21(5): 425-430.

[29] 童靖宇, 刘峰, 李金洪. 电子回旋共振微波离子源在原子氧模拟技术中的应用. 航天器环境工程, 1995(2): 1-5.

[30] 王敬宜, 李中华, 王云飞. 同轴源原子氧地面模拟设备实用性分析. 航天器环境工程, 2005(5): 304-309.

[31] 蔡明辉, 韩建伟, 于金祥. 基于负离子潘宁源的低地球轨道原子氧模拟装置. 核技术, 2008(4): 265-269.

[32] 王衡禹, 李椿萱. LEO 原子氧对空间材料侵蚀的数值模拟. 北京航空航天大学学报, 2005, 31(3): 293-297.

[33] 高劲伦, 周定, 蔡国飙. 原子氧对航天器表面材料作用的数值模拟. 中国空间科学技术, 1999, 19(1): 47-52.

[34] 多树旺, 李美栓, 张亚明. 空间材料的原子氧侵蚀理论和预测模型. 材料研究学报, 2003, 17(2): 113-121.

[35] 陈来文, 王靖华, 李椿萱. 低地球轨道环境中原子氧在航天器表面防护材料上的反应–扩散模型. 中国科学: E 辑, 2009(8): 1431-1439.

[36] 金记英. DSMC 方法模拟 LEO 环境原子氧对表面材料的侵蚀过程. 哈尔滨: 哈尔滨工业大学, 2007.

[37] 赵琳, 李中华, 郑阔海. 原子氧防护涂层技术研究. 真空与低温, 2011(4): 187-192, 229.

[38] 多树旺, 李美栓, 张亚明, 等. 低地轨道环境中的原子氧对空间材料的侵蚀与防护涂层. 腐蚀科学与防护技术, 2002, 14(3): 152-156.

[39] 张欣, 吴宜勇, 何世禹, 等. 抗原子氧有机/无机氧化硅复合涂层的研究. 宇航材料工艺, 2007, 37(4): 19-23, 30.

[40] 李昊耕, 谷红宇, 章俞之, 等. 聚合物材料表面原子氧防护技术的研究进展. 无机材料学报, 2019, 34(7): 685-693.

[41] ECSS-E-ST-10-04C. Space Environment in Space Engineering, 2008.

[42] 刘宇明. 空间紫外辐射环境及效应研究. 航天器环境工程, 2007, (6): 359-367.

[43] 徐坚, 杨斌, 杨猛, 等. 空间紫外辐照对高分子材料破坏机理研究综述. 航天器环境工程, 2011, 28(1): 25-30.

[44] 黄进, 周信达, 周晓燕, 等. 真空紫外激光辐照对熔石英表面氧空位的影响. 真空科学与技术学报, 2014, 34(012): 1393-1398.

[45] 顾页妮, 钱晓晨, 吕燕磊, 等. 真空紫外辐照对 Lumogen 薄膜损伤及光学性能的影响. 光学仪器, 2021, 1: 82-87.

[46] 沈自才, 李竑松, 张鹏嵩, 等. 空间紫外辐射高加速地面模拟技术. 装备环境工程, 2021(2): 57-61.

[47] 沈自才, 李衍存, 丁义刚. 航天材料紫外辐射效应地面模拟试验方法. 航天器环境工程, 2015(1): 43-48.

[48] 姜利祥, 陈平. 射流式真空紫外辐照模拟设备及其应用. 光学技术, 2002, 28(4): 322, 323.

[49] 臧友竹, 张蓉. 紫外辐照装置研制. 航天器环境工程, 1995(2): 55-58.

[50] 航天器热控涂层试验方法 第 5 部分: 真空–紫外辐照试验. GJB 2502.5—2006.

[51] 张蕾, 严川伟, 陈荣敏, 等. 真空紫外辐射对空间有机防护涂层的降解研究. 中国空间科学技术, 2007, 27(1): 33-40.

[52] 胡龙飞. 有机硅/$SiO_2$ 和聚硅氮烷涂层的制备及其抗原子氧与真空紫外侵蚀性能研究. 沈阳: 中国科学院金属研究所, 2010.

[53] 赵慧杰. 低能质子和电子辐照 GaAs/Ge 太阳电池性能演化及损伤机理. 哈尔滨: 哈尔滨工业大学, 2008.

[54] 王旭东, 程远, 李春东, 等. S781 白漆低能质子辐照损伤的模拟研究. 航天器环境工程, 2010(6): 4.

[55] 冯伟泉, 丁义刚, 闫德葵, 等. 空间电子、质子和紫外综合辐照模拟试验研究. 航天器环境工程, 2005(2): 69-72.

[56] 肖海英, 李春东, 杨德庄, 等. 低能质子辐照 ZnO/silicone 白漆产生微观损伤的红外光谱研究. 强激光与粒子束, 2008, 20(7): 5.

[57]　胡建民. GaAs 太阳电池空间粒子辐照效应及在轨性能退化预测方法. 哈尔滨: 哈尔滨工业大学, 2009.

[58]　魏强, 刘海, 何世禹, 等. 低能粒子辐照对铝膜反射镜光学性能的影响. 光电工程, 2006, 33(5): 141-144.

[59]　中国人民解放军总装备部. 航天器热控涂层试验方法 第 6 部分: 真空–质子辐照试验. GJB 2502.6—2015. 2016.

[60]　中国人民解放军总装备部. 航天器热控涂层试验方法 第 7 部分: 真空–电子辐照试验. GJB 2502.7—2015. 2016.

# 第 12 章　航天器空间环境效应实验

## 12.1　空间环境效应仿真实验

### 12.1.1　仿真实验目的

针对典型空间应用轨道,这里开展地球辐射带、银河宇宙线、太阳宇宙线等空间辐射环境特征的仿真实验,开展总剂量效应、单粒子效应、位移损伤效应空间分布规律的仿真实验,了解空间环境效应仿真评估理论和模型,掌握专业仿真软件的正确使用方法。具体仿真内容包括:

(1) 空间辐射环境分布特征仿真实验;

(2) 辐射剂量空间分布规律仿真实验;

(3) 单粒子风险空间分布规律仿真实验。

### 12.1.2　仿真工具

可采用免费对外开放使用的空间辐射效应仿真软件进行仿真实验,例如中国的空间环境效应分析软件包 (SEEAP)、ESA 的 SPENVIS 系统、法国的 OMERE 软件等。

#### 1. SEEAP

SEEAP 由中国科学院国家空间科学中心自主开发,全面系统地集成了目前国际权威的空间环境模型和空间环境效应模型,是航天产品设计师开展空间环境防护设计和故障诊断的有力工具。能够分析航天器在轨遭遇的空间辐射环境,如辐射带电子、辐射带质子、太阳质子、银河宇宙线质子和重离子,以及典型等离子体环境,高能电子和原子氧环境;能够开展各种辐射环境的屏蔽传输计算,如质子的一维屏蔽传输和三维屏蔽传输、重离子的一维屏蔽传输和三维屏蔽传输;能够系统评估空间环境对航天器元器件和材料造成的影响,如总剂量效应、单粒子效应、位移损伤效应、表面充电效应、深层充电效应、原子氧侵蚀效应等。目前,可以通过登录网址 www.seeapp.ac.cn,免费注册使用 SEEAP 软件 (图 12-1)。

#### 2. SPENVIS

SPENVIS 是 ESA 支持下开发的空间环境效应仿真系统,该系统基于 C/S 架构提供丰富的工程应用和计算工具,支持模型间的耦合计算,并对计算结果进

图 12-1    SEEAP 系统登录界面

行可视化表达。SPENVIS 可以进行各类航天器空间环境的分析计算，包括地球辐射带电子和质子、银河宇宙线、太阳宇宙线、大气成分和密度、空间碎片、磁场、空间等离子体等；可以进行各种空间环境效应的仿真计算，包括总剂量效应、单粒子效应、位移损伤效应、表面充电效应、深层充电效应等；集成了各种用于空间粒子辐射传输计算的 Geant4 工具，例如 MULASSIS、GRAS、GEMAT、SSAT 等。SPENVIS 的登录网址为 https://www.spenvis.oma.be/，运行界面如图 12-2 所示。

图 12-2    SPENVIS 系统登录界面

### 3. OMERE

OMERE 是法国 TRAD 公司开发的一款空间辐射环境及效应仿真软件。OMERE 可以计算各种辐射环境，例如辐射带电子和质子、银河宇宙线、太阳宇宙线；可以计算空间辐射效应风险，例如总剂量效应、单粒子效应、位移损伤效应。OMERE 可以登录网址 https://www.trad.fr/en/download/ 下载，运行界面如图 12-3 所示。

图 12-3 OMERE 运行界面

### 12.1.3 仿真实验内容

通过仿真计算，掌握航天器在轨遭遇的辐射粒子能谱随轨道高度、倾角的变化规律，如图 12-4、图 12-5 所示；掌握航天器在不同轨道高度下遭遇的电离辐射剂量、位移损伤剂量、单粒子效应空间分布规律，如图 12-6 ~ 图 12-8 所示。

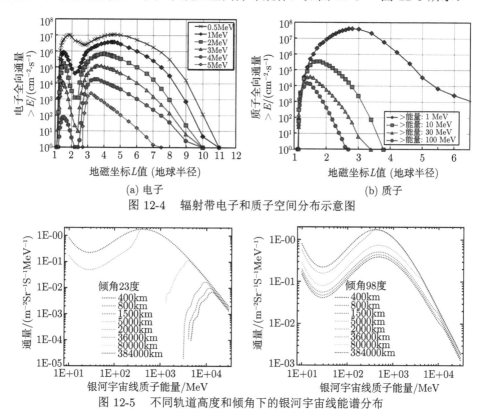

图 12-4 辐射带电子和质子空间分布示意图

图 12-5 不同轨道高度和倾角下的银河宇宙线能谱分布

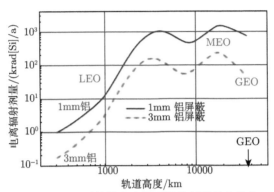

图 12-6　不同轨道高度遭遇的总剂量效应分布

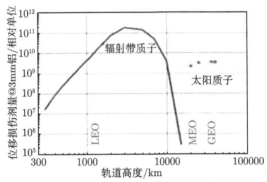

图 12-7　不同轨道高度遭遇的位移损伤效应分布

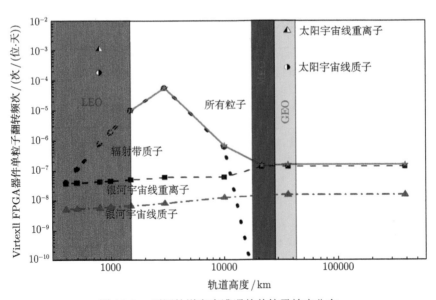

图 12-8　不同轨道高度遭遇的单粒子效应分布

## 12.2　器件及电路单粒子效应实验

这里针对第 7 章单粒子效应，以及 7.3 节 "器件及电路单粒子效应试验" 相关教学内容，开展器件及电路单粒子效应实验。选取硅半导体二极管、存储器、CMOS 工艺解串器等典型器件作为实验对象，在便捷的单粒子效应脉冲激光实验装置上开展单粒子效应实验，指导学生认识实验对象的基本电性能 (电流、电压) 监测的方法与仪器，掌握实验仪器参数设置方法及操作规程，最终使学生通过自主实验形成对单粒子效应现象与特征的直观了解，进而深入认识单粒子效应的影响及危害，引导探索可能的防护方法，达到与基础理论学习互相促进、融会贯通的效果。

### 12.2.1　实验目的

(1) 了解电器器件最基础单元 pn 结二极管收集单粒子电离径迹上的电荷时形成的瞬态电流特征及相关实验规律分析，进而深入理解单粒子效应原始瞬态脉冲产生机制；

(2) 实验掌握大规模集成电路如 SRAM 存储器单粒子效应阈值及敏感区域位图分布特征，掌握相关实验操作流程及测试要点；

(3) 实验获取解串器器件单粒子锁定效应特征，完成电路级单粒子锁定效应防护方法探索；

(4) 设计开放实验环节，锻炼学生自主设计并搭建具备某一功能的电子系统应用电路，实验观测并分析单粒子效应对电路系统的影响和危害的综合能力。

### 12.2.2　实验测试原理

#### 1. 激光模拟重离子单粒子效应实验的原理

单粒子效应是指高能粒子与半导体材料中的靶原子发生碰撞电离而形成电荷密度极高的电离径迹 (大量电子–空穴对)，被器件敏感 pn 结收集，导致器件存储或逻辑状态发生改变的现象。其中，产生单粒子效应的关键诱因是高能粒子在器件内部引入了额外的电子–空穴对。脉冲激光能够模拟空间高能粒子在器件中产生单粒子效应，也是由于聚焦后的单个激光脉冲能够通过光致电离的作用机制，在器件内部产生高电荷密度的电离径迹 (大量额外的电子–空穴对)，如图 12-9 所示，被器件敏感 pn 结收集后可产生同高能粒子作用结果相同的单粒子效应现象。

1) 激光与重离子诱发单粒子效应机制的一致性

高能离子通过与靶原子核外电子发生非弹性碰撞产生电子–空穴对，而激光主要是通过光致电离产生电子–空穴对；两种作用方式的结果都是在半导体中产生了电荷，形成了电离径迹，而且径迹中电荷与半导体器件 pn 结的相互作用过程相似，这是等效性的关键所在。

2) 光致电离作用机制

物质对光子的吸收与其材料的电子能带结构有关，对于脉冲激光与半导体材料的相互作用过程，当光子能量大于半导体禁带宽度时，价带电子吸收光子引起电子从价带到导带的跃迁而形成光致电离。

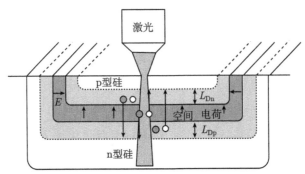

图 12-9  脉冲激光模拟单粒子效应物理机制

脉冲激光模拟单粒子效应装置经济高效，其与重离子加速器单粒子效应试验装置特点及参数的对比如表 12-1 所示。

表 12-1   脉冲激光与重离子模拟空间单粒子效应主要技术性能对比

| 方式 | 可模拟 LET 值 | 射程范围 | 定位精度 | 试验机时 | 试验规范 |
|---|---|---|---|---|---|
| 重离子 | 国内最高 99.8MeV·cm$^2$/mg | 根据入射粒子能量而定，国内兰州回旋加速器 LET 值最大为 99.8MeV·cm$^2$/mg 时，Bi 离子射程为 52.7μm | 宽束全芯片辐照，无法定点注入；微束注入精度在 10μm 范围内 | 紧张 | 已有成熟规范 |
| 激光 | 可等效空间最大达 120MeV·cm$^2$/mg | 1064nm 波长激光硅中大于 700μm | 亚微米 | 充裕 | 空间中心 GJB、GB 试验方法 |

2. 激光模拟试验单粒子效应的适用范围

包括可正面开封装的分立器件及金属布线层小于三层的大工艺尺寸集成电路，可背部开封装的器件及大规模集成电路，均可进行单粒子锁定、单粒子烧毁、单粒子功能中断、单粒子翻转及单粒子瞬态脉冲等类型的单粒子效应测试。

### 12.2.3 实验条件设计

#### 1. 基本要求

(1) 在实验前需要求学生熟悉前期课堂所学的理论知识，依据指导教师提供的实验大纲模板，明确实验目的、实验方法、实验流程及操作规范等。

(2) 实验过程中需要求学生听从指导老师安排，严格按照实验室相关规定及实验操作规范做好防护：在脉冲激光实验单粒子效应实验室绝对禁止眼睛与激光光路在同一水平面上，严格听从实验室工作人员安排，在未经允许的情况下切勿操作任何仪器。

(3) 需要求学生掌握各种仪器的使用，独立思考分析研究；在规定的时间内按要求细致准确地合作完成相关实验内容，认真记录数据并独立完成数据处理。

#### 2. 实验室环境明确

(1) 温度：$\times\times$°C；
(2) 湿度：$\times\times$%。

#### 3. 实验装置

1) 实验设备

实验用到的主要仪器设备的设计示例如表 12-2 所示，其中脉冲激光单粒子效应装置由脉冲激光器、光路调节和聚焦设备、三维移动台、CCD 相机和控制计算机等组成。

**表 12-2 单粒子实验仪器设备**

| 序号 | 设备名称 | 型号 | 用途 |
|---|---|---|---|
| 1 | 脉冲激光单粒子效应装置 | 非标 | 用于激光模拟单粒子效应实验 |
| 2 | 程控直流电源 | IT6332A | 供电 |
| 3 | 电控平移台 | KST(GS)-100 | 用于定位扫描 |
| 4 | 示波器 | MSO4054 | 信号采集 |
| 5 | 万用电表 | FLUKE287 | 电压、电阻值测量 |

2) 实验装置原理框图

实验装置原理框图的设计示例如图 12-10 所示。实验电路板固定于三维移动台上，三维移动台的位置和移动方式由控制计算机编程控制；脉冲激光器产生的激光经过相应光路调节和物镜聚焦后辐照实验样品；实验样品表面和激光光斑可由 CCD 相机成像在控制计算机；直流电源给被测实验样品供电，并实时监测直流电源的电流示数变化。

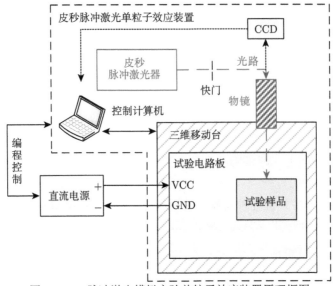

图 12-10　脉冲激光模拟实验单粒子效应装置原理框图

## 12.2.4　实验项目内容设计

### 1. 单粒子瞬态脉冲实验

1) 实验原理和目的

如图 12-11 及图 12-12 所示,指导学生重温单粒子瞬态脉冲发生原理:粒子入射器件后,可以通过电离在器件内部淀积电荷。重离子穿过半导体材料时,在损失能量的同时,也会在其入射轨迹上电离电子–空穴对。这些电离电荷在反偏 pn 结的内建电场下被收集,形成瞬态脉冲电流。

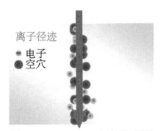

图 12-11　SEE 电离示意图

当能量高于半导体禁带宽度时,单个光子通过光电效应可以产生一个电子–空穴对,当一团脉冲聚焦光束包含的大量光子照射到器件上时,即可以模拟单个重离子电离产生的瞬态电流脉冲。

本实验基于以上单粒子瞬态脉冲发生原理,利用脉冲激光束模拟单粒子入射到二极管上,通过示波器对电路中取样电阻 (如 10kΩ) 的电压监测,观察其电压信号的波形变化，从而观察到单粒子瞬态脉冲现象。通过改变脉冲激光能量及反偏电压等测试条件，重复进行实验，观测取样电阻两端的单粒子瞬态脉冲特征，并分析其瞬态脉冲变化规律。测试得到单粒子瞬态脉冲特征饱和值，分析其上升沿及下降沿的特征信息，计算收集电荷量的大小，实验验证二极管的瞬态电流模型。

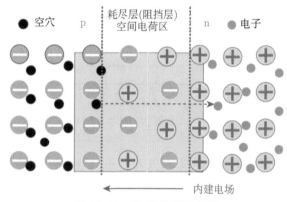

图 12-12 SEE 收集示意图

2) 实验器件和实验电路

被测器件为二极管，对样品进行开帽处理，使样品正面 pn 结区域完全暴露。实验电路原理图如图 12-13 所示。

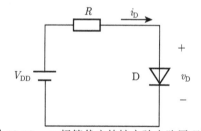

图 12-13 二极管伏安特性实验电路原理图

3) 实验内容

A. 二极管伏安特性曲线

指导学生分析二极管的正向特性、反向特性，并绘制其伏安特性曲线，测试记录主要的电性能参数。示例：二极管伏安特性曲线实测如图 12-14 所示。

B. 单粒子瞬态实验

(1) 连接好实验电路，将二极管与采样电阻串联，示波器连在采样电阻两端，接好电源，使二极管处于反偏状态。

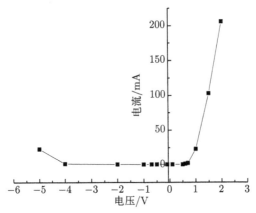

图 12-14　二极管伏安特性曲线实测图

(2) 调节平移台，使脉冲激光束垂直入射 pn 结截面，利用示波器采集取样电阻两端的瞬态电压信号，并存储绘制相关波形。

(3) 分别改变脉冲激光能量及反偏电压等测试条件，重复实验观测取样电阻两端的单粒子瞬态脉冲特征。典型测试结果如图 12-15 所示。

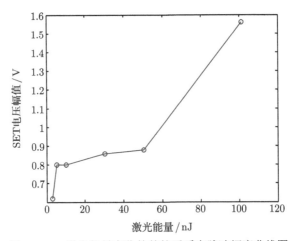

图 12-15　激光能量变化的单粒子瞬态脉冲幅度曲线图

(4) 分析不同测试条件下的瞬态脉冲变化规律。测试得到 SET 的幅值和半高宽，计算收集电荷量的大小，实验验证二极管的瞬态电流模型。示例：实验数据记录如表 12-3 所示。

表 12-3 二极管单粒子瞬态脉冲实验记录表

| 序号 | 激光能量/nJ | 反偏电压/V | SET 幅度/V | SET 宽度/μs | 电荷量/$10^{-10}$C |
|---|---|---|---|---|---|
| 1 | 101 | 5 | | | |
| 2 | 101 | 4 | | | |
| 3 | 101 | 1 | | | |
| 4 | 50.5 | 5 | | | |
| 5 | 10.1 | 5 | | | |
| 6 | 3.03 | 5 | | | |

2. 单粒子锁定效应实验

1) 实验原理和目的

CMOS 工艺器件发生单粒子锁定现象的原理: CMOS 工艺器件内部由多个 MOS 管的组合形成了寄生的 pnpn 电路结构, 即可控硅 (SCR) 电路, 通常寄生的 pnp 和 npn 由于内建电场的存在处于未导通状态, 当反偏 pn 结被单粒子击中产生电离电荷而形成瞬态脉冲后, 在并联压降的作用下 pnp 外加电源克服内建电场而导通; 由于 pnp 的放大作用, 在并联压降的作用下 npn 外加电源克服内建电场而导通; 因此, pnpn 可控硅电路完全导通并进入正反馈, 直到完全进入稳定的大电流状态, 等效电路原理图见图 12-16。

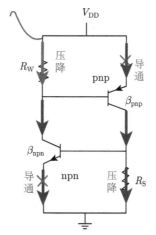

图 12-16 pnpn 单粒子锁定电路反应过程示意图

本节主要内容为引导学生分析发生单粒子锁定效应时对器件功能的影响以及防护方法, 并分析单粒子锁定效应对器件参数的影响。

2) 实验器件和实验电路

A. 实验器件

本环节实验项目选择示例实验对象为仙童 (Fairchild) 公司 FIN1218MTDX
型解串器。

B. 实验电路设置

实验样品正常推荐工作电压 $V_{DD} = 3.3V$。测试时给样品 $V_{DD}$ 加电 3.6 V。被
测器件的偏置条件原理如图 12-17 所示，测试电路为器件产品说明书中推荐的典
型连接应用电路图。

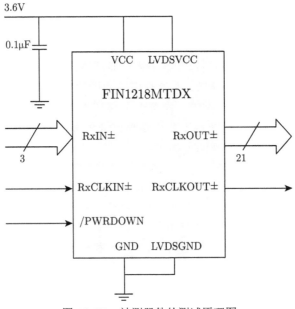

图 12-17　被测器件的测试原理图

C. 锁定判定及处理方法

当实验样品电流增大到 100mA (解串器的锁定电流 $I_L = 100mA$) 时，器件
功能失效且需要给电源断电-重新上电才能恢复正常，则此时认为发生了单粒子
锁定效应。实验过程中宜使用示波器电流探头，对器件单粒子锁定进行实时监测；
使用直流电源为被测器件供电，并设定限流值以免被测器件烧毁。发生单粒子锁
定时，实验人员手动给测试电路断电，同时关闭激光快门，停止三维移动台的扫
描程序，之后的操作处理根据实验大纲进行。

D. 芯片单粒子锁定实验测试

打开激光快门，在器件表面聚焦后向上移动三维移动台 $Z$ 轴，将激光聚焦到
实验器件的有源区。

关闭快门，设置初始激光能量，打开快门，开启三维移动台自动扫描程序，实验过程中实时监测直流电源上的电流示数以及电流探头在示波器上的输出波形。

直至测得最低使器件发生锁定的激光能量，实验结束。实验数据记录表如表12-4 所示。

**表 12-4　解串器单粒子锁定实验记录表**

| 激光能量/nJ | 电流/mA | 是否发生了单粒子锁定 |
|---|---|---|
| | | |

3) 单粒子锁定电路级防护

对锁定过流常用的防护方法包括电阻限流及断电–重启等措施。本环节实验指导学生针对电阻限流和断电–上电两种方法进行探索。电阻限流方法可以有效减小锁定电流幅值，但不能抑制器件进入单粒子锁定状态；断开器件与外部电路的全部连接，可以有效解除器件锁定状态。具体操作分为两部分：针对断电–上电方法，器件发生锁定现象后，及时对器件进行断电–上电，器件即可以恢复正常，这是比较直接的单粒子锁定消除方法；针对电阻限流方法，在器件电源端串入合适阻值的电阻，可有效地降低器件发生单粒子锁定的幅值，达到保护器件的作用。

如图 12-18 所示，电阻限流方法一般是在器件电压输入端串联电阻，限制器件的输入电流。测试结果填入表 12-5 中。

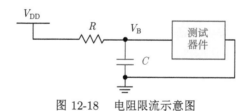

图 12-18　电阻限流示意图

**表 12-5　解串器单粒子锁定电阻限流防护实验记录表**

| 电阻阻值/Ω | 是否发生了单粒子锁定 | 单粒子锁定电流幅值/mA |
|---|---|---|
| | | |

$V_{DD}$ 为外部供电电压，$R$ 为限流电阻，$V_B$ 为器件两端电压，$I$ 为器件工作电流。串联电阻会降低器件的输入电压，为保证器件的正常工作，一般不应超过器件额定电压容差 $\Delta V$ (例如，工作电压为 3.3V 器件，其电压容差一般为 0.33V)，否则可能引起器件功能异常。

在器件发生锁定现象后,及时对器件进行断电-上电,观测器件是否恢复正常工作状态。

单粒子锁定被触发后,电源的输入条件满足器件维持电压和维持电流,电路将会持续供给电流,形成单粒子锁定异常电流。随着器件工艺节点减小到纳米尺寸后,则器件正常工作电压减小,电源电压无法满足触发单粒子锁定的维持电压,单粒子锁定现象不再明显。由器件触发单粒子锁定的物理机制可知,当器件供电电压低于器件发生锁定的维持电压时,器件退出锁定状态。实验操作如下:通过降低器件电源电压的大小,找到器件退出锁定状态时的电压值,即单粒子锁定效应维持电压。实验数据记录表如表 12-6 所示。

表 12-6　解串器单粒子锁定断电解除防护方法实验记录表

| 电源电压/V | 是否发生了单粒子锁定 | 单粒子锁定电流幅值/mA |
| --- | --- | --- |
|  |  |  |
|  |  |  |

#### 3. 单粒子翻转效应实验

1) 实验原理和目的

单粒子翻转 (single event upset, SEU) 是单粒子效应的一种,主要发生在时序电路中,重离子运动径迹周围产生的电荷被灵敏电极收集,形成瞬态电流,触发逻辑电路,导致逻辑状态翻转。图 12-19 为瞬态电流脉冲的冲击改变双稳态电路关键节点电平导致单粒子翻转的示意图。假如在双稳态的一个存储节点的存储信息为 "1",当电荷收集电流在电路中产生的负电压扰动达到一定值时,存储节点的 "1" 将被拉为 "0"(存储 "0" 时有可能被正电压扰动为 "1"),从而发生了单粒子翻转效应。这种效应通常并不对电路造成损坏,因此是一种软错误。如果电路中收集的电荷不能在反馈引起单元翻转前消散,存储在 SRAM 单元中的逻辑值就将发生改变,并且芯片中存储单元的错误可能会导致系统错误。

本节实验主要指导学生针对典型存储器件 SRAM,利用脉冲激光单粒子效应模拟实验装置,对测试样品发生单粒子翻转的阈值能量和芯片上的敏感区定位进行实验研究。

2) 实验器件

测试样品为一款商用 4M SRAM,工作电压为 3.0V,封装方式为 32 管脚塑封。实验前对实验样品进行了背部开封装处理,使硅衬底表面裸露,以便激光可以从芯片背部入射到测试样品内部。

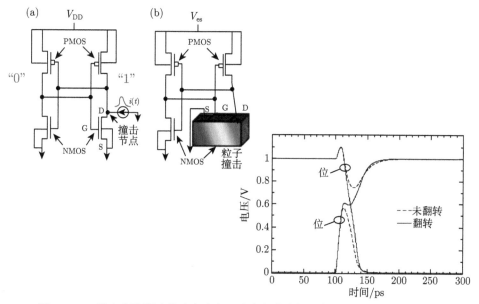

图 12-19 瞬态电流脉冲的冲击改变双稳态电路关键节点电平导致单粒子翻转

### 3) 实验内容

### A. 单粒子翻转阈值测试

调节入射激光能量至经验安全值,打开激光快门,在器件表面聚焦后向上移动三维移动台 $Z$ 轴,将激光聚焦到实验器件的有源区。

开启三维移动台自动扫描程序,对芯片进行扫描测试。实验过程中实时测试 SRAM 存储数据是否发生变化,测试电路原理图如图 12-20 所示。实验数据记录表如表 12-7 所示。

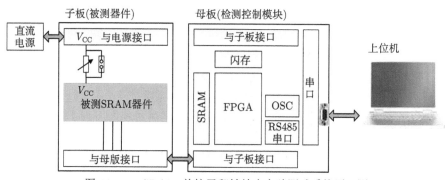

图 12-20 SRAM 单粒子翻转效应实验测试系统原理图

表 12-7　　SRAM 单粒子翻转阈值实验记录表

| 激光能量/pJ | 电流/mA | 是否发生了单粒子翻转 |
| --- | --- | --- |
| 500 | | |
| 800 | | |
| 1200 | | |

改变激光能量，重复以上实验步骤，从而测出 SRAM 发生单粒子翻转的阈值激光能量。

B. 敏感区域定位测试

设置初始激光能量，打开快门，开启三维移动台自动扫描程序，对芯片进行扫描测试。

设置 $4\times4\mu m^2$ 的扫描区域，利用激光逐点逐脉冲辐照扫描该区域，实时同步检测记录其单粒子翻转现象和发生单粒子翻转的辐照点位置，步距 $0.2\mu m$。实时记录器件的翻转情况，并绘成二维图。实验效果如图 12-21 所示。

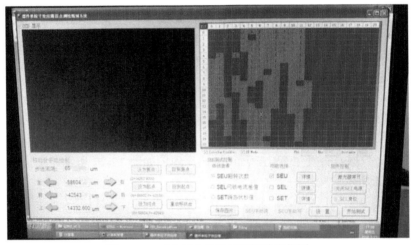

图 12-21　　SRAM 单粒子翻转效应位图

4. 单粒子效应影响开放实验设计

结合前述实验内容，指导学生自主设计并搭建具备某一功能的电子系统应用电路，实验观测并分析单粒子效应对设计电路系统的影响和危害。实验前要求学生自主进行实验测试对象的选择及测试电路的搭建，实验后要求学生针对实验现象进行单粒子效应的影响危害分析总结。

示例：单粒子瞬态脉冲对后续数字电路的影响实验测试

采用脉冲激光对计数器、译码器等组合逻辑电路分立器件进行单独辐照测试后发现其单粒子效应并不明显，可见组合逻辑电路中单粒子效应的来源往往来自其上行控制或存储电路。当单粒子瞬态脉冲宽度与器件的后续数字电路的响应频谱宽度相近时，脉冲宽度和幅度足够大的单粒子瞬态脉冲将会对后续电路产生影响。选择德州仪器公司生产的非反相缓冲门电路 CD74AC244 连接单粒子瞬态脉冲产生器件 4N49 的输出端口进行测试，其工作驱动电压为 5V，实验测试电路的原理图如图 12-22 所示。利用脉冲激光微束辐照实验电路中的 4N49 产生了一个 3.5V、10.6μs 的单粒子瞬态负脉冲，该扰动脉冲通过电连接传播到非反相缓冲门的输入端，作为一个瞬时低电平有效信号，使数字门的输出端产生一个同相的瞬时脉冲信号，如图 12-23 所示。

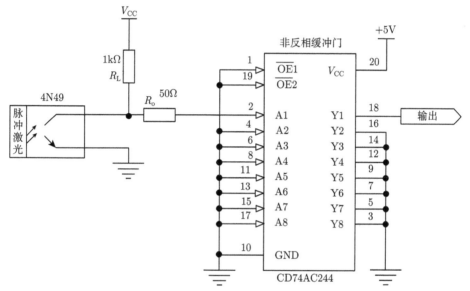

图 12-22　单粒子瞬态脉冲效应对数字电路影响实验原理图

从实验测试结果可知，单粒子瞬态脉冲对后续电路的潜在影响较大，在达到一定触发阈值后，对非反相缓冲门而言，单粒子瞬态脉冲的宽度大小成为影响后续电路的主要因素，只有当单粒子瞬态脉冲宽度达到一定的幅值后，后续电路才会作出响应，产生噪声或者改变电压状态等有效影响，这需要根据后续电路的触发特性来确定单粒子瞬态脉冲幅度和宽度的临界值及判定标准，直接在空间任务中应用将对后续的数字电路及逻辑电路产生影响，都会给整个电子系统的可靠性带来极大的安全隐患。因此在空间应用前，我们需要对单粒子瞬态脉冲效应的传播规律及影响危害全面、准确地进行评估，以确定需要采取何种有效的单粒子瞬态脉冲效应减缓设计及抗辐射加固方法。

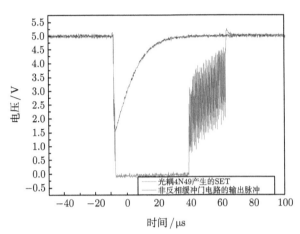

图 12-23    单粒子瞬态脉冲效应对后续数字门电路影响实验的实测结果示例

# 12.3   航天器充放电实验

## 12.3.1   充放电实验目的

理解利用电子枪进行表面充电地面模拟实验的基本原理，掌握表面充电实验中样品表面电势非接触式测量、利用法拉第筒对电子束流强度测量、利用罗氏线圈对放电电流进行测量的方法，认识放电形成的电磁脉冲对电子器件产生影响的现象；通过实验，加深对恒定充电束流条件下，充电电势随时间变化的规律的认识，认识到不同电子能量对充电平衡电势的影响特征。实验目的和主要知识点如下：

(1) 理解地面开展充放电效应模拟实验的原理，掌握主要实验设备的使用方法；

(2) 具备利用地面模拟实验条件设计充电实验的能力，通过模拟实验加强对充电效应影响的认识和理解；

(3) 认识和理解充电电势随充电时间变化的特征，认识电子束能量对充电平衡电势影响的特征。

## 12.3.2   充放电实验条件

### 1. 充放电实验安排

充放电实验在航天器充放电效应模拟实验装置上进行，建议分两次共 6 学时。

### 2. 基本要求

充放电效应涉及高电压操作，为了保证实验安全，本实验以指导老师操作为主，学生注意观测和记录实验过程中的现象和数据，学习实验过程中仪器设备的操作方法、测试原理和安全注意事项等。具体的要求如下：

(1) 在充放电实验前需掌握课堂所学的理论知识，依据指导教师提供的充放电实验大纲模板，明确实验目的、实验方法、实验流程等；

(2) 充放电实验过程中需听从指导老师安排，注意安全；

(3) 掌握充放电效应实验的方法、实验设计、实验流程、记录实验关键数据，完成详细的实验报告。

**3. 充放电实验条件**

**1) 真空系统**

真空系统提供充放电实验的基本实验条件。真空系统主要由真空室、真空移动机构、真空泵组、真空测量和控制机构构成。真空室的真空度应优于 $1 \times 10^{-3}$Pa，真空室应设置有观察窗和电器接口，用于实验过程中对试样进行观察，注意，充电过程对光比较敏感，因此在充电实验中观察窗必须进行遮光处理，如图 12-24 所示。真空移动机构是充电实验测试的关键设施，在充电实验中需要对样品充电电势进行测量时，关闭电子辐照源，通过移动机构将电势测量探头移动至被测试样表面 1~3mm 处，实现对样品表面电势的测量，测量完毕后将探头移开，开启电子辐照源继续对试样进行辐照充电。真空移动机构至少由 2 个真空移动台组合构成二维以上的移动单元，其移动的位置精度至少需优于 1mm。真空系统的真空获得设备主要是真空泵组，深层充电的真空泵组通常由机械泵和分子泵组成，即可满足实验的基本需求，条件较好的可以选择干泵和低温泵，以获得洁净度更高和真空度更高的真空条件。真空测量机构由复合真空计组成，真空控制机构由真空泵组控制单元、真空泵阀控制单元组成。

图 12-24　充电实验装置实物图

**2) 电子枪**

电子枪是充电实验中最容易获得的电子辐照源，除了电子枪外，还可以选用

β 放射源或者电子加速器作为电子辐照源进行充电实验。本实验以最易获得的电子枪为主介绍充电实验。电子枪通过灯丝进行电加热发射电子，电子被静电加速后形成电子束，对于充电实验，建议电子能量范围是 $5 \sim 50\text{keV}$，束流强度范围是 $1\text{pA/cm}^2 \sim 10\text{nA/cm}^2$，电子束流均匀度建议优于 90%。此外，实验过程中为了便于充电过程中电势测量时快速关闭和开启电子枪，在电子枪的传输路径上设置合适的快门，通过快门实现对电子束的快速开启和关闭。如图 12-25 所示为空间中心开展充电实验的电子枪的实物图。

图 12-25　充电实验装置电子枪实物图

3) 电势测量仪器

样品表面电势是充放电实验中的关键参数，电势测量利用 Trek341B 型静电电位计，进行非接触式测量，电位计的量程为 $0 \sim \pm20\text{kV}$，分辨率为 $1\text{V}$ (过真空转接后，分辨率为 $10 \sim 30\text{V}$)。图 12-26 为充电实验静电电位计和弱电流表实物图。

图 12-26　充电实验静电电位计和弱电流表实物图

4) 电子束流测量单元

电子束流强度是充电实验中关键的实验条件，束流强度测量通过法拉第筒结合弱电流表来进行，推荐使用 Keithley 6517A 型静电计来进行测量，该仪器的电流测量量程为 20pA～20mA，最高测量精度为 0.1fA。

5) 示波器

示波器是充放电效应实验中通用的数据存储和记录仪器，本实验中推荐选用 TDS 7104 数字示波器，该示波器 4 输入通道，模拟带宽 1GHz，单通道实时采样速率 10GS/s。

示波器结合 Pearson 6595 型罗氏线圈可对放电电流信号进行测量，信号输出 0.5V/A，脉冲上升时间 2.5ns，量程 1000A；负载 50Ω，输出电压 0.1～50V。此外，在放电影响实验中，示波器可对关注的芯片的输出电压进行监测。

6) 实验样品

实验样品为平板样品，样品尺寸为 50mm×50mm×0.1mm，样品的正表面 (50mm×50mm 的一面) 固定在实验架上，在充电实验中被电子束辐照充电，样品的背表面设置有金属电极，金属电极与样品背部接触良好，金属电极通过电缆线穿过真空室和罗氏线圈后接地。图 12-27 为充电实验示波器实物图。

图 12-27 充电实验示波器实物图

### 12.3.3 充放电实验内容

1. 充电效应现象实验 (第一次课程)

1) 实验目的

理解利用电子枪进行表面充电地面模拟实验的基本原理，掌握表面充电实验中样品表面电势非接触式测量和利用法拉第筒对电子束流强度测量的方法，认识电子束辐照样品对样品进行充电的过程。

2) 实验方法与实验内容

A. 充电实验

以平板介质为实验样品，以电子枪为辐照源进行充电实验。实验前测试和记录实验样品的尺寸和材料等信息，之后对样品进行预处理和真空室内的固定安装，之后关闭真空舱门，抽取真空，达到实验对真空度的要求之后，按照规定的实验流程，利用电子枪对样品进行充电实验。

B. 充电参数测量

充电参数测量主要包括充电电流测量和样品表面电势测量。充电电流测量利用法拉第筒结合弱电流表实现 (在本实验中采用 6517A 静电电位计进行测量)。样品表面电势测量采用非接触式电势转接测量方法进行测量，其测量原理如图 12-28 所示。

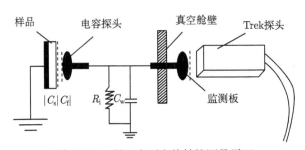

图 12-28   样品表面电势转接测量原理

C. 认识充电过程

以平板介质为实验样品，以电子枪为辐照源，开展充电过程实验，获得平板介质的充电电势随充电时间变化的基础数据，根据实验数据拟合出介质的充电曲线。实验中，电子束的能量设置为 10keV，束流强度设为 $10\sim100\mathrm{pA/cm^2}$，实验开始阶段每 2min 测试一次实验表面电势，测量 5 次之后，每 5 分钟测试一次样品的表面电势，直至样品表面电势不再明显增加。

3) 实验流程

图 12-29 为充电实验流程图。

4) 实验报告

根据实验过程撰写完整详细的实验报告，应该包含以下内容。

(1) 实验目的。

(2) 实验样品：实验样品材料、尺寸，实验样品预处理方法，实验固定安装等信息。

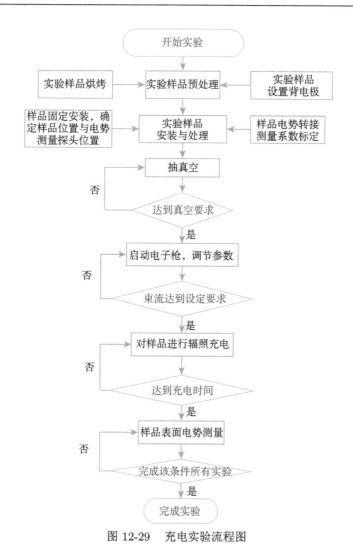

图 12-29 充电实验流程图

(3) 实验条件：实验环境条件 (温湿度)，真空度，主要实验仪器设备以及实验布局等信息，实验过程重要参数 (电子能量、束流强度)。

(4) 实验流程：根据实验过程，撰写详细的实验流程。

(5) 实验数据处理，利用 origin 软件，根据充电曲线拟合出不同电子能量辐照下的充电平衡电势。

(6) 实验小结。

实验记录及典型结果如下所示 (表 12-8 ~ 表 12-10)。

# 第一次充电实验记录

实验名称：介质材料充电实验

实验时间：2022 年 12 月 3 日　　　　实验地点：B-125　　实验记录员：

温度：25℃　　湿度：37%

### 表 12-8　试样相关数据表

| 实验材料 | 试样尺寸 | 试样初始位置 | 电势测量位置 | 电势系数 |
| --- | --- | --- | --- | --- |
| Kapton | 40mm×40mm×2mm | (60,118) | (235,163) | 8 |

### 表 12-9　电子枪参数表

| 引出电压 | 引出负载电流 | 束流强度 | 灯丝电流 |
| --- | --- | --- | --- |
| 10kV | 5μA | 10pA/cm$^2$ | 3.26A |

### 表 12-10　充电过程数据表

| 序号 | 辐照时间/min | 电位计示数/V | 背景示数/V | 备注 |
| --- | --- | --- | --- | --- |
| 1 | 0 | −10 | 0 | |
| 2 | 2 | −87 | 0 | |
| 3 | 4 | −155 | 0 | |
| 4 | 6 | −217 | −1 | |
| 5 | 8 | −274 | 0 | |
| 6 | 10 | −326 | 0 | |
| 7 | 12 | −371 | 0 | |
| 8 | 14 | −412 | 1 | |
| 9 | 16 | −453 | 1 | |
| 10 | 18 | −486 | 0 | |
| 11 | 20 | −518 | 0 | |
| 12 | 22 | −543 | −1 | |
| 13 | 24 | −568 | 0 | |
| 14 | 26 | −588 | 0 | |
| 15 | 28 | −605 | 0 | |
| 16 | 30 | −625 | 1 | |
| 17 | 32 | −641 | 0 | |
| 18 | 34 | −657 | 0 | |
| 19 | 36 | −665 | 1 | |
| 20 | 38 | −676 | −1 | |
| 21 | 40 | −686 | 0 | |
| 22 | 45 | −699 | 0 | |
| 23 | 50 | −715 | 0 | |
| 24 | 55 | −721 | 0 | |
| 25 | 60 | −724 | −1 | |
| 26 | 65 | −730 | 0 | |
| 27 | 70 | −729 | 1 | |
| 28 | 75 | −731 | −1 | |

根据实验测试数据，利用 origin 软件处理得到充电曲线如图 12-30 所示。

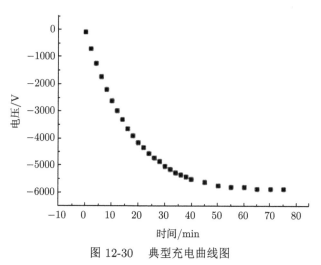

图 12-30 典型充电曲线图

**2. 电子能量对充电平衡电势影响及放电对电路影响实验 (第二次课程)**

1) 实验目的

通过实验,加深对恒定充电束流条件下充电电势随时间变化的规律的认识,认识到不同电子能量对充电平衡电势的影响特征,认识放电形成的电磁脉冲对电子器件产生影响的现象。

2) 实验方法与实验内容

A. 电子能量对充电平衡电势影响实验

以上述平板介质为实验样品,以电子枪为辐照源,开展充电过程实验,获得平板介质的充电电势随充电时间的基础数据,根据实验数据拟合出介质的充电曲线。实验中,束流强度可选择 $10\text{pA/cm}^2 \sim 0.1\text{nA/cm}^2$,电子束的能量分别设置为 5keV 和 20keV,分别进行充电实验。实验开始阶段小于 5min 测试一次实验表面电势,测量 5 次之后,可增大至 10min 测试一次样品的表面电势,直至样品表面电势不再明显增加。

B. 放电对电路影响实验

对上述平板介质材料进行持续充电直至其发生放电,对放电电流进行测量,并观测和记录放电瞬间,放电脉冲对距离放电样品约 15cm 处正常工作的航天常用集成运算放大器 LM124 的影响。充电实验的试样的背电极通过电缆线引出穿过罗氏线圈后接地,一旦实验发生放电,放电电流被罗氏线圈监测到并被示波器记录到。充电试样与正常工作的 LM124 器件的距离建议控制在 15cm 左右，确保器件不被电子束辐照的情况下，距离充放电实验尽可能近，以达到更明显的实验效果。器件的工作原理如图 12-31 所示，可以根据实验需求选择器件的一种工作模式进行电路连接，比如选择器件正向放大模式进行实验。注意，器件正常工作需要加上 12V 的供电，将器件的输出信号接入示波器，通过示波器观测放电瞬间形成的电磁干扰对器件工作的影响。

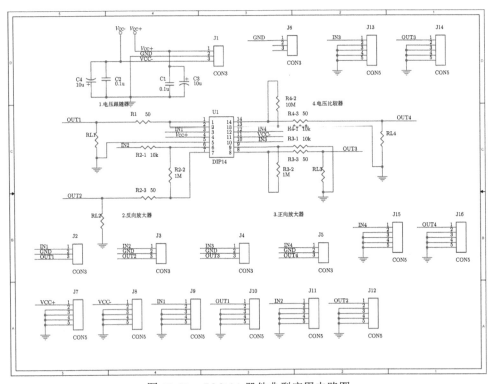

图 12-31　LM124 器件典型应用电路图

3) 实验流程

图 12-32 为充放电实验对器件影响实验流程图。

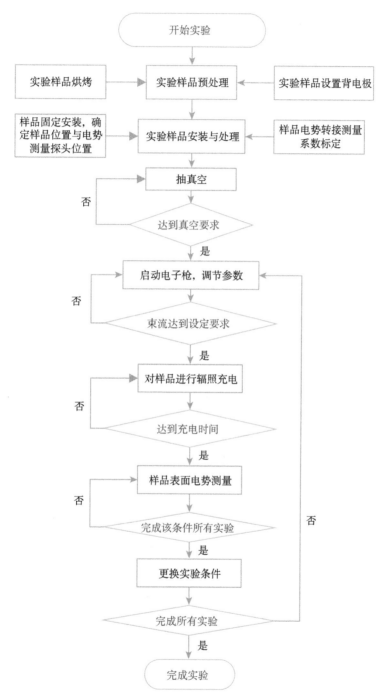

图 12-32 充放电实验对器件影响实验流程图

4) 实验报告

根据实验过程撰写完整详细的实验报告，应该包含以下内容。

(1) 实验目的。

(2) 实验样品：实验样品材料、尺寸，实验样品预处理方法，实验固定安装等信息。

(3) 实验条件：实验环境条件 (温湿度)，真空度，主要实验仪器设备以及实验布局等信息，实验过程重要参数 (电子能量、束流强度)。

(4) 实验流程：根据实验过程，撰写详细的实验流程。

(5) 实验数据处理，利用 origin 软件，对放电电流信号和放电对工作 LM124 芯片影响的数据进行处理。

(6) 实验小结。

实验记录及典型结果如下所示 (表 12-11 ～ 表 12-13)。

# 第二次充电实验记录

实验名称：介质材料充电实验

实验时间：2022 年 12 月 4 日　　　　实验地点：B-125　　　实验记录员：

温度：23℃　　湿度：34%

表 12-11　试样相关数据表

| 实验材料 | 试样尺寸 | 试样初始位置 | 电势测量位置 | 电势系数 |
|---|---|---|---|---|
| Kapton | 40mm×40mm×2mm | (60,118) | (235,163) | 8 |

表 12-12　第二次充电实验电子枪参数表

| 引出电压 | 引出负载电流 | 束流强度 | 灯丝电流 |
|---|---|---|---|
| 20 | 8μA | 10pA/cm$^2$ | 3.2A |

表 12-13　第二次充电过程数据表

| 序号 | 辐照时间/min | 电位计示数/V | 背景示数/V | 备注 |
|---|---|---|---|---|
| 1 | 0 | −11 | −1 | |
| 2 | 2 | −78 | 0 | |
| 3 | 4 | −142 | 0 | |
| 4 | 6 | −205 | −1 | |
| 5 | 8 | −264 | 0 | |
| 6 | 10 | −318 | −1 | |
| 7 | 12 | −339 | 0 | |
| 8 | 14 | −412 | 0 | |
| 9 | 16 | −451 | 0 | |

续表

| 序号 | 辐照时间/min | 电位计示数/V | 背景示数/V | 备注 |
|---|---|---|---|---|
| 10 | 18 | −459 | −1 | |
| 11 | 20 | −531 | 0 | |
| 12 | 22 | −586 | 0 | |
| 13 | 24 | −586 | 0 | |
| 14 | 26 | −659 | −1 | |
| 15 | 28 | −693 | 0 | |
| 16 | 30 | −729 | −1 | |
| 17 | 32 | −754 | −1 | |
| 18 | 34 | −782 | 0 | |
| 19 | 36 | −800 | 0 | |
| 20 | 38 | −841 | −1 | |
| 21 | 40 | −864 | 0 | |
| 22 | 45 | −931 | −1 | |
| 23 | 50 | −929 | 0 | |
| 24 | 55 | −962 | 0 | |
| 25 | 60 | −1083 | −1 | |
| 26 | 65 | −1135 | 0 | |
| 27 | 70 | −1160 | −1 | |
| 28 | 75 | −1194 | 0 | |
| 29 | 80 | −1247 | 0 | |
| 30 | 85 | −1210 | 0 | |
| 31 | 90 | −1195 | 1 | |
| 32 | 95 | −1222 | 0 | |

根据充电实验数据得到的充电曲线如图 12-33 所示。

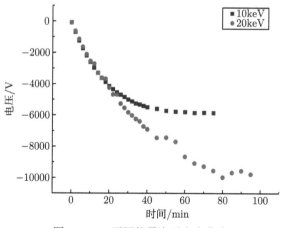

图 12-33　不同能量电子充电曲线

得到的放电导致器件工作受到影响的结果如图 12-34 所示。

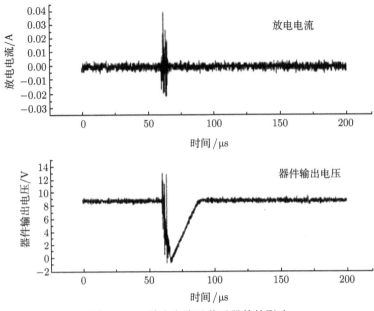

图 12-34　放电电流及其对器件的影响